电子技术基本技能实训教程

——基于Protel99SE的设计方法、技巧与实例

主　编　戴育良　杨善晓

副主编　陈爱华　陈月芬

浙江大学出版社

图书在版编目（CIP）数据

电子技术基本技能实训教程：基于Protel99SE的设计方法、技巧与实例 / 戴育良，杨善晓主编. —杭州：浙江大学出版社，2013.6
ISBN 978-7-308-11501-8

Ⅰ.①电… Ⅱ.①戴… ②杨… Ⅲ.①印刷电路—计算机辅助设计—应用软件—高等学校—教材 Ⅳ.①TN410.2

中国版本图书馆CIP数据核字（2013）第104031号

内容简介

本书由浅入深地介绍常用电子元器件的识别与检测，手工焊接和拆焊技术，电子元器件装配工艺，热转印法制作印制电路板，原理图设计和印制电路板设计等内容。

本书适合作为高等院校电子、电气专业电子基本技能、Protel99SE等课程的教材或教学参考书。

电子技术基本技能实训教程

——基于Protel99SE的设计方法、技巧与实例

主　编　戴育良　杨善晓
副主编　陈爱华　陈月芬

责任编辑　杜希武
出版发行　浙江大学出版社
（杭州天目山路148号　邮政编码310007）
（网址：http://www.zjupress.com）
排　　版　杭州好友排版工作室
印　　刷　富阳市育才印刷有限公司
开　　本　787mm×1092mm　1/16
印　　张　17.75
字　　数　432千
版 印 次　2013年6月第1版　2013年6月第1次印刷
书　　号　ISBN 978-7-308-11501-8
定　　价　36.00元

前　　言

在电子技术教学中，如何提高学生的创新能力，培养高素质的人才，是我们电子技术教育工作者始终关注的课题。我们在教学过程中，对如何激发学生的创新兴趣、培养学生的创新思维、提高学生的动手能力作了一定的探索和实践，并在此基础上编写了本书。

全书分为3章。

第一章为元器件的识别、检测与选用，系统地介绍了电阻器、电容器、电感器、继电器、晶体管、集成电路、电声器件等常用元件的基础知识。针对部分元件给出实物图，重点介绍了使用万用表检测常用元件参数的方法和元器件的选用原则，为读者提供了大量的实用技术资料。

第二章为电子工艺，主要介绍了手工锡焊和拆焊技术、印制板上元器件的安装技术、热转印法制作印制电路板等内容，使读者养成良好的工艺习惯，有利于提高电子产品的质量。内容通俗易懂，科学实用。

第三章为Protel99SE，以广泛使用的Protel99SE为工具软件，介绍了电路原理图设计，单面和双面印制电路板设计的方法与技巧。内容全面，详略得当。以设计实例“信号采集处理模块”贯穿全章，通过实例介绍Protel99SE主要的菜单命令和工具栏的使用方法，并详细讲解了设计方法和操作方法，可操作性强，便于自学，有助于提高读者的实际应用能力。同时，还编入了编者在实践中总结出来的一些设计技巧，有助于提高读者的创新能力。

在本书编写过程中，我们参考了许多文献等资料，在此向相关专家表示衷心的感谢。

由于编者水平有限，书中难免存在错误和不当之处，恳请读者批评指正。

编　者

2013年3月

目　录

第一章

元器件的识别、检测与选用

本章系统地介绍了电阻器、电容器、电感器、继电器、晶体管、集成电路、电声器件等常用元件的基础知识、使用万用表检测常用元件参数的方法和元器件的选用原则，针对部分元件给出实物图，并为读者提供了大量的实用技术资料。

1.1 电阻器

1.1.1 电阻器的识别

1. 电阻器的作用

电阻器用字母 R 表示。它是组成电路的基本元件之一，电阻器主要用来控制和调节电路的电流和电压，即起降压、分压、限流、隔离、匹配和作为消耗电能的负载等作用。

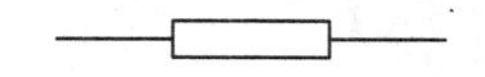

图 1-1-1 电阻器图形符号

2. 电阻器图形符号与单位

电阻器的基本单位是欧姆，习惯上简称欧，用符号“Ω”表示。常用单位：欧(Ω)、千欧(kΩ)、兆欧(MΩ)、吉欧(GΩ)、太欧(TΩ)等。它们之间的换算关系是：

$1k\Omega=1000\Omega$

$1M\Omega=1000\ k\Omega=10^6\Omega$

$1G\Omega=1000\ M\Omega=10^9\Omega$

$1T\Omega=1000\ G\Omega=10^{12}\Omega$

3. 电阻器和电位器的型号命名方法

常用电阻(位)器型号一般下列四部分组成。

□	□	□	□
主称	电阻体材料	分类	序号

第一部分：产品主称，用字母 R 表示。

第二部分：电阻器的导电材料，用字母表示，见表 1-1-1。

表1-1-1　电阻器和电位器的型号命名方法 GB2470-81

第一部分:主称		第二部分:导电材料		第三部分:特征分类			第四部分:序号
符号	含义	符号	含义	序号	含义		
					电阻器	电位器	
R	电阻器	T	碳膜	1	普通	普通	
W	电位器	H	合成膜	2	普通	普通	
		S	有机实芯	3	超高频		
		N	无机实芯	4	高阻		
		J	金属膜	5	高温		
		Y	氧化膜	7	精密	精密	
		I	玻璃釉	8	高压		
		X	线绕	9	特殊	特殊	
				G	高功率		
				T	可调		
				W		微调	
				D		多圈	

第三部分:特征分类,用数字或字母表示。

第四部分:序号,用数字表示,以区分产品外形尺寸和性能指标。

例如RJ71表示精密金属膜电阻器。其中"R"表示主称电阻器,"J"表示材料金属膜,"7"表示精密型,"1"表示序号;RI82表示高压玻璃釉电阻器,"2"表示序号

部分电阻、电位器实物照片

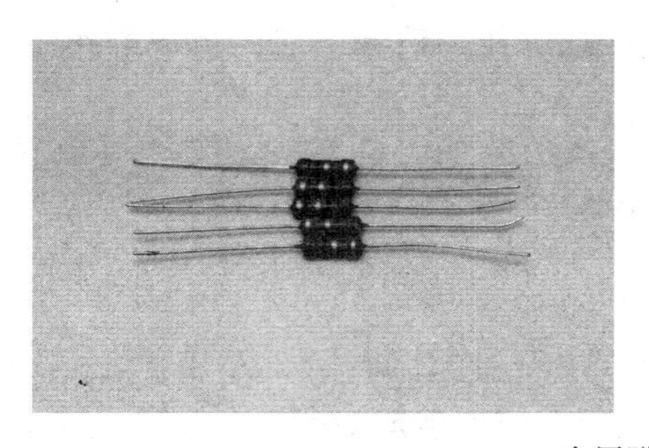

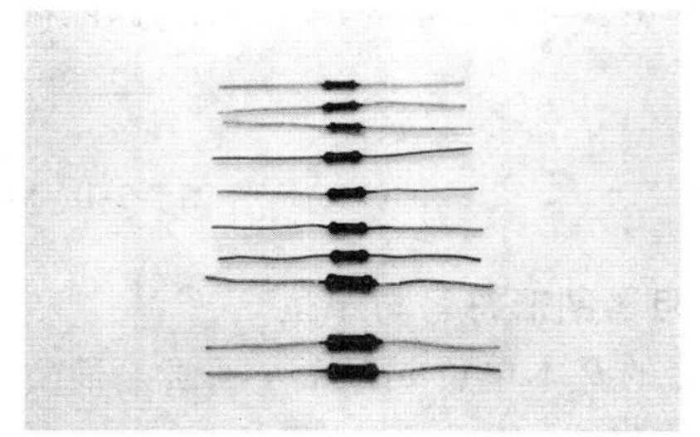

金属膜电阻

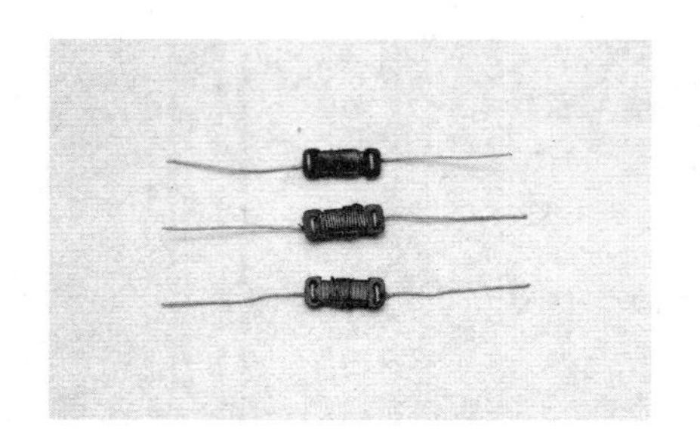

线绕电阻

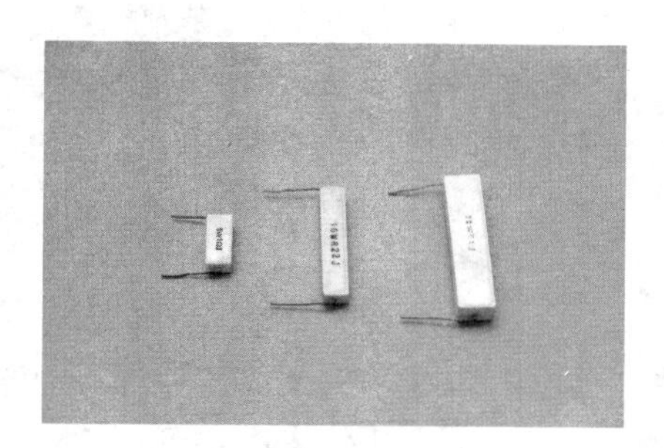

水泥电阻

色环电阻

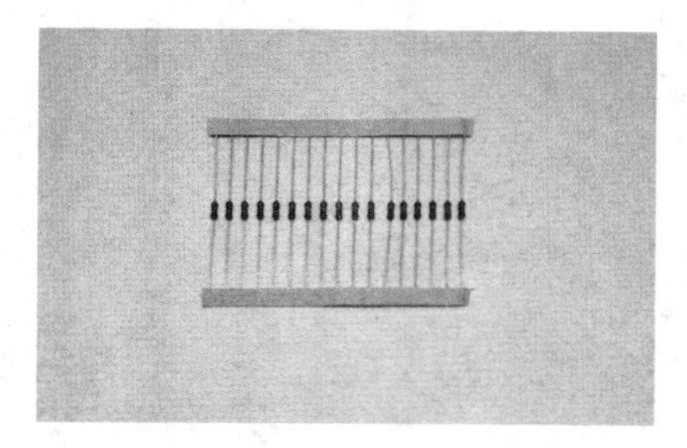

精密电阻

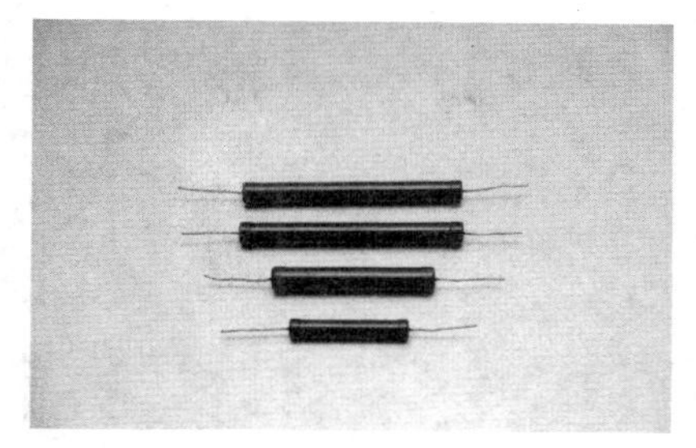

高压高阻电阻

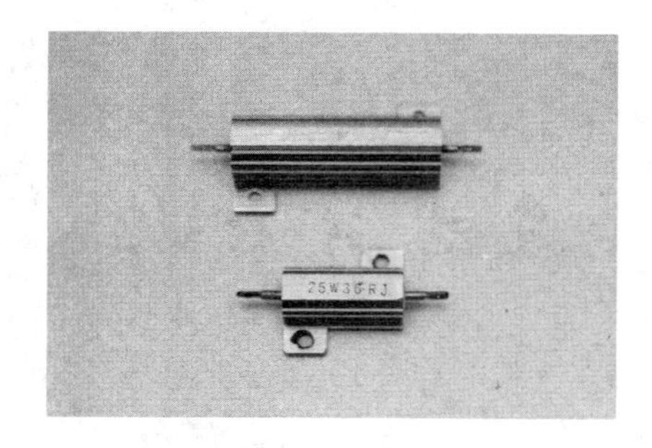

大功率线绕电阻

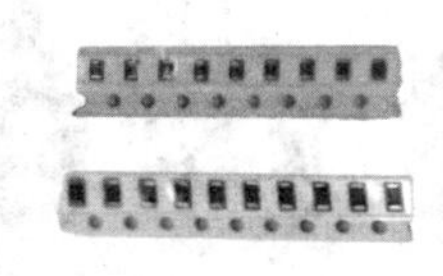

贴片电阻

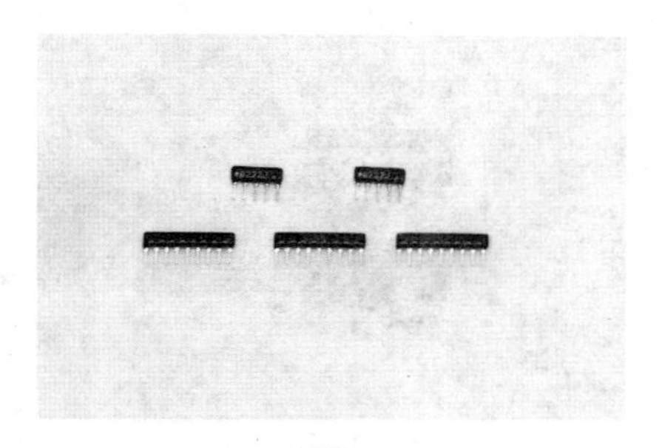

排阻

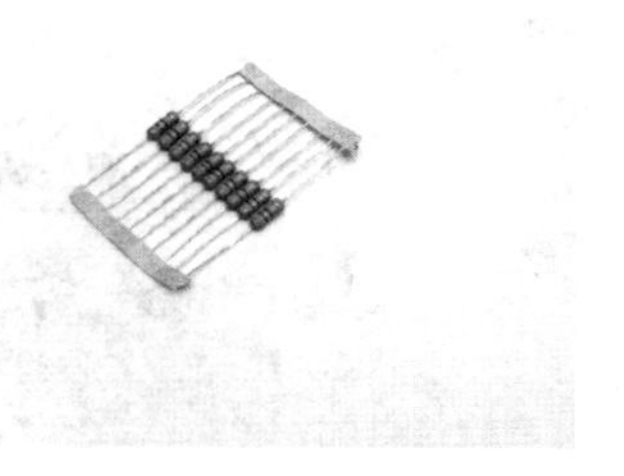

氧化膜电阻

碳膜电阻

实心电位器

普通电位器

精密导电塑料电位器

带开关电位器

微型可变电阻

玻璃釉电位器

线绕多圈电位器

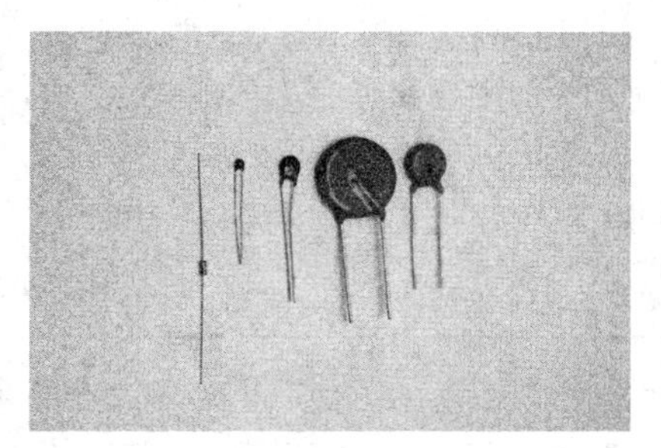

正温度系数电阻

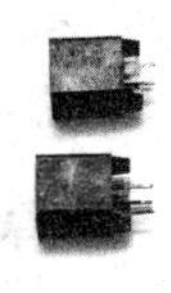

正温度系数电阻

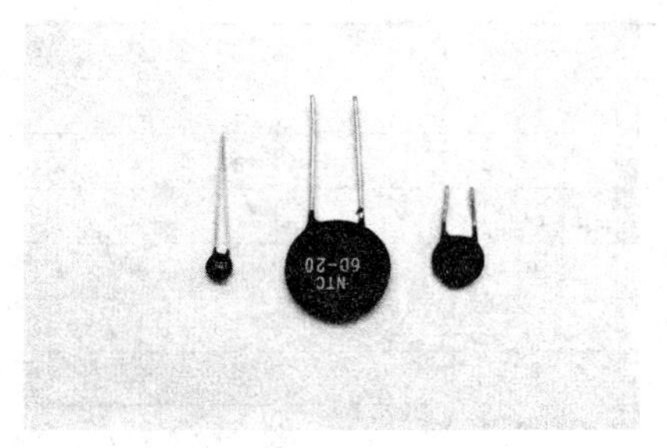

负温度系数电阻

负温度系数电阻

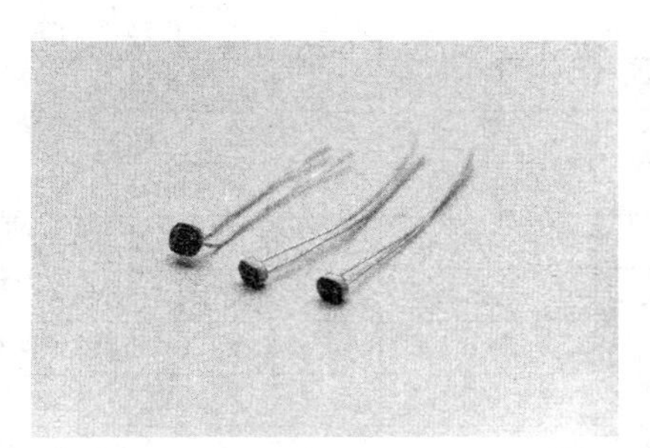

光敏电阻

压敏电阻

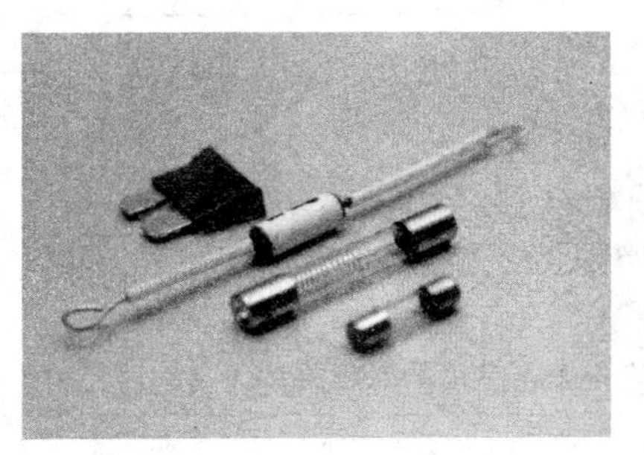

保险丝

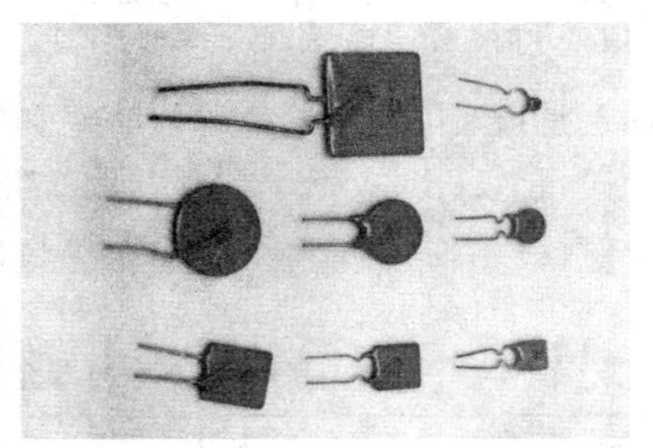

自恢复保险丝

4. 电阻器的主要参数

电阻器的主要参数有：标称值和允许偏差、额定功率、最高工作温度、极限工作电压、稳定性、高频特性、和温度特性等。一般只考虑标称值和允许偏差、额定功率。

（1）电阻器的标称值和允许偏差

标称值是指电阻器上面所标注的阻值。电阻系列有：E6，E12，E24，E48，E96 等。

表 1-1-2　普通电阻器标称阻值系列

系列	E6	E12	E24	E48	E96
允许偏差	±20%	±10%	±5%	±2%	±1%
代码及标称阻值	1.0	1.0	1.0	1.00/1.05	1.00/1.02/1.05/1.07
			1.1	1.10/1.15	1.10/1.13/1.15/1.18
		1.2	1.2	1.21/1.27	1.21/1.24/1.27/1.30
			1.3	1.33/1.40	1.33/1.37/1.40/1.43
	1.5	1.5	1.5	1.47/1.54	1.47/1.50/1.54/1.58
			1.6	1.62/1.69	1.62/1.65/1.69/1.74
		1.8	1.8	1.78/1.87	1.78/1.82/1.87/1.91
			2.0	1.96/2.05	1.96/2.00/2.05/2.10
	2.2	2.2	2.2	2.15/2.26	2.15/2.21/2.26/2.32
			2.4	2.37/2.49	2.37/2.43/2.49/2.55
		2.7	2.7	2.61/2.74	2.61/2.67/2.74/2.80
			3.0	2.87/3.01	2.87/2.94/3.01/3.09
	3.3	3.3	3.3	3.16/3.32	3.16/3.24/3.32/3.40
			3.6	3.48/3.65	3.48/3.57/3.65/3.74
		3.9	3.9	3.83/4.02	3.83/3.92/4.02/4.12
			4.3	4.22/4.42	4.22/4.32/4.42/4.53
	4.7	4.7	4.7	4.64/4.87	4.64/4.75/4.87/4.99
			5.1	5.11/5.36	5.11/5.23/5.36/5.49
		5.6	5.6	5.62/5.90	5.62/5.76/5.90/6.04
			6.2	6.19/6.49	6.19/6.34/6.49/6.65
	6.8	6.8	6.8	6.81/7.15	6.81/6.98/7.15/7.32
			7.5	7.50/7.87	7.50/7.68/7.87/8.06
		8.2	8.2	8.25/8.66	8.25/8.45/8.66/8.87
			9.1	9.09/9.53	9.09/9.31/9.53/9.76

注：电阻值为表中的系数×10^n，式中 n 为整数。

允许偏差是指实际阻值与标称值的差值与标称值之比的百分数。通常有Ⅰ级（±5%），Ⅱ级（±10%），Ⅲ级（±20%）。此外其他的阻值允许偏差与标志的规定见表 1-3。

$$电阻值误差=\frac{实际阻值-标称值}{标称值}100\%$$

表 1-1-3　固定电阻器允许偏差与字母的对应关系

允许偏差±%	标志符号	允许偏差±%	标志符号
0.001	Y	0.5	D
0.002	X	1	F
0.005	E	2	G

续表

允许偏差±%	标志符号	允许偏差±%	标志符号
0.01	L	5	J(Ⅰ)
0.02	P	10	K(Ⅱ)
0.05	W	20	M(Ⅲ)
0.1	B	30	N
0.25	C		

(2)额定功率

额定功率指电阻器在正常大气压及额定温度下，长期连续工作并能满足规定的性能要求时，在电阻上允许消耗的最大功率。

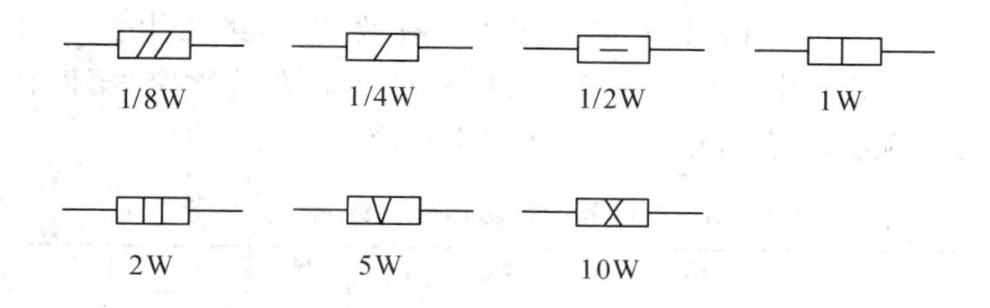

图 1-1-2 电阻功率表示法

表 1-1-4　常用电阻器的额定功率与外形尺寸的对应关系

电阻系列	型号	额定功率/W	外形尺寸/mm	
			最大直径	最大长度
超小型碳膜电阻	RT13	0.125	1.8	4.1
小型碳膜电阻	RTX	0.125	2.5	6.4
碳膜电阻	RT	0.25	5.5	18.5
		0.5	5.5	28.0
金属膜电阻	RJ	0.125	2.2	7.0
		0.25	2.8	8.0
		0.5	4.2	10.8
		1	6.6	13.0
		2	8.6	18.5

表 1-1-5　电阻器额定功率系列

类别	额定功率系列
线绕电阻	0.5,0.75,2,3,4,5,6,6.5,7.5,8,10,16,25,50,75,100,150,250,500
非线绕电阻	0.05,0.125,0.25,0.5,1,2,5,10,25,50,100

(3)电阻器温度系数

温度系数是指温度每变化1℃所引起的电阻值的相对变化量。温度系数越小，阻值的稳定性越好。电阻值随温度的升高而增大称为正温度系数，电阻值随温度的升高而减少称为负温度系数。

5. 电阻器的标识方法

(1)直标法

直标法是用阿拉伯数字和单位符号在电阻器表面直接标出阻值和允许偏差，适用于体积较大的电阻。如：4.7kΩ±5%表示阻值4.7kΩ，允许偏差为5%；RX20-100-510Ω-J，表示线绕电阻，功率100W，阻值510Ω，“J”表示允许偏差为±5%。

(2)文字符号法

文字符号法是用阿拉伯数字和字母有规律的组合来表示标称阻值，其允许偏差也用字母表示。如：2R7K表示2.7Ω±10%；3M3表示3.3MΩ。

(3)色标法

色标法是利用不同颜色的色环在电阻器表面标出标称阻值和允许偏差。色标(环)电阻有三环、四环、五环三种。对于三环电阻，第一、第二环代表有效数字，第三代表×10的几次方，偏差为20%；对于四环电阻，第一、第二环代表有效数字，第三代表×10的几次方，第四环代表允许偏差；对于五环电阻，第一、第二、第三环代表有效数字，第四代表×10的几次方，第五环代表允许偏差；各色环的含义具体规定见表1-1-6。

表1-1-6　电阻器的标称值和允许偏差的色标

颜色	黑	棕	红	橙	黄	绿	蓝	紫	灰	白	金	银	无色
有效数字	0	1	2	3	4	5	6	7	8	9			
偏差±%		1	2			0.5	0.25	0.1			5	10	20
倍率	10^0	10^1	10^2	10^3	10^4	10^5	10^6	10^7	10^8	10^9	10^{-1}	10^{-2}	

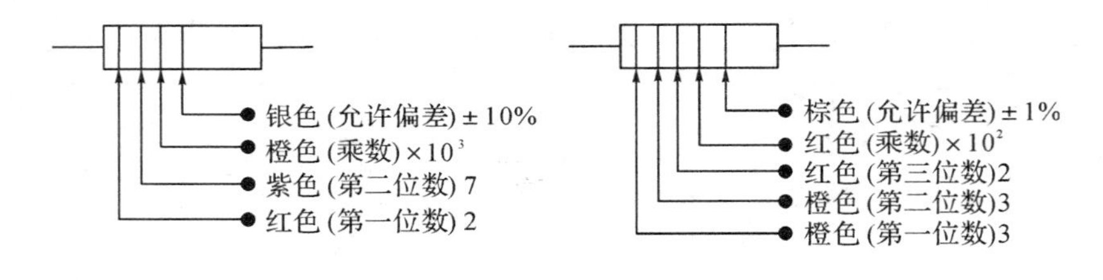

图1-1-3　色环电阻示意图

(4)数码表示法

①数码表示法是在电阻器上用三位数码表示标称值的标注方法。数码从左到右，第一、第二位为有效数；第三位为×10的几次方；特例，第三位为9表示$\times 10^{-1}$，单位为Ω；偏差用字母表示。如223K的电阻器，表示电阻值为22×10^3Ω，允许偏差为±10%；105J表示电阻值为10×10^5Ω，允许偏差为±5%。

②在精密电阻器中通常用四位数字加两位字母(或只有四位数字)的标注方法。数码从左到右，第一、二、三位为有效数；第四位为×10的几次方，单位为Ω；数字后面的第一个字母表示偏差($W=\pm 0.05\%$，$B=\pm 0.1\%$，$C=\pm 0.25\%$，$D=\pm 0.5\%$，$F=\pm 1\%$，$G=\pm 2\%$)，第二个字母表示温度系数($C=50$ppm/℃，$D=25$ppm/℃，$Y=15$ppm/℃，$T=10$ppm/℃，$V=5$ppm/℃)。如6652FD的电阻器，表示电阻值为665×10^2Ω，误差为±1%，温度系数为25ppm/℃；如标示数码为2673，表示电阻值为267×10^3Ω=267kΩ。

③有的电阻器前两位数字用代码表示，第三位用字母表示倍率。如08D表示电阻值为

$118\times10^3\Omega=118k\Omega$。代码意义见表 1-1-2 普通电阻器标称阻值 E96 系列，字母与倍率的对应关系见表 1-1-7 所示。

表 1-1-7　字母与倍率的对应关系

代码字母	A	B	C	D	E	F
倍率	10^0	10^1	10^2	10^3	10^4	10^5
代码字母	G	H	X	Y	Z	
倍率	10^6	10^7	10^{-1}	10^{-2}	10^{-3}	

④标示为“0”或“000”电阻器的电阻值为 0Ω。这种电阻实际是短路线。

6. 电位器

(1)电位器的作用

电位器是可以连续调节电阻值的可调电阻。其主要作用是用来控制分流、分压和变阻。

(2)电位器图形符号与单位

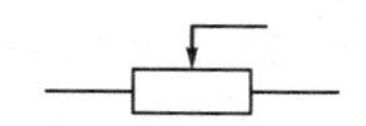

图 1-1-4　电位器图形符号

(3)电位器阻值变化规律

表 1-1-8　电位器阻值变化规律

阻值变化规律	特点	适用场合
直线式(X)	阻值随旋转角度均匀变化。	适用于均匀调节场合，分压电路。
指数式(Z)	电位器开始转动时，阻值变化小；转角接近最大转角端时，阻值变化大。	适用于音量控制电路。
对数式(D)	电位器开始转动时，阻值变化大；转角接近最大转角端时，阻值变化小。	适用于音调控制电路，黑白对比度调节电路。

7. 特殊电阻

(1)热敏电阻器

①正温度系数热敏电阻器又称 PTC 热敏电阻器

PTC 热敏电阻器广泛应用于电气设备的过流保护、电冰箱压缩机启动电路及过热保护，彩色电视机消磁电路及电热驱蚊器等。压缩机启动电路常用热敏电阻器有 MZ01/02/03/04，MZ91/92/93 系列；彩色电视机消磁电路常用热敏电阻器有 MZ71/73/74/75 系列；小功率限流常用热敏电阻器有 MZ2A/2B/2C/2D 等系列。

②负温度系数热敏电阻器又称 NTC 热敏电阻器

NTC 热敏电阻器广泛应用于电冰箱、音响、开关电源、复印机、空调器等。温度检测常用负温度系数热敏电阻器有 MF53、MF57 系列；温度补偿 MF17；MF52 与 MF111 系列适用于－80℃～＋200℃范围的测温与控温电路；MF91～MF96 系列适用于＋300℃以下的测温与控温电路；MF61 与 MF92 系列适用于＋300℃以上的测温与控温电路。

(2)压敏电阻器

压敏电阻器在家用电器及其它电子产品中应用较广泛,用于过压保护、防雷及限幅等作用。有 RM2 系列;MYJ 系列;日本松下 ERZ 系列;MDY、MYL、MYT1 系列;MY、MYP 等系列。选择压敏电阻器的标称电压值为加在其两端电压的 2 倍。

(3)光敏电阻器

光敏电阻器主要应用于各种自动控制装置和光检测设备中。如自动门装置、路灯、应急自动照明、照相机的自动调节及家用电器中。光敏电阻器有 MG 系列。

(4)水泥电阻器

水泥电阻器是一种大功率、小电阻值的电阻器,主要应用于电源系统中起限流作用。

(5)磁敏电阻器

磁敏电阻器是一种磁电转换器件。广泛应用于交流变换器、频率变换器、测量磁场强度、磁卡文字识别等。

(6)湿敏电阻器

湿敏电阻器是一种电阻值随环境相对湿度变化而改变的敏感器件。

(7)气敏电阻器

气敏电阻器是一种能够检测气体浓度和成分,并将其转换为电信号的特殊气体敏感器件,应用于各种可燃体、有害气体及烟雾等方面的检测和自动控制。常用气敏电阻器有 QM 和 QN 系列。

(8)保险电阻器

保险电阻器是一种具有电阻器和熔丝双重作用的特殊的电阻器。通常用文字符号法进行阻值标注,但有些通过色环的颜色表示阻值,见表 1-1-9。

表 1-1-9　保险电阻器不同色环颜色表示的阻值

颜色	阻值/Ω	功率/W	电流/A
黑	10	0.25	3.0
红	2.2	0.25	3.5
白	1	0.25	2.8

表 1-1-10　敏感元件的类别代号和意义

第一部分		第二部分		第三部分						第四部分
符号	含义	代号	含义	代号	含义					
					正温度系数	负温度系数	光敏	压敏		
M	敏感元件	F	负温度系数	1	补偿型	补偿型	紫外光	W	稳压用	
		Z	正温度系数	2	限流型	稳压型	紫外光	G	过压保护	
		G	光敏	3	起动型	微波测量型	紫外光	P	高频型	
		Y	压敏	4	加热型		可见光	N	高能用	
		S	湿敏	5	测温型	测温型	可见光	K	高可靠性	
		C	磁敏	6	控温型	控温型	可见光	L	防雷用	
		L	力敏	7	消磁型		红外光	H	灭弧用	
		Q	气敏	8	线性型		红外光	E	消噪用	
				9	恒温用		红外光	S	元件保护用	

(9)排电阻器

排电阻器是一种按一定规律排列的分立电阻器集成在一起的组合型电阻器，又称集成电阻器。

排电阻器通常都有一个公共端，用一个小白点表示。如 A104J 表示电阻值为 100kΩ ±5%

A 是电路的结构代码，电路的结构代码见表 1-1-11。

表 1-1-11　排电阻器电路结构代码意义

电路结构代码	等效电路	电路结构代码	等效电路
A	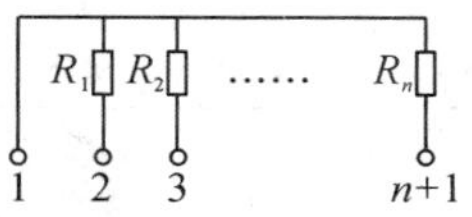 R_1 R_2 …… R_n；1　2　3　$n+1$	B	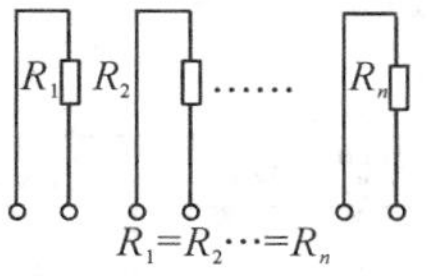 R_1 R_2 …… R_n；$R_1=R_2\cdots=R_n$
C	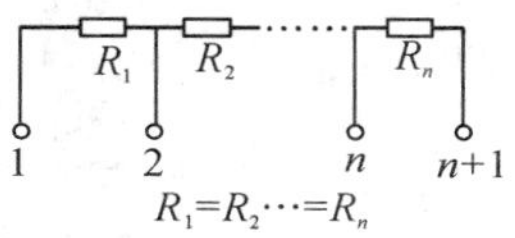 R_1 R_2 …… R_n；1　2　n　$n+1$；$R_1=R_2\cdots=R_n$	D	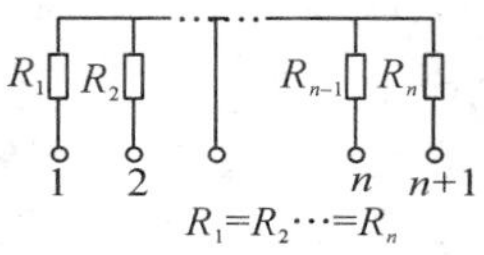 R_1 R_2 …… R_{n-1} R_n；1　2　n　$n+1$；$R_1=R_2\cdots=R_n$

□　□　□　□　□　□　□

第一部分：电路结构代码，用字母 A、B、C、D。

第二部分：引脚数 04-14

第三部分：电阻值代号，E-24 系列，三位数，前二位数表示有效数字，第三位表示倍率 10 的几次方。

第四部分：电阻值允许误差代号(F 表示±1%；G 表示±2%；J 表示±5%)

第五部分：脚距代号(无表示：2.54mm；0.07 表示：1.778mm)

(10)贴片电阻型号命名方法

贴片电阻型号由六部分组成，

□　□　□　□　□　□　□　　□

第一部分：系列代号。

第二部分：尺寸代号。

第三部分：电阻温度系数。

第四部分：电阻值数字代码。

第五部分：电阻值误差。

第六部分：包装方式。

表 1-1-12　贴片电阻型号各种参数意义

第一部分系列代号		第二部分尺寸代号		第三部分温度系数		第四部分电阻值代码	第五部分		第六部分	
代号	系列	代号	尺寸	代号	温度系数≤±ppm/℃		误差代号	误差±%	代号	包装方式
FTR	E-24	02	0402	K	100	E-24系列	J	5	T	编带包装
		03	0603	L	250		0	跨接电阻		
FTM	E-96	05	0805	U	400	E-96系列	F	1	B	塑料盒散包装
		06	1206	M	500		G	2		
说明	电阻值：小数点用R表示，如4R7＝4.7Ω；102＝1kΩ，223＝22kΩ。									

表 1-1-13　贴片电阻封装代码及尺寸

公制代码/mm	英制代码/in	长度/mm	宽度/mm	厚度/mm	额定功率/W
1005	0402	1.0	0.5	0.5	1/16
1608	0603	1.55	0.8	0.4	1/16
2012	0805	2.0	1.25	0.5	1/10
3216	1206	3.1	1.55	0.55	1/8
3225	1210	3.2	2.6	0.55	1/4
5025	2010	5.0	2.5	0.55	1/2
6432	2512	6.3	3.15	0.55	1

1.1.2　电阻器的检测

1. 指针式万用表测线性电阻

(1)指针式500型万用表测线性电阻要点

①万用表水平放置。

②先机械调零。

③选择面板上合适的转换开关。选择功能(Ω)、合适的倍率($R\times1$；$R\times10$；$R\times100$；$R\times1\text{k}$；$R\times10\text{k}$)，使表针指在$\frac{R_{中}}{4}\sim4R_{中}$之间，MF500型万用表$R_{中}=10$。

④将红表笔插入"+"插孔，将黑表笔插入"*"插孔。

⑤欧姆挡电阻调零。将红、黑表笔短接，调节面板"Ω"电位器，使表针指在"0Ω"处。每更换一个倍率挡必须重新调零，调零时间尽量短，以减少表内电池能耗。

⑥测量电阻。两表笔分别接触电阻两端。

⑦测量值＝读数×倍率。电阻挡刻度是不均匀的，且刻度数是从右到左由小值到大值排列。

(2)指针式万用表测线性电阻注意事项

①严禁带电测量电阻。

②测量时双手不可并联电阻两端，尤其是测量几十千以上的电阻器。

③在路测量电阻应焊下电阻器的一端。

④表内电池极性与表笔的正负极性相反。即黑表笔与表内电池正极相接，红表笔与表内电池负极相接。

⑤测量完毕，转换开关置于空挡（即“·”）或最高电压挡。

2. 数字式万用表测线性电阻

(1)数字式万用表测线性电阻要点

① 将红表笔插入“+”插孔，将黑表笔插入“COM”插孔。

② 将功能开关置于“Ω”相应的量程。

③ 按下数字式万用表的电源开关“ON”，两表笔分开或电阻值超程时，液晶屏上显示“1”，两表笔短接时，液晶屏上显示“0.00Ω”。

④ 测量电阻。两表笔分别接触电阻两端，液晶屏上显示出被测电阻值。

(2)数字式万用表测线性电阻注意事项

①如果被测电阻值超出量程时，液晶屏上将显示溢出符号“1”，应换成更高量程进行测量。

②数字式万用表设有“200MΩ”挡。该挡存在1MΩ的固定误差，对4 1/2数字万用表，两表笔短接时，液晶屏上显示1000个字，在测量中应从计数中减去1000个字。

③使用“200Ω”挡时，先将两表笔短接时，液晶屏上显示表笔线的电阻值，在实测中应减去这电阻值（一般为0.1～0.3Ω），才是实际电阻值。

④表内电池极性与表笔的正、负极性相同。即红表笔与表内电池正极相接，黑表笔与表内电池负极相接。

⑤测量时双手不可并联电阻两端，

⑥严禁带电测量电阻。

1.1.3　电阻器的选用

1. 电阻的特点和应用

由于电阻的种类多，性能差异大，应用范围各不相同，因此，全面了解各类电阻的性能特点，正确选用电阻，对电子设备整机设计的合理性起较大的作用。

表1-1-14　电阻的特点和应用

分　类	名称/阻值及功率	特　点	应　用
薄膜类电阻	金属膜电阻 RJ 1Ω～1000MΩ 0.125～25W	耐热，稳定性及温度系数都优于碳膜电阻，体积小，高频响应快。	数百MHz的高频电路
	金属氧化膜电阻 RY 1Ω～200kΩ 0.125W～50kW	脉冲、高频和和过负荷性好，抗氧化性和热稳定性优于金属膜。	数百MHz的高频电路
	碳膜电阻 RT 5.1Ω～10MΩ 0.125～10W	负温度系数，脉冲负荷稳定，高频特性好，价格低。	交流、直流、脉冲电路
合金类电阻	精密线绕电阻 RX 0.1Ω～5MΩ 0.125～500W	噪声低，线性度高，温度系数小，稳定性高，工作温度达300℃。	低于50kHz的电路。大功率，高稳定性，高温、高精度工作场合，电子设备整机调试
	功率型线绕电阻 RX 0.15Ω～390kΩ 2～200W	具有线绕电阻的特点，功率大可承受大的负荷。	

续表

分　类	名称/阻值及功率	特　点	应　用
合金类电阻	合成实芯电阻 RS 4.7Ω～22MΩ 0.25～2W	机械强度高，过载能力强。	几十 MHz 电路中，用于高电压大电流
	合成膜电阻 RH 10MΩ～1000GΩ 0.25～5W	阻值范围宽，耐压达 35KV。	用于高压电器
	玻璃釉电阻 RI 4.7Ω～200MΩ 5～500W	耐温、耐湿、稳定性好，阻值范围宽，噪声小、高频特性好。	高频电路，低温度系数
	排（集成）电阻 B-YW 51Ω～33kΩ	高精度，高稳定性，低噪声，温度系数小，高频响应快。	计算机、仪器仪表，A/D 及 D/A 等电路。

2. 选用电阻器时，根据以下五个方面进行选择

(1)功率确定。选用电阻器的额定功率应是计算值的 1.5～2 倍，以保证长期可靠工作。

(2)温度系数选择。应考虑温度系数对电路中电阻值的影响，根据电路的工作特点来选择正温度系数或负温度系数的电阻。

(3)应考虑电阻器精度、非线性及噪声是否符合电路的要求。

(4)应考虑电路的工作环境、可靠性和经济性等要求。

(5)注意极限工作电压。每个电阻的工作电压应小于其极限工作电压，否则容易烧坏电阻。电阻器的极限工作电压计算公式为 $U=\sqrt{PR}$

P-电阻器的额定功率，单位为 W。

R-电阻器的电阻值，单位为 Ω。

U-电阻器的极限工作电压，单位为 V。

3. 电阻器的选用

(1)对于一般电子设备，可以选用合成电阻和碳膜电阻；对于高品质的扩音机、电视机选用金属膜电阻和线绕电阻器；对于仪表、仪器等测量电路选用精密电阻；对于高频电路选用无感电阻。

(2)功率的选择

选用电阻器的额定功率为实际消耗功率的两倍左右。

(3)代用

大功率的电阻可代小功率的电阻；金属膜电阻可代碳膜电阻。

4. 电位器的选用

对于一般电子设备，可以选用合成实芯电位器或碳膜电位器；对于大功率和高温场合可选用线绕或金属玻璃釉电位器；要求高精度的场合可选用线绕或精密合成碳膜电位器；要求高分辨率的场合可选用多圈电位器；要求高频、高稳定性场合可选用薄膜电位器；要求精密、可微调场合可选用带慢轴调节机构的微调电位器等。

1.2　电容器

1.2.1　电容器的识别

电容器用字母C表示。顾名思义,是“装电的容器”,是一种容纳电荷的器件。

1. 电容器的作用

电容器是电子设备中必不可少的重要元件,是一种储能元件,具有“通交隔直”,广泛应用于振荡电路、调谐电路、滤波电路、耦合电路、旁路电路、降压电路等。

图1-2-1　电容器图形符号

2. 电容器图形符号与单位

电容器容量的基本单位名称为法拉,用符号“F”表示。常用单位:法(F)、毫法(mF)、微法(μF)、纳法(nF)及皮法(pF)等。它们之间的换算关系是:

$$1F=1000mF=10^6\mu F=10^9nF=10^{12}pF$$

$$1mF=1000\mu F$$

$$1\mu F=1000nF$$

$$1nF=1000pF$$

3. 电容器的型号命名方法

常用电容器的型号一般由下列四部分组成。

□	□	□	□
主称	电容器介质材料	分类	序号

第一部分:产品主称,用字母C表示。

第二部分:电容器介质材料,用字母表示,见表1-2-1。

第三部分:特征分类,用数字或字母表示。

第四部分:序号,用数字表示,以区分产品外形尺寸和性能指标。

举例:CCG1型表示高功率瓷介电容器,其中“C”表示电容器,“C”表示高频陶瓷,“G”表示高功率,“1”表示序号。

CA11A型表示钽箔电解电容器。其中“C”表示电容器,“A”表示钽电解,“1”表示箔式,“1”表示序号,“A”区别代号(当在企业标准之间存在大同小异时才采用)。

CBB10型表示聚丙烯电容器,其中“C”表示电容器,“BB”表示聚丙烯,“1”表示非密封,“0”表示序号。

表 1-2-1　电容器型号中数字和字母代码的意义 GB2470-81

主称		介质材料		类型				
					意　义			
符号	意义	符号	意义	符号	瓷介	云母	电解	有机
C	电容器	C	高频陶瓷	0	—	—	—	—
		T	低频陶瓷	1	圆形	非密封	箔式	非密封
		I	玻璃釉	2	管形	非密封	箔式	非密封
		O	玻璃膜	3	叠片	密封	烧结粉非固体	密封
		Y	云母	4	独石	密封	烧结粉固体	密封
		V	云母纸	5	穿心	—	—	穿心
		Z	纸介	6	支柱	—	—	—
		J	金属化纸	7	—	—	无极性	—
		Q	漆膜	8	高压	高压	—	高压
		H	纸膜复合	9	—	—	特殊	特殊
		D	铝电解	G	高功率	—	—	—
		A	钽电解	W	微调	—	—	—
		N	铌电解	T	叠片式			
		G	合金电解	D	低压			
		E	其他材料电解	J	金属膜			
		L**	聚酯(涤纶)等极性有机薄膜					
		B*	聚苯乙烯等非极性有机薄膜					

注意：* ①用B表示聚苯乙烯外其它非极性有机薄膜时，在B后面再加一字母区分具体材料。例如聚四氟乙烯用“BF”表示，聚丙烯用“BB”表示等。区分具体材料的字母由型号管理部门确定。

** 用L表示除聚酯外其它极性有机薄膜材料时，在L后面再加一字母区分具体材料。例如“LS”表示聚碳酸酯。区分具体材料的字母由型号管理部门确定。

部分电容器实物照片

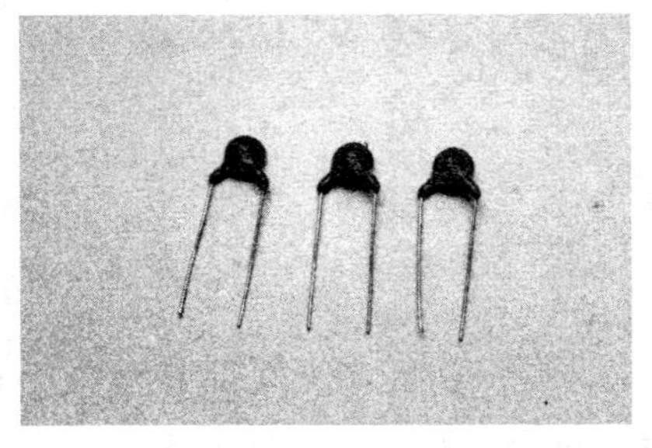

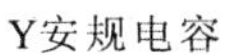

Y安规电容

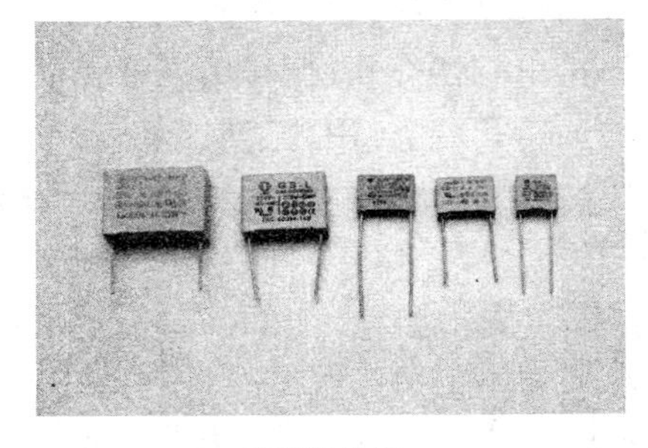

X安规电容

法拉电容

贴片电解电容

空气介质双联可变电容器

金属化纸介电容器

半可变电容器

薄膜介质可变电容器

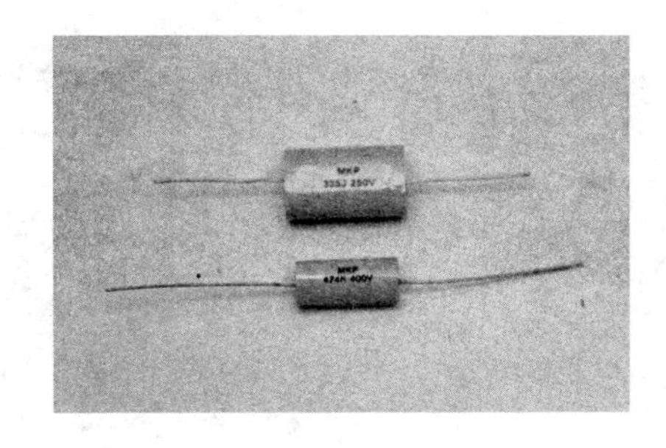

交流轴向(聚苯乙烯)电容

直流轴向电容

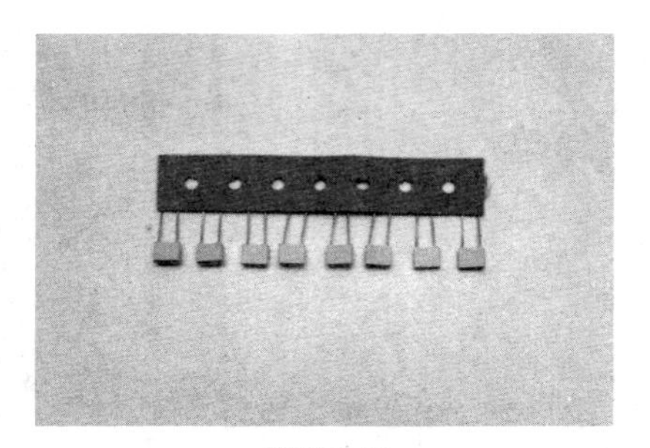
校正电容

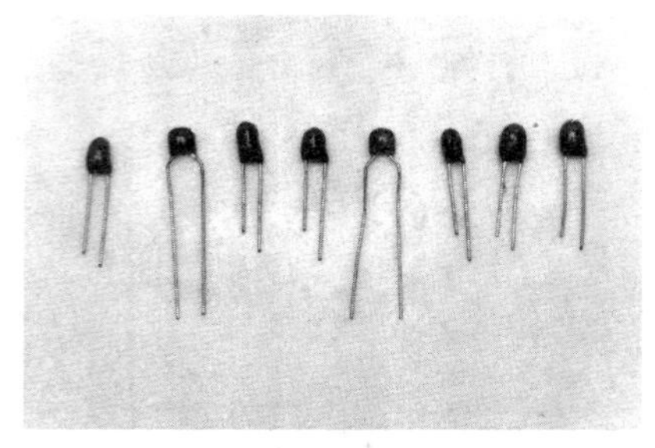
钽电容

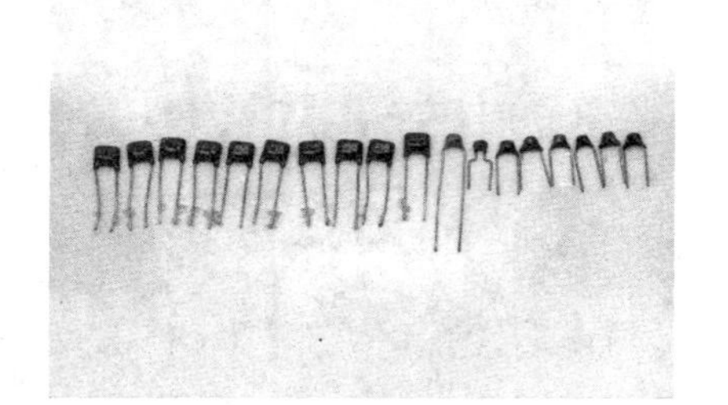
独石电容

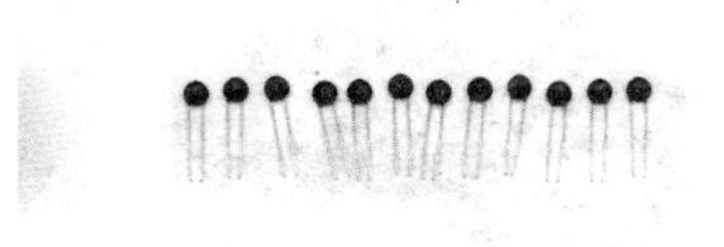
高频瓷介电容

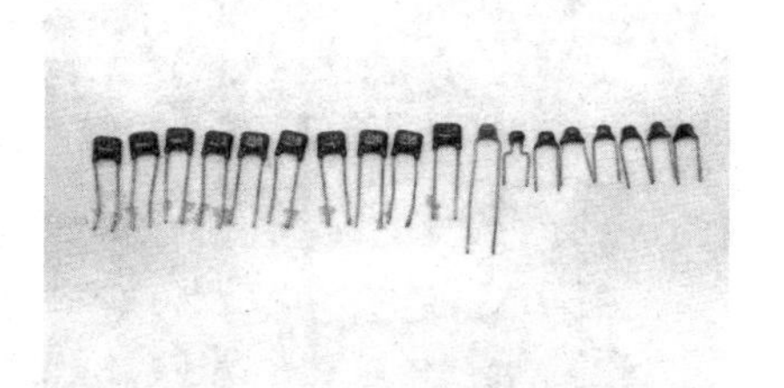
独石电容

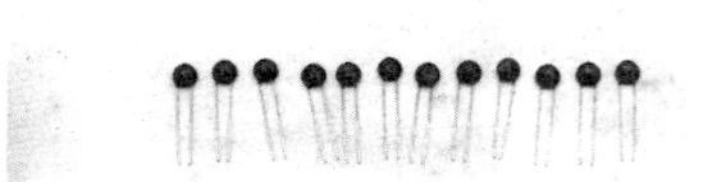
高频瓷介电容

高压瓷片电容

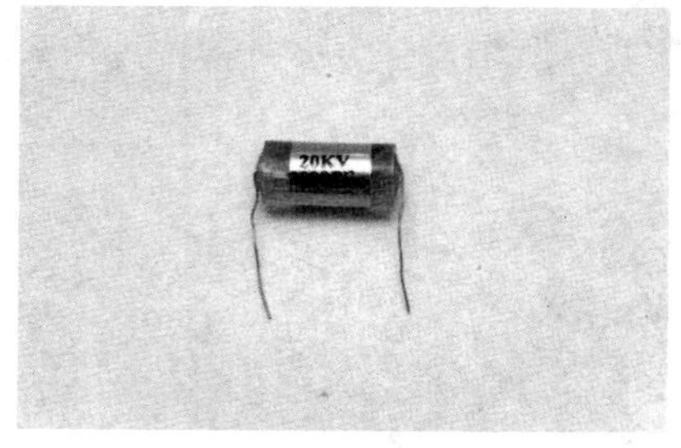

高压电容

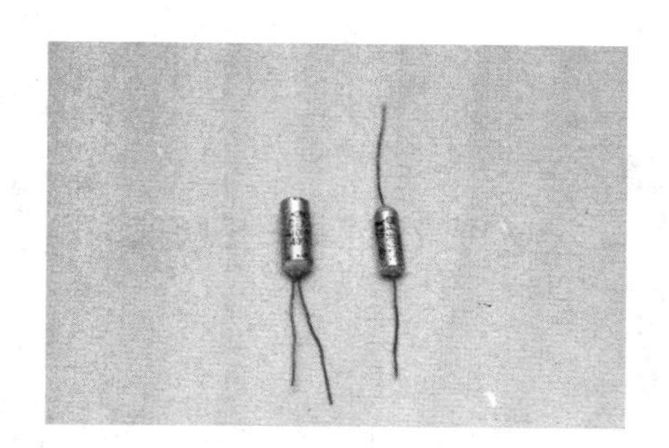

纸介电容

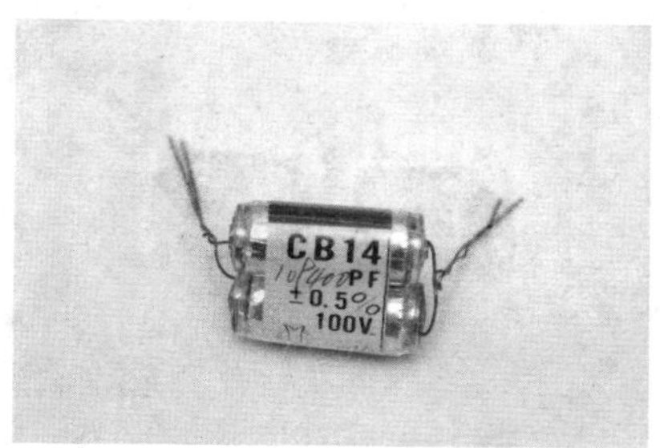

精密电容

铝电解电容

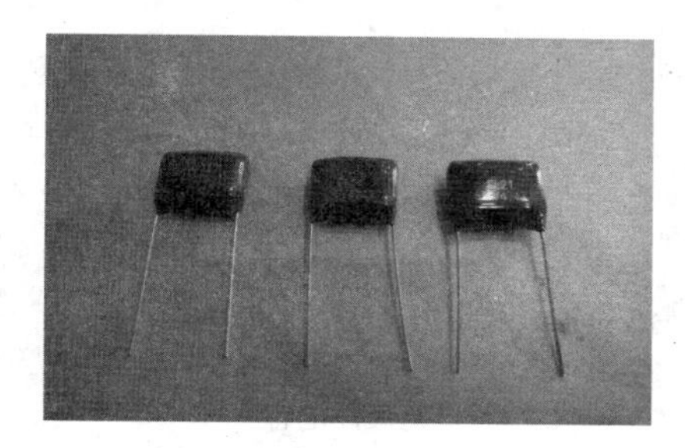

聚酯电容

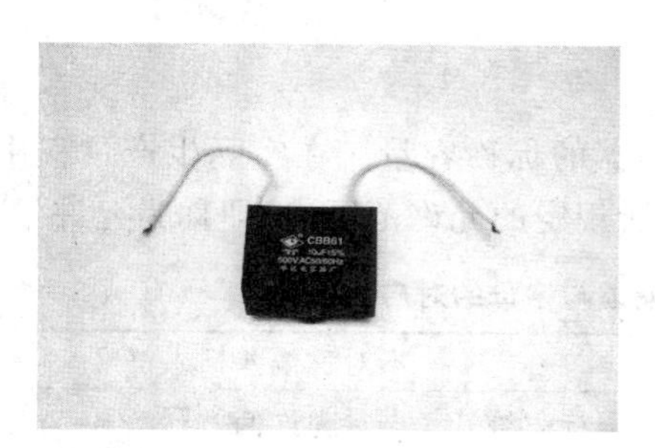

聚丙烯电容

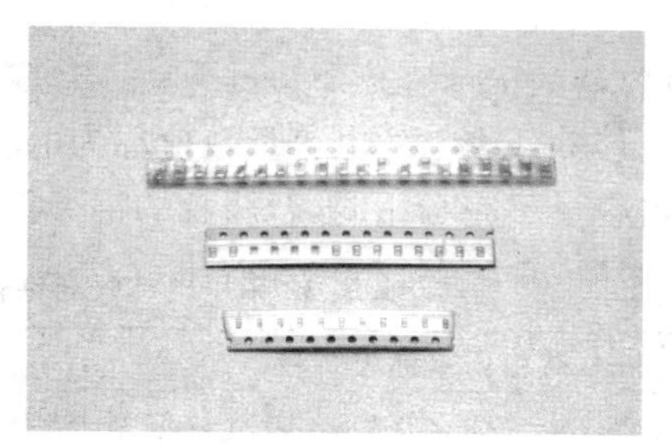

贴片电容

纸膜复合电容

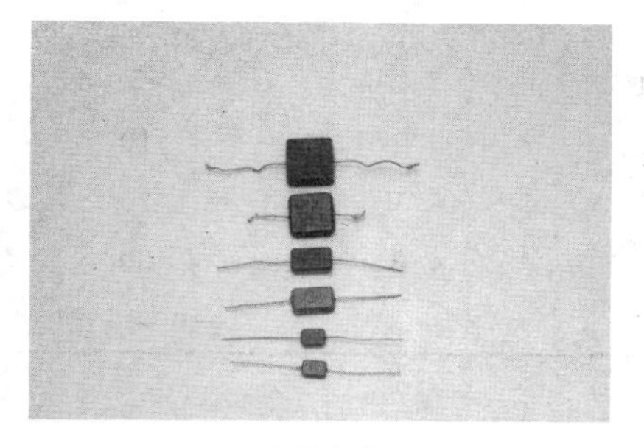

云母电容

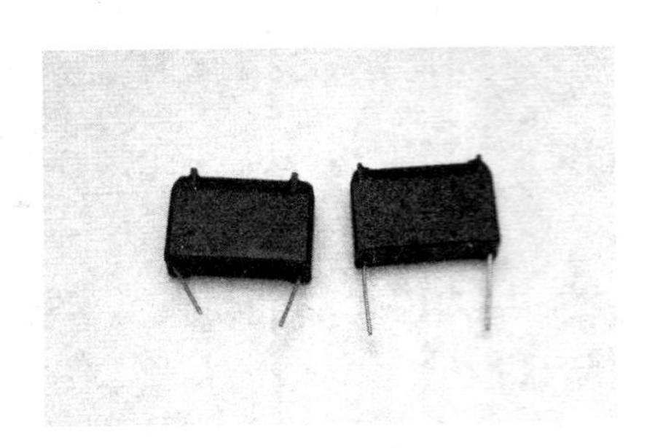

电磁炉电容

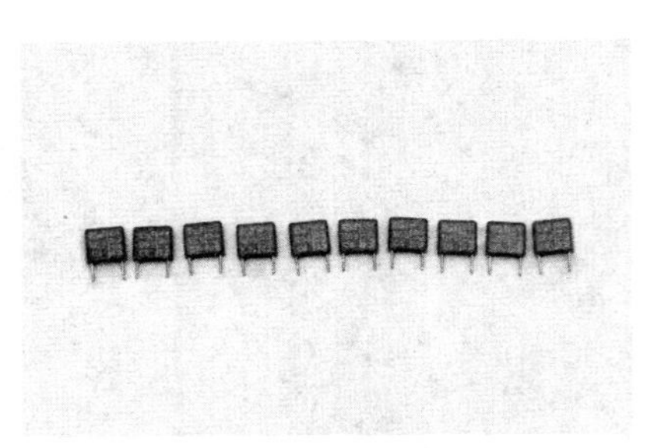

威玛电容

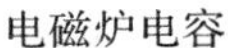

无极性电容

无极性电容

4. 电容器的主要参数

电容器的主要参数有:标称容量、允许偏差、额定工作电压(又称耐压)、绝缘电阻及其损耗等。

(1)电容器的标称容量

标在电容器外壳上的电容量数值称为电容器的标称容量。在实际生产过程中,生产出来的电容器容量不完全相同,若两者的偏差在所规定的允许范围内,即称为允许偏差。

表 1-2-2　电容器允许偏差与字母的对应关系

对称偏差标志符号			不对称偏差标志符号		
允许偏差±%	标志符号	允许偏差±%	标志符号	允许偏差%	标志符号
0.001	X	0.5	D	－10～＋100	R
0.002	Y	1	F	－10～＋50	T
0.005	E	2	G	－10～＋30	Q
0.01	L	5	J	－20～＋50	S
0.02	P	10	K	－20～＋80	Z
0.05	W	20	M		
0.1	B	30	N		
0.25	C	－0～＋100	H		

表 1-2-3 固定电容器标称容量及允许偏差

系列	E3	E6	E12	E24	E48
允许偏差	≥±20%	±20%(Ⅲ级)	±10%(Ⅱ级)	±5%(Ⅰ级)	±2%
标称容量	1.0	1.0	1.0	1.0	1.00/1.05
				1.1	1.10/1.15
			1.2	1.2	1.21/1.27
				1.3	1.33/1.40
		1.5	1.5	1.5	1.47/1.54
				1.6	1.62/1.69
			1.8	1.8	1.78/1.87
				2.0	1.96/2.05
	2.2	2.2	2.2	2.2	2.15/2.26
				2.4	2.37/2.49
			2.7	2.72.7	2.61/2.74
				3.0	2.87/3.01
		3.3	3.3	3.3	3.16/3.32
				3.6	3.48/3.65
			3.9	3.9	3.83/4.02
				4.3	4.22/4.42
	4.7	4.7	4.7	4.7	4.64/4.87
				5.1	5.11/5.36
			5.6	5.6	5.62/5.90
				6.2	6.19/6.49
		6.8	6.8	6.8	6.81/7.15
				7.5	7.50/7.87
			8.2	8.2	8.25/8.66
				9.1	9.09/9.53

(2)额定工作电压(又称耐压)

额定工作电压是指电容器在电路中长期可靠地工作所允许加的最高电压。如果电容器工作在交流电路中,则交流电压的峰值不得超过额定工作电压。国家对电容器的额定工作电压系列作了规定。

表 1-2-4 电容器额定工作电压系列 (单位:V)

1.6	4	6.3	10	16
25	(32)	40	(50)	63
100	(125)	160	250	(300)
400	(450)	500	630	1000
1600	2000	2500	3000	4000
5000	6300	8000	10000	15000
20000	25000	30000	35000	40000
45000	50000	60000	80000	100000

注:表中括号仅为电解电容器所用

表 1-2-5 电容器的耐压标示方法 (单位为“V”)

坐标	0	1	2	3	4
A	1.0	10	100	1000	10000
B	1.25	12.5	125	1250	12500
C	1.6	16	160	1600	16000
D	2.0	20	200	2000	20000
E	2.5	25	250	2500	25000
F	3.15	31.5	315	3150	31500
G	4.0	40	400	4000	40000
H	5.0	50	500	5000	50000
J	6.3	63	630	6300	63000
K	8.0	80	800	8000	80000
Z	9.0	90	900	9000	90000

举例:① 2E=250V;② 3A=1000V;③1J=63V

5. 电容器的标识

(1)色标法

色标法是指用不同色点或色带在外壳上标出电容量及允许偏差的标志方法。原则上与电阻器的色标法相同,单位为 pF。如:红红棕金,表示电容量为 220pF,允许偏差为±5%。

表 1-2-6 电容器的标称值和允许偏差的色标

颜色	黑	棕	红	橙	黄	绿	蓝	紫	灰	白	金	银	无色
有效数字	0	1	2	3	4	5	6	7	8	9			
偏差±%		1	2			0.5	0.25	0.1		+50 −20	5	10	20
10^n 的幂数	1	10	10^2	10^3	10^4	10^5	10^6	10^7	10^8	10^9	10^{-1}	10^{-2}	
耐压/V		100	200	300	400	500	600	700	800	900	1000	2000	
电解电容耐压/V	4	6.3	10	16	25	32	40	50	63				

注:①工作电压色标只适用于小型电解电容器。

②电容量单位为 pF。

(2)文字符号法

文字符号法是指将参数和技术性能用阿拉伯数字和字母有规律的组合标注在电容器上。通常将电容量的整数部分写在单位标志符号前面,小数部分写在单位标志符号后面。见表 1-2-7。

表 1-2-7 电容器文字符号及其组合示例

标称容量	文字符号	标称容量	文字符号
0.68 pF	P68	0.47μF	470n
1pF	1P	4.7μF	4μ7
3.3pF	3P3	330μF	330μ
3300pF	3n3	4700μF	4m7
47000pF	47n	33000μF	33m

(3)直标法

直标法是利用数字和文字符号在产品上直标标出电容器的标称容量及允许偏差、工作电压和制造日期等。如 0.22μF±10%。

(4)国外电容器的规格与标志

①标单位的直接表示法,在数字前寇以 R(表示小数点)如:R56μF=0.56μF

②不标单位的直接表示法,如 3=3pF,2200=2200pF

③数码表示法,通常为三位数,从左算起,第一、第二为有效数字位,第三位为倍率,表示 10 的几次方,单位为 pF。如 $103=10\times10^3$pF,$224=22\times10^4$pF,特例:第三位数是 9 表示$\times10^{-1}$,如 $229=22\times10^{-1}=2.2$pF,

1.2.2　电容器的检测

1. 指针式万用表测量电容器

(1)10000 pF 以下固定电容器的检测。只能用万用表定性测量其是否漏电、内部短路或击穿现象。用 R×10kΩ 挡,两表笔分别接电容的两个引脚,阻值应为∞;如果测出阻值较小,说明电容器已坏。

(2)10000 pF 以上固定电容器的检测。用 R×10kΩ 挡直接测试电容器有无充电现象,根据表针偏转角度的大小来估计电容量。表针向右偏转角度越大,电容量则越大;反之,则小。正常时,用 R×10kΩ 挡直接测试电容器,表针向右偏转一下,立即向左返回∞位置。如果表针向右偏转不能向左返回∞位置,说明电容器漏电或击穿短路。

表 1-2-8　实测电容量与表针向右偏转位置(仅供参考)

标称电容量/μF	0.01	0.047	0.1	0.47	1.0	4.7
UT802 数字万用表/μF	0.099	0.039	0.094	0.46	0.738	3.88
MF500 万用表(R×10k 挡)	1000	500	300	150	70	18
MF-47 万用表(R×10k 挡)	4000	1000	400	80	44	13

(3)电解电容器的检测

①电容器的容量与万用表的挡位选择

②电解电容器极性确定

电解电容器的介质是一层极薄的附着在金属板上的氧化膜,氧化膜具有单向导电性。

先对电解电容器放电,将万用表(R×10k 挡)的两表笔任接电解电容器的引脚,记下读数;然后对电解电容器放电,交换两表笔再测量;比较两次读数,电阻值较大的这一次,黑表笔所接的引脚为正极,红表笔所接的引脚为负极。

③测试注意事项:测量前先对电解电容器进行放电(电容器两引脚短接一下)。

(4)交流电容器的检测

用万用表的交流挡测出通过电容器的电流和加在电容器两端的电压,根据公式 $C=3185\dfrac{I(\mathrm{A})}{U(\mathrm{V})}\mu\mathrm{f}$ 计算其电容量。

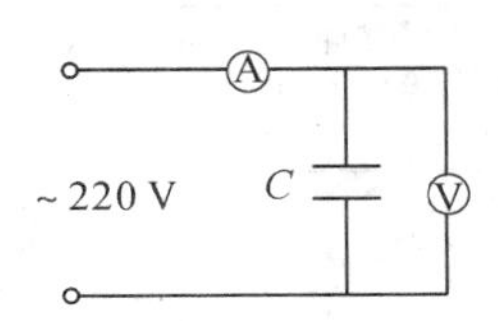

图 1-2-2　测量电容量电路

(5)测量电容时注意事项

①双手不可同时接触电容器两个引脚

②被测电容先放电后测量。

表1-2-9　实测电容量与表针向右偏转位置(仅供参考)

标称值/μF	电容表测量值/μF	万用表档位	MF-47万用表向右摆动位置(黑表笔接电容正极)	MF500万用表向右摆动位置(黑表笔接电容正极)
1.0	1.0	R×10kΩ	44	70
2.2	2.3		24	34
3.3	3.2		20	26
4.7	4.6		13	18
10	9.9	R×1kΩ	45	70
22	22		26	36
33	33		17	26
47	42.5		15	21
100	88	R×100Ω	50	70
220	203		26	37
470	420		14	22
1000	950		7	11
4700	5600	R×10Ω	13	18
10000/16V	9350		8	12
10000/50V	8775		7	12
15000/63V			6	9

2. 数字式万用表测量电容器

(1)测量电容器的操作方法

①将转换开关置于"电容"挡,并根据被测电容量的大小,选择合适的量程。

②将被测电容插入电容测试座。

③将POWER开关按下。

④在液晶屏上即可显示电容量值。

(2)使用电容挡注意事项

①被测电容先放电后测量,以免损坏仪表。

②测量大电容时稳定读数需要一定时间。

1.2.3　电容器的选用

1. 常用电容器的特点与应用

电容器的种类多,性能指标差异大。因此,全面了解各类电容器的特点与应用,正确选择和使用电容器,对于电子设备整机设计合理性和可靠性关系很大。

表1-2-10　电容器的特点和应用

名　称	型号	主要参数	特　点	应　用
聚酯(涤纶)	CL	100p～100μ 63～630V	体积小,耐热、耐湿,无感特性;损耗大,电参数稳定性差。	稳定性和损耗要求不高的电路,电路级间耦合。
聚苯乙烯	CB	100p～1μ 100V～30kV	容量稳定,低损耗;体积较大,耐温低。	稳定性和损耗要求较高的电路。
聚丙烯	CBB	1n～30μ 63V～2kV	体积小,低损耗,耐温高,自愈能力好,稳定性略差。	代替聚苯或云母电容,用于家用电器。

续表

名　称	型号	主要参数	特　点	应　用
云母	CY	10p～51n 100V～7kV	高稳定性，高可靠性，温度系数小，介质损耗小。	高频振荡、脉冲等要求较高的电路
高频瓷介	CC	1p～4.7n 63～500V	高频损耗小，稳定性好。	用于高频电路中，调谐、振荡电路。
低频瓷介	CT	10p～4.7μ 50 ～100V	体积小，价格低，损耗大，稳定性差。	要求不高的低频电路。
玻璃釉	CI	10p～0.1μ 63～400V	耐高温（200℃）、抗潮湿、损耗小。	脉冲、耦合及旁路等电路。
铝电解	CD	0.47～10000μ 6.3～450V	体积小，容量大，损耗大，漏电大。	低频电路。用于滤波、耦合及旁路等电路。
钽电解	CA	0.1～1000μ 6.3～1 25 V	损耗低、漏电小、频率特性好、电性能稳定。	长延时电路及要求较高的电路中代替铝电解电容。
铌电解	CN			

2. 电容器的选用原则

(1)选择合适的型号

在低频耦合、旁路等场合，电气特性要求较低时，选择纸介、涤纶和电解电容器；在高频电路和高压电路中，选择云母和瓷介电容器；在调谐电路中，选择空气介质或小型密封可变电容器；在电源和退耦电路中，选择电解电容器。

(2)合理选择电容器的额定电压

选用电容器的额定电压应高于电路中实际加在电容器两端电压的1～2倍。对于电解电容器，特别是液体电解电容器，使电容器两端的实际电压等于所选电容器的额定电压的50%～70%，否则将造成电容量下降。

(3)合理选择电容器的精度

不同的电路对电容器的精度要求也不同，在退耦、低频耦合等电路对电容量的要求并不严格，选用电容量比实际略大。但在振荡、延时、定时等电路中，电容量与设计值应选择误差小于5%；在各种滤波和网络电路中，对电容量的要求非常精确，选用误差小于1%的电容器。

(4)合理选择损耗因数

在高频电路和对信号的相位要求较高的电路，应考虑其损耗因数的大小。

(5)考虑电容器的体积、成本及环境因数。

(6)电解电容器选择

①在50Hz、常温下，铝电解电容器的电容量与电流的关系可取每安培1000μF。

②开关电源滤波元件采用四端头高频铝电解电容器。

③单相交流电动机启动用双极性电解电容器(外壳上有BP字母)。

1.3　电感器

电感器又叫电感线圈，用字母L表示。是一种常用的电子元件。它是由绝缘的导线绕制成一定圈数的线圈，我们将这个线圈称为电感线圈或电感器，简称为电感。常见有两大类，一类是应用自感作用的自感线圈，另一类是应用互感作用的变压器。

1.3.1　电感器的识别

1. 电感器的作用

利用自感作用的自感线圈，在电路中主要起滤波、谐振、储能、延迟和补偿等作用；变压器在电路中主要起变压、耦合、匹配、选频等作用。

2. 电感器图形符号与单位

图1-3-1　电感器图形符号

电感量L最基本的单位是亨利，用字母“H”表示，常用有毫亨(mH)和微亨(μH)，它们之间的关系是：

1H＝1000mH

1mH＝1000μH

3. 电感器的型号命名方法

电感器的型号一般由下列四部分组成：

□　　□　　□　　□

主称　特征　型式　区别代号

第一部分：主称，用字母表示，其中L代表电感线圈，ZL代表阻流圈。

第二部分：特征，用字母表示，如G代表高频。

第三部分：型式，用字母表示，如X代表小型。

第四部分：区别代号，用数字或字母表示，如字母A、B、C、D等。

如LGX表示小型高频电感线圈。

4. 电感器的主要参数

(1)电感量

电感量是表述载流中磁通量大小与电流关系的物理量。电感线圈电感量的大小与线圈的匝数、线径、绕制方法及芯子的介质材料有关。

(2)允许偏差

允许偏差是指电感器上标称的电感量与其实际电感量的允许误差值。

电感器的允许误差一般分为3级，Ⅰ级为±5%，Ⅱ级为±10%，Ⅲ级为±20%。

用于振荡或滤波等电路中的电感量精度要求较高，允许误差为±(0.2%～0.5%)。

用于高频阻流、耦合等电路中的电感量精度要求不高,允许误差为±(10%~15%)。

(3)品质因数

品质因数(Q)是衡量电感线圈质量的一个主要参数。它是指线圈在交流电某一频率下工作时,线圈所呈现出的感抗和线圈的直流电阻的比值。品质因数大小与线圈的匝数、线径、绕制方法及介质损耗等有关,反映电感线圈损耗的大小,Q值越高,损耗越小,电路效率越高。

(4)分布电容

分布电容是指线圈的匝与匝之间,多层线圈的层与层之间,绕组与屏蔽罩之间都存在分布电容,分布电容的存在使品质因数下降,电路工作稳定性降低。

(5)额定电流

额定电流是指电感线圈在正常工作时所允许通过的最大电流。其大小与线圈的线径有关。

5. 电感器的标识方法

(1)直标法

直标法是指在小型电感器的外壳上直接用数字和文字标出电感量、允许偏差、最大工作电流等主要参数。其中最大工作电流常用字母 A、B、C、D、E 等标注,见表 1-3-1。

表 1-3-1 小型电感器的工作电流和字母关系

字 母	A	B	C	D	E
最大工作电流/mA	50	150	300	700	1600

例如:电感器的外壳上标有 4.7mHBⅡ等字样,则表示其电感量 4.7mH、允许偏差±10%、最大工作电流为 150 mA ;560μHK 则表示其电感量 560μH、允许偏差±10%。

(2)色标法

色标法是指在电感器的外壳上标有各种不同颜色的色环(或点),用来标注其主要参数。其色环(或点)标注的意义、颜色和数字的对应关系与色环电阻标识法相同,单位为微亨(μH)。

(3)数码表示法

数码表示法就是用数字来表示电感器电感量的标称值,通常为三位数,从左算起,第一、第二为有效数字位,第三位为×10 的几次方,单位为 μH。电感量单位后面用一个英文字母表示其允许偏差。例如:"224J"表示电感量为 22×10^4 μH,允许偏差为±5%;特例:第三位数为 9 表示$\times10^{-1}$,如 $689=68\times10^{-1}$ μH=6.8μH。

对 SP 型系列电感器电感量的表示方法是用三位数字表示,从左算起,第一、第二为有效数字位,第三位为×10 的几次方,单位为 μH。小数点用 R 表示,最后一位用一个英文字母表示其允许偏差,J 为±5%、K 为±10%、M 为±20%。例如 SPL8R2K 表示电感量为 8.2μH允许偏差为±10%;SPL390K 表示电感量为 39μH 允许偏差为±10%。

(4)文字符号法

文字符号法就是将电感器的标称值和允许偏差用阿拉伯数字和字母有规律的组合标在电感体上。"R"表示小数点。例如:2R2K 表示 2.2μH±10%。

部分电感线圈、变压器的实物照片

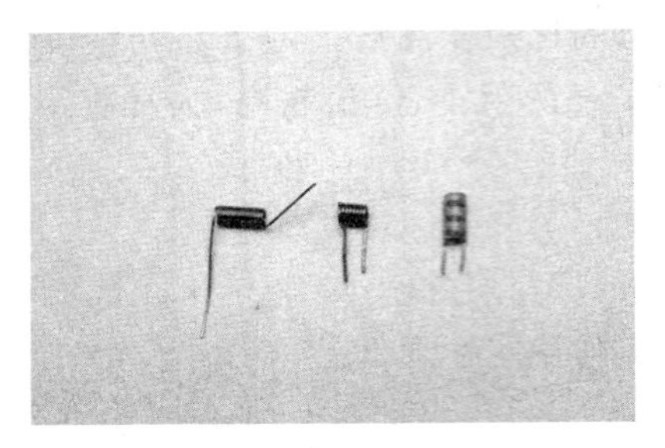

空心电感线圈

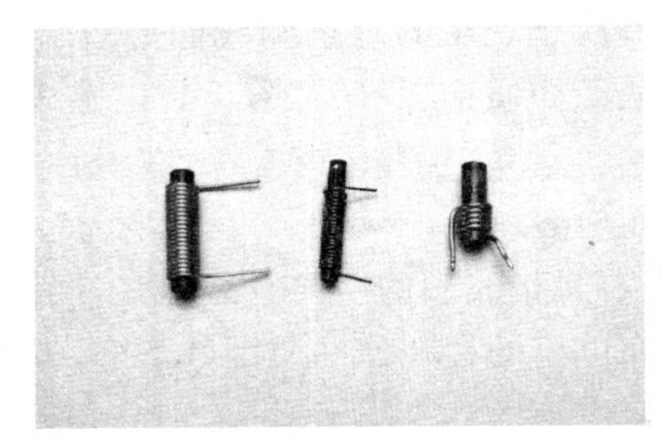

磁心电感线圈

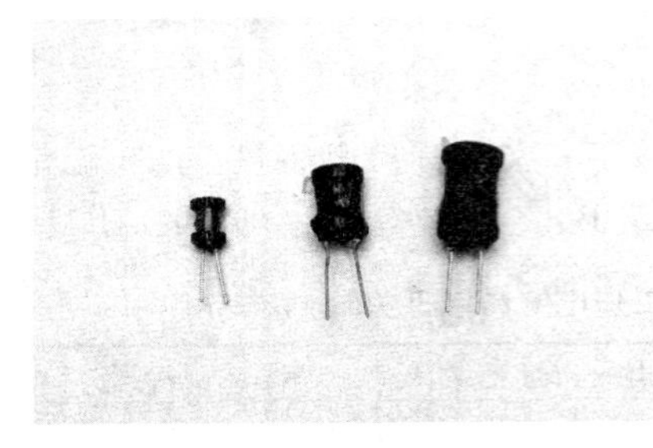

磁心电感线圈

磁绕高频电感线圈

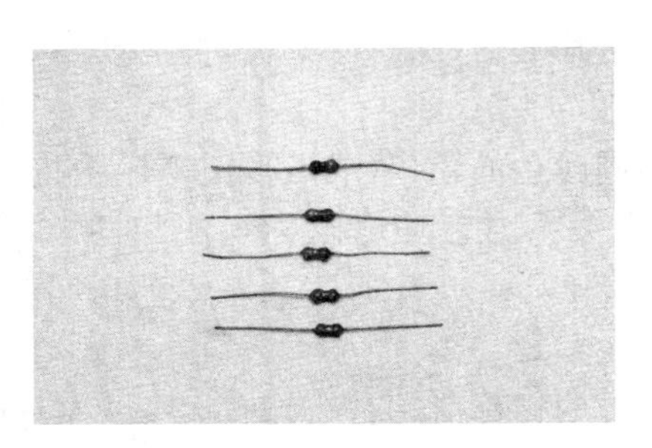

色码电感

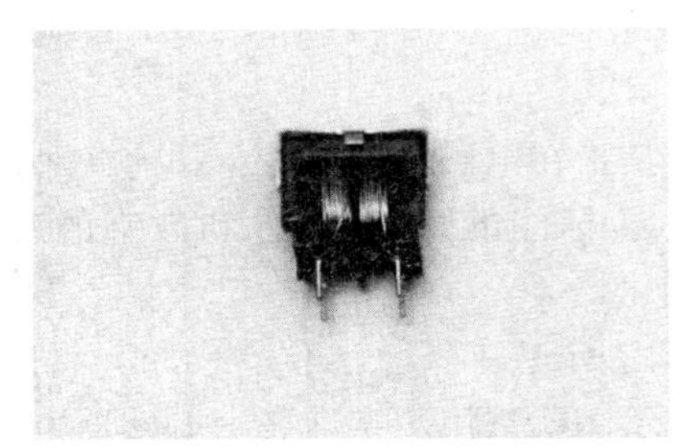

滤波电感

中频变压器(中周)

中波天线线圈

电源变压器

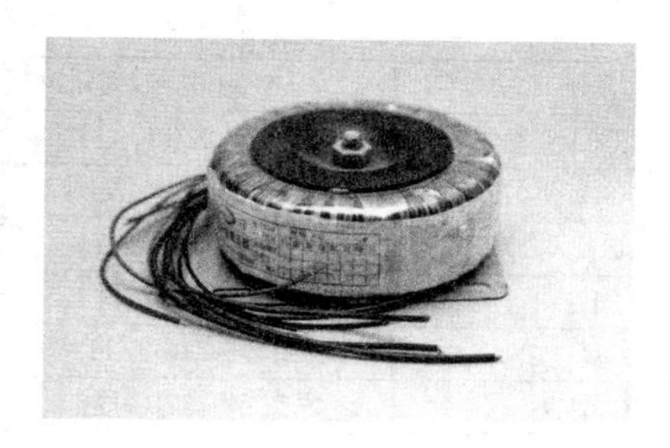

环形变压器

音频输入、输出变压器

高频变压器

1.3.2　电感器的检测

1. 对电感器的电感量的检测，通常用电感表来进行测量，其它参数可通过 LRC 电桥等专用仪器进行测量。

2. 对电感器好坏的检测，主要检测其是否开路。用万用表“R×10Ω”挡测量电感器两引脚的直流电阻值。如果测得电阻值为∞，则说明电感器已坏。一般电感器电阻值较小。

1.3.3　电感器的选用

1. 根据电路的频率选用

(1)在 2MHz 以下频率中使用的电感器，可用多股绝缘线绕制电感线圈。

(2)在 2MHz 以上频率中使用的电感器，应选用 ϕ0.3～ϕ0.5mm 单股绝缘线绕制电感线圈。

2. 根据损耗要求选用

在高频电路中，应选择高频损耗小的高频瓷做骨架；在要求较低的场合，可选用塑料、胶木、和纸做骨架，损耗虽大一些，但价格低、重量轻、制作方便。

3. 磁芯线圈的选用

在相同电感量的情况下，采用磁芯的线圈，其体积会大大减小，Q 值也有所提高。在低频段一般用硅钢片或低频铁氧体芯；在音频段一般用硅钢片或坡莫合金；在几百千赫至几兆赫的用铁氧体芯，并以多股绝缘线绕制；在几兆赫至几十兆赫宜用单股粗铜线绕制，磁芯采用短波高频铁氧体，也常用空心线圈；超过一百兆赫只能用空心线圈。

4. 电感量的选用

小型固定电感器与色环电感器之间，只要电感量和额定电流都相同，外形尺寸相近均可直接代换。

表 1-3-2 几种系列电感器参数

系列	电感量范围	额定电流	允许偏差
LG1	0.1～22000μH	0.05～1.6A	±10%
LGA	0.22～100μH	0.09～0.4A	
LGX	0.1～10000μH	0.05A～1.6A	
SPL	5.6～820μH	0.05A	±10%
L型	2.2～1000μH		±10%
PL型	5.6～820μH		±10%

1.4 变压器

绕在同一骨架或铁芯上的两组线圈便构成了一个变压器。根据变压器工作频率不同，可分为低频变压器、中频变压器、高频变压器和脉冲变压器。按用途可分电源变压器、开关变压器、行输出变压器、行激励变压器、自耦变压器、音频变压器等等。

1.4.1 变压器的识别

1. 变压器的作用

变压器的主要作用是变换电压、电流和阻抗，在电源和负载之间进行隔离。

图 1-4-1 变压器图形符号

2. 变压器图形符号

3. 变压器的型号命名方法

(1)低频变压器型号命名方法

一般由下列三部分组成：

□ □ □

主称 功率 序号

第一部分：主称，用字母表示，表 1-4-1 主称字母及意义。

第二部分：功率，用数字表示，单位是 W。

第三部分：序号，用数字表示，用来区别不同的产品。

表 1-4-1 低频变压器型号主称字母及意义

主称字母	意 义	主称字母	意 义
DB	电源变压器	HB	灯丝变压器
CB	音频输出变压器	SB 或 ZB	音频(定阻式)输送变压器
RB	音频输入变压器	B 或 EB	音频(定压式或自耦式)输送变压器
GB	高压变压器		

(2)中频变压器型号命名方法

一般由下列三部分组成:

□　　□　　□

主称　　外形尺寸　序号

第一部分:主称,用字母的组合表示名称、用途及特征,表 1-4-2 主称字母及意义。

第二部分:外形尺寸,用数字表示。

第三部分:序号,用数字表示,代表级数,1、2、3 分别表示第一、二、三级中频变压器。

表 1-4-2　中频变压器主称字母、外形尺寸及序号的意义

主称		外形尺寸		序号	
字母	名称、用途及特征	代号	尺寸/mm	数字	用于中频级数
T	中频变压器	1	7×7×12	1	第一级
L	线圈或振荡线圈	2	10×10×14	2	第二级
T	磁性瓷心式	3	12×12×16	3	第三级
F	调幅收音机	4	20×25×36		
S	短波				

例如:TTF-3-1 为调幅收音机磁心式中频变压器,外形尺寸 12×12×16 mm3,级数为第一级。

4. 电源变压器的主要参数

(1)额定电压

额定电压分为初级额定电压和次级额定电压。初级额定电压是指变压器在额定工作条件下,根据变压器绝缘强度与温升所规定初级电压有效值。对于电源变压器,通常指按规定加在变压器初级绕组上的电源电压。次级额定电压是指初级加额定电压而次级处于空载情况下,次级输出电压的有效值。

(2)额定电流

在初级加额定电压情况下,保证初级绕组能够正常输入和次级绕组能够正常输出的电流,分别称初、次级额定电流。

(3)额定容量

变压器的额定容量是指变压器在额定工作条件下的输出能力。对于大功率变压器,可用次级绕组额定电压与次级额定电流的乘积来表示。对于小功率电源变压器,用初级容量与次级容量的算术平均值作为小功率电源变压器的额定容量。

(4)空载电流

当电源变压器次级绕组开路时,初级绕组通过的电流,称为空载电流。

(5)温升

温升指变压器在额定负载下工作到热稳定后,其线包的平均温度与环境温度之差。

(6)额定频率

额定频率是指变压器正常工作的电压频率值。一般情况下额定频率为 50Hz。

1.4.2 变压器的检测

1. 用万用表检测变压器的绕组

(1)用万用表检测

用万用表“R×10Ω”挡测量线圈两端的电阻值。通常电源变压器初级绕组的电阻值为几十欧至几百欧，次级绕组的电阻值为几欧至几十欧。

(2)通电检测

交流电压挡测量各线圈绕组两端的交流电压值。如测得某绕组两端电压为0V，说明该绕组开路，如测得某绕组两端电压远小于额定值，说明该绕组匝间短路。

2. 多级绕组变压器同名端的判断方法

(1)用万用表“R×1Ω”挡先确定各线圈的两端点。

(2)用万用表直流毫安挡和一节1.5V的干电池。将电池接变压器任一个绕组上，将变压器其余各绕组线圈抽头分别接在万用表正负极，在接通电池的瞬间，观察万用表的摆动方向，如指针向正方向偏转，则接干电池正极的一端与接万用表正极的一端为同名端；如指针向反方向偏转，则接干电池正极的一端与接万用表负极的一端为同名端。

(3)注意事项：

①尽量选用新电池。

②如果干电池接在升压绕组上，万用表应选用较小量程，使指针偏转角度大，便于观察。

③如果干电池接在降压绕组上，万用表应选用较大量程，避免损坏万用表。

1.4.3 变压器的选用

可根据电路需要的电压、电流、功率及连接、工作方式进行选择。

1. 对于一般家用电器的电源变压器，选用E型铁芯即可；对于高保真放大电路的电源变压器，选用环形铁芯；对于大功率变压器，应选口字型铁芯较容易散热；对于电子设备中使用的电源变压器，应选用加静电屏蔽层，以保证避免一次侧的干扰信号窜入电子设备中。

2. 电源变压器初级电压要与电源电压一致。

3. 要选用绝缘性能好的变压器。一般变压器绝缘电阻应不低于500MΩ，高压变压器绝缘电阻应大于1000MΩ。

1.5 继电器

1.5.1 继电器的识别

1. 继电器的作用

继电器是一种电子控制器件。用来实现电路闭合或断开，通常应用于自动控制系统、遥控遥测系统的控制设备中，实际上是用较小电流去控制较大电流的一种“自动开关”，因此在电路中起着自动调节、安全保护、转换电路等作用。

2. 继电器图形符号

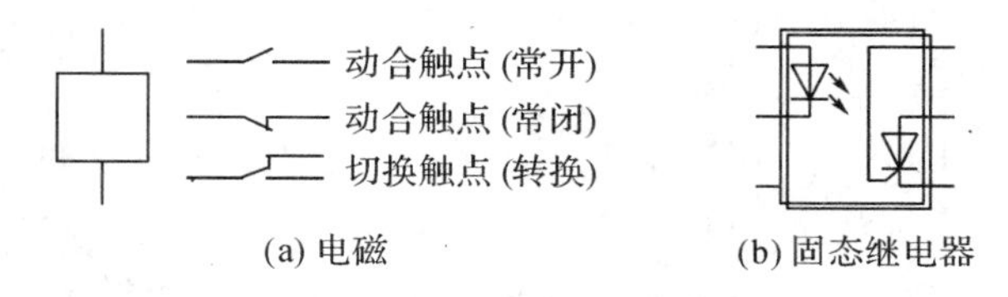

图 1-5-1　继电器图形符号

电磁继电器

固态继电器

磁保持继电器

干簧继电器

时间继电器

3. 继电器的型号命名方法

一般由下列六部分组成：

□	□	—	□	□	□
主称	外形代号	短画线	区别代号或序号	防护特征代号	改型序号

第一部分：主称，用多个字母表示，以便区别继电器的类别，见表 1-5-1 继电器类别主称表示法。

第二部分:外形代号,用字母表示。W 表示微型继电器(≤10mm),C 表示超小型继电器(≤25mm),X 表示小型继电器(≤50mm)。

第三部分:短画线。

第四部分:区别代号或序号,用数字 1、2、3、4 表示触点组数。字母表示触点形式:"A 或 H"表示常开;"B 或 D"表示常闭;"C 或 Z"表示转换。

第五部分:防护特征代号,用字母表示。M 表示密封,F 表示封闭。

第六部分:改进型序号,一般用字母表示。

表 1-5-1　继电器类别主称表示法

分类号	继电器名称	主称字母
1	直流电磁继电器	—
1	微功率继电器(直流,≤5W;交流,≤15VA),触点额定负载电流≤0.5A。	JW
1	弱功率继电器(直流,>5W;交流,≤120VA),触点额定负载电流 0.5~1A。	JR
1	中功率继电器(直流,≤150W;交流,≤500VA),触点额定负载电流 2~5A。	JZ
1	大功率继电器(直流,>150W;交流,>500VA),触点额定负载电流>10A。	JQ
2	交流电磁继电器	JL
3	磁保持继电器	JM
4	固态继电器	—
4	混合式固态继电器	—
4	固体继电器	JG
5	高频继电器	—
5	高频继电器(>10kH)	JP
5	同轴继电器(>100MH)	JPT
5	真空继电器	JPK

分类号	继电器名称	主称字母
6	特种继电器	JT
7	极化继电器	JH
7	二位置(双稳态)继电器	JH
7	三位置(居中极化)继电器	JH
8	舌簧继电器	
8	干式舌簧继电器	JAG
8	水银湿式舌簧继电器	JAS
8	剩磁舌簧继电器	JAT
8	干簧管继电器	GAG
8	湿簧管继电器	GAS
8	剩簧管继电器	GAT
9	时间继电器	JS
9	电磁式继电器	JSC
9	电子式继电器	JSB
9	混合式继电器	JSB
9	电热式继电器	JSE
10	热敏继电器	
10	温度继电器	JU
10	电热式继电器	JE
11	光电继电器	JF

4. 电磁继电器的主要参数

(1)额定电压(电流):是指继电器正常工作时所规定的线圈电压(或电流)的标称值。

(2)线圈电阻:是指继电器线圈的直流电阻值。

(3)吸合电压(电流):是指继电器从释放状态到吸合状态时的最低电压。

(4)释放电压(电流):是指继电器从吸合状态转换到释放状态时最高电压或最大电流。

(5)触点负荷:是指继电器触点允许施加的电压和通过的电流。

(6)吸合时间:是指从继电器通电到常开触点稳定吸合所需要的时间。

(7)释放时间:是指从线圈断电到常开触点稳定断开所需要的时间。

(8)线圈使用的电源及功率:是指继电器使用的电源是直流还是交流电,以及线圈消耗的额定功率。

5. 固态继电器

固态继电器(Solid State Relay-SSR)是一种无触点的开关器件，也是一种能将电子控制电路和电气执行电路进行良好电隔离的功率开关器件。它可以实现用微弱的控制信号对几十安甚至几百安电流的负载进行无触点的通断控制，目前已得到广泛的应用。

(1)固态继电器的性能特点

① 固态继电器的输入端只要求几毫安的控制电流，而输出端采用大功率晶体管或双向晶闸管来接通或断开负载。

② 与 TTL,HTL,CMOS 等集成电路具有很好的兼容性。

③由于 SSR 的通断是无机械接触部件，因此该器件具有可靠，开关速度快，寿命长、噪声低等特点。

(2)使用固态继电器注意事项

①在使用环境温度大于 50℃的情况下，选用时必须留有一定余地。

②当感性负载时，在其输出端必须并接 RC 吸收回路以吸收瞬态电压，其额定电压的选择可以取电源电压峰值的 2 倍。

③使用 SSR 时，不要将负载两端短路，以免损坏器件。

1.5.2　继电器的检测

1. 小型电磁继电器的检测

(1)用万用表“R×10Ω”挡测量线圈的电阻。如果所测的电阻值与标称值相同属正常，如果所测的电阻值为∞，说明线圈开路。

(2)检测吸合电压和电流。在继电器线圈上加可调的直流稳压电源，调节稳压电源的电压，使其逐渐增大，当听到“喀”一声吸合时，记下此时的电压和电流值。多做几次，但大体在某一数值附近。

(3)检测释放电压和电流。当继电器吸合动作以后，调节稳压电源的电压，使其逐渐减小，当减小到某一数值时，听到“喀”一声衔铁释放时，记下此时的电压和电流值。一般继电器释放电压大约是吸合电压 10%～50%。如果继电器释放电压小于吸合电压 10%，此继电器就不应继续使用。

2. 固态继电器的检测

(1)在交流固态继电器壳体上，输入端一般标有“+”、“-”字样，输出端一般不分正负。

(2)在输入端加直流电压，在输出端串接上 220V/60W 白炽灯泡。当输入端加上额定直流电压值时，白炽灯泡正常发光，说明固态继电器性能良好。

1.5.3　继电器的选用

1. 电磁继电器型号的选择：首先考虑触点所带负载的性质与容量，其次考虑线圈的电源电压的性质(直流还是交流)及驱动能力。利用晶体管驱动时，必须在线圈两端加反向钳位二极管，以保护晶体管。

2. 电磁继电器线圈使用电压最好按额定电压选择，使用电压不要高于线圈最大工作电压，也不要低于额定电压的 90%。

3. 电磁继电器应根据需要选择触点数量和种类，功能相同的触点可并联使用。

1.6 半导体

1.6.1 半导体的型号命名方法

1. 中国半导体的型号命名方法 GB249-74)

表 1-6-1 中国半导体的型号命名方法

第一部分		第二部分		第三部分		第四部分	第五部分
用数字表示电极数		用拼音字母表示材料和极性		用拼音字母表示晶体管类型		用数字表示序号	用汉语拼音表示规格的区别代号
符号	意义	符号	意义	符号	意义		
2	二极管	A	N型锗管	A	高频大功率		
		B	P型锗管	D	低频大功率		
		C	N型硅管	G	高频小功率		
		D	P型硅管	X	低频小功率		
				P	普通管		
				W	稳压管		
				Z	整流管		
				U	光电器件		
				CS	场效应管		
3	三极管	A	PNP型锗管	T	晶闸管		
		B	NPN型锗管	V	微波管		
		C	PNP型硅管	S	隧道管		
		D	NPN型硅管	N	阻尼管		
		E	化合物材料	U	光电器件		
				K	开关管		
				BT	特殊器件		
				FH	复合管		
				JG	激光管		

例如:3DG6是NPN型高频小功率硅三极管;2AP10是N型普通锗二极管。

2. 国产三极管色标颜色与β值的对应关系

表 1-6-2 国产三极管色标颜色与β值的对应关系

色标	棕	红	橙	黄	绿	蓝	紫	灰	白	黑
小功率、硅低频大功率β值	5～15	15～25	25～40	40～55	55～80	80～120	120～180	180～270	270～400	400～600
锗低频大功率3AD系列β值	20～30	30～40	40～60	60～90	90～140					

3. 日本半导体的型号命名方法

表 1-6-3　日本半导体的型号命名方法

第一部分		第二部分		第三部分		第四部分
用数字表示电极数		在日本注册标志		用字母表示器件和类型		表示器件注册登记号
符号	意义	符号	意义	符号	意义	
1	二极管	S	已在日本电子工业协会(JEIA)注册登记半导体器件	A	PNP 高频管	多位数字
				B	PNP 低频管	
				C	NPN 高频管	
				D	NPN 低频管	
				E	P 控制极可控硅	
2	三极管			G	N 控制极可控硅	
				H	N 基极单结晶体管	
				J	P 沟道场效应管	
				K	N 沟道场效应管	
				M	双向晶闸管	

例如:2SC456 是 NPN 型高频三极管。其中 2 表示三极管,C 表示 NPN 高频管。

4. 国际电子联合会(主要在欧洲)半导体的型号命名方法

表 1-6-4　国际电子联合会(主要在欧洲)半导体的型号命名方法

第一部分		第二部分		第三部分		第四部分	
用字母表示器件的材料		用字母表示器件的类型和主要特性		用数字或字母加数字表示登记号		用字母对同一型号分档	
符号	意义	符号	意义	符号	意义	符号	意义
A	锗材料	A	检波、开关、混频二极管	三位数字	代表通用半导体器件的登记号	A	表示同一型号半导体器件按某一参数进行分档的标志
B	硅材料	B	变容二极管			B	
C	砷化镓	C	低频小功率三极管			C	
D	锑化镓	D	低频大功率三极管			D	
R	复合材料	E	隧道管			E	
		F	高频小功率三极管				
		G	复合管				
		H	磁敏管				
		L	高频大功率三极管	一个字母加二位数字	代表专用半导体器件的登记号		
		P	光敏器件				
		Q	发光器件				
		S	小功率开关管				
		T	大功率晶闸管				
		U	大功率开关管				
		X	倍压管				
		Y	整流二极管				
		Z	稳压二极管				
		R	小功率晶闸管				
		K	开放磁路中的霍尔元件				
		M	封闭磁路中的霍尔元件				

例如:AF246S 高频小功率锗三极管;其中 A 表示锗材料,F 表示高频小功率三极管。

5. 美国电子工业协会半导体的型号命名方法

表 1-6-5 美国电子工业协会半导体的型号命名方法

第一部分		第二部分		第三部分		第四部分		第五部分	
用符号表示器件的用途和类型		用数字表示PN结的个数		美国电子工业协会(EIA)注册标志		EIA登记序号		用字母表示器件分档	
符号	意义	符号	意义	符号	意义	符号	意义	符号	意义
JAN 无	军品级 非军品级	1 2 3	二极管 三极管 三个PN结器件	N	已在(EIA)注册	多位数字	表示同一型号半导体器件按某一参数进行分档的标志	A B C D	同一型号不同档别

例如：1N4007表示二极管(EIA)注册；JAN2N3251A表示军品级三极管(EIA)注册。

1.6.2 半导体二极管

半导体二极管是电子电路中应用最广泛的半导体器件之一。它是一种导电能力介于导体与绝缘体之间的物质，故而称为半导体。

1. 二极管作用

半导体二极管具有单向导电性、反向击穿特性、电容效应、光电效应等特性。它在电路中可以起到整流、开关、检波、稳压、钳位、光电转换和电光转换等作用。

2. 二极管的符号

二极管
双向触发二极管
发光二极管
稳压二极管
变容二极管
隧道二极管

图 1-6-1 各种二极管的图形符号

发光二极管英文简称LED，是一种将电能转变成光能的半导体器件。它具有一个PN结，当在其两端加上适当的电压时，就会发光。

部分二极管、桥堆的实物照片

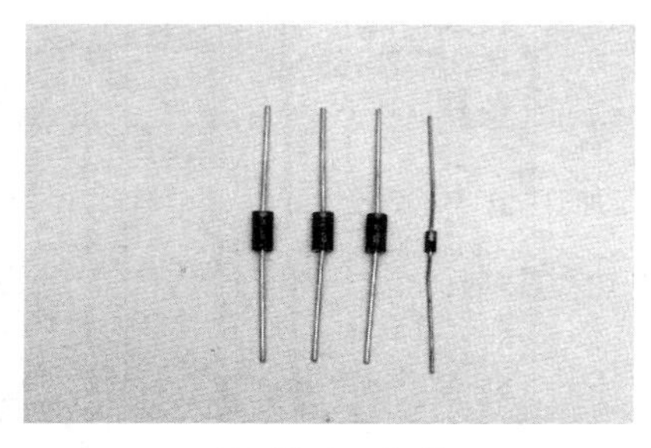

低频整流二极管

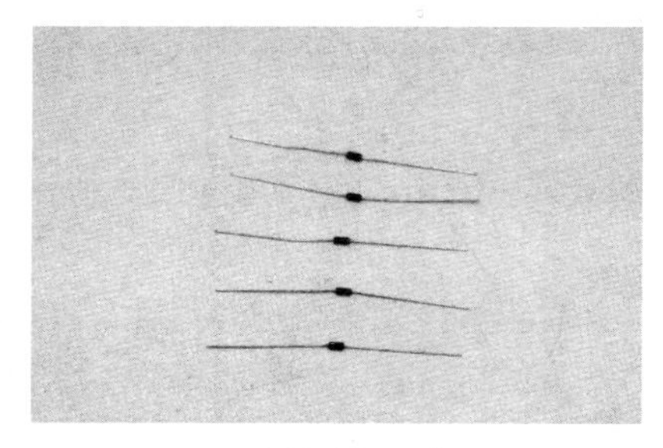

双向触发二极管

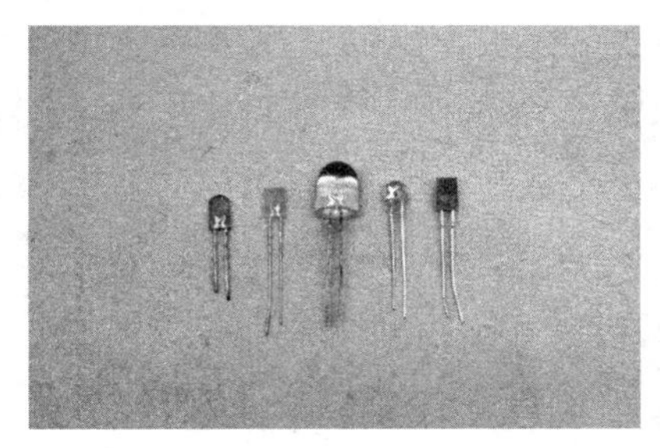

发光二极管

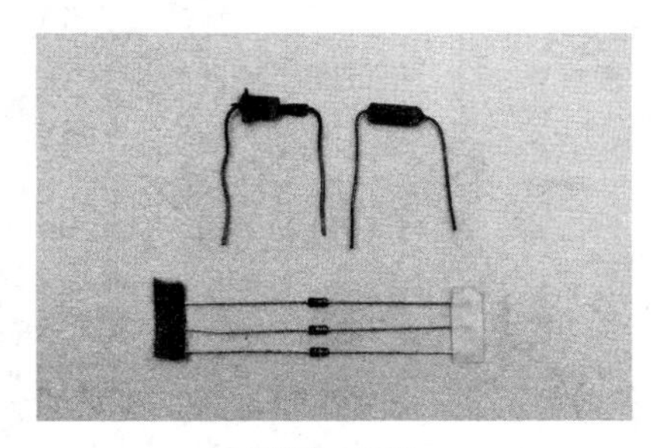

稳压二极管

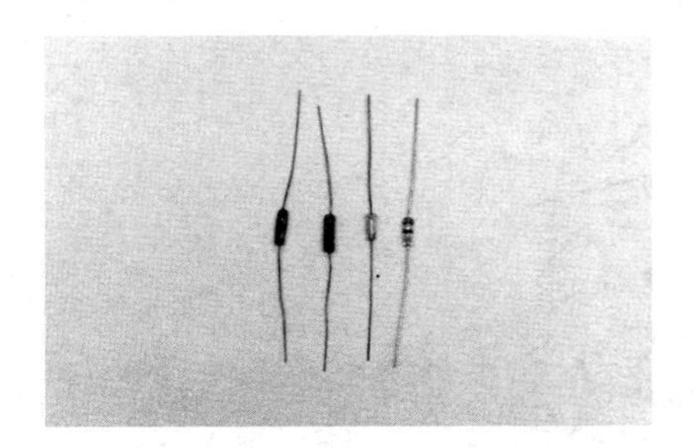

检波二极管

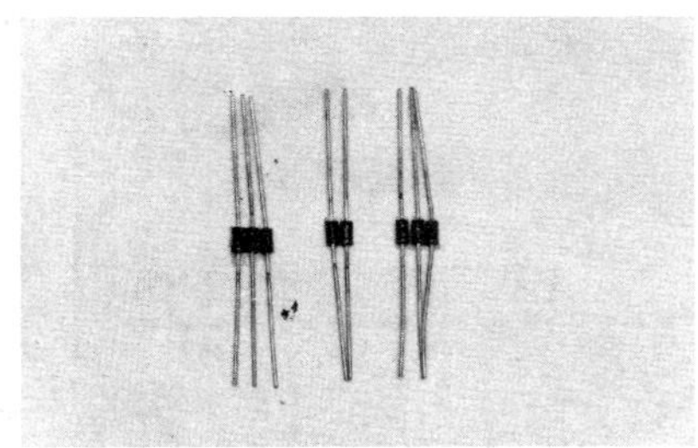

高频整流二极管

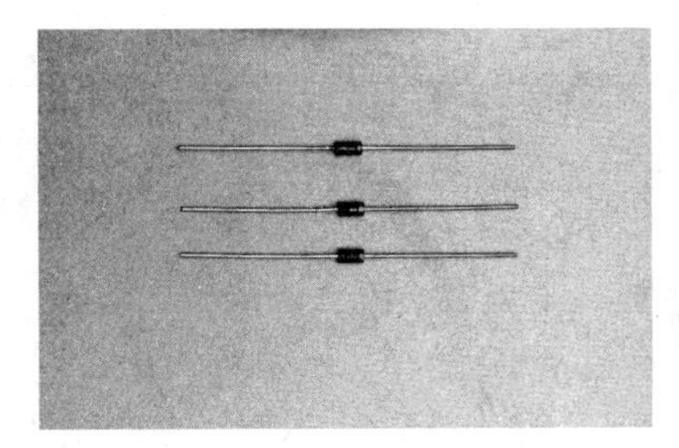

肖特基二极管

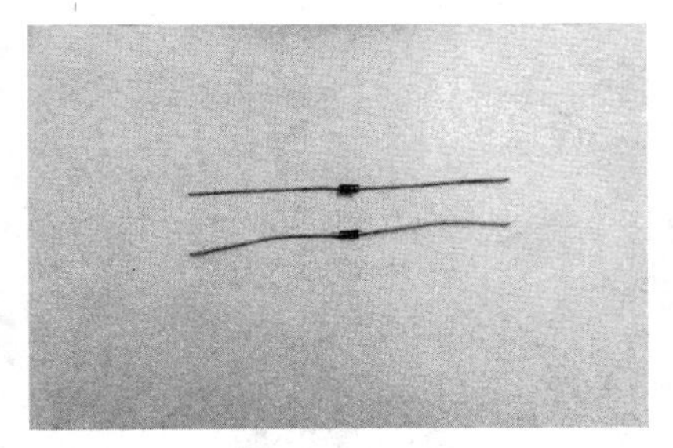

变容二极管

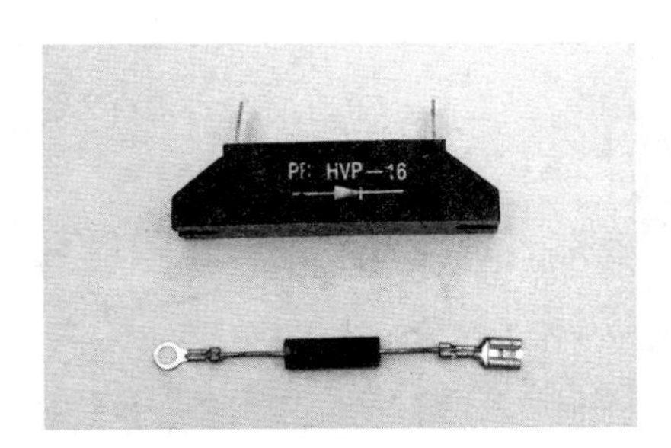

高压二极管

光敏二极管

红外对管

红外发射、接收二极管

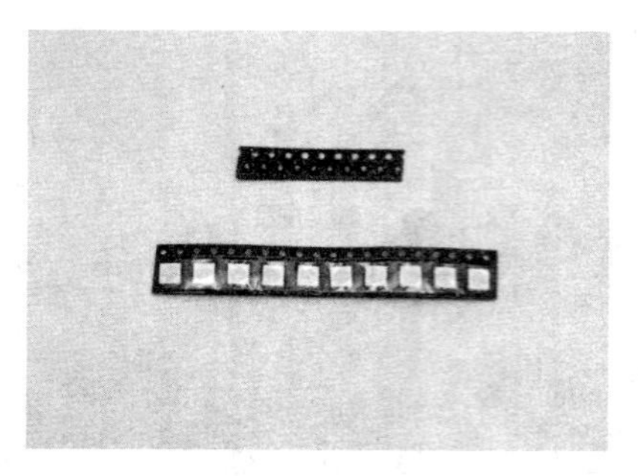

贴片发光二极管

共阴双二极管

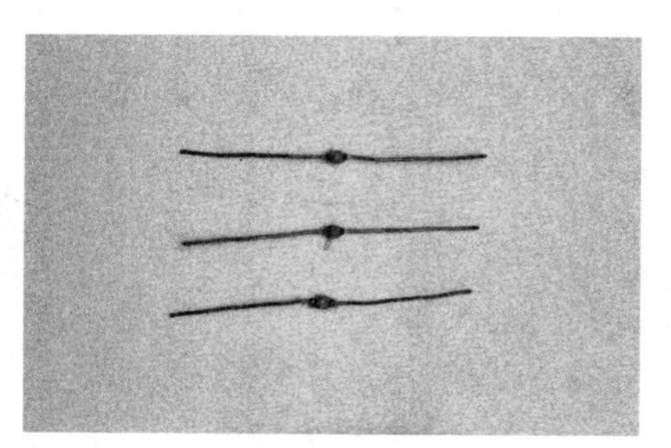

阻尼二极管

整流桥对

整流二极管

LED点阵

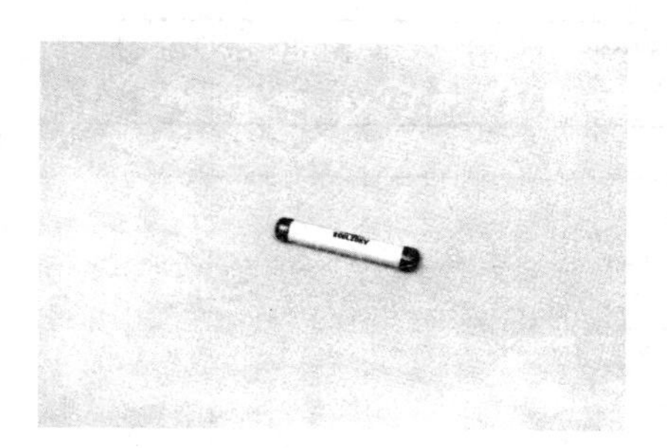
20KV硅堆

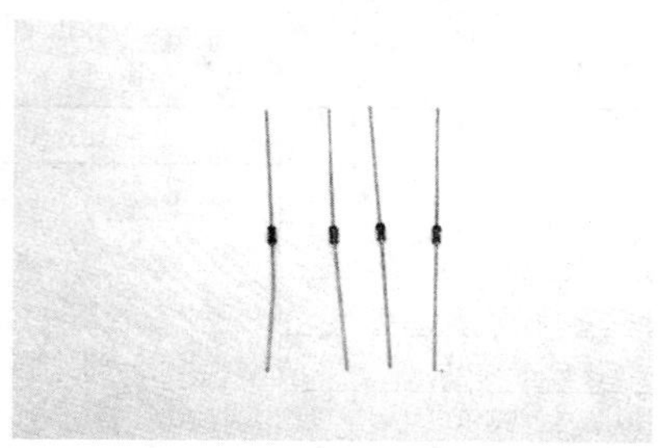
3V稳压管

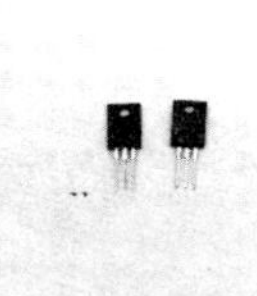
共阴双二极管

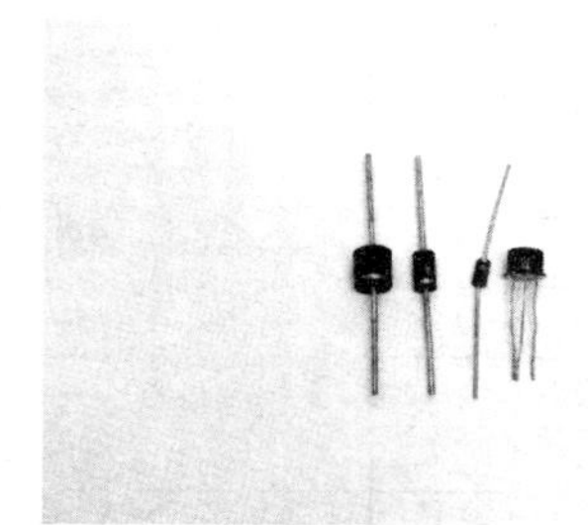
BT33等二极管

3. 半导体二极管主要参数

表 1-6-6　普通二极管主要参数符号及意义

符号	名称	意　义
U_F	正向压降	二极管通过额定正向电流时的电压降
I_F	最大整流电流	二极管长时间连续工作时，允许通过的最大正向电流值
I_R	反向电流	二极管在规定的温度和最高反向电压作用下，流过二极管的反向电流
U_R	最高反向工作电压	二极管反向工作最高电压，它一般等于击穿电压的三分之二

表 1-6-7　稳压二极管主要参数符号及意义

符号	名称	意　义
U_Z	稳定电压	当稳压管流过规定电流时，管子两端产生的电压降
I_{ZMAX}	最大稳定电流	稳压管允许流过的最大工作电流
I_{ZMIN}	最小稳定电流	为确保稳定电压稳压管必须流过的最小工作电流
P_M	额定功率	稳定电压乘以最大稳定电流

表 1-6-8　1N 系列整流二极管主要特性参数

型号	U_{RM} 高反向工作电压/V	I_{FMAX} 最大正向整流电流	V_{FM} 最大正向电压降/V	I_R 最大反向电流/μA
1N4001	50	1.0	1.1	5.0
1N4002	100			
1N4003	200			
1N4004	400			
1N4005	600			
1N4006	800			
1N4007	1000			
1N5391	50	1.5	1.4	5.0
1N5392	100			
1N5393	200			
1N5394	300			
1N5395	400			
1N5396	500			
1N5397	600			
1N5398	800			
1N5399	1000			
1N5400	50	3.0	0.95	5.0
1N5401	100			
1N5402	200			
1N5403	300			
1N5404	400			
1N5405	500			
1N5406	600			
1N5407	800			
1N5408	1000			

表 1-6-9　1N 系列硅稳压二极管主要特性参数

型号	V_Z 稳定电压/V	I_{FMAX} 最大工作电流/mA	P_M 最大耗散功率/W
1N4728A	3.3	276	1
1N4729A	3.6	252	1
1N4730A	3.9	234	1
1N4731A	4.3	217	1
1N4732A	4.7	193	1
1N4733A	5.1	178	1
1N4734A	5.6	162	1
1N4735A	6.2	146	1
1N4736A	6.8	133	1
1N4737A	7.5	121	1
1N4738A	8.2	110	1
1N4739A	9.1	100	1

续表

型号	V_Z 稳定电压/V	I_{FMAX} 最大工作电流/mA	P_M 最大耗散功率/W
1N4740A	10	91	1
1N4741A	11	83	1
1N4742A	12	76	1
1N4743A	13	69	1
1N4744A	15	61	1
1N4745A	16	57	1
1N4746A	18	50	1
1N4747A	20	45	1
1N4748A	22	41	1
1N4749A	24	38	1
1N4750A	27	34	1
1N4751A	30	30	1
1N4752A	33	27	1
1N4753A	36	25	1
1N4754A	39	23	1
1N4755A	43	21	1
1N4756A	47	19	1
1N4757A	51	18	1
1N4758A	56	17	1
1N4759A	62	15	1
1N4760A	68	14	1
1N4761A	75	13	1
1N4762A	82	12	1
1N4763A	91	11	1
1N4764A	100	10	1
1N4352B	110	8	1
1N4353B	120	7.5	1
1N4354B	130	7	1
1N4355B	150	6	1
1N4356B	160	5.5	1
1N4357B	180	5	1
1N4358B	200	4.5	1

表 1-6-10 2CW 系列硅稳压二极管主要特性参数

型号	V_Z 稳定电压/V	I_{FMAX} 最大工作电流/mA	P_M 最大耗散功率/W
2CW50	1.0～2.8	83	0.25
2CW51	2.5～3.5	71	
2CW52	3.2～4.5	55	
2CW53	4.0～5.8	41	
2CW54	5.5～6.5	38	
2CW55	6.2～7.5	33	
2CW56	7.0～8.8	27	0.25
2CW57	8.5～9.5	26	
2CW58	9.2～10.5	23	
2CW59	10～11.8	20	
2CW60	11.5～12.5	19	
2CW61	12.2～14	16	
2CW62	13.5～17	14	
2CW63	16～19	13	
2CW64	18～21	11	
2CW65	20～24	10	
2CW66	23～26	9	
2CW67	25～28	9	
2CW68	27～30	8	
2CW69	28～33	7	
2CW70	32～36	7	
2CW71	35～40	6	
2CW72	7.0～8.8	29	
2CW73	8.5～9.5	25	
2CW74	9.2～10.5	23	
2CW75	10～11.8	21	
2CW76	11.5～12.5	20	
2CW77	12.2～14	18	
2CW78	13.5～17	14	
2CW100	1～2.8	330	1
2CW101	2.5～3.5	280	
2CW102	3.2～4.5	220	
2CW103	4～5.8	165	
2CW104	5.5～6.5	150	

续表

型号	V_Z 稳定电压/V	I_{FMAX} 最大工作电流/mA	P_M 最大耗散功率/W
2CW105	6.2～7.5	130	1
2CW106	7～8.8	110	
2CW107	8.5～9.5	100	
2CW108	9.2～10.5	95	
2CW109	10～11.8	83	
2CW110	11.5～12.5	76	
2CW111	12.5～14	66	
2CW112	13.5～17	58	
2CW113	16～19	52	
2CW114	18～21	47	
2CW115	20～24	41	
2CW116	23～26	38	
2CW117	25～28	35	
2CW118	27～30	33	
2CW119	29～33	30	
2CW120	32～36	27	
2CW130	3～4.5	660	3
2CW131	4～5.8	500	
2CW132	5.5～6.5	460	
2CW133	6.2～7.5	400	
2CW134	7～8.8	330	
2CW135	8.5～9.5	310	
2CW136	9.2～10.5	280	
2CW137	10～11.8	250	
2CW138	11.5～12.5	230	
2CW139	12.2～14	200	
2CW140	13.5～17	170	
2CW141	16～19	150	
2CW142	18～21	140	3
2CW143	20～24	120	
2CW144	23～26	110	
2CW145	25～28	100	
2CW146	27～30	100	
2CW147	29～33	90	
2CW148	32～36	80	
2CW149	35～40	75	

表 1-6-11　整流二极管最高反向工作电压规格

字母后缀	A	B	C	D	E	F	G	H	J	K	L
U_R/V	25	50	100	200	300	400	500	600	700	800	900
字母后缀	M	N	P	Q	R	S	T	U	V	W	X
U_R/V	1000	1200	1400	1600	1800	2000	2200	2400	2600	2800	3000

表 1-6-12　用色环表示整流二极管最高反向工作电压规格

色环	黑	棕	红	橙	黄	绿	蓝	紫	灰
U_R/V	50	100	200	300	400	500	600	700	800

表 1-6-13　用不同颜色的发光二极管正向工作电压

颜色	波长/nm	材料	正向电压(10mA 时) / V	光功率/μW
红	655	磷砷化镓	1.6～1.8	1～2
鲜红	635	磷砷化镓	2.0～2.2	5～10
黄	583	磷砷化镓	2.0～2.2	3～8
绿	565	磷化镓	2.2～2.4	1.5～8

4. 二极管的检测

(1)用指针式万用表检测

①判断二极管正负极性

将万用表置于“R×100Ω”或“R×1kΩ”两表笔任意测量二极管两引脚间的电阻值，然后交换表笔再测量一次。如果二极管性能良好，两次测量结果是一大一小，以阻值较小这一次为准，黑表笔所接的引脚为二极管的正极，红表笔所接的引脚为二极管的负极。

②判断二极管质量好坏

二极管的正向电阻越小越好，反向电阻越大越好。如果测得二极管的正向电阻为∞，说明二极管内部开路；如果测得二极管的反向电阻较小，则说明二极管内部已击穿；如果测得二极管正、反向电阻相差不大，说明二极管性能不良。这三种情况二极管均不能使用。

③测试注意事项

测量小功率二极管，不宜使用“R×1Ω”或“R×10kΩ”挡；测量大、中功率二极管，宜使用“R×1Ω”或“R×10Ω”挡。

(2)用数字万用表检测小功率二极管

①判断二极管正负极性。将数字万用表置于“➔+”挡，此时红表笔所接表内电池的正极，黑表笔所接表内电池的负极。两表笔任意测量二极管两引脚，若显示值在1V以下，说明二极管处于正向导通状态，此时红表笔所接的引脚为二极管的正极，黑表笔所接的引脚为二极管的负极。若显示溢出符号“1”说明二极管处于反向截止状态，此时黑表笔所接的引脚为二极管的正极，红表笔所接的引脚为二极管的负极。

②判断二极管质量好坏。将数字万用表置于“➔+”挡，将红表笔所接二极管的正极，黑表笔所接二极管的负极。所测值为正向压降，正常情况下，硅二极管正向压降为0.5～0.7V，锗二极管正向压降为0.15～0.3V，反偏时显示溢出符号“1”。若正、反向均显示“0”，说明二极管已击穿短路；若正、反向均显示“1”，说明二极管内部开路。若测量值与正常数值相差较远，表明二极管性能不良。

③测试注意事项：数字万用表电阻挡不宜测量二极管；数字万用表置于“➔+”挡测量时，表屏显示的数值为二极管正向压降。

5. 二极管的选用

(1)检波二极管的选用

检波二极管主要考虑工作频率应满足电路要求，一般可选用点接触型锗二极管，如

2AP 系列，用于收音机电路中的检波电路等。

（2）整流二极管的选用

整流二极管主要考虑其最大整流电流、最高反向工作电压、截止频率及反向恢复时间应满足电路要求。

①对普通串联稳压电源电路中使用的整流二极管，选择符合要求的最大整流电流和最高反向工作电压即可。如 2CZ、1N4000 系列。

②对于开关稳压电源电路中使用的整流二极管，应选择工作频率高、反向恢复时间快的整流二极管。如 FR、EM、RM 系列二极管或快恢复二极管。

（3）稳压二极管的选用

主要根据稳压值、额定工作电流和最大功耗等来选用，工作电流越大，动态电阻越小，稳压效果越好，如 2CW、2DW、1N 系列。稳压二极管可串联使用，但不可并联使用。

一般来说稳压值大于 6V 的管子为正温度系数；小于 6V 的管子为负温度系数；6V 左右的管子温度系数接近为零。故在稳压要求高的场合，应选用 2DW230～2DW236、1N4734A～1N4736A、2CW54 等型稳压管用于基准电压电路。

稳压管的最大反向电流一般可按额定工作电流的 2～3 倍选取。

（4）开关二极管的选用

选用开关二极管时，必须考虑反向恢复时间、零偏压和结电容等。对于中速开关电路，可选用 2AK1～2AK4，2CK1～2CK19 等普通开关管。对于高速开关电路，可选用 1N4148、1SS133、1S1553 系列等高速开关管。

（5）发光二极管的选用

发光二极管具有单向导电性，广泛应用于各种电子电路、家电、仪表等设备中做电源指示灯。其工作电流一般为 10～20mA，红、黄光其正向电压范围 1.7V 左右，绿光正向电压 2.0V 左右，白光正向电压在 3.3V 左右。

可用于各种直流、交流等电源驱动点亮电路，它属于电流控制型半导体器件，使用时根据要求串联合适的电阻，当通过发光二极管的电流达到 25 mA 以上时，发光强度基本不变，通过发光二极管电流越大，其寿命越短。

1.6.3　晶体三极管

1. 晶体三极管作用

晶体三极管又称半导体三极管，简称晶体管或三极管。晶体三极管是双极型晶体管（Bipolar Junction Transistor，BJT）的简称，具有电流放大和开关等作用，是电子电路的核心元件。

2. 晶体管的电路符号

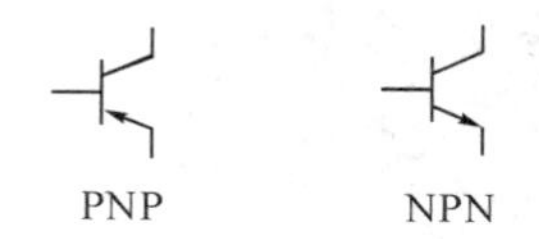

图 1-6-2　晶体管的电路符号

部分三极管的实物照片

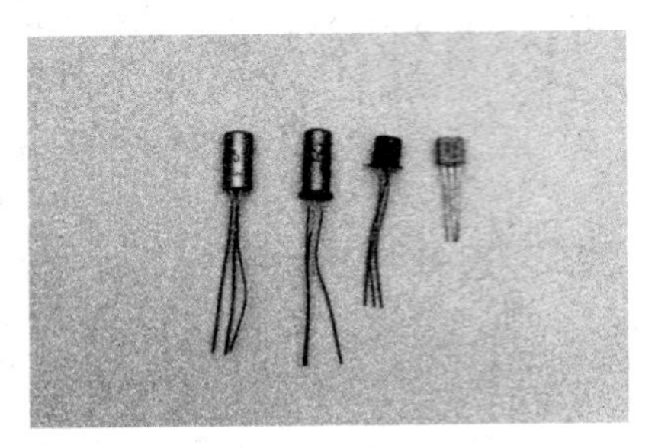

小功率三极管

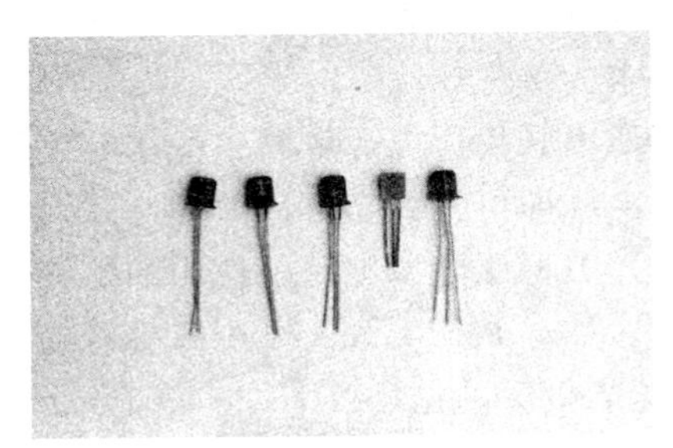

小功率三极管

中功率三极管

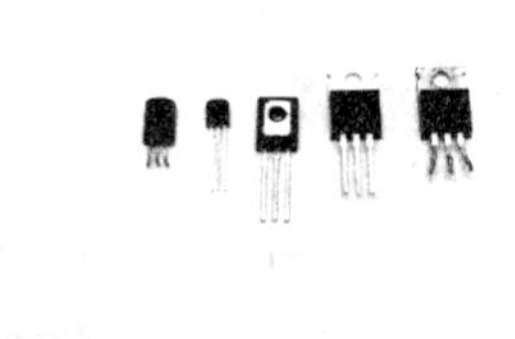

中功率三极管

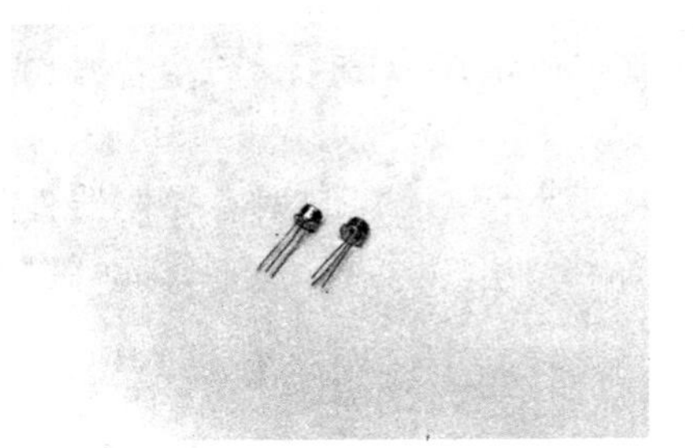

中功率三极管

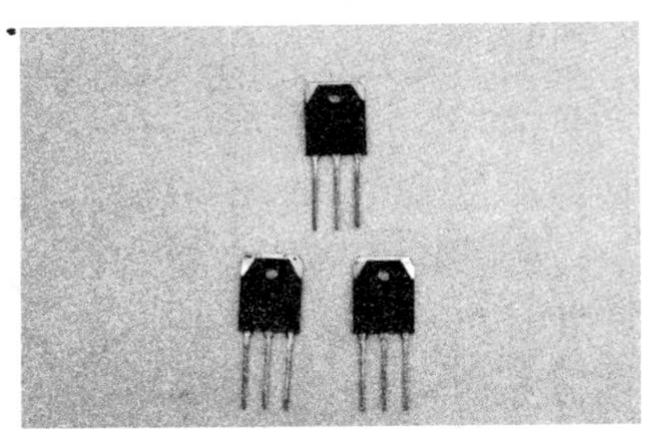

大功率三极管

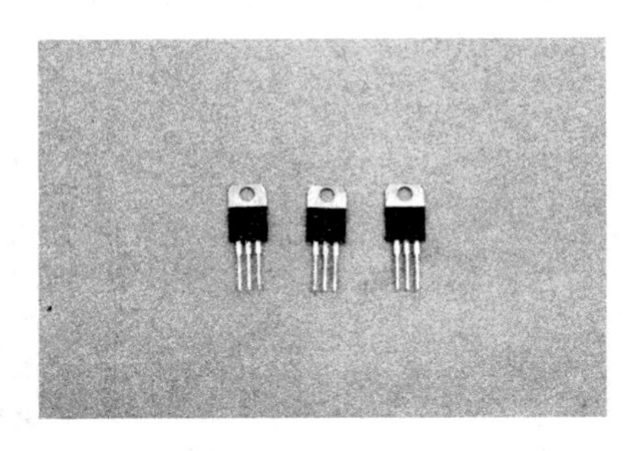

达林顿三极管

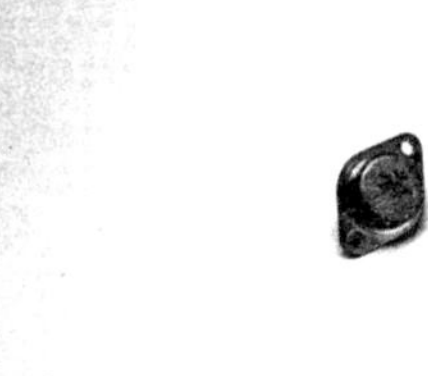

达林顿三极管

大功率三极管

特大功率三极管

3. 晶体管主要参数符号及意义

表 1-6-14　晶体管主要参数符号及意义

符　号	意　　义
I_{CBO}	发射极开路时集电结的反向饱和电流
I_{CEO}	基极开路，集电极与发射极间的穿透电流
U_{CES}	在共发射极电路中，晶体管处于饱和状态时，C、E 之间的电压降
β	共发射极电流放大系数
f_T	特征频率。使共射电流放大系数 β=1 时所对应的频率。它表征晶体管具备电流放大能力的极限频率
U_{CBO}	发射极开路时，允许加在集电极与基极之间的最高反向电压
U_{CEO}	基极开路时，允许加在集电极与发射极之间的最高反向电压
I_{CM}	最大集电极电流
P_{CM}	最大集电极耗散功率

表 1-6-15　部分常用三极管主要参数

型号	9011	9012	9013	9014	9015	9016	9018	8050	8550
极性	NPN	PNP	NPN	NPN	PNP	NPN	NPN	NPN	PNP
P_{CM}/mW	400	625	625	450	450	400	400	1000	1000
f_TMHz	150	100	100	100	100	400	700	100	100
U_{CBO}/V	50	40	40	50	50	30	30	40	40
I_{CM}/A	0.08	0.5	0.5	0.1	0.1	0.025	0.05	1.5	1.5
U_{CEO}/V	30	20	20	45	45	20	15	25	25
用途	高放	功放	功放	低放	低放	超高频	超高频	功放	功放

表 1-6-16　部分常用三极管主要参数(续)

型号	2N5551	2N5401	2SA1015	2CS1815	2SC945	2SA733	2SC1815	2SA562
极性	NPN	PNP	PNP	NPN	NPN	PNP	NPN	PNP
P_{CM}/mW	625	625	400	400	250	250	400	500
f_TMHz	100	100	80	100	150	100	80	200
U_{CBO}/V	180	160	50	30	40	60	30	35
I_{CM}/A	0.6	0.6	0.15	0.15	0.1	0.10	0.15	0.5
U_{CEO}/V	160	150	50	50	50	50	50	30
H_{FE}	80～250	60～240	70～400	70～700	90～600	90～600	70～700	70～240

表 1-6-17　部分常用三极管用字母表示β值

型号	字母								
	A	B	C	D	E	F	G	H	I
9011 9018				29～44	39～60	54～80	72～108	97～146	132～198
9012 9013				64～91	78～112	96～135	116～118	144～202	180～350
9014 9015	60～150	100～300	200～600	400～1000					
8050 8550		85～160	120～200	160～300					
5551 5401	82～160	150～240	200～395						
BU406	30～45	35～85	75～125	115～200					
2SC2500	140～240	200～330	300～450	420～600					
BC546 BC547 BC548 BC556 BC557	110～220	200～450	420～800						
SC458		100～180	180～250	250～500					

表 1-6-18　部分常用三极管用字母表示β值(续)

型号	字母								
	R	O	Y	GR	BL	P	M	L	K
2SC1162 2SC1923 2SC1959 2SC2229 2SC2458 2SA1015	40～80	70～140	120～240	200～400	350～700				
2SC945 2SA733	90～180	135～270				200～400			300～600
2SA1013	60～120	100～200	160～320						
2SC1674 2SC1730							40～80	60～120	90～180

4. 晶体管的检测

(1)用指针式万用表检测中小功率晶体管

①判断基极及类型

判断的理由：对于 NPN 型晶体管，其基极到集电极和发射极都是 PN 的正向，PN 的正向电阻较小；对于 PNP 型晶体管，其基极到集电极和发射极都是 PN 的反向，PN 的反向电阻很大。

将万用表置于“R×100Ω”或“R×1kΩ”，两表笔测量晶体管三个电极中每两个极之间的正、反电阻值。当用黑表笔接某一电极，而用红表笔分别接其余两个电极时，如果测量值均为低阻值，则黑表笔所接的电极为基极且晶体管类型为 NPN；如果红表笔接某一电极，黑表笔分别接其余两个电极时，测量值均为低阻值，则红表笔接的电极为基极且晶体管类型为 PNP。

②判断集电极和发射极

判断的理由：根据晶体管放大的外部条件，发射结正向偏置，集电结反向偏置。对于 NPN 型晶体管，其集电极电位最高，基极电位第二，发射极电位最低；对于 NPN 型晶体管，其集电极电位最低，基极电位第二，发射极电位最高；当满足晶体管放大条件时，在基极加入小电流，表针偏转角度大(即电阻值较小)；反之，表针偏转角度小(即电阻值较大)。

将万用表置于“R×100Ω”或“R×1kΩ”，对于 NPN 型晶体管且基极已确定。先将基极悬空，两表笔分别接其余两个电极，此时万用表指针应指在∞，用 100K 左右的电阻连接基极与黑表笔，记住此时的电阻值；然后交换红、黑两表笔，此时万用表指针应指在∞，用 100K 左右的电阻连接基极与黑表笔。比较两次测量阻值大小，当测得电阻值较小(或指针向右偏转角度较大)这一次，黑表笔所接的电极为集电极，红表笔所接的电极为发射极。

对于 PNP 型晶体管且基极已确定。先将基极悬空，两表笔分别接其余两个电极，此时万用表指针应指在∞，用 100K 左右的电阻连接基极与红表笔，记住此时的电阻值；然后交换红、黑两表笔，此时万用表指针应指在∞，用 100K 左右的电阻连接基极与红表笔。比较两次测量阻值大小，当测得电阻值较小(或指针向右偏转角度较大)这一次，红表笔所接的电极为集电极，黑表笔所接的电极为发射极。

③测量时注意事项

测量小功率三极管，不宜使用“R×1Ω”或“R×10kΩ”挡。

(2)用指针式万用表检测大功率三极管

因大功率三极管的工作电流较大，其反向饱和电流也增大，所以万用表选用“R×1Ω”或“R×10Ω”挡，对于 NPN 型，用 1kΩ 左右的电阻连接基极 b 与黑表笔；对于 PNP 型，用 1kΩ 左右的电阻连接基极 b 与红表笔；其它测试方法与测量小功率三极管相同。

(3)用数字万用表检测小功率三极管

①判断基极 b

将数字万用表置于“→+”挡，此时红表笔所接表内电池的正极，黑表笔所接表内电池的负极。红表笔固定任接某引脚，用黑表笔依次接另外两个引脚，若两次显示值均在 1V 以下或都显示溢出符号“1”，则此时红表笔所接的引脚为基极 b。如果在两次测量中，一次显示值在 1V 以下，另次显示溢出符号“1”，表示红表笔所接的引脚不是基极 b，需改换其它引脚重新测量。

②判断三极管类型

将数字万用表置于“→+”挡。将红表笔接基极 b，用黑表笔依次接另外两个引脚，如果两次显示值均在 1V 以下，则被测三极管是 NPN 型；如果两次都显示溢出符号“1”，则被测三极管是 PNP 型。

③判断集电极 c 和发射极 e

将数字万用表置于“→+”挡。不管是 NPN 型还是 PNP 型，集电结面比发射结面做得大，发射结的正向电阻比集电结正向电阻大，发射结的正向压降比集电结正向压降大。对于 NPN 型，将红表笔接基极 b，用黑表笔依次接另外两个引脚，比较两次显示值大小，显示值较大这一次，黑表笔所接引脚为发射极 e，显示值较小这一次，黑表笔所接引脚为集电极 c；对于 PNP 型，将黑表笔接基极 b，用红表笔依次接另外两个引脚，比较两次显示值大小，显示值较大这一次，红表笔所接引脚为发射极，显示值较小这一次，红表笔所接引脚为集电极。

④测量三极管电流放大系数 H_{FE}

将数字万用表置于“H_{FE}”挡。确定三极管 NPN 或 PNP 型，将基极 b、集电极 c 和发射极 e 分别插入面板上相应的插孔，表屏显示值为 H_{FE}。

⑤测试注意事项：数字万用表电阻挡不宜测量三极管；数字万用表置于“➔+”挡测量时，表屏显示的数值为二极管正向压降。

5. 三极管的选用

三极管的种类多，按工作频率分有高频管、低频管；按功率分有大、中、小三种。选用三极管根据用途不同，应从特征频率 f_T、电流放大倍数 β、最大集电极耗散功率 P_{CM}、最大集电极电流 I_{CM}、反向击穿电压 $U_{(BR)}$ 或 U_{CEO} 等参数考虑，以满足不同电路的要求。低频小功率管如 3AX、3BX 系列；高频小功率管如 3AG、3CG、3DG 等系列；低频大功率管如 3AD、3DD 等系列；低频大功率管如 3DA 等系列；开关管 3AK、3DK 等系列。

①常见三极管电极排列（从正面看）

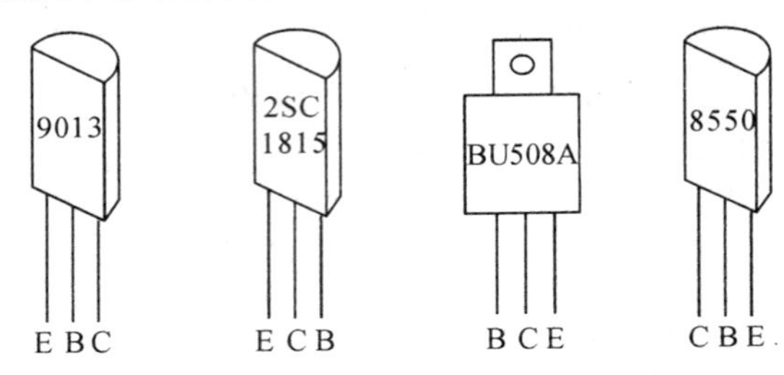

图 1-6-3 三极管电极排列

EBC 排列有：9011、9012、9013、9014、9015、9018、5401、5551

ECB 排列有：A1015、C2271、D2253、B649

BCE 排列有：BU508A、13003、13005、13007

CBE 排列有：8550、8050

表 1-6-19 三极管的主要参数选用

参数	选用原则	说明
$U_{(BR)}$ 或 U_{CEO}	$>E_C$ 电源电压	若是电感性负载 $U_{(BR)}$ 或 $U_{CEO}\geq 2E_C$
I_{CM}	$>(2\sim3)\ I_C$	I_C 管子的工作电流
P_{CM}	$(2\sim4)P_0$ 输出功率	甲类功放：$P_{CM}\geq 3P_0$ 甲乙类功放：$P_{CM}\geq(1/3)P_0$
β	30～200	β 值太大稳定性差
f_T	$(3\sim10)f$	f 为工作频率

表 1-6-20 小功率硅和锗三极管的电气性能

参数	硅三极管	锗三极管
$I_{CEO}/\mu A$	<20	100～1000
$U_{(BR)CEO}/V$	12～60	6～45
导通电压/V	0.7	0.3

6. 三极管的代换

(1)新换三极管的极限参数应等于或大于原管的极限参数。

(2)性能好的三极管可代性能差的管。如穿透电流、电流放大系数等。

(3)在集电极耗散功率许可情况下,高频管可代低频管,开关管可代普通管。

1.6.4　场效应管

场效应管是场效应晶体管(Field Effect Transistor,FET)的简称。是一种电压控制器件,即利用电场效应来控制器件的电流。具有信号放大和开关等作用,广泛应用于数字电路及内存等集成电路。它有三个极,分别叫源极 S、栅极 G 和漏极 D。

1. 场效应管的特点

输入阻抗高($10^7 \sim 10^{14}\,\Omega$)、热稳定性好、噪声系数低;开关速度快、截止频率高;结构简单、便于大规模集成等优点。

2. 场效应管图形符号

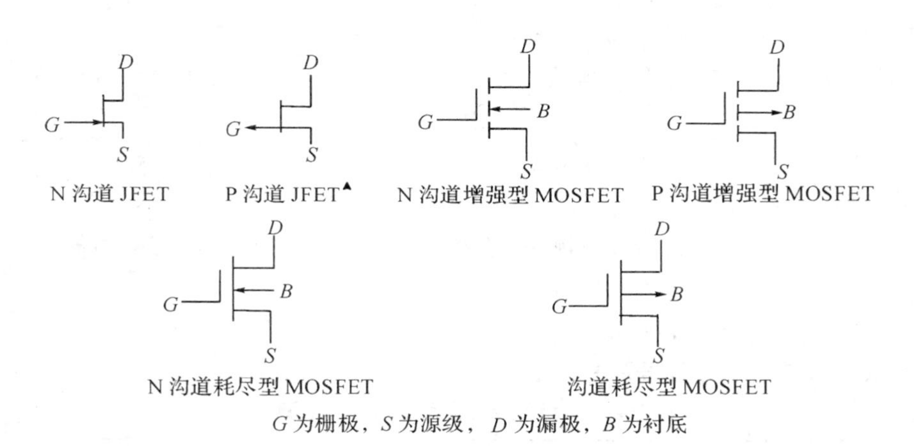

图 1-6-4　场效应管图形符号

部分场效应管的实物照片

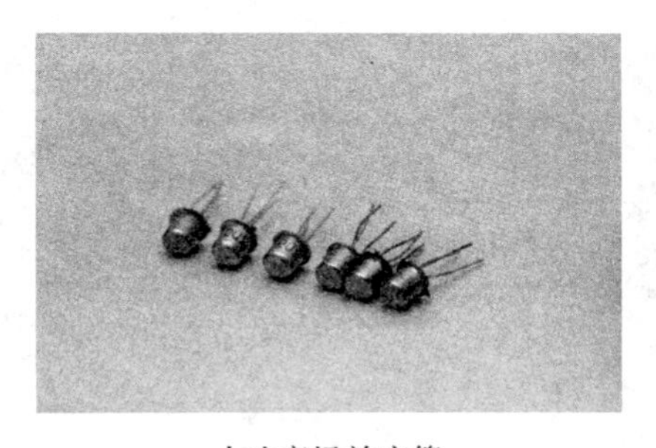

小功率场效应管

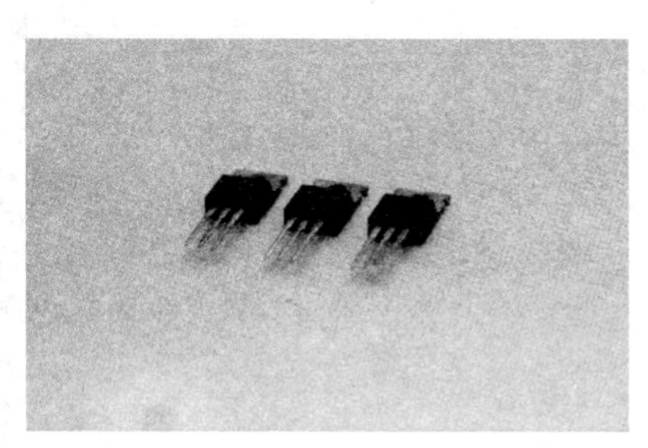

中功率场效应管

大功率场效应管

大功率场效应管

(1)结型场效应管(JFET)均为耗尽型

①N沟道JFET：如国产3DJ2、3DJ4、3DJ6、3DJ7CX401～CX402；日本产2SK系列，如2SK389；美国产2N5452～2N5454、2N5457～2N5459 、2N4220～2N4222。

②P沟道 JFET：如国产CS1～CS4 日本产 2SJ 系列，如 2SJ109；美国产 2N5460～2N5465。

(2)金属一氧化物一半导体场效应管(MOSFET)

①凡栅一源电压为零时，漏极电流也为零的管子均属增强型。$U_{GS}=0$，$I_D=0$，$U_{GS}>U_T$，$I_D>0$

N沟道增强型MOSFET。如3DO6

P沟道增强型MOSFET如3CO1A/B

②凡栅一源电压为零时，漏极电流不为零的管子均属耗尽型。$U_{DS}>0$，$I_D>0$

N沟道耗尽型MOSFET如3DO1～3DO4

P沟道耗尽型MOSFET如CS1

3. 场效应管常用参数符号及意义

表1-6-21　场效应管常用参数符号及意义

参数名称	符　号	意　　义
夹断电压	$U_{GS(Off)}$	在规定的漏源电压下，使漏源电流下降到规定值(即使沟道夹断)时的栅源电压VGS。此定义适用JFET和耗尽型MOSFET。
开启电压	$U_{GS(th)}$	在规定的漏源电压下，使漏源电流 I_{DS} 下降到规定值(即发生反型层)时的栅源电压 V_{GS}。此定义适用增强MOSFET。
饱和漏极电流	I_{DSS}	栅源短路($V_{GS}=0$)、漏源电压 V_{DS} 足够大时，漏源电流几乎不随 漏源电压变化，所对应漏源电流为饱和漏极电流，此定义适用耗尽型场效应管。
跨导	g_m	漏源电压 V_{DS} 一定时，漏极电流变化量和引起栅源电压变化量之比称为跨导，它表征栅源电压对漏极电流的控制能力。 $g_m=\frac{\Delta I_D}{\Delta V_{GS}} \mid V_{DS}=$常数
漏一源极击穿电压	$U_{(BR)DS}$	指漏极和源极之间允许加的最高电压
栅一源极击穿电压	$U_{(BR)GS}$	指 SiO_2 绝缘层被击穿时栅一源极电压
最大耗散功率	P_{DM}	指在规定的散热条件下，场效应晶体管所允许损耗功率的最大值
漏极最大允许电流	I_{DM}	在正常工作的情况下所允许通过最大漏极电流

4. 场效应管检测

(1)结型场效应管(JFET)的检测

①判断电极及沟道

对于 JFET,其栅极(G)与源极(S)、漏极(D)之间是 PN 结,如果是 N 沟道的 JFET,栅极(G)是 P 区;如果是 P 沟道的 JFET,栅极(G)是 N 区。栅极(G)对源极(S)和漏极(D)呈对称结构。

用万用表"R×100Ω"挡,黑表笔任接一个电极,红表笔依次接其余两个电极,如果两次测得阻值基本相等,且为低阻值,说明所测 JFET 的正向电阻,此时黑表笔所接是栅极(G),且被测管子是 N 沟道的 JFET;如果两次测得阻值都很大,说明所测 JFET 的反向电阻,此时黑表笔所接是栅极(G),且被测管子是 P 沟道的 JFET。

②由于结型场效应管(JFET)源极(S)和漏极(D)在结构上具有对称性,源极(S)和漏极(D)可互换使用。当用万用表"R×100Ω"挡测量源极(S)和漏极(D)之间电阻时,正反向电阻相同,正常时为几千欧左右。

(2)MOS 场效应管检测

结型场效应管与金属一氧化物一半导体场效应管的区别是,金属一氧化物一半导体场效应管的栅极 G 与漏极 D、源极 S 绝缘;结型场效应管的栅极 G 与漏极 D、源极 S 之间各有一个 PN。

①判断栅极 G

用万用表"R×100Ω"挡,若某脚与其它脚之间的电阻值都是∞,则该脚就是栅极 G。

②漏极 D、源极 S 及类型判定

用万用表"R×100Ω"挡,交换表笔重复测量漏极 D 与源极 S 之间的电阻值,对于 N 沟道场效应管,其中电阻值较小这一次,黑笔所接的是漏极 D,红笔所接的是源极 S。日本产的 3SK 系列产品,S 极与管壳相连,据此较易确定 S 极。

③好坏判断

用万用表"R×100Ω"挡,测量源极 S 与漏极 D 之间的电阻值,正常时,一般在几十欧至几千欧之间。若源极 S 与漏极 D 之间的电阻值为∞,说明内部开路;若源极 S 与漏极 D 之间的电阻值为 0,说明内部短路;证明管子损坏。

(3)功率场效应管 VMOS 的检测

① 栅极 G 判定

用万用表 R×100Ω 挡,测量任意两引脚之间的正反向电阻值,其中一次测量中电阻值为几百欧,这时两表笔所接的引脚是漏极(D)与源极(S),则未接表笔的引脚为栅极(G 极)。

② 漏极 D、源极 S 及类型判定

用万用表 R×10k 挡,测量 D 极与 S 极之间的正反向电阻值,正向电阻值约为 0.2×10k,反向电阻值为(5～∞)×10kΩ,在测量反向电阻时,红表笔所接的引脚不变,黑表笔脱离所接的引脚后,与栅极 G 碰一下,然后黑表笔接原引脚,会出现两种可能:一是万用表读数为 0Ω,则此时红表笔所接的引脚为源极 S,黑表笔所接的引脚为漏极 D。黑表笔触发栅极 G 有效(使 D 极与 S 极之间的正反向电阻值均为 0Ω),则该场效应管为 N 沟道。二是万用表读数仍为较大,黑表笔接引脚不变,用红表笔脱离所接的引脚后,与栅极 G 碰一下,然后红表笔接回原引脚,则此时黑表笔所接的引脚为源极 S,红表笔所接的引脚为漏极 D。红表笔触发栅极 G 有效(使 D 极与 S 极之间的正反向电阻值均为 0Ω),则该场效应管为 P 沟道。

③ 好坏判断

用万用表 R×1K 挡测量任意两引脚之间的正、反向电阻值,如果测得两次及以上电阻值都较小时,则该场效应管损坏。如果仅出现一次电阻值较小,其余各次测量电阻值均为无穷大,还需作进一步判断,用万用表 R×1K 挡测量 D 极与 S 极之间的正、反向电阻值。对于 N 沟道,红表笔所接 S 极,黑表笔先触碰 G 极,然后测量 D 极与 S 极之间的正、反向电阻值,如果测量 D 极与 S 极之间的正、反向电阻值均为 0Ω,该场效应管性能良好;对于 P 沟道,黑表笔所接 S 极,红表笔先触碰 G 极,然后测量 D 极与 S 极之间的正、反向电阻值,如果测量 D 极与 S 极之间的正、反向电阻值均为 0Ω,该场效应管性能良好。否则该场效应管性能不良。

④ 常见场效应管电极排列(从正面看)

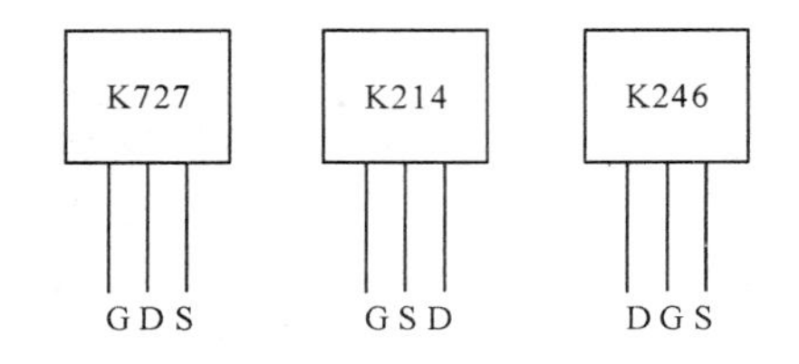

图 1-6-5　场效应管电极排列

GDS 排列有:K1529/J200 、K1530/J201、K413/J118 、K423、K727、IRF730、IRF840。

GSD 排列有:K214/J77 、K1058/J162。

DGS 排列有:K246/J103、K170/J74、K373、K30。

5. 场效应管的选用

(1)对于小功率场效应管,通常应考虑输入阻抗、跨导、夹断电压或开启电压、击穿电压等主要参数。

(2)对于大功率场效应管,通常应考虑击穿电压、漏极电流及耗散功率等主要参数。

(3)对于音频功率放大器推挽输出级 VMOS 大功率场效应管,应选用(互补对管)两管各项参数基本相同,最大耗散功率为输出功率的 0.5～1 倍,漏极击穿电压应为功率放大器工作电压 2 倍以上。

(4)对于结型场效应管漏极和源极可互换。

1.6.5　晶闸管

晶闸管又叫可控硅,晶闸管实际上是一种可控的导电开关,它能在弱电流的作用下可靠地控制大电流的流通。具有体积小、重量轻、功耗低、效率高、寿命长及使用方便等特点。

1. 晶闸管的作用

广泛应用于工业、家电、交通等领域,以实现无触点开关、整流、变频、调温、调光、电机调速等功能。

2. 晶闸管图形符号

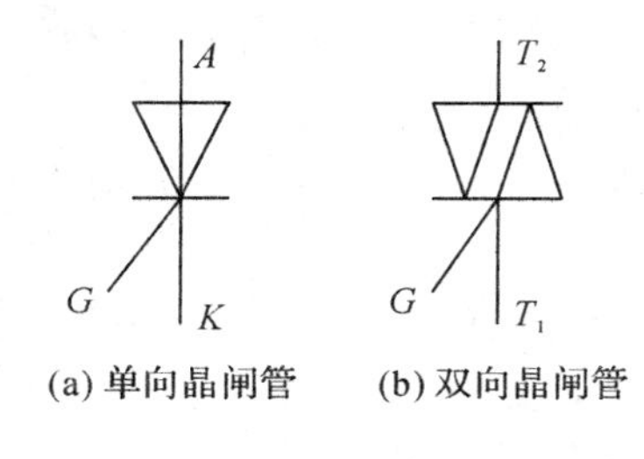

(a) 单向晶闸管　(b) 双向晶闸管

图 1-6-6　晶闸管图形符号

部分晶闸管的实物照片

单向晶闸管实物照片

双向晶闸管实物照片

单向晶闸管实物照片　双向晶闸管实物照片

3. 晶闸管的型号命名方法

□　□　□-□　□

第一部分：表示闸流特性

第二部分：类型，P(普通)、K(快速)、S(双向)、G(可关断)、N(逆导)。

第三部分：额定通态平均电流级别，分 14 级别：1A、5A、10A、20A、30A、50A、100A、200A、300A、400A、500A、600A、900A、1000A。

第四部分：额定正、反向重复峰值电压级别，额定正、反向重复峰值电压在 1000V 以下每 100V 为一级，1000～3000V 范围每 200V 为一级。用数字表示级别，单位为 kV。

第五部分：额定通态平均电压(管压降)级别，分 9 个级别：用 A(0.4V)、B(0.5V)、C(0.6V)、D(0.7V)、E(0.8V)、F(0.9V)、G(1.0V)、H(1.1V)、I(1.2V)表示。

如 KP200-18F 表示额定通态平均电流为 200A，额定正、反向重复峰值电压 1.8kV，额定通态平均电压为 0.9V 的普通晶闸管。

4. 晶闸管的主要参数

(1)额定平均电流 I_T：在规定的条件下，晶闸管正常工作时，A、K(或 T_1、T_2)极所允许通过电流的平均值。

(2)断态重复峰值电压 U_{DRM}：又称晶闸管耐压，是指晶闸管在正向关断时，即在门极断路而结温为额定值时，允许加在 A、K(或 T_1、T_2)极之间最大峰值电压。

(3)反向重复峰值电压 U_{RRM}：是指晶闸管在门极断路时，允许加在 A、K(或 T_1、T_2)极之间最大反向峰值电压。

(4)维持电流 I_H:晶闸管被触发导通后,在室温及门极开路时,晶闸管从较大的通态电流下降到维持通态所必需的最小电流。

(5)控制极触发电压 V_{GT} 和触发电流 I_{GT}:在规定的条件下,加在控制极上使晶闸管导通的所必需的最小电压和电流。

(6)导通时间 t_{on}:从在晶闸管的控制极加上触发电压开始到晶闸管导通,其导通电流达到90%时这一段时间称为导通时间。

(7)关断时间 t_{off}:从切断晶闸管的控制极正向电流开始到控制极恢复控制能力的这一段时间称为关断时间。

5. 晶闸管的检测

(1)单向晶闸管(SCR)的检测

①判断各电极

判断理由:门极(P型)与阴极(N型)之间为一个PN结,阳极与门极有两个反极性串联的PN结,阳极与阴极有三个反极性串联的PN结。

用万用表"R×1Ω"挡,将黑表笔任接某一电极,红表笔依次去接另外两个电极,其中电阻值最小(十几欧)这一次,黑表笔所接为门极(G极),红表笔所接为阴极(K极),未接引脚为阳极(A极)。

②判断好坏

用万用表"R×1Ω"挡,将黑表笔接阳极,红表笔接阴极,这时表针指在∞,用一根导线连接黑表笔与门极,表针指在十几欧处,断开连接导线,表针仍保持不变,表明单向晶闸管经触发后,在A→K方向上熊维持正常的导通状态。说明单向晶闸管性能良好。如果将黑表笔接阳极,红表笔接阴极,测得电阻值较小,说明已击穿损坏。

(2)双向晶闸管(TRIAC)的检测

①判断各电极

判断理由:门极(G)距第一主极(T_1)较近,距第二主极(T_2)较远,门极(G)与第一主极(T_1)之间正反向电阻均较小;第二主极分别与门极、第一主极之间的正反向电阻均很大。

用万用表"R×1Ω"挡,将黑表笔任接某一电极,红表笔依次去接另外两个电极,其中电阻值最小(十几欧)这一次,黑表笔所接为主极(T_1极),红表笔所接为门极(G极),未接引脚为主极(T_2极)。

②好坏判断

用万用表"R×1Ω"挡,测量 T_2 极与 T_1 极之间,T_2 极与G极之间的正、反向电阻值,正常时阻值接近∞,如果测得电阻值较小,说明已损坏;用同样的方法测量T1极与G极之间的正、反向电阻值,如果测得电阻值为∞,说明已损坏。

用万用表"R×1Ω"挡,将黑表笔接T2极,红表笔接T1极,这时表针指在∞,用一根导线连接黑表笔与门极,表针指在十几欧处,断开连接导线,表针仍保持不变,表明双向晶闸管经触发后,在 $T_2 \to T_1$ 方向上能维持正常的导通状态;用万用表"R×1Ω"挡,将红表笔接 T_2 极,黑表笔接 T_1 极,这时表针指在∞,用一根导线连接红表笔与门极,表针指在十几欧处,断开连接导线,表针仍保持不变,表明双向晶闸管经触发后,在 $T_1 \to T_2$ 方向上能维持正常的导通状态。

具备上述条件 $T_2 \rightarrow T_1$ 和 $T_1 \rightarrow T_2$ 导通状态，说明双向晶闸管性能良好。

6. 晶闸管的选用

(1)类型的选择：根据应用电路的具体要求合理选择。

① 若用于交直流电压控制、可控整流、交流调压、开关电源保护电路选用单向晶闸管(SRC)。

② 若用于交流开关、交流调压、交流电动机调速、灯具线性调光等电路选用双向晶闸管(TRIAC)。

③ 若用于交流电动机变频调速、斩波器、逆变电源及各种电子开关电路等选用门极关断晶闸管(GTO)。

④ 若用于锯齿波发生器、长时间延时器、过压保护器及大功率晶体管触发电路等选用程控单结晶体管(BTG)。

(2)晶闸管的主要参数的选择

晶闸管的主要参数有额定峰值电压、通态平均电流、正向压降、控制极触发电压和触发电流等。

① 在感性负载电路中，可在主极并联 RC 电路，电容量可选 0.1μ，电阻值可选 100Ω左右。

② 峰值电压应按实际工作电压的最大值的 2～3 倍，平均电流应按实际平均电流的有效值的 1.2～2 倍。

③ 大多数高频晶闸管在额定结温下给定的关断时间为室温下关断时间的 2 倍。

④ 所选择晶闸管触发电压和触发电流一定要小于实际应用的数值。

⑤ 常用单向晶闸管有：BT151、MCR100-6、CR3AM

⑥ 常用双向晶闸管有：TLC226A、BTB04、BCR6A、L2004F51、MAC-97A6、BCM3AM、2N6075、BTA40-70、MAC218

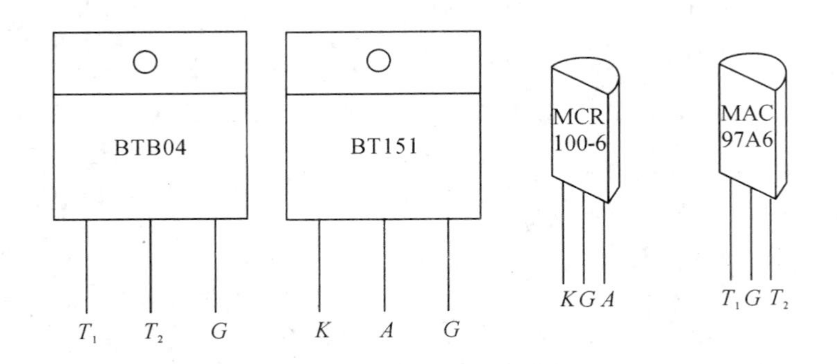

图 1-6-7　晶闸管电极排列

T_1T_2G 排列有：BTB04 、TLC226A、BCR6A、BCM3AM、L2004F51。

1.6.6　光电耦合器

光电耦合器也叫光电隔离器，简称光耦。它是一种利用电－光－电耦合原理传输信号的半导体器件，其输入、输出电路的电信号是相互隔离的。

1. 光电耦合器的作用

光电耦合器具有体积小、寿命长、抗干扰能力强、无触点输出等优点，广泛应用于电平转换、自动控制电路、计数电路、开关电源电路、保护电路中，以控制回路与主回路间电信号的隔离。

2. 光电耦合器图形符号

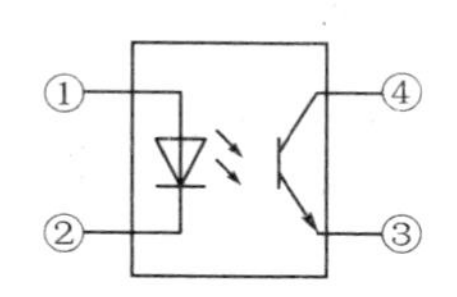

图 1-6-8　通用型光电耦合器图形符号

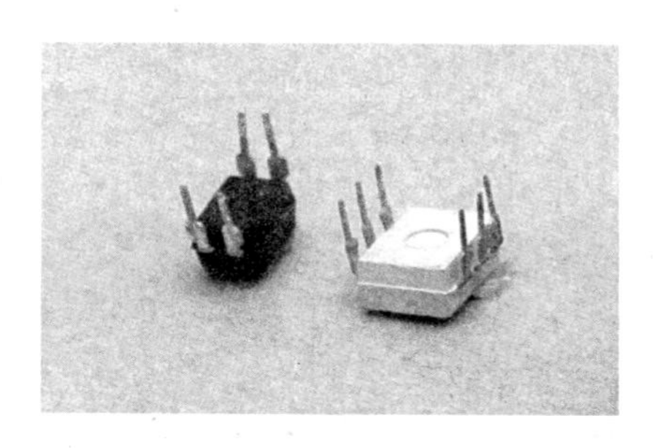

光电耦合器实物照片

3. 光电耦合器的主要参数

(1)电流传输比 CTR：是指光电耦合器在规定的偏压下，输出电流数值除以发光二极管输入电流值，称为电流传输比。

(2)隔离阻抗 R_G：是指光电耦合器的输入端与输出端之间的绝缘电阻，一般为 10^9 ~ 10^{11} Ω。

(3)极间耐压 U_G：是指光电耦合器的输入端与输出端之间的绝缘电压。

4. 常见光电耦合器型号与内部电路

表 1-6-22　常见光电耦合器型号与内部电路

型　　号	内部电路
PC810/812/817/818/502，LTV817，TLP521-1/621-1，ON3111，OC617，PS2401-1，GIC5102	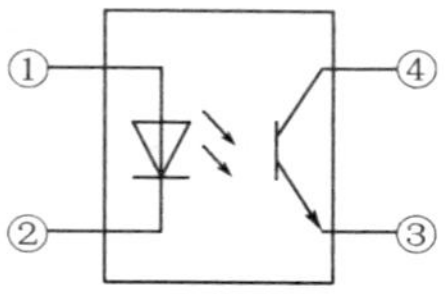
MOC8101/8102/8103/8104/8111/8112/8113，CNX82，TLP509/519/532/632，PC504/614/714，PS208B/2009B/2018/2019	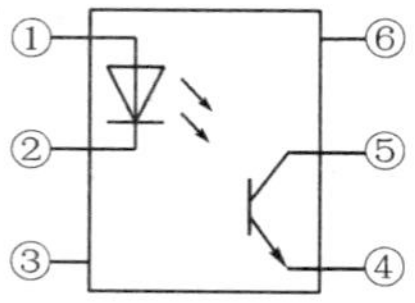
TLP503/508/531/535/631，4N25/A4N26/27/28/35/36/37/38/38A，TIL111/112/114/L115/116/117，H11A1/A2/A3/A4/A5/A520/A550/AV1/AV2/AV3/A5100，MCT2/2E/271/272/273/274/275，CNX35/35/83	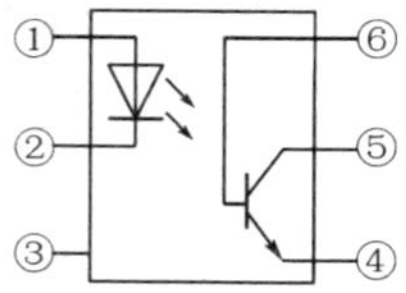

5. 光电耦合器的检测

(1)测量输入端：用万用表 R×1kΩ 挡测量输入端发光二极管的正、反向电阻值，如果测得正向电阻值为几千欧，反向电阻值为∞，属正常；如果测得正、反向电阻值相差不大，则表明内部发光二极管性能不良。

（2）测量输出端：用万用表 R×1kΩ 挡测量输出端光敏管的 C－E 之间电阻值，正常值均为∞；

（3）测量输入与输出间的绝缘：用万用表 R×10kΩ 挡，依次测量的两引脚与输出端各引脚间的电阻值，正常值均为∞；否则属不正常。

6. 光电耦合器的选用

（1）对于一般小信号电路，可选用普通的发光二极管与三极管组合的光耦。

（2）对于驱动大信号电路，可选用普通的发光二极管与光控晶闸管组合的光耦。

1.7　集成电路

集成电路是一种采用特殊的工艺，将二极管、三极管、场效应管、电阻器、电容器及连线等制作在半导体或绝缘基片上，连接成能完成特定功能的完整电路，并封装在特制的管壳中而制成的电子器件。集成电路具有体积小、重量轻、功耗低、性能好、可靠性高等优点。已广泛应用在电子技术的各个领域。在工业、军事、通信、遥控等方面得到广泛的应用，如电视机、计算机、收录机、各种小家电等。

1.7.1　集成电路的识别

1. 集成电路的符号

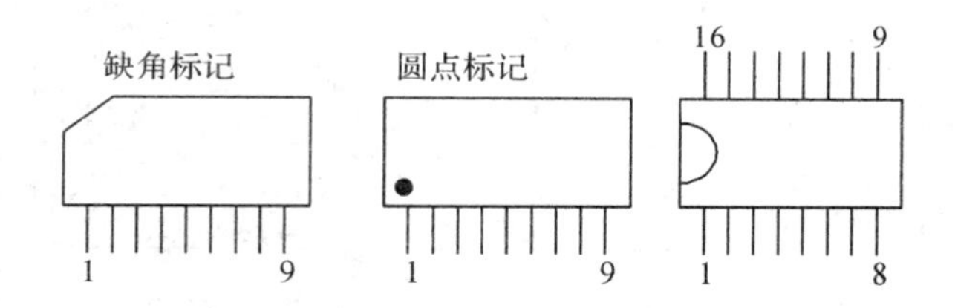

图 1-7-1　集成电路符号及引脚识别

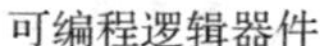

可编程逻辑器件

HM(IX)0689C等集成电路

场输出集成电路LA7830

集成电路TA7698AP

2. 集成电路的型号命名方法

根据国家标准 GB3439-89 的规定，集成电路的型号由以下五部分组成：

□　　□　　□　　□　　□

第一部分：中国国标产品，用字母 C 表示。

第二部分：表示器件的类型，用字母表示，如表 1-7-1 所示。

第三部分：表示器件的系列和品种代号，用阿拉伯数字及字母表示。

第四部分：表示工作温度范围，用字母表示。

第五部分：表示封装形式，用字母表示。

表 1-7-1　半导体集成电路型号组成、符号、意义

第一部分		第二部分 器件的类型		第三部分	第四部分 工作温度范围		第五部分 封装形式	
字母	意义	字母	意义		字母	意义/℃	字母	意义
C	符合国家标准	T	TTL 电路		C	0～70	F	多层陶瓷扁平
		H	HTL 电路		G	−25～+70	B	塑料扁平
		E	ECL 电路		L	−25～+85	H	黑瓷扁平
		C	CMOS 电路		E	−40～+85	D	多层陶瓷双列直插
		M	存储器		R	−55～+85	J	黑瓷双列直插
		μ	微型机电路		M	−55～+125	P	塑料双列直插
		F	线性放大器				S	塑料单列直插
		W	稳压器				K	金属菱形
		B	非线性电路				T	金属圆形
		J	接口电路				C	陶瓷芯片载体
		AD	A/D 转换器				E	塑料芯片载体
		DA	D/A 转换器				G	网络阵列
		D	音响、电视电路					
		SC	通信专用电路					
		SS	敏感电路					
		SW	钟表电路					

表 1-7-2　表示器件系列品种的规定

类型	数字及字母	系列名称
TTL	54/74×××	国际通用系列
	54/74H×××	高速系列
	54/74L×××	低功耗系列
	54/74S×××	肖基特系列
	54/74LS	低功耗肖基特系列
	54/74AS	先进肖基特系列
	54/74ALS	先进低功耗肖基特系列

续表

类型	数字及字母	系列名称
CMOS	4000	4000 系列
	54/74HC×××	高速 CMOS,有缓冲输出级,输出、输入 CMOS 电平
	54/74HCT×××	高速 CMOS,有缓冲输出级,输入 TTL 电平、输出 CMOS 电平
	54/74HCU×××	高速 CMOS,不带输出缓冲级
	54/74AC×××	改进型高速 CMOS
	54/74ACT×××	改进型高速 CMOS,输入 TTL 电平、输出 CMOS 电平

例如:国产型号为 CF741CT 的含义是,C 表示中国国家标准,F 表示线性放大电路,741(通用单运放表示器件代号,C 表示工作温度范围 0～70℃,T 表示金属圆形封装。

表 1-7-3　部分国外厂家集成电路前缀符号意义

公司	前缀	含义	公司	前缀	含义
东芝	TA	双极型线性	美国摩托罗拉	MC	有封装的集成电路
	TC	CMOS		MCC	未封装的集成电路
	TD	双极型数字		MFC	塑封功能电路
	TM	MOS		MCBC	染式引线封装 IC 芯片
三洋	LA	单块双极型线性		CMB	扁平封装的测试引线 IC
	LB	双极型数字		CMH	密封混合电路
	LC	CMOS		CHP	塑封混合电路
	LE	MNMOS		MCM	集成存储器
	LM	PMOS、NMOS		MMS	存储器系统
	ST	厚膜	美国国家半导体	LM	线性(单片)
日本	HA	模拟电路		TBA	线性(仿制)
	HD	数字电路		TCA	线性
	HM	存储器(RAM)		LF	线性(双极一场效应)
	HN	存储器(ROM)		ADC	模/数转换
三菱	M			DAC	数/模转换
索尼	CXA	双极型集成电路		TDA	线性
	CXB	双极型数字集成电路		LH	混合
	CXD	MOS 集成电路		LP	低功耗
	CXK	存储器		LX	传感器
	BX	混合型集成电路	美国无线电	CA	线性
	L	CCD 集成电路		CD	数字
	PQ	微处理器		CDP	微处理器
松下	AN	模拟集成电路		MWS	MOS
	DN	数字集成电路	飞利浦	NE	荷兰
	MN	MOS 集成电路			
	OM	助听器电路			

3. 集成电路引脚的识别

圆形结构集成电路引脚排列:管壳边缘凸出部分为起点,沿顺时针方向依次为 1、2、3……

单列直插型集成电路识别标记,有倒角、凹坑,从识别标记引脚开始,从左向右依次为

1、2、3……

扁平型封装、双列直插式封装的集成电路，其封装表面上有一色标或凹口作为标记，其引脚排列由从上往下看，沿逆时针方向依次为 1、2、3……

4. 集成电路使用注意事项

(1)在使用集成电路时，电源电压、输出电流、输出功率、温度等不允许超过集成电路的极限值。

(2)输入电压的幅度不能超过集成电路电源电压。

(3)数字集成电路未用输入端引脚不能悬空，MOS 电路的与非门输入端不用引脚接电源正极。

(4)集成电路使用环境温度应控制在－30～＋85℃，集成电路应远离热源。

(5)CMOS 集成电路输出端引脚不能短路，电源极性不能接反。

1.7.2 集成稳压器

集成稳压器具有体积小、外围元件少、性能稳定、使用方便等优点，尤其是三端集成稳压器得到广泛的应用。

1. 三端固定式集成稳压器

(1)外形和引脚排列

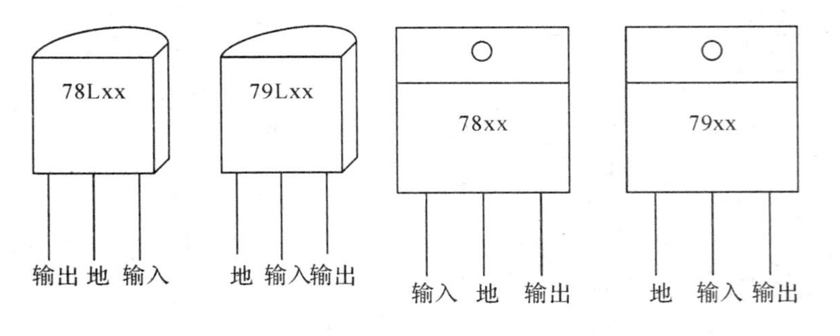

图 1-7-2 三端固定式集成稳压器引脚排列

部分三端集成稳压器的实物照片

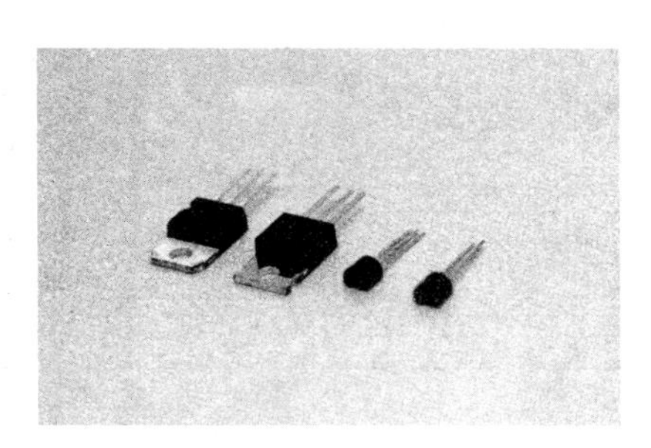

三端固定式集成稳压器

TL431基准电压源

三端集成稳压器

(2)三端固定式集成稳压器型号命名

三端固定式集成稳压器型号由5部分组成,其含义如下。

□　□　□□　□　□□

第一部分:中国国标产品,用字母C表示。

第二部分:表示稳压器,用字母W表示。

第三部分:表示产品序号,78表示输出正电压,7 9表示输出负电压。

第四部分:表示输出电流,用字母表示见表1-7-4。

第五部分:表示输出电压,用数字表示。

表1-7-4　三端固定式集成稳压器产品分类

特点	国内型号	最大输出电流/A	输出电压/V	国外对应型号
正压输出	CW78L××系列	0.1	5、6、8、9、12、15、18、24	LM78L××;μA78L××;MC78L××
	78N××系列	0.3		μPC78N××;HA78N××
	CW78M××系列	0.5		LM78M××;μA78M××;MC78M××
	CW78××系列	1.5		MA78××;LM78××;MC78××;
				L78××;TA78××;μPC 78××;
				HA178××;μA78××。
	78DL××系列	0.25	5、6、8、9、12、15	TA78DL××
	CW78T××系列	3		MC78T××
	CW78H××系列	5	5、12、18、24	μA78H××
	78P05	10	5、12、24	μA78P05
负压输出	CW79L××系列	0.1	5	LM79L××;μA79L××;MC79L××
	79N××系列	0.3	−5、−6、−8、−9、−12、−15、−18、−24	μPC 79N××
	CW79M××系列	0.5		LM79M××;μA79M××;MC79M××
				TA79M××
	CW79××系列	1.5		LM79××;μA79××;MC79××;L79××;
				TA79××;μPC 79××;HA179××

2. 三端可调式集成稳压器

(1)外形和引脚排列

(2)三端可调式集成稳压器型号命名

三端可调式集成稳压器型号由5部分组成,其含义如下。

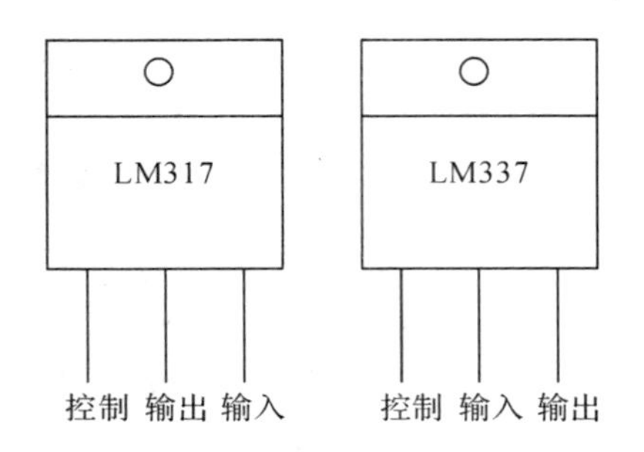

图 1-7-3　三端可调式集成稳压器引脚排列

□　□　□　□□　□□

第一部分：中国国标产品，用字母 C 表示。

第二部分：表示稳压器，用字母 W 表示。

第三部分：表示产品序号，1 表示军工，2 表示工业，3 表示民用。

第四部分：表示产品序号，17 表示输出正电压，37 表示输出负电压。

第五部分：表示输出电流，用字母表示，L 为 0.1A，M 为 0.5A，如表 1-7-5 所示。

表 1-7-5　三端可调式集成稳压器产品分类

特点	国产型号	最大输出电流/A	输出电压/V	对应国外型号
正压输出	CW117L/217L/317L	0.1	1.25～37	LM117L/217L/317L
	CW117M/217M/317M	0.5		LM117M/217M/317M
	CW117/217/317	1.5		LM117/217/317
	CW117HV/217HV/317HV	1.5	1.25～57	LM117HV/217HV/317HV
	W150/250/350	3	1.25～33	LM150/250/350
	W138/238/338	5	1.25～32	LM138/238/338
	W196/296/396	10	1.25～15	LM196/296/396
负压输出	CW137L/237L/337L	0.1	－1.25～－37	LM137L/237L/337L
	CW137M/237M/337M	0.5		LM137M/237M/337M
	CW137/237/337	1.5		LM137/237/337

3. 集成稳压器的选择

(1)根据电路要求选择集成稳压器类型。集成稳压器输出电压极性应与电路的电压极性相同。如输出正电压 78××系列、17 系列；输出负电压 79××系列、37 系列。

(2)选择集成稳压器的主要参数。包括输入电压、输出电压、输出电流、压差、电压调整率等。输出电压应与负载电路的电压值相同，其输出电流应大于负载电路的最大电流，保证稳压器输入电压高于输出电压 2～3V 。

1.7.3　集成运算放大器

集成运算放大器简称集成运放。是将多个晶体管集成在一小块硅片上实现高增益放大功能的一种器件。具有输入阻抗高、输出阻抗低、放大倍数大。广泛应用于模拟电路的各个领域之中。

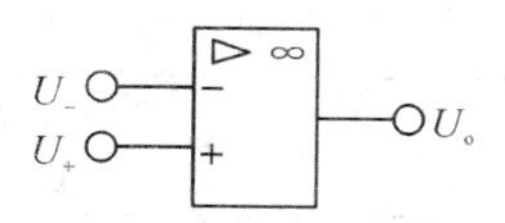

图 1-7-4　集成运算放大器电路符号

1. 电路符号

2. 主要参数

(1)开环差模增益 A_{OD}:在集成运放无外加反馈时的差模放大倍数。

(2)共模抑制比 K_{CMR}: 差模放大倍数与共模放大倍数之比。

(3)差模输入电阻 r_{id}:是集成运放在输入差模信号时的输入电阻。

(4)输入失调电压 U_{IO}:是使输出电压为零时在输入端所加的补偿电压。

(5)最大共模输入电压 U_{ICMAX}:是输入级能正常工作的情况下允许输入的最大共模信号。

(6)最大差模输入电压 U_{IDMAX}:是集成运放的反相输入端与同相输入端之间所能承受的最大电压值。

(7)单位增益带宽 f_C:是使 A_{OD}下降到零分贝时的信号频率。

(8)转换速率 SR:是指集成运放输入为大信号时输出电压随时间的最大变化率。

3. 集成运放选用

(1)没有特殊要求选用通用型运放。直流性能较好、种类多、价格低。有单运放、双运放、四运放。

表 1-7-6　通用型运放

单运放	双运放	四运放
709,741,CA3130/3140/3160,LF351/355/441/13741,OP-01,TL081	747,1458,CA3240/3260,LF353/442,NE5512,OP-207/227,RC4559,TL08/082/288	LF347,LM124/224/324/348/2902,MC3403,NE5514,RC4136/4156, TL084

(2)对于高精度的稳压电源、精密模拟运算、毫伏级信号检测等,选用高精度、低噪声、低漂移的集成运放。

表 1-7-7　精密型运放

单运放	双运放	四运放
MP5505/5507, OP-05/07/12/27/37,OP-177	MP5510,OP10	MP5509/5511,OP-09/11

表 1-7-8　低噪声运放

单运放	双运放	四运放
NE5533/5534,RC5534,TL071	NE5532,RC5532,TL072	TL074

(3)对于便携式仪表、遥感遥测等场合,可选用低功耗运放。

表 1-7-9　低功耗运放

单运放	双运放	四运放
AD548,ICL7611,MAX438,RC3018,TL061	AD648,NE532	OPA130UAE

表 1-7-10　单电源运放

单运放	双运放	四运放
CA3160	LM358,MAX492,CF158/258/358	LM124/224/324

表 1-7-11　高转换率运放

单运放	双运放	四运放
NE530/531/538	NE5535,AD712,CF159/359	CF2900M/3900C

1.8　电声器件

电声器件是将电信号转换为声音信号或将声音信号转换为电信号的换能元件，电子电路中常用的电声器件扬声器、传声器、蜂鸣器和耳机等。

1.8.1　电声器件的识别

1. 电声器件型号命名方法

电声器件型号命名由主称、分类、特征和序号等四部分组成。

表 1-8-1　电声器件型号符号意义

主称		分类		特征		序号
名称	符号	名称	符号	名称	符号	
扬声器	Y	电磁式	C	号筒式	H	用阿拉伯数字表示
传声器	C	动圈式(电动式)	D	椭圆式	T	
耳机	E	压电式	Y	球顶式	Q	
送话器	O	电容式(静电式)	R	薄形	B	
受话器	S	驻极体式	Z	高频	G	
送话器组	N	等电动式	E	中频	Z	
号筒式组合扬声器	HZ	气流式	Q	低频	D	
两用换能器	H	带式	A	立体声	L	
声柱(扬声器)	YZ	碳粒式	T	接触式	J	
耳机传声器组	EC			气导式	I	
扬声器系统	YX			耳塞式	S	
复合扬声器	TF			耳挂式	G	
送受话器组	OS			听诊式	Z	
				手提式	C	
				头戴	D	
				抗干扰	K	

2. 扬声器

扬声器又称喇叭，其作用是将电信号转换成音频信号并辐射出去。

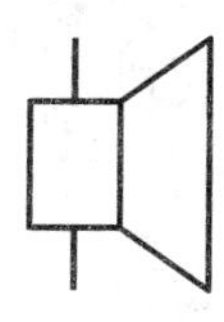

图 1-8-1　扬声器图形符号

扬声器实物照片

蜂鸣器实物照片

扬声器实物照片　　蜂鸣器实物照片

(1)扬声器在电路中的文字符号为“B”或“BL”，其图形符号如图 1-8-1 所示。

(2)扬声器主要参数

①额定阻抗：即扬声器在频率为 1kHz 或 400Hz 时，在输入端测得阻抗值，通常有 4Ω、8Ω、16Ω、32Ω 等。额定阻抗通常为扬声器音圈直流电阻的 1.1～1.3 倍。

②额定功率：指扬声器能长时间连续工作而无明显失真的平均输入功率。

③频率特性：指扬声器的信号电压恒定不变时，扬声器输出声压随输入信号频率变化规律。

④灵敏度：主要用来反映扬声器的电一声转换效率。指输入扬声器的功率为 1W 时，在轴线距离 1M 处测出的平均声压。其单位为 dB/M・W。

⑤失真度：扬声器的失真主要表现为重放声音与原始声音有差异。

⑥指向性：表示扬声器在空间各方面辐射声压分布的情况。

3. 传声器

传声器又称话筒，将声音信号转换成电信号的器件。

(1)传声器的文字符号为“B”或“BM”，其图形符号如图 1-8-2 所示。

图 1-8-2　传声器图形符号

驻极体传声器实物照片

(2)传声器主要参数

①灵敏度:是指传声器在一定的声压作用下输出的信号电压。

②频率响应:是指传声器灵敏度与频率之间的关系。

③输出阻抗:指传声器输出端的交流阻抗,一般是在1KHz条件下测得。将输出阻抗在2kΩ以下的称低阻抗传声器,输出阻抗在10kΩ以上的传声器称高阻抗传声器。

④指向性:是指传声器灵敏度随声波入射方向而变化的特性。

4. 耳机

耳机也是一种将电信号转换成声信号的器件,主要应用于各种随身听,代替扬声器做放声用。

(1)耳机的文字符号为“B”或“BE”,其图形符号如图1-8-3所示。

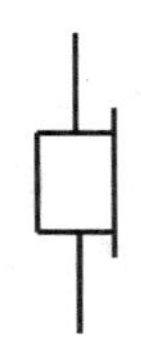

图1-8-3　耳机的图形符号

(2)耳机的主要参数

①额定阻抗:不同型号、不同结构的耳机,额定阻抗也不相同。耳机额定阻抗有4Ω、5Ω、6Ω、8Ω、16Ω、20Ω、25Ω、32Ω、35Ω、37Ω、40Ω、50Ω、55Ω、125Ω、150Ω、200Ω、250Ω、300Ω、600Ω、640Ω、1kΩ、1.5kΩ、2kΩ等。

②灵敏度:表示耳机的电一声转换效率。

③频率范围:是耳机重放音频信号的有效工作频率范围。

1.8.2　电声器件的检测

1. 扬声器的检测

(1)将万用表R×1Ω挡测量扬声器的音圈电阻值,测得的电阻值×1.25,即为扬声器的标称阻抗。

(2)将万用表置R×1Ω挡两表笔断续碰扬声器的音圈引脚,扬声器发出清脆的“喀喀”声音。

(3)扬声器极性的判断方法。将万用表置于直流电流50μA挡,两表笔分别接扬声器的两引出端，用手向下压一下纸盆，同时观察指针的偏转方向，若指针向右偏转，说明红笔所接一端为正极，黑笔所接一端为负极。扬声器的正、负极性是相对的，当多只扬声器并联使用时，应使它们的正极与正极、负极与负极相连。

2. 传声器的检测

(1)动圈式传声器检测方法。将万用表置于 R×100Ω 挡测量音圈电阻值，正常为 600Ω；用万用表笔接触动圈式传声器的插头，正常应听到“喀喀”声。

(2)驻极体传声器检测方法。将万用表置 R×1kΩ 挡，红笔接任一极，黑笔接另一极，再对调两表笔，比较两次测量结果，阻值较小时，黑笔接的是源极 S，红笔接的是漏极 D。

(3)驻极体传声器可靠性检测。将万用表置 R×1kΩ 挡，黑笔接漏极 D，红笔接源极 S，此时可测出 1kΩ，再用嘴对着传声器吹气，若万用表指针有摆动，说明传声器正常；若万用表指针无摆动，说明传声器损坏；若万用表指针摆动幅度越大，说明传声器灵敏度超高。

3. 耳机的检测。

将万用表置于 R×10Ω 挡，用万用表笔断续碰耳机的插头，正常应听到“喀喀”声，“喀喀”声越大且清脆，表明耳机性能好。

1.8.3　电声器件的选用

1. 扬声器的选用

(1)扬声器的功率要与功率放大器的输出功率相适应。

(2)扬声器的阻抗要与功率放大器的输出阻抗相匹配。

(3)要根据扬声器的使用范围选择。

表 1-8-2　不同场合使用的扬声器

使用场合	应配置传声器
收音机	普通小纸盆扬声器
电视机、调频立体声	采用二分频、三分频的扬声器组合
家庭影院或高保真音响设备	采用由高频段、中频段、低频段扬声器组成分频放音系统
舞台音响	大口径全频带扬声器或二、三分频的扬声器组合
农村、工厂有线广播	号筒式扬声器

(4)根据音色要求选择扬声器的类型。平板型或球顶型扬声器能表达音响设备的细腻乐感，层次好；锥盆型扬声器能表达音乐的柔和气氛；钛膜球顶型扬声器高频响应好。高保真音响的低频单元应选用锥盆型扬声器，口径选大一些；中频和高频单元应选用平板型或球顶型扬声器。

2. 传声器的选用

(1)应根据使用目的、场合和使用要求选用相适应的传声器。

表 1-8-3　不同场合使用的传声器

使用场合	应配置传声器
卡拉 OK	频率响应为 50～11000Hz 动圈式近声传声器
美声演唱	频率响应为 20～20000Hz 单向电容式传声器
电影制作录音	高质量动圈式或电容式传声器
收录机录音	单向驻极体电容式传声器

续表

使用场合	应配置传声器
大会场	全指向性、低噪声传声器
小型会议室	频率响应为10000Hz以下单向动圈式传声器
演出	单指向性传声器

(2)传声器阻抗的选择:传声器输出阻抗应尽量与放大器的输入阻抗匹配。

(3)传声器指向性的选择:一般演出用可选择单指向性传声器,大规模集会可选择全指向性传声器。

3. 耳机的选用

(1)应根据使用场合选用相适应的耳机。

表1-8-4 不同场合使用的耳机

使用场合	应配置耳机
收听语言广播	要用灵敏度高的耳机
收听立体声音乐节目	频率范围为20～20000Hz立体声耳机
密封放音场所	护耳式耳机

(2)阻抗要匹配。

(3)电路输出功率应小于耳机额定功率(一般小于0.25W)

(4)耳机的声道要与音响设备的声道相同。双声道音响设备,选用双声道的耳机。

(5)使用耳机注意事项

①使用耳机时,应先把功率放大器音量调小后,再接入耳机。

②耳机必须插入专用插孔。

③使用立体声耳机时,L字母表示左声道,R字母表示右声道。

④存放耳机应注意防磁、防潮,并远离热源。

习　题

1. 电阻器最主要两个参数是什么?

2. 指出下列各个电阻器上标志的含义

(1)棕红橙金　(2)黄紫红银　(3)棕红棕黄棕　(4)紫绿黑棕

(5)473J　(6)6R8K　(7)5.1kΩⅠ　(8)1.2 kΩⅡ

(9)912K　(10)333M　(11)R68J　(12)6.8Ⅲ

3. PTC热敏电阻和NTC热敏电阻主要区别是什么?

4. 电容器最主要两个参数是什么?

5. 指出下列各个电容器上标志的含义

(1)黄紫红金　(2)229　(3)3R3　(4)473

(5)橙橙棕银　(6)2p2　(7)6n8　(8)470n

(9)棕黑黄金　(10)104k　(11)7200J　(12)152M

6. 电感器最主要两个参数是什么？
7. 如何用万用表判断二极管的质量好坏和极性？
8. 如何用指针式万用表判断三极管的质量好坏和E、B、C三个电极？
9. 如何用指针式万用表判断场效应管的质量好坏和三个电极？
10. 如何用指针式万用表判断单向晶闸管的质量好坏和三个电极？
11. 如何用指针式万用表判断双向晶闸管的质量好坏和三个电极？
12. 怎样用万用表检测扬声器好坏？
13. 如何用指针式万用表判断电解电容的正负极性？
14. 怎样用万用表判别电源变压器的初、次级线圈？
15. 如何测量电源变压器的空载电流？
16. 指出整流全桥上标注“～”、“＋”、“－”符号的含义。
17. 怎样用万用表判断发光二极管好坏和正负极性？
18. 怎样用万用表检测数码管？
19. 怎样用万用表检测电磁继电器？
20. 简述用指针式万用表检测线性电阻的主要步骤。

参考文献

[1] 黄继昌.常用电子元器件实用手册[M].北京：人民邮电出版社，2009.
[2]金明.电子装配与调试工艺[M].南京：东南大学出版社，2005.
[3]孙余凯，项绮明，吴鸣山等.电子元器件检测选用代换手册[M].北京：电子工业出版社，2007.
[4]杜虎林.指针式万用表实用测量技法与故障检修[M].北京：人民邮电出版社，2002.
[5]杨善晓.万用表检测功率场效应管[J].家电维修.2001第3期，61－62.
[6]高平，傅海军.电子设计制作完全指导[M].北京：化学工业出版社，2009.
[7]赵广林.常用电子元器件识别/检测/选用一读通[M].北京：电子工业出版社，2009.
[8]王昊，李昕，郑凤翼.通用电子元器件的选用与检测[M].北京：电子工业出版社，2006.

第二章

电子工艺

在电子产品生产过程中，电子工艺水平的高低，直接影响到产品的质量。本章主要介绍手工锡焊和拆焊、印制板上元器件的安装、热转印法制作印制电路板等电子工艺技术。

2.1 焊接技术

2.1.1 焊接基础知识

焊接是将两个金属件连接起来的一种方法。被焊接的金属件称为焊件。电子产品装配中用到的焊接方法主要是锡焊，锡焊是将锡铅合金熔入两个焊件之间的缝隙中使它们连接在一起。

1. 焊料

用来将两个金属焊件焊接成一个整体的金属或合金称为焊料，其熔点低于焊件。在电子产品装配中，一般选用锡铅合金作为焊料。锡铅合金焊料又称为焊锡。锡与铅的合金相比于锡和铅具有熔点低、机械强度高、液态黏度和表面张力小、抗氧化性好的优点。锡、铅配比不同，熔点及其他性能就不同，Pb38.1%、Sn61.9%的锡铅合金称为共晶合金，也叫共晶焊锡，其熔点和凝固点均为183℃，是锡铅焊料中性能最好的一种。手工锡焊所用焊锡一般是共晶焊锡。

手工锡焊用的焊锡常制成管状，其中空部分充以助焊剂，助焊剂一般由优质松香和少量活化剂组成，这种焊锡称为焊锡丝。

表面安装技术中，再流焊工艺用的焊料是焊锡膏（简称锡膏、焊膏）。焊锡膏是由粉末状的焊料、助焊剂、粘接剂和触变剂等组成的膏状焊料，焊接时先用它将元器件粘在印制板的焊盘上，再通过加热使焊锡膏中的焊料熔化，将元器件焊接在印制板上。

2. 锡焊机理

锡焊时，焊件和焊锡被加热，达到熔融状态的焊锡润湿焊件表面，如果焊件和焊锡的表面是洁净的，二者的原子在交界面向对方扩散，形成合金层，从而实现焊接。

锡焊时要求：(1)焊件表面应洁净。这样焊件与焊锡接近的距离足够小，扩散才能进行。如果焊件表面存在氧化物或污垢，将无法形成合金层，造成虚焊、假焊。轻度的氧化物和污垢可通过松香等助焊剂来清除，较严重的要通过化学或机械的方式来清除。(2)合适的温度。将焊件和焊锡加热到足够高的温度，使原子具有足够的动能，扩散才容易进行。

3. 焊剂

焊接时，不但要有焊料，还要有焊剂，焊接才能顺利进行，焊剂也称为助焊剂。助焊剂主要有三个作用：

(1)除去金属表面的氧化物。金属表面与空气接触总会生成氧化膜，助焊剂能与氧化物发生化学反应使之还原为金属。

(2)焊接时，熔融的助焊剂覆盖在焊料表面，将焊料、焊件与空气隔绝开来，防止焊料和焊件再被氧化。

(3)降低液态焊锡的表面张力，增强焊锡的流动性，提高焊锡对焊件的润湿程度，并能使焊点表面光亮。

焊剂分为无机焊剂、有机焊剂和树脂焊剂三大类。无机焊剂和有机焊剂具有腐蚀性，在电子产品焊接时一般不用。电子产品焊接主要使用树脂焊剂，松香是这类焊剂的代表。松香在常温下呈中性，无腐蚀、无污染，绝缘性能好。当加热到熔化时，呈弱酸性，可与金属氧化膜发生还原反应。现在普遍使用氢化松香，它由松脂提炼而成，是专为锡焊生产的一种高活性松香，常温下性能比普通松香稳定，助焊作用也更强。手工锡焊也常用松香酒精溶液作为助焊剂，即将松香溶于无水乙醇(重量比为1：3)中，焊接时在待焊接处涂上少量松香酒精，可起到助焊作用。

4. 电烙铁

电烙铁是手工锡焊的基本工具，其作用是加热焊件和熔化焊锡，从而实现焊接。电烙铁的种类较多，有内热式、外热式、恒温式、吸锡式和感应式等。

(1)常见电烙铁介绍

①外热式和内热式电烙铁

烙铁芯和烙铁头是烙铁的两个关键部件，烙铁芯是发热部件，是将镍铬电阻丝绕在云母或陶瓷等材料上制成的。烙铁头用于储存烙铁芯发出的热量并将热量传递给焊件和焊料。烙铁芯位于烙铁头外面的称为外热式，位于烙铁头内的称为内热式。外热式电烙铁结构简单、使用寿命长、功率大，但其体积较大，升温较慢，热效率低。内热式电烙铁具有体积小、重量轻、升温快和热效率高等优点，因而在电子装配中得到了广泛的应用。印制电路板安装焊接时，一般选用20W、25W内热式电烙铁或30W外热式电烙铁。

②恒温电烙铁

外热式和内热式电烙铁的温度一般都超过300℃，这对焊接晶体管和集成电路等是不利的。恒温电烙铁中具有温控装置，能使烙铁头基本保持恒温，并且烙铁头的温度可在一定范围内调节。

③吸锡电烙铁

吸锡电烙铁是在普通电烙铁上增加吸锡装置，使其具有加热和吸锡两种功能，主要用于元器件的拆焊。

(2)烙铁头

烙铁头按工作端的形状可分为圆斜面形、圆锥形、凿形等多种。在电子产品装配中主要用到圆斜面形和圆锥形，圆斜面形适于在单面板上焊接不太密集的焊点；圆锥形适于焊接高密度的焊点和表面装配元器件。

烙铁头按寿命分为普通型和长寿型两类。普通型烙铁头用紫铜制成，在焊接过程中其工作面由于铜的熔解而易形成凹坑。长寿型烙铁头是在紫铜表面镀上一层铁或镍后再镀一层锡，从而延长了烙铁头的寿命。

普通型烙铁头第一次使用前要先镀锡，方法是，先用锉刀或砂纸将工作面的镀铬层除去，烙铁通电后立刻让工作面与松香接触，松香熔化时，继续让工作面浸在松香液中以免被氧化，等到能熔化焊锡时，在工作面上镀上一层锡，这样电烙铁就可以使用了。

普通型烙铁头在使用过程中，其工作面会出现凹坑、缺口或被"烧死(被严重氧化呈黑色)"，此时应将其修整，方法是，先断开电烙铁电源，用锉刀将工作面锉平，然后像新烙铁头那样镀锡。

对于长寿型烙铁头，不能用锉刀锉或砂纸磨，以免破坏表面镀层。当表面有污物时，只要在湿布或专用的湿海绵上稍加擦拭，即可露出原来光亮的镀锡层。

2.1.2　手工锡焊技术

1. 焊接操作姿势与卫生

坐正直腰挺胸，鼻尖与烙铁头部的距离应在20cm以上，以减少对焊接时焊接材料挥发出的有害物质的吸入。

电烙铁的握法有三种：反握法、正握法和握笔法，如图2-1-1所示。焊接印制电路板时一般采用握笔法。

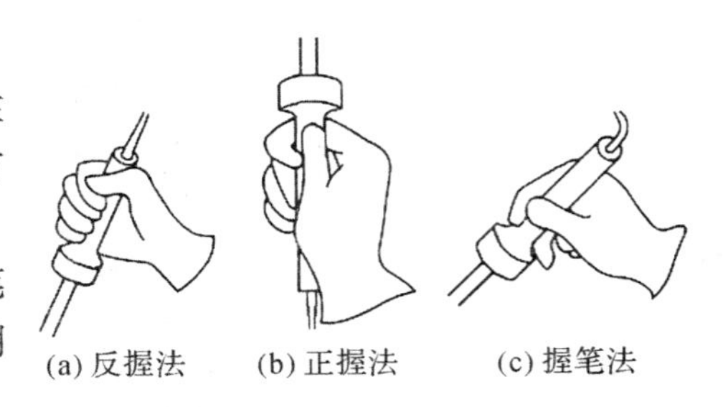

图2-1-1　电烙铁握法

由于焊锡中的铅是一种有毒物质，所以应戴手套拿焊锡或焊接完后洗手。

2. 手工锡焊步骤

手工锡焊操作方法可分为五个步骤，称为五步法，如图2-1-2所示。

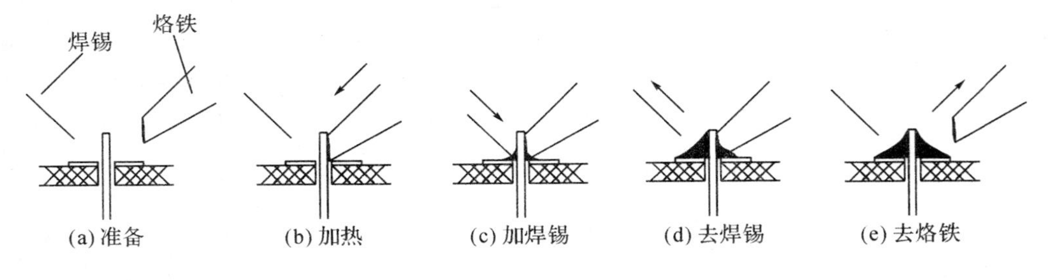

图2-1-2　五步法

(1)准备施焊

准备好焊锡丝和烙铁。此时应特别强调的是烙铁头部已上好锡，保持在可以吃锡(即可以沾上焊锡)的状态。

(2)加热焊件

烙铁头部同时接触焊点处的各焊件，例如同时接触印制板上元器件引线和焊盘，对它们加热。要注意让烙铁头的扁平部分接触热容量较大的焊件，侧面或边缘部分接触热容量较小的焊件，使各焊件温升基本一致。

(3)熔化焊锡

当焊件加热到能熔化焊锡的温度后将焊锡丝置于焊点，焊锡被熔化并润湿焊点。

(4)移开焊锡

熔化适量的焊锡后将焊锡丝移开。

(5)移开烙铁

当焊锡润湿整个焊点后立即移开烙铁，注意烙铁移开的方向应该是大致45°的方向。

上述过程，对一般焊点而言大约2～3秒钟。对于热容量小的焊点，例如印制板的小焊盘，可用三步法概括操作方法，即将上述步骤(2)、(3)合为一步，(4)、(5)合为一步。以采用圆斜面烙铁头为例，将烙铁头的斜面接触元件引线，边缘接触焊盘，接着立即将焊锡丝置于烙铁头斜面上，熔化下来的焊锡将烙铁头的热量带给整个焊点并且将其润湿，此时迅速移开焊锡丝，紧接着移开烙铁。实际上细微区分还是五步，所以五步法是掌握手工锡焊的基本方法。各步骤之间停留时间的正确把握及动作的协调，对保证焊接质量至关重要，只有多实践才能掌握。

3. 手工锡焊要领

(1)掌握好焊接时间和焊接温度

正常情况下，焊接时间主要是由加热焊件到能熔化焊锡的温度所需要的时间决定的，因此，焊接时间主要与焊件大小和烙铁功率有关。一般应以2～4秒焊好一个焊点为宜，因此，焊接大的焊件应选用功率大的烙铁，而小的焊件应选用功率小的烙铁。对于印制电路板焊接来说，应选用20W、25W内热式电烙铁或30W外热式电烙铁，焊接时间一般应控制在2～3秒，不可太长，也不可太短。焊接时间太长，焊点温度必然过高，可能造成元器件性能劣化甚至失效、印制板和塑料部件变形甚至烧焦、焊盘脱落、助焊剂全部挥发而使焊点表面粗糙、焊点性能劣化；焊接时间太短，焊锡温度不够高，流动性差，不能充分润湿焊件，因而造成虚焊。所以，在保证焊锡充分润湿焊件的前提下焊接时间越短越好。

(2)焊锡和焊剂要适量

焊锡过多不但造成浪费，而且在高密度的印制板上还可能造成短路故障。焊锡过少则降低了焊点的机械强度。

在焊接过程中整个焊点应该始终被一层液态焊剂覆盖着，在完成焊接、烙铁移开时焊剂不应挥发完。焊接时若发现焊锡粘稠、表面粗糙，在焊锡质量合格且烙铁功率足够的情况下，应当考虑是缺少焊剂了。但焊剂也不是越多越好，过量的焊剂会增长加热时间，因为焊剂挥发要带走热量，还会增加焊接后清洁印制板的工作量。在焊接开关等元件时，过量的焊剂容易流到触点处，造成接触不良。

(3)焊锡凝固前焊件要固定

在焊锡凝固之前不要使焊件移动或振动，特别是用镊子夹住焊件时一定要等到焊锡凝固后再拿走镊子。因为在焊锡凝固结晶过程中受到外力会导致晶体粗大，造成所谓“冷焊”，看起来焊点表面呈豆渣状，其内部结构疏松，容易有气隙和裂缝，导致机械强度下降和导电性能差。

4. 焊接质量及缺陷

(1)焊点外观及检查

质量合格的典型焊点的外观如图2-1-3所示，对焊点外观的要求是：

①焊锡覆盖整个焊盘，并以元件引线或导线为中心成裙形展开，分布对称。

②表面略呈弓形凹面，焊锡与焊件交界处过渡平滑，接触角小。

③表面有光泽且平滑。

④无裂纹、针孔、夹渣。

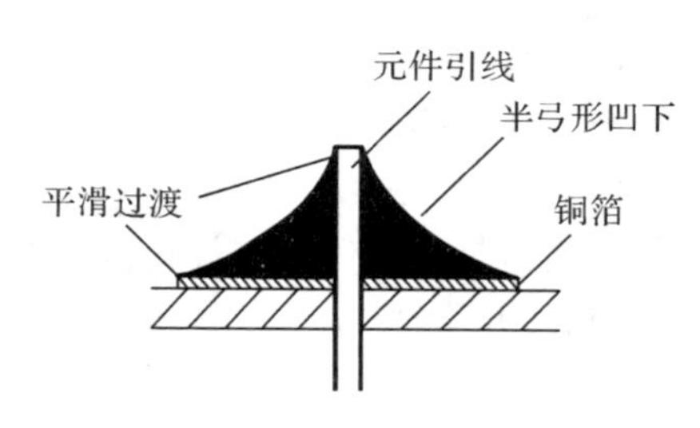

图2-1-3　典型焊点外观

对焊点外观的检查，是目测焊点是否符合上述要求以及是否存在以下几个问题或缺陷。

①漏焊。

②焊锡拉尖。

③焊锡引起短路(即所谓"桥接")。

④导线及元器件绝缘层损伤。

⑤焊料飞溅。

(2)常见焊点缺陷及分析

表2.1列出几种常见印制板焊点缺陷的外观、特点、危害及产生原因，供检查焊点时参考。

表2-2-1　几种常见焊点缺陷及分析

焊点缺陷	外观特点	危害	原因分析
焊锡过多	焊锡呈球状表面外凸	浪费焊锡，且可能包藏缺陷，高密度印制板可能造成短路	焊锡丝撤离过迟
焊锡过少	焊锡未覆盖整个焊盘，覆盖面积小于80%，焊锡未形成平滑面	机械强度不足	焊锡丝撤离过早
过热	焊点发白，无金属光泽，表面粗糙	1.焊盘容易剥落，强度降低 2.造成元器件失效损坏	烙铁功率过大或加热时间过长
虚焊	焊锡与焊件接触角过大，交界处过渡不平滑	机械强度低，不通或时通时断	1.焊件清理不干净 2.助焊剂不足或质量差 3.焊件未充分加热
不对称	焊锡少且分布不对称	机械强度不足	1.焊锡流动性不好 2.助焊剂不足或质量差 3.加热不足
拉尖	出现尖端	外观不佳，容易造成桥接	1.加热不足 2.焊锡不合格

2.1.3　手工拆焊技术

在电子电路的调试和维修过程中，常需要将已焊在印制板上的元器件拆下来，这称为拆焊。与焊接相比，拆焊难度大，技术要求高；方法不当，很容易损坏元器件、导线及印制板焊盘、印制导线，甚至造成印制板报废。

1. 拆焊原则

(1)不要损坏元器件、导线以及印制板焊盘、印制导线。

(2)将引线从焊点拔出，必须在焊锡熔化后引线可以轻松拔出的情况下实施，不可用力拉、摇、扭，否则容易损坏元器件和焊盘等。

(3)对已判断为损坏的元器件，可将其引线剪断后再拆焊，以降低拆焊难度，并可减少其他损伤发生的可能性。

2. 拆焊方法

(1)只有 2、3 个引脚且引脚较软的元件的拆焊。例如电阻、电容、晶体管等元件，可采用逐个拆焊各引脚的方法。具体是，在印制板的元件面用镊子或尖嘴钳夹住要拆焊的引脚，用烙铁在另一面加热该引脚的焊点，待焊锡熔化后，将引脚轻轻拉出。当电阻、电容、晶体管采用立式安装，各引脚靠得较近时，可用烙铁同时加热一个元件的各焊点，将各焊点的焊锡同时熔化，可一次将元件拔下。

(2)多引脚元器件的拆焊。例如集成电路，常采用以下几种方法。

①用吸锡烙铁或吸锡器：

吸锡烙铁能加热焊点并将熔化后的焊锡吸去，使元器件引线与焊盘分开。但用得更多的是吸锡器，它要与烙铁配合使用，烙铁将锡熔化，吸锡器将熔化的锡吸去，只要将集成电路所有引脚上的焊锡都吸除，就可将集成电路从印制板上取下了。对于双面或多层印制板，要用功率稍大的电烙铁(如 35W 电烙铁)加热，才能将金属化孔中的焊锡熔化。

②用吸锡绳等吸锡材料：

吸锡绳是用紫铜丝编织成的，形如电缆的网状屏蔽层。拆焊时将吸锡绳蘸一下松香酒精溶液，或将吸锡绳放在松香上用烙铁加热，使其沾上松香，然后将吸锡绳放在焊点上，再把烙铁放在吸锡绳上加热使焊锡熔化，熔化的焊锡就会吸附到吸锡绳上，重复操作几次可将焊锡全部吸除。如果没有吸锡绳，可用电缆的网状屏蔽层或剥去绝缘皮的多股导线代替。但这种方法只适用于单面印制板。

③用医用注射针头：

选择针管内径大小恰好能套住集成电路引脚的注射针头，用锉刀将尾部斜口部分锉掉、锉平，将管口锉薄。用烙铁加热要拆焊的焊点使焊锡熔化，再将针管套着引脚插下，使引脚与焊盘分开。

④用堆锡法：

以双列直插集成电路为例，在两列引脚处分别放置一段已上锡的多股导线，往多股导线上添加熔化的焊锡，用焊锡将每列引脚连接起来，再用两把烙铁将两列引脚上的焊锡同时熔化，就可将集成电路拔下了。但此法有可能使集成电路因过热而损坏。

⑤用断线法：

当判断集成电路等元器件已损坏时，可用剪线钳将引线剪断，然后再用烙铁逐个将各焊点上的引线拆除。剪引线时注意不要损伤印制板。

(3)表面装配元器件的拆焊。

表面装配的印制板,元器件小、组装密度高,特别是集成度很高的芯片引线很多、引线间距小,所以元器件的拆焊要比传统印制板困难。拆焊表面装配元器件一般采用热风枪,尤其对于焊点多的元器件,用这种方法拆焊速度快,不会损伤印制板。如拆焊四边都有引线的芯片时,选择适当的风嘴,调好热风枪的温度和风量,让热风垂直于印制板吹向引线,使热风枪在四周引线上方绕圈移动均匀加热各焊点,不时地用镊子轻轻地拔动芯片,当所有焊点的焊锡都熔化时,就能将芯片拔离焊盘。对于电阻、电容、晶体管等焊点不多的元器件,也可用烙铁拆焊。如拆焊电阻时,用两把烙铁同时加热电阻两端的焊点,两个焊点的焊锡都熔化时用烙铁将电阻拔离焊盘。另外,上面提到的堆锡法、断线法等也可用于表面装配元器件的拆焊。

3. 拆焊后的处理

拆焊后焊盘孔可能被焊锡堵塞,必须将孔内的焊锡清除,以便重新安装、焊接元器件。可以用烙铁头为圆斜面形的烙铁清除焊锡,要求烙铁头的斜面平整、已上好锡,用湿布或湿海绵擦去烙铁头上多余的焊锡,再将烙铁头沾一点松香后放到焊盘上使焊锡熔化,移开烙铁,熔化的焊锡就吸附到烙铁头上,必要时可重复操作几次,就能将焊盘孔内的焊锡清除。对于双面板或多层板,可以这样做:把烙铁放在焊盘上,然后将印制板和烙铁倒过来,使印制板位于上方,烙铁位于下方,借助重力的作用,让金属化孔中的焊锡流到烙铁上,从而将孔内的焊锡清除。

2.2　印制板上元器件的安装

2.2.1　元器件引线的成形

如图2-2-1所示,在将元器件安装到印制电路板上之前,为保证安装和焊接的质量,必须根据引线孔间距,先把元器件引线弯曲成一定的形状,这就是元器件引线的成形。

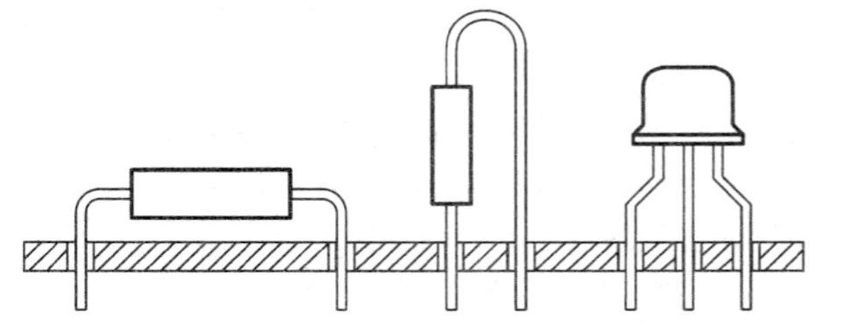

图2-2-1　元器件引线成形

引线成形的基本要求如下:

(1)不得从根部弯折引线,开始弯折处与引线根部的距离应不小于2mm,因为引线容易在根部折断。

(2)不要弯成死角,应弯成圆弧状,且半径不小于引线直径的2倍,以减少弯折处的应力。

(3)应使字符标志位于易观察的位置。

2.2.2　绝缘导线的加工

绝缘导线的加工可分为剪裁、剥头、捻头、镀锡、清洁和标志等工序。对其中的几个工序说明如下:

1. 剥头

剥头是指在绝缘导线端头处剥去一定长度的绝缘层。常用电工刀、剪刀或剥线钳剥头。用电工刀或剪刀剥头时，先在规定长度处切割一圈切口，再切深，注意不要割透绝缘层而损伤导线。然后稍用力拉下需剥去的绝缘层。

2. 捻头

对于多股导线端头剥去绝缘层后的芯线，要将其捻紧，否则易散开，焊到印制板上后散开的线易造成短路故障。捻头时要顺着原来的合股方向，以 30°～45°的螺旋角捻紧，如图 2-2-2 所示。

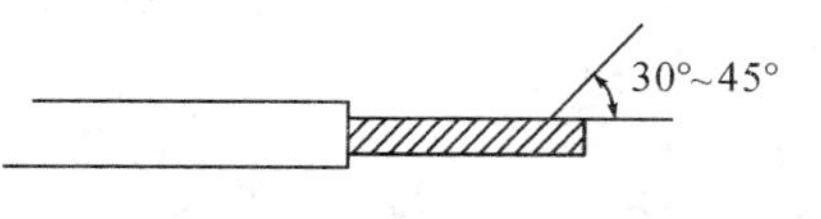

图 2-2-2　多股导线捻头角度

3. 镀锡

在捻好的导线端头上，用电烙铁镀上一层锡，方法是：把导线端头放在松香上，用沾有焊锡的烙铁头对导线端头加热，在其上薄薄地镀一层锡，并且使镀锡部分与绝缘层之间留有 1～2mm的间隙。注意不要烫伤绝缘层。

2.2.3　元器件的安装

元器件在印制板上的安装形式常见的有以下几种。

(1)立式安装

元器件轴线垂直于印制板面，如图 2-2-3 所示。这种方式，元器件占用面积小，适合于安装密度较高的产品。但对于重量大且引线细的元器件不宜采用这种方式。

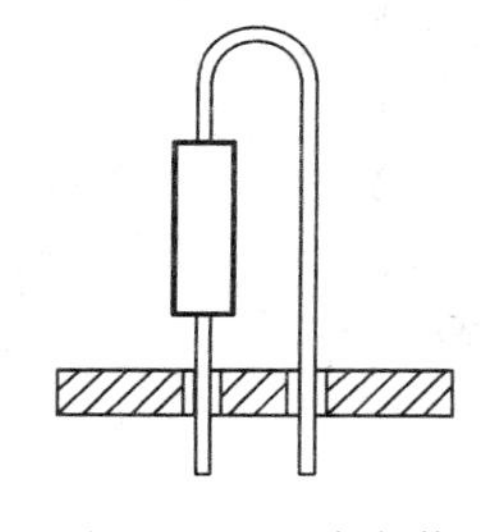
图 2-2-3　立式安装

(2)卧式安装

元器件轴线与印制板面平行的安装方式，如图 2-2-4 所示。

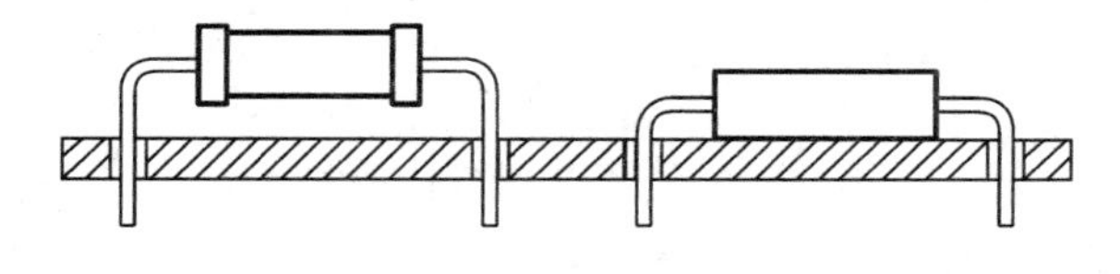
图 2-2-4　卧式安装

(3)贴板安装

元器件紧贴印制板面，安装间隙小于 1mm，安装形式如图 2-2-5 所示。

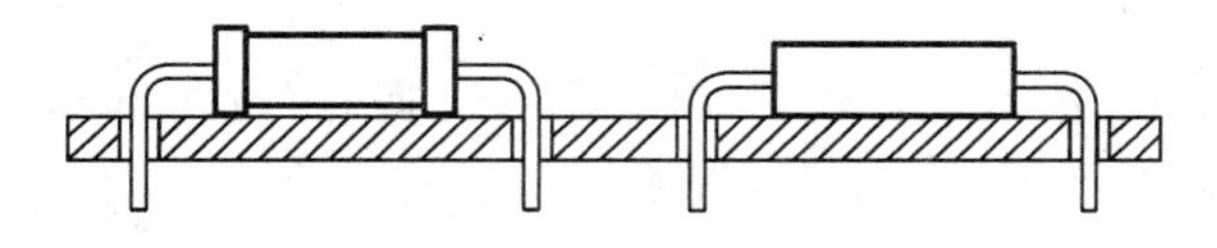
图 2-2-5　贴板安装

(4)悬空安装

元器件距印制板面有一定高度，安装距离一般在 3～8mm 范围内，如图 2-2-6 所示。这种方式有利于散热，适合于发热元器件的安装。

(5)埋头安装

元器件壳体埋于印制板的嵌入孔内，因此也称为嵌入式安装，如图 2-2-7 所示。这种方

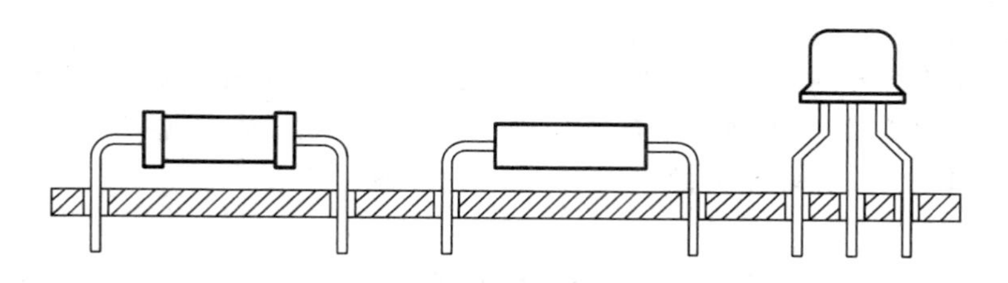

图 2-2-6　悬空安装

式可以提高元器件防震能力，降低安装高度。

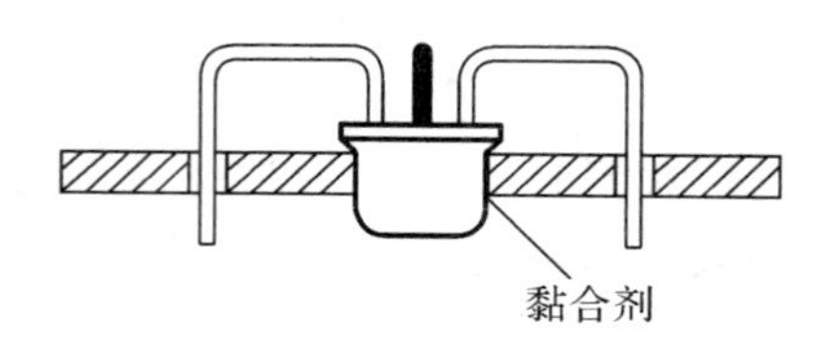

图 2-2-7　埋头安装

(6)有高度限制时的安装

元器件安装高度的限制一般在图纸上标明。这种方式如图 2-2-8 所示。对大型元器件要做特殊处理，以保证有足够的机械强度和防震能力，如图 2-2-8(b)所示。

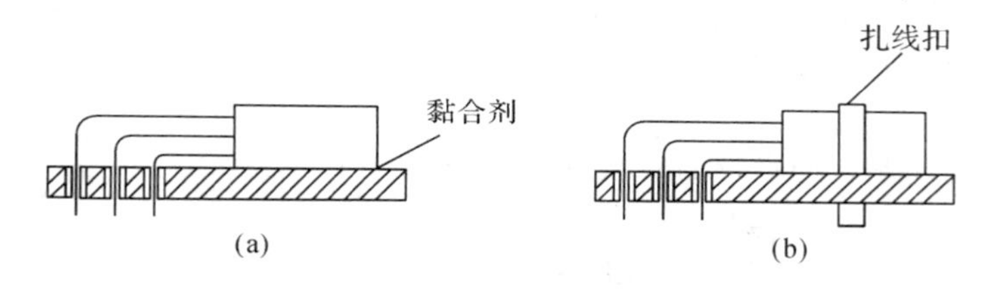

图 2-2-8　有高度限制时的安装

(7)支架固定安装

一般利用金属支架将元器件固定在印制板上，如图2-2-9所示。这种方式适用于重量较大的元器件，如继电器、变压器等。

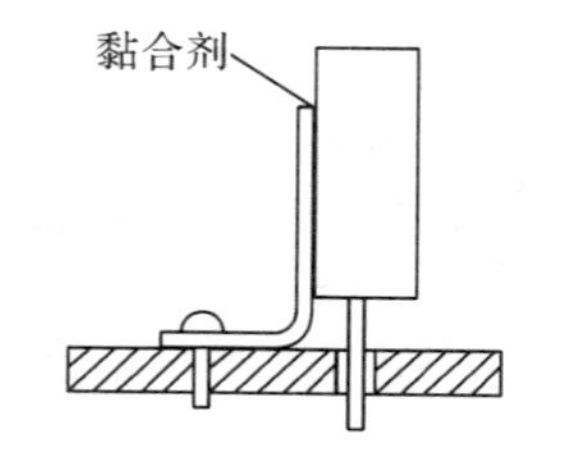

图 2-2-9　支架固定安装

(8)表面安装

表面安装技术(SMT 技术)，打破了在印制板的“通孔”上安装元器件，然后再焊接的传统工艺，直接将表面装配元器件(SMC/SMD 元器件)平卧在印制板表面进行安装。表面安装技术具有组装密度高、可靠性高、高频特性好、成本低、便于自动化生产等优点，已经成为电子产品装配的主流。

元器件安装时的注意事项：

①元器件字符标志朝向易于看到的方向。

②元器件字符标志方向一致，并按从左到右、从下到上的顺序排列。如卧式安装的电阻器，色环第一环统一位于左边；立式安装的电阻器，色环第一环统一位于下方。

③同一规格元器件安装在同一高度。

④对于二极管、电解电容器等有极性的元件，极性不要装反；三极管、集成电路等引脚不要装错。

⑤矮的元件、不怕烫的元件先安装焊接。

2.3　印制电路板基础知识与制作

2.3.1　印制电路板基础知识

1. 覆铜板

(1)覆铜板简介

覆铜板(又称敷铜板)是由绝缘基板和黏合在上面的铜箔构成的，是制造印制电路板的主要材料。绝缘基板由高分子合成树脂(黏合剂)和增强材料组成，合成树脂常用的有酚醛树脂、环氧树脂和聚四氟乙烯等；增强材料常用的有纸质和布质两种。铜箔纯度大于99.8%，铜箔厚度18～105μm，常用厚度35～50μm。敷铜板如果只有一面覆有铜箔，就叫单面覆铜板；如果两面都有铜箔，就叫双面覆铜板。

(2)常用覆铜板的结构及特点

①酚醛纸基覆铜板

绝缘基板以绝缘浸渍纸或棉纤维浸渍纸为增强材料，以酚醛树脂为黏合剂，经热压制成。两表面可附以单张玻璃浸胶布。纸基板以单面覆铜板为主。酚醛纸基覆铜板机械强度较低，耐湿性和耐热性较差，但具有价格便宜、相对密度小的优点，广泛应用于低档民用产品中。

②环氧纸基覆铜板

与酚醛纸基覆铜板不同的是，其绝缘基板以环氧树脂为黏合剂。环氧纸基覆铜板机械强度、耐高温、耐湿性较好，但价格高于酚醛纸基覆铜板，广泛应用于工作环境较好的仪器、仪表及中档民用电器中。

③环氧玻璃布覆铜板

绝缘基板以玻璃纤维布为增强材料，以环氧树脂为黏合剂制成。基板透明度好，机械性能、耐湿性优于纸基板，工作温度较高，具有优良的电气性能和较好的机械加工性能，但价格较高。工作频率在30～100MHz的电路，可选用这种覆铜板。这种覆铜板广泛应用于工业、军用设备、计算机等高档电器中。

④聚四氟乙烯玻璃布覆铜板

绝缘基板以玻璃纤维布为增强材料，以聚四氟乙烯为黏合剂制成。具有耐高温、耐潮湿、高绝缘、化学稳定性好、较高机械强度、介质损耗小、频率特性好等特点，但价格高。工作频率在100MHz以上、对各种电气性能要求相对较高的电路，可选用这种覆铜板。这种覆铜板主要应用于微波、航空航天、军工等方面的电子产品中。

⑤聚酰亚胺柔性覆铜板

是指在柔性绝缘材料聚酰亚胺薄膜的单面或两面覆以铜箔所形成的覆铜板，具有薄、轻和可挠性的特点，广泛应用于打印机、数码相机、手机等电子产品中。

2. 印制电路板

(1)基本概念

印制电路板，又称印刷电路板，印刷线路板，PCB(英文 Printed Circuit Board 的简称)，简称印制板，通常是由覆铜板加工而成的，包括绝缘基板和印制电路。

①印制线路。是指采用印制的方法在基板上制成的提供元器件之间电气连接的导电图形，包括印制导线、焊盘、过孔等。

②印制元件。是指采用印制法在基板上制成的电路元件，如电感、电容等。

③印制电路。包括了印制线路和印制元件或二者组合而成的导电图形。

④印制电路板。指完成了印制电路或印制线路加工的板子。它不包括安装在板上的元器件。

(2)印制电路板的类型

按层数可分为单面板、双面板和多层板。

①单面板：仅一面有导电图形的印制板。由于只能在一面布导线，布线难度大，只适合于不太复杂的电路。但单面印制电路板制作容易，所以手工制作一般采用单面板。

②双面板：两面都有导电图形的印制板。由于两面均可布线，所以布线较单面板容易。

③多层板：由三层或三层以上的导电图形和绝缘材料层压合成的印制板。除了顶层和底层的布线层外，还可以有内部接地层、内部电源层和中间布线层。

按机械性能，印制电路板又可分为刚性和柔性两种。

2.3.2　热转印法制作印制电路板

热转印法是小批量快速制作印制电路板的一种方法，具有制板快速、精度较高、成本低廉等特点。下面介绍具体制作方法。

1. 热转印需要的主要设备和材料

一台电脑、一台激光打印机、一台 DM-2100B 型热转移快速制版机、热转印纸、油性记号笔、腐蚀用的塑料盆、盐酸、双氧水(过氧化氢)等。

2. 制板步骤

(1)用 Protel 等软件在电脑上画好 PCB 图。在布线时要注意，用热转印的方法可以做出 10mil 的线，但转印和腐蚀时有可能断线，应尽量用 25～30mil 以上的线宽，导线间距最好在 20mil 以上。焊盘尽可能大些，集成电路尽量用椭圆形焊盘。尽量采用单面板。

(2)将 PCB 图打印到热转印纸上。如有可能，打印前，在 A4 纸大小的范围内将 PCB 图多复制几个，这样可以选择打印效果好的用于热转印。

(3)裁好大小合适的覆铜板，用细砂纸轻轻打磨铜箔表面，使其略为粗糙，有利于提高后续热转印的效果。

(4)把打印好的热转印纸有 PCB 图的部分剪下(一边留些空白)，将有 PCB 图的一面贴着覆铜板的铜箔面，将热转印纸预留的空白部分折向覆铜板背面(下一步热转印时，将覆铜板的这一边送入热转移快速制版机)。

(5)热转印。启动热转移快速制版机，将温度设定为 140℃，等温度达到设定值时，将覆铜板送入制版机，敷铜板将从制版机的后部缓缓送出。一般转印 2 至 3 遍转印效果会更好。转印完后，将转印纸轻轻揭起一角，查看转印效果。如有较大缺陷，可再送入转印机转印。如有较小缺陷，可用油性记号笔修补。

热转印利用了热转移原理。激光打印机墨盒的碳粉中含有黑色塑料微粒，在打印机硒鼓静电的吸引下，在硒鼓上形成 PCB 图，当静电消失后，PCB 图便从硒鼓转移到热转印纸上。当温度达到 120℃以上时，在高温和压力的作用下，热转印纸对融化的墨粉吸附力急剧下降，使融化的墨粉吸附到敷铜板上，对需要的导电图形形成紧固的保护层，经过腐蚀去掉不需要的铜箔，印制电路板便制作成功了。

在没有热转印纸的情况下，也可以用一般打印纸代替。热转印完成后，将覆铜板连同打印纸浸入水中，等水浸透打印纸时，撕去纸张。

(6)腐蚀。

腐蚀液的配制方法：将浓度为 31%的工业用过氧化氢(双氧水)、浓度为 37%的工业用盐酸和水按 1∶3∶4 的比例进行配制。操作时应先把四份水倒入塑料盘中，再倒入三份盐酸，用玻璃棒等搅拌均匀后再缓慢地加入一份双氧水，再搅拌均匀，就可把转印好的覆铜板放入腐蚀液中，大约五分钟左右即可腐蚀完毕。取出腐蚀好的覆铜板立即用清水冲洗干净。腐蚀过程中可晃动覆铜板以加快腐蚀速度。采用这种腐蚀液腐蚀速度要比三氯化铁溶液快得多，要时刻注意腐蚀的进度，特别是在线宽小的时候。腐蚀一完成就要马上把覆铜板拿出来，用清水洗净擦干。

(7)钻孔。根据实际元件引脚大小来选择钻头的直径，如，一般元件可用 0.7～0.8mm 钻头，单排和双排插针用 0.9mm 钻头。

(8)钻孔后，用细砂纸或不锈钢丝球轻轻擦掉墨粉，然后涂上松香酒精溶液晾干备用。

3. DM-2100B 型热转移快速制版机的使用方法

(1)DM-2100B 型热转移快速制版机

DM-2100B 型快速制版机是用来将打印在热转印纸上的印制电路图转印到覆铜板上的设备，其实物与面板如图 2-3-1 所示。

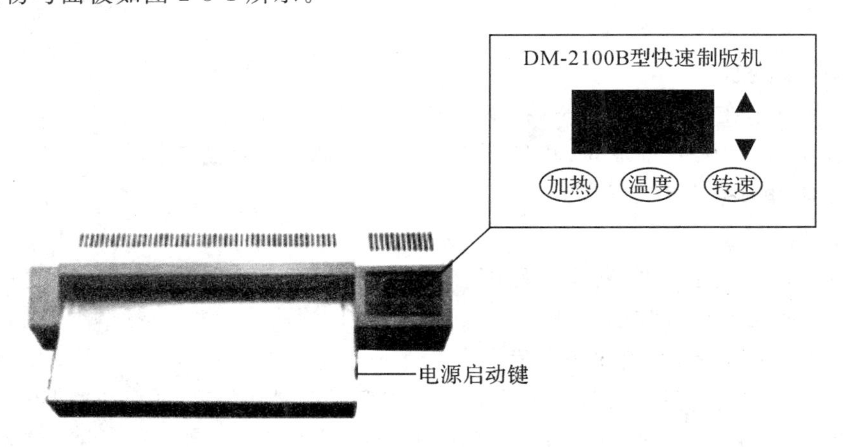

图 2-3-1 DM-2100B 型快速制版机实物与面板图

①电源启动键：在平台右侧有一红色按键，按下并保持两秒钟左右，电源将自动启动。电源开启后，加热系统、电机控制系统、状态显示系统将自动进入工作状态。开机时默认为覆铜板退出。

②【加热】控制键(关机键)：胶辊温度在 100℃以上时，按下该键可以停止加热，工作状态显示为闪动的“C”。再次按下该键，将继续进行加热，工作状态显示为当前温度；按下此

键后，待胶辊温度降至100℃以下，机器将自动关闭电源；胶辊温度在100℃以内时，按下此键，电源将立即关闭。

③电机【转速】设定键：按下该键将显示电机"转速比"，其值为30(0.8转/分)～80(2.5转/分)。按下该键的同时再按下"▲"或"▼"，可设定转印速度。

④【温度】设定键：LED显示器在正常状态下显示转印温度，按下此键将显示所设定温度值。最高设定温度为180℃，最低设定温度为100℃；按下此键的同时再按下"▲"或"▼"，可设定温度。

⑤"▲""▼"：换向键，"▲"键为前进，"▼"键为后退。开机时系统默认为退出状态。制板过程中，若需改变转向，可直接按下此键。

(2)启动制版机

接通制版机电源，轻触电源启动键两秒，电机和加热器将同时进入工作状态。此时系统对机器内部进行自检。几秒钟后，温度计将显示加热辊即时温度。当环境温度低于10℃时，面板显示为"C00"。推荐设定温度150℃，但一般设定为140℃即可。为防止胶辊损坏，系统在程序上将最高温度设定为180℃。

制版机加热温度的设定：按下"温度设定键"的同时，再按下"▲"或"▼"即进入温度设定状态，连续按下"▲"或"▼"可对设定值进行修改。

制版机电机转速比的设定：按下"转速设定键"的同时，再按下"▲"或"▼"即进入转速设定状态，连续按下"▲"或"▼"可对设定值进行修改。可采用默认值。

查看加热比：同时按下"温度设定键"和"转速设定键"，即可显示"加热比"。加热比为"0"时，加热功率为0。加热比为"255"时，加热功率为100%。"加热比"由单片机自动控制，无需手动调整。

(3)转移制版

(略)

(4)关闭制版机

胶辊温度显示在100℃以上时，按下加热控制键即停止加热，工作状态显示为闪动的C，待胶辊温度降至100℃以下时，机器将自动关闭电源；胶辊温度显示在100℃以内时，按下加热控制键，电源将立即关闭。

(5)注意事项

①转印纸为一次性用纸，若重复使用，遇热熔化的图形极易造成激光打印机硒鼓污染，严重时可能造成打印机硒鼓的损坏。

②为保证制版质量，所绘线条宽度应尽可能不小于0.3mm。

③关机时，按下温度控制键，显示器第一位将显示闪动的"C"，电机仍将运转一段时间，待温度下降到100℃以后，电源将自动关闭。开机时如温度显示低于100℃，请勿按动加热控制键，否则将关闭电源。不用时请将电源插头拔掉。

④第一次使用制版机、或启动延时保护电路后，请连续开机5～8个小时为备用电池组充电，以备下次启动保护电路时使用。

习　题

1. 简述锡焊机理。
2. 焊剂有什么作用？
3. 焊剂有哪几类？电子产品焊接时用哪一类焊剂？
4. 内热式电烙铁和外热式电烙铁有什么区别？
5. 手工锡焊五步法的五个步骤是什么？
6. 画出合格焊点的外形图。
7. 简述手工拆焊的原则。
8. 对元器件引线的成形有什么要求？
9. 对剥去绝缘层的多股导线为什么要捻头？
10. 元器件在印制板上的安装形式常见的有哪几种？
11. 元器件的悬空安装和贴板安装各有什么优缺点？
12. 简述元器件安装的注意事项。
13. 表面安装技术有什么优点。
14. 什么是覆铜板？它的作用是什么？
15. 什么是印制电路板？
16. 简述热转印法制作印制板原理。

参考文献

[1] 王天曦，李鸿儒．电子技术工艺基础．北京：清华大学出版社，2000.
[2] 王卫平．电子工艺基础．北京：电子工业出版社，2003.
[3] 夏西泉．电子工艺实训教程．北京：机械工业出版社，2005.
[4] 宁铎，孟彦京，马令坤，郝鹏飞．电子工艺实训教程．西安：西安电子科技大学出版社，2006.
[5] 孙蓓，张志义．电子工艺实训基础．北京：化学工业出版社，2007.
[6] 万少华，陈卉．电子产品结构与工艺．北京：北京邮电大学出版社，2008.

第三章

Protel99SE

在电子产品设计、生产过程中，电路原理图设计和 PCB 图设计是不可缺少的环节。随着电子技术和计算机技术的发展，利用计算机辅助设计原理图和 PCB 图已成为电子产品设计和制作人员必备的技能。Protel99SE 是原 Protel 公司于 2000 年推出的一款 CAD 软件，具有强大的原理图和 PCB 图设计功能，以及可编程逻辑器件设计、电路模拟仿真、信号完整性分析等功能。Protel99SE 是目前使用非常广泛的 CAD 软件。本章通过实例使读者尽快掌握用 Protel99SE 设计原理图和 PCB 图的方法和技巧。

3.1 电路原理图设计

3.1.1 电路原理图设计

图 3-1-1 是用 Protel99SE 设计的一个信号采集处理模块的电路原理图。该模块由单片机 AT89C51(U1)、A/D 转换器 ADC0809(U2)及外围元件所组成。各部分电路及元件的作

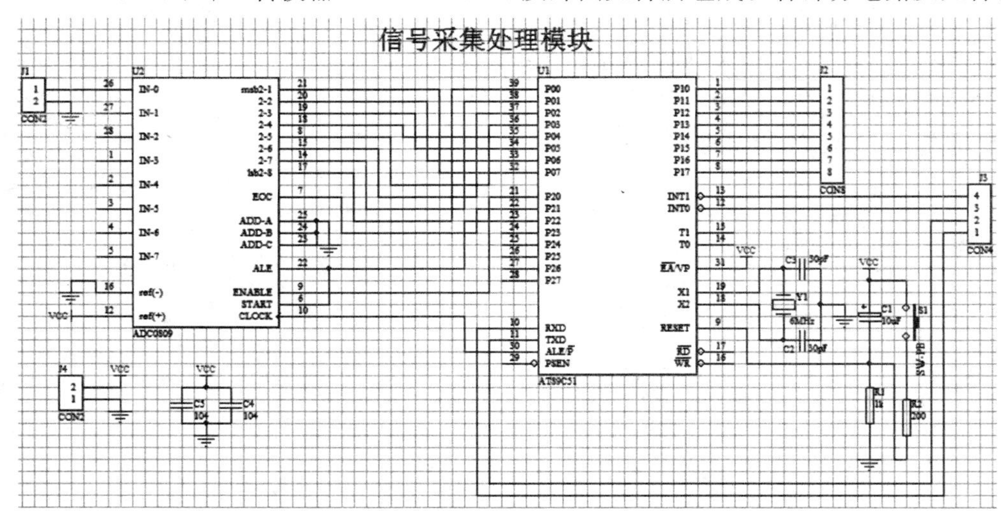

图 3-1-1 信号采集处理模块电路原理图

用;J1 用于外接传感器。传感器输出的模拟信号送到 A/D 转换器的模拟量输入端 IN-0,由 A/D 转换器转换为数字量。单片机读取该数字量并处理后,经 J2 和 J3 送到外接的数码管上显示。Y1 和 C2、C3 分别为单片机时钟振荡电路的石英晶体和振荡电容。C1、R1、S1、R2 构成单片机复位电路。C4 和 C5 分别为单片机和 A/D 转换器的电源滤波电容。J4 是外部电源输入的接线柱。

下面以该图为例,介绍用 Protel99SE 设计电路原理图的方法。

1. Protel99SE 的启动

Protel99SE 安装后,在桌面上会自动生成快捷方式图标,双击此图标可启动 Protel99SE。启动后打开的 Protel99SE 窗口如图 3-1-2 所示。

2. 创建设计数据库文件

用 Protel99SE 进行原理图和 PCB 图设计时,首先要创建一个设计数据库文件,其扩展名是.ddb。设计过程中的所有文件都存放在此数据库中。设计数据库文件创建步骤如下。

(1)选择菜单命令 File|New,屏幕将弹出如图 3-1-3 所示的 New Design Database(新设计数据库)对话框。

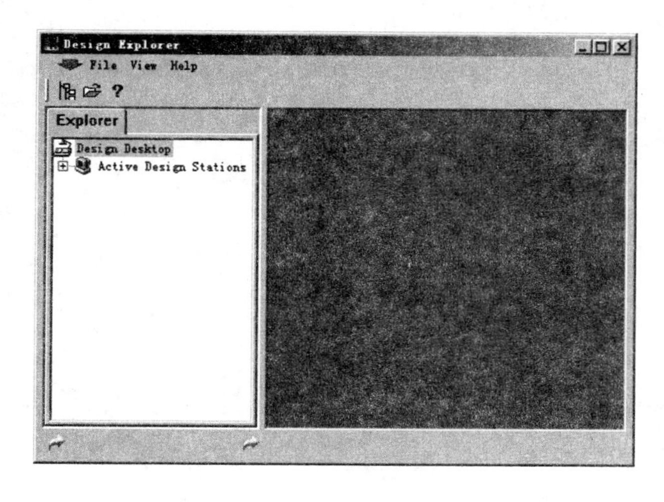

图 3-1-2　Protel99SE 窗口

(2)在对话框的 Database File Name 文本框中,给出默认的设计数据库文件名为 MyDesign.ddb。这里将其重命名为 AD.ddb。利用 Database Location 选项组的 Browse 按钮,可选择设计数据库文件的保存位置。

(3)单击对话框的 OK 按钮,完成设计数据库文件的创建。此时 Protel99SE 窗口如图 3-1-4 所示。从图中看出,在创建的设计数据库文件中,系统建立了以下三个文件夹。

①Design Team:设计组。Protel99SE 允许一个设计组通过网络进行共同设计。该文件夹用于存放设计组成员的有关信息。

②Recycle Bin:回收站。用于存放设计过程中删除的文件或文件夹,也允许从中将删除的文件或文件夹恢复回去。

③Documents:数据库文件夹。用于存放设计文件或文件夹。通常把设计过程中建立的设计文件存放在该文件夹中。

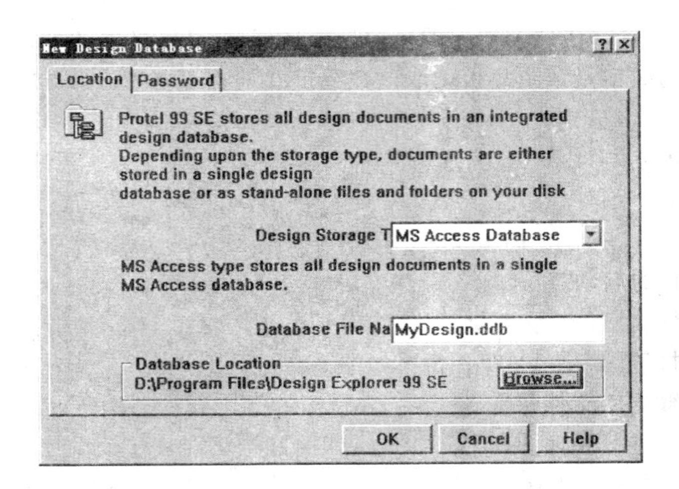

图 3-1-3 创建设计数据库文件的对话框

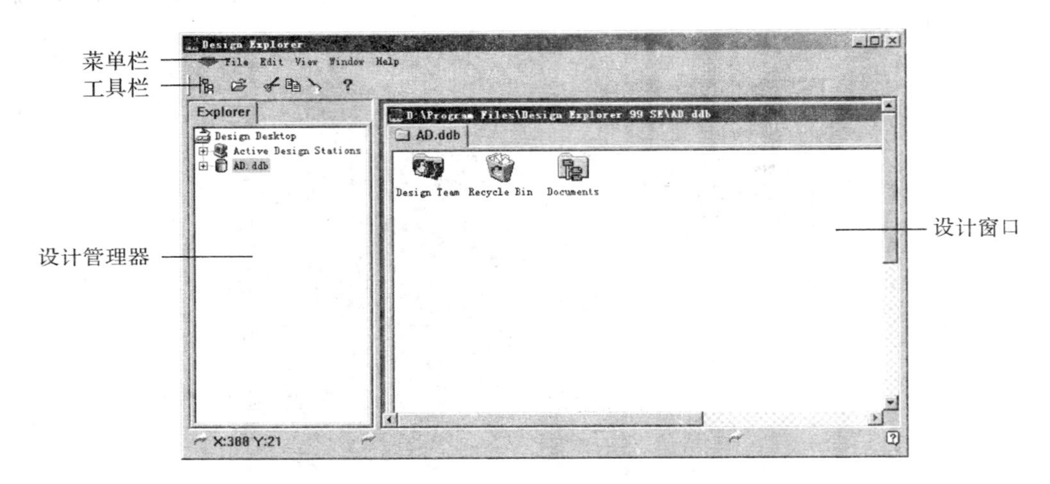

图 3-1-4 设计数据库文件创建完成时的Protel99SE窗口

选择File|Open命令或单击主工具栏的按钮，可打开一个已有的设计数据库文件。

选择File|Close Design命令，或者单击设计窗口右上角的“关闭”按钮，如图3-1-5所示，可关闭当前设计数据库文件。

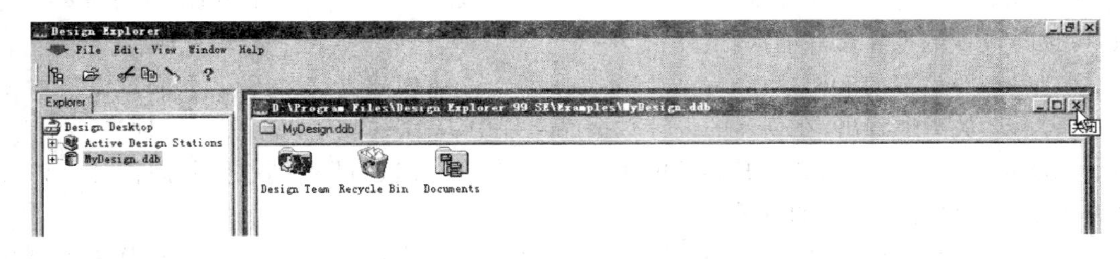

图 3-1-5 单击“关闭”按钮来关闭设计数据库文件

另外，在图3-1-3所示的对话框中，可以看到显示的信息不完整，如其中的Database File Na本应为Database File Name，这里缺少了字母me，其原因是系统默认的显示字体偏大。要使对话框显示的信息完整，必须选择适当的字体，这有以下两种方法。

①单击 Protel99SE 窗口左上角的按钮，如图 3-1-6 所示，弹出如图 3-1-7 所示的菜单，选择其中的 Preferences 命令，将弹出如图 3-1-8 所示的系统参数设置对话框，单击其中的 Change System Font 按钮，弹出如图 3-1-9 所示的字体设置对话框，可在其中选择需要的字体、字形和字体大小。这里选择字体为 MS Sans Serif、字形为常规、大小为 8，如图 3-1-10 所示，然后单击确定按钮返回图 3-1-8 所示的对话框。再选中该对话框中的 Use Client System Font For All Dialogs 复选框，以使上一步设置的字体生效。这样在设计过程所打开的对话框中，就能显示完整的信息。

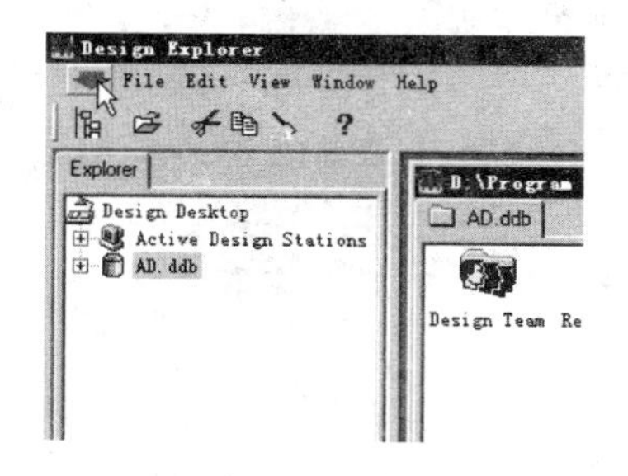

图 3-1-7 单击按钮

图 3-1-7 Design Explorer 菜单

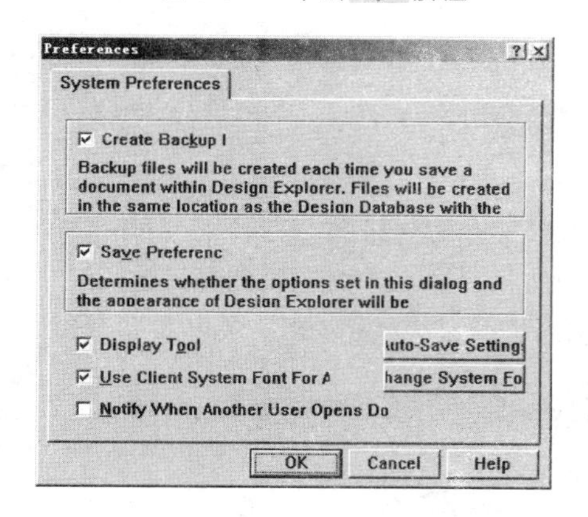

图 3-1-8 系统参数设置对话框按钮

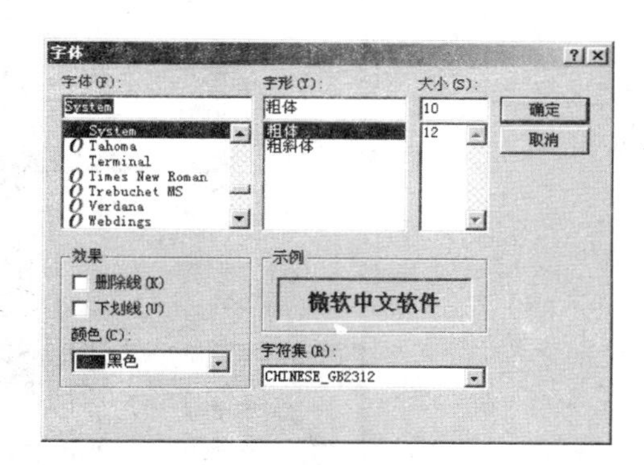

图 3-1-9 字体设置对话框

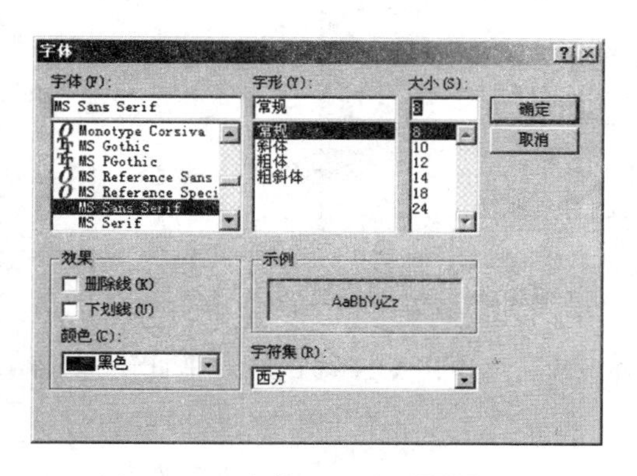

图 3-1-10 字体设置结果按钮

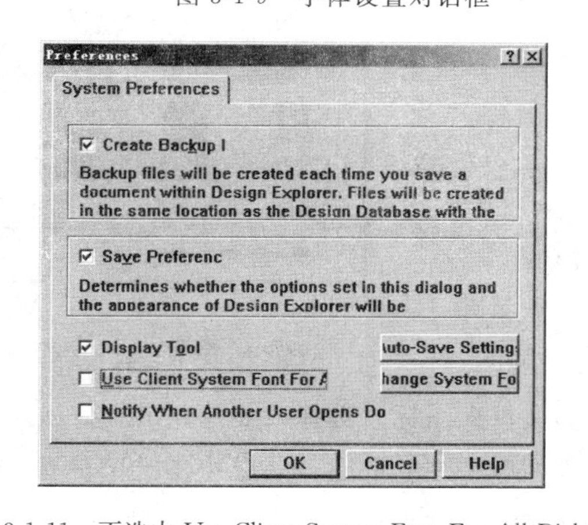

图 3-1-11 不选中 Use Client System Font For All Dialogs

②按上一种方法打开如图3-1-8所示的系统参数设置对话框后，不选中对话框中的Use Client System Font For All Dialogs复选框，如图3-1-11所示，则系统将自动采用常规字形和大小为8的MS Sans Serif字体，从而保证对话框显示的信息完整。

3. 创建原理图文件与文件的打开、关闭和删除

(1)创建原理图文件

创建原理图文件的步骤如下。

①双击图3-1-4所示的图标，打开Documents文件夹，结果如图3-1-12所示。

②选择File|New命令，弹出如图3-1-13所示的New Document对话框。其Documents选项卡中列出Protel99SE能建立的所有类型文件所对应的图标和一个名为Document Folder

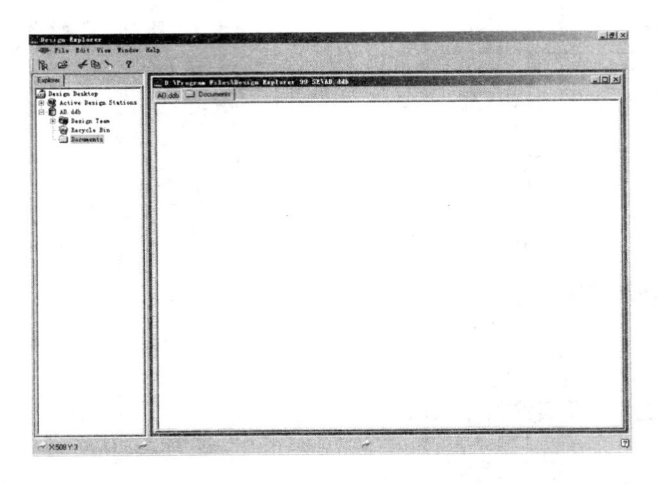

图3-1-12 打开Documents文件夹

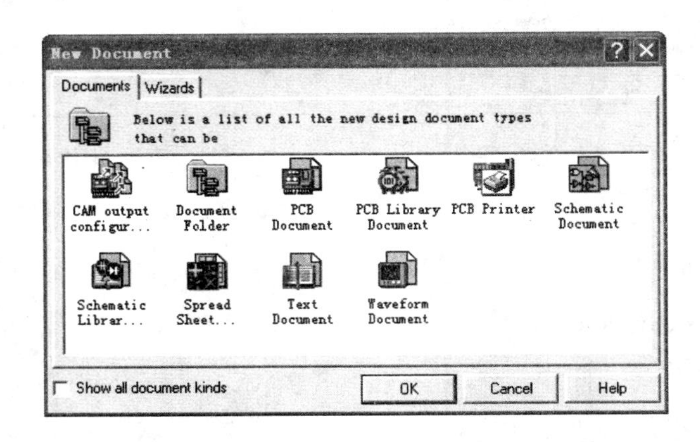

图3-1-13 New Document对话框

的文件夹图标。选择所要建立的文件所对应的图标，再单击OK按钮或双击此图标，即可完成相应文件的创建。这里单击选中原理图文件图标，再单击OK按钮，即在打开的Documents文件夹中创建了一个原理图文件，如图3-1-14所示。其默认文件名为Sheet1.

Sch。这里将其更名为 AD. Sch，如图 3-1-15 所示。

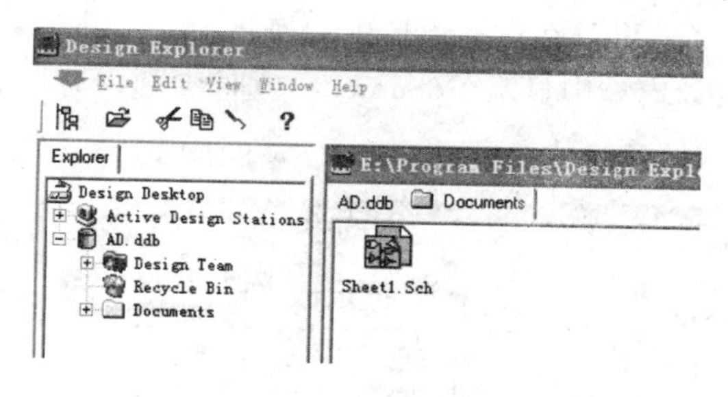

图 3-1-14 创建好的原理图文件

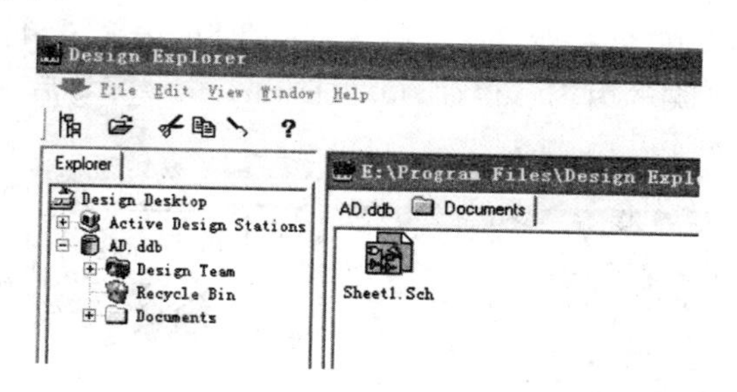

图 3-1-15 更名后的原理图文件

(2)文件的打开

打开设计数据库中一个文件，常用以下两种方法。

①在设计窗口中双击要打开的文件的图标。例如，双击图 3-1-15 所示的 AD. Sch 图标，即打开了刚创建的原理图文件，此时设计窗口中出现了一张空白的图纸，可在其上绘制原理图。同时设计窗口上方多了一个 AD. Sch 标签，设计管理器窗口多了一个 Browse Sch 标签，如图 3-1-16 所示。

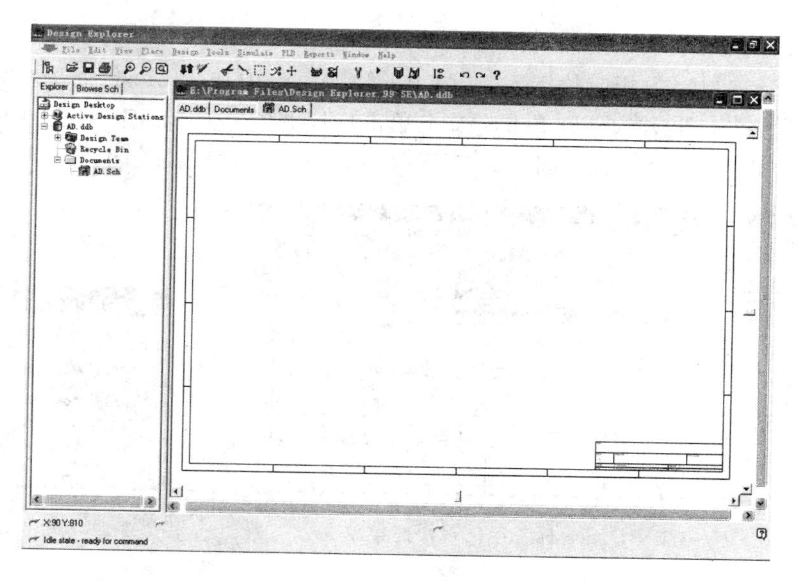

图 3-1-16 打开的原理图文件

②屏幕左侧设计管理器的 Explorer 标签页中，列出设计数据库的文件结构，在其中单击要打开的文件的图标即可。例如，如图 3-1-17 所示，单击图标 AD. Sch，也可打开原理图文件 AD. Sch。

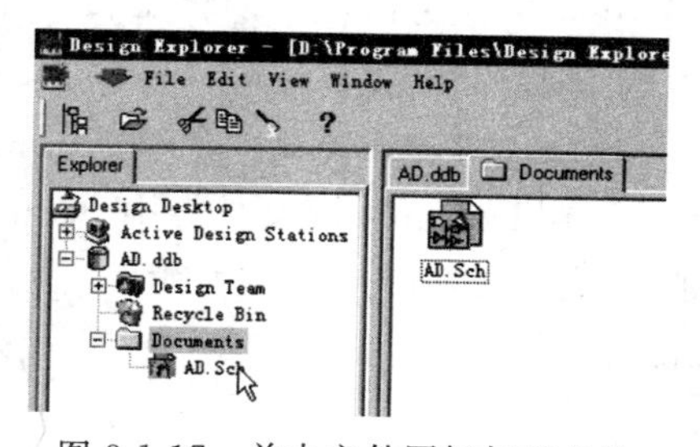

图 3-1-17 单击文件图标打开文件

在本章的后续部分，我们还要创建一些其他的文件，图 3-1-18 表示创建和打开了 AD. Sch、AD. NET 和 AD. PCB 三个文件，并且打开了 Documents 文件夹时的设计界面。每个打开的文件和文件夹在设计窗口上方都有一个同名的标签。当前设计窗口中显示的是 AD. Sch 文件的内容。单击标签可以在设计窗口中切换显示各文件和文件夹的内容。例如，单击 Documents 标签后，设计窗口中显示 Documents 文件夹的内容，如图 3-1-19 所示。

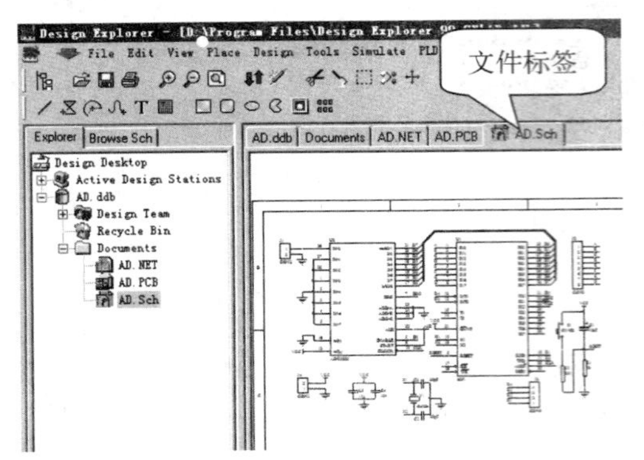

图 3-1-18 打开的多个文件及其标签

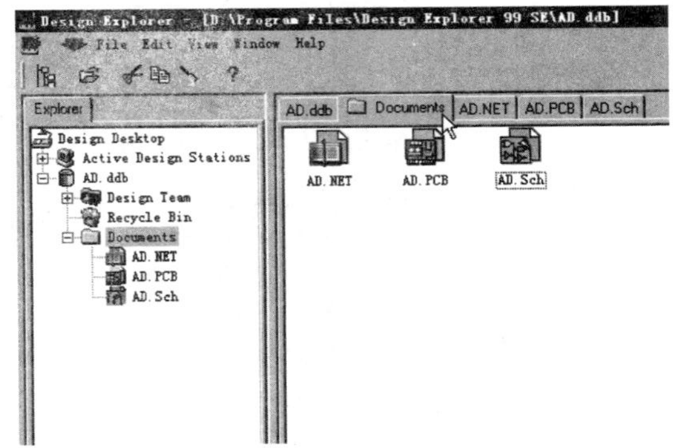

图 3-1-19 单击 Documents 标签后的设计窗口

(3)文件的关闭

关闭设计数据库中一个文件，常用以下两种方法。

①右击设计窗口上方相应的标签，在弹出的快捷菜单中选择 Close 命令。例如，在图 3-1-20 所示的设计窗口上方的 AD. Sch 标签上单击鼠标右键，弹出如图 3-1-21 中所示的快捷菜单，单击其中的 Close 命令，如图 3-1-21 所示，AD. Sch 文件即被关闭。

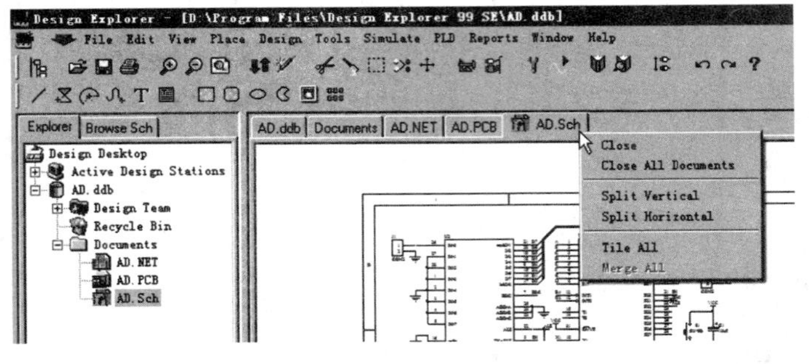

图 3-1-20 右击 AD. Sch 标签后出现快捷菜单

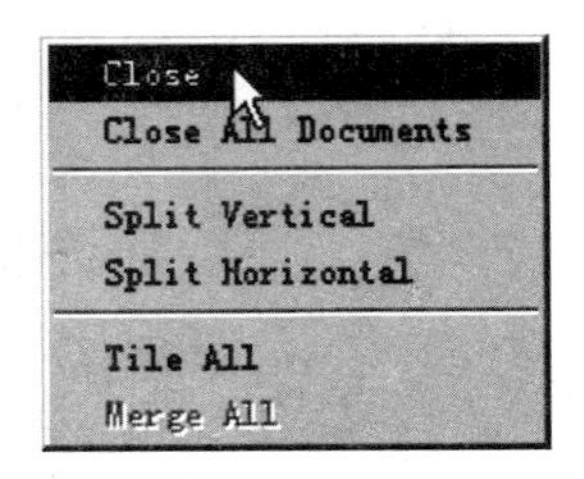

图 3-1-21 单击 Close 命令

②在设计管理器中，右击相应的图标，在弹出的快捷菜单中选择 Close 命令。

以上方法也适合于打开和关闭一个文件夹。

(4)文件的删除

这里以删除上面创建的 AD. Sch 文件为例，说明删除一个文件的两种常用方法。

①在 Documents 文件夹中，单击 AD. Sch 文件的图标，如图 3-1-22 所示，然后按 Delete 键，系统弹出如图 3-1-23 所示的 Confirm 对话框，单击其中的 Yes 按钮即将 AD. Sch 文件删除。

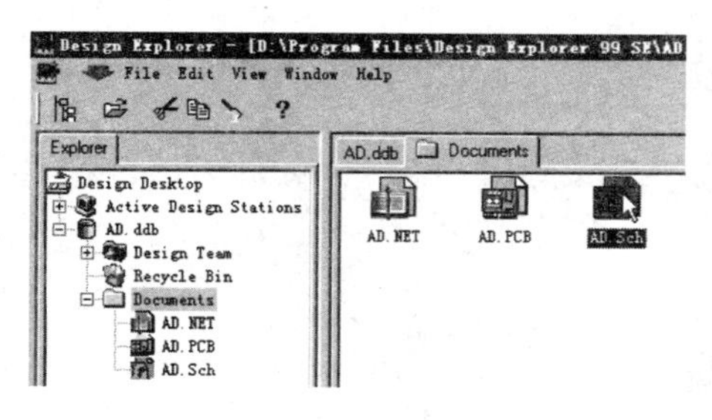

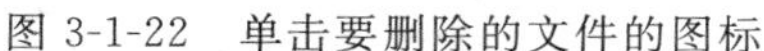
图 3-1-22　单击要删除的文件的图标

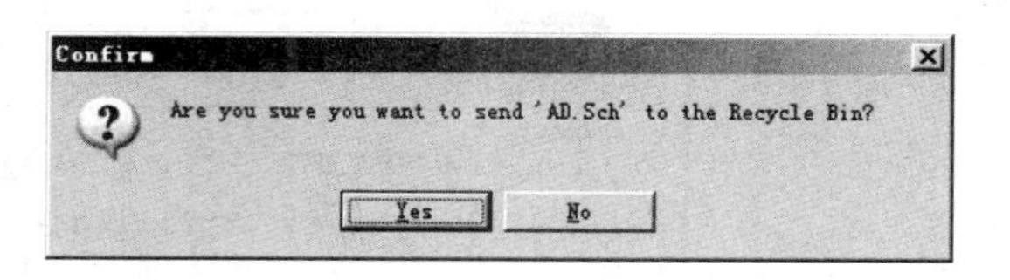

图 3-1-23　Confirm 对话框

②在 Documents 文件夹中，或者在设计管理器中，在 AD. Sch 文件图标上单击右键，从弹出的快捷菜单中选择 Delete 命令，如图 3-1-24 所示，即将 AD. Sch 文件删除。

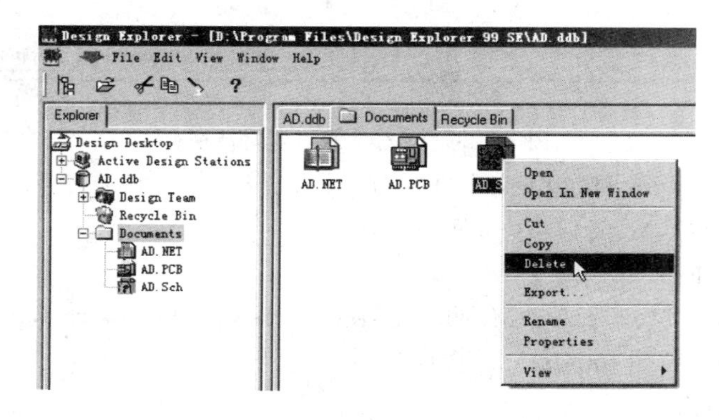

图 3-1-24　选择快捷菜单的 Delete 命令删除文件

已删除的文件被放入设计数据库的回收站(Recycle Bin)中。需要时，可以从回收站中将删除的文件恢复回来。例如要恢复 AD. Sch 文件，其操作方法是，打开回收站，在其中的 AD. Sch 文件图标上单击鼠标右键，然后在弹出的菜单中单击 Restore 命令，如图 3-1-25 所示，即将 AD. Sch 文件恢复到 Documents 文件夹中。

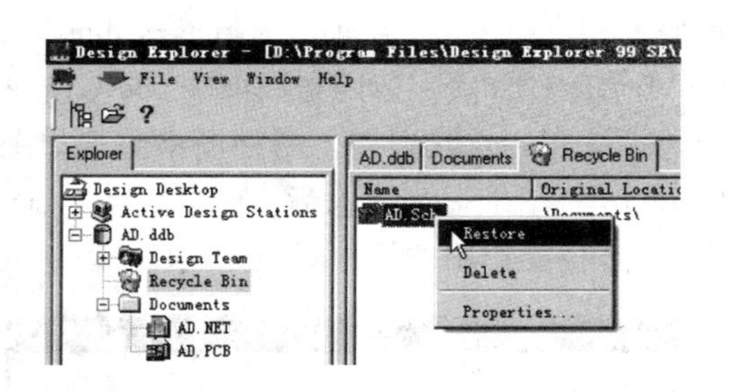

图 3-1-25　从回收站中将删除的文件恢复回来

如果要将文件彻底删除，则如图 3-1-22 所示单击文件图标后，按 Shift+Delete 组合键，在弹出的 Confirm 对话框中单击 Yes 按钮即可。

4. 设置图纸参数

即设置如图 3-1-16 所示图纸的大小、方向等参数。

选择 Design|Options 命令，出现如图 3-1-26 所示的图纸参数设置对话框。

(1)设置图纸大小

系统提供了十多种标准图纸供选择，也允许用户自定义图纸大小。

①设置标准图纸。在对话框的 Standard Styles 下拉列表框中，选择标准图纸大小。这里选择 A4。

②自定义图纸。首先选中 Custom Style 选项组的 Use Custom Style 复选框，然后在

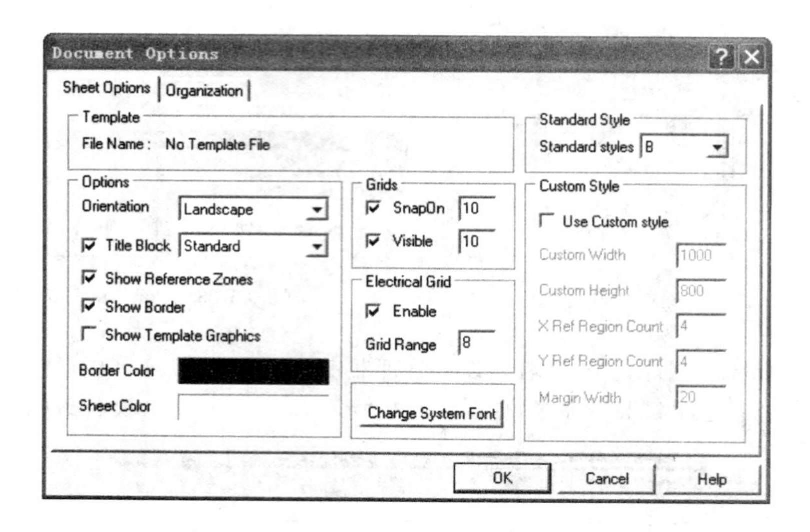

图 3-1-26　图纸参数设置对话框

Custom Width 和 Custom Height 文本框中分别输入需要的图纸宽度和高度。宽度和高度的单位为 mil(毫英寸),1mil=1/1000 英寸。

(2)设置图纸方向

在 Orientation 下拉列表框中,有两个选项:Landscape 和 Portrait,分别选择图纸方向为横向和纵向。这里选择 Landscape(横向)。

(3)设置图纸栅格

图纸的栅格形状有线状和点状两种。选择 Tools|Preferences 命令,弹出如图 3-1-27 所示的 Preferences 对话框。选择 Graphical Editing 选项卡,在 Cursor/Grid Options 选项组的 Visible Grid 下拉列表框中有 Line Grid 和 Dot Grid 两个选项,如图 3-1-28 所示,分别用于选择线状和点状栅格。两种栅格分别如图 3-1-29 和图 3-1-30 所示。注意,必须按快捷键 PageUp 将图纸适当放大后,才能显示出栅格。该快捷键的作用是将图纸以光标为中心放大显示,相反作用的快捷键是 PageDown。

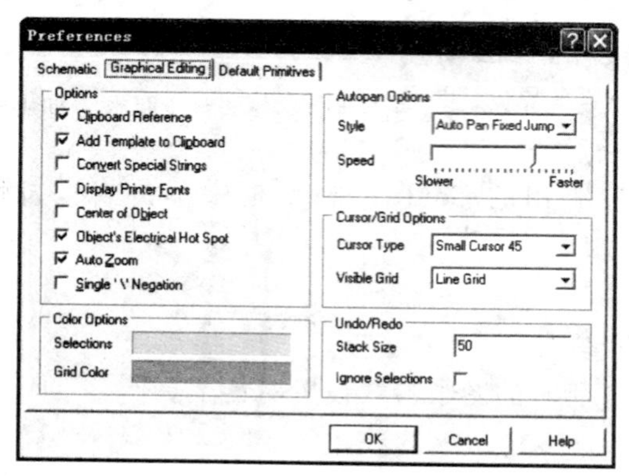

图 3-1-27　Preferences 对话框

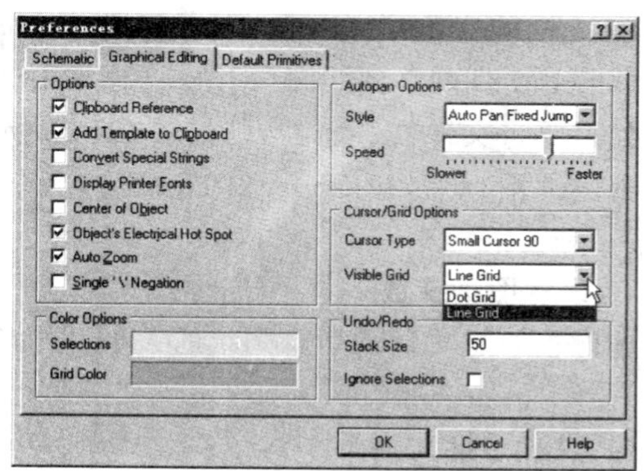

图 3-1-28　选择线状、点状栅格

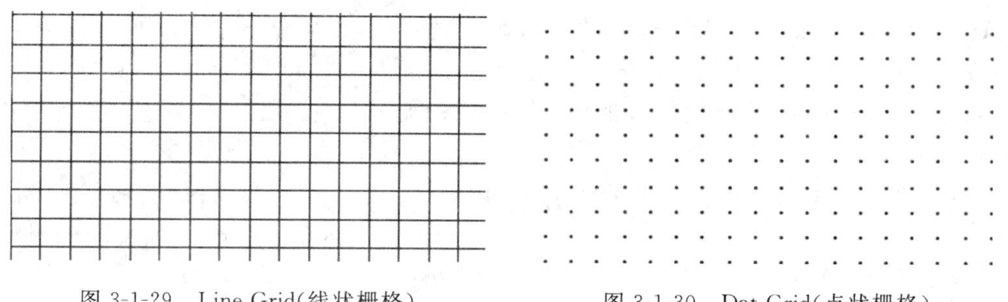

图 3-1-29　Line Grid(线状栅格)　　图 3-1-30　Dot Grid(点状栅格)

在图 3-1-26 所示对话框中，Grids 选项组有 SnapOn(捕捉栅格)和 Visible(可视栅格)两个复选框。选中 SnapOn 复选框，则在画线等工作状态下，十字光标以该项文本框中的设置值为移动的基本单位，设置值的单位为 mil。例如，SnapOn 设置为 10，则光标移动的距离为 10mil 的整数倍。选中 Visible 复选框，则图纸上显示栅格，否则不显示。该项文本框中的设置值为一格的宽度，单位为 mil。这里将上述两项的值均设置为 10，如图 3-1-26 所示。

(4)设置光标

即设置在画线等工作状态下的光标形状。在图 3-1-27 所示对话框中，Cursor/Grid Options 选项组的 Cursor Type 下拉列表框有三个选项：Large Cursor 90、Small Cursor 90 和 Small Cursor 45，可分别选择 90°大(十字)光标、90°小(十字)光标和 45°小(十字)光标三种光标形状，如图 3-1-31 所示。这里选择 45°小光标。

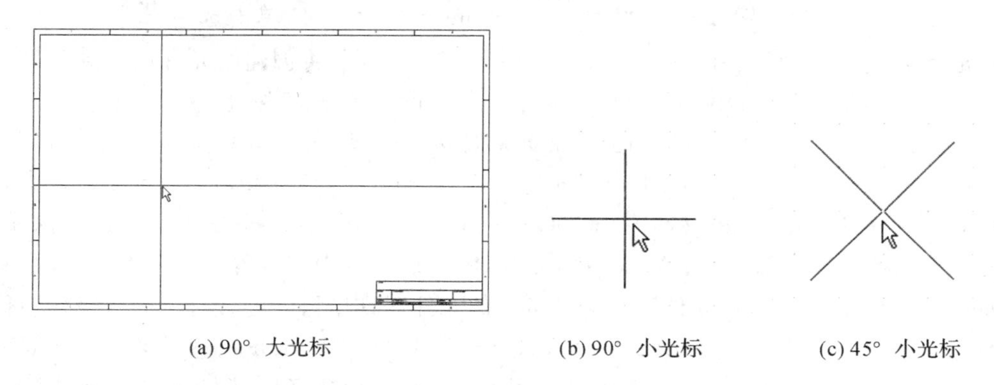

(a) 90°　大光标　　(b) 90°　小光标　　(c) 45°　小光标

图 3-1-31　工作状态下的三种光标

(5)设置电气栅格

在图 3-1-26 所示对话框中，Electrical Grid 选项组用于设置电气栅格，若选中 Enable 复选框，则在画导线等工作状态时，系统会以十字光标中心为圆心，以 Grid Range 文本框中的设置值为半径，向周围搜索电气节点。如果在搜索范围内有电气节点，就会自动将光标移到该节点上，并在该节点上显示出一个圆点。例如，图 3-1-32 表示在水平向右画导线时，搜索到电气节点(电阻引脚末端)的情况。

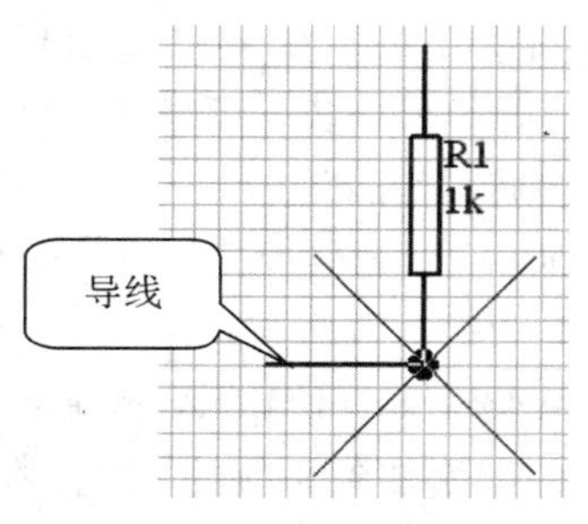

图 3-1-32　电气栅格实例

【例 3-1-1】 SnapOn(捕捉栅格)的实例

(1)将图纸栅格设置为线状栅格。

(2)选中 SnapOn(捕捉栅格)和 Visible(可视栅格),并将它们均设置为 10。

(3)按快捷键 PageUp 将图纸适当放大,以显示出栅格。

(4)选择 Place|Wire 命令,出现 45°小十字光标,如图 3-1-33 所示,此时进入了画导线状态。移动光标时,我们会发现,十字光标在水平和竖直方向移动的最小距离是一个栅格,即在画导线等工作状态下十字光标移动的最小距离为 SnapOn 的设置值 10mil。

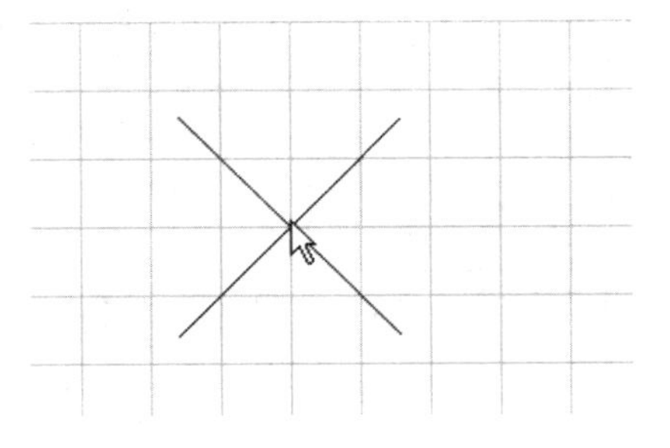

图 3-1-33　画导线状态

5. 添加元件库

(1)添加元件库

绘制原理图过程要完成的工作主要有两方面:一是将原理图元件放置到图纸上的适当位置;二是通过画导线等方法将元件连接起来。

Protel99SE 软件设计人员已经绘制了大量的原理图元件,可供用户绘制原理图时使用。绘制原理图元件与绘制原理图一样,首先要创建一个扩展名为.ddb 的设计数据库文件,然后像创建原理图文件那样,在设计数据库文件中创建一个元件库文件,具体是选择 File|New 命令,在出现如图 3-1-13 的 New Document 对话框时,单击选中图标,再单击 OK 按钮,就创建了一个原理图元件库文件,其扩展名为.lib。将创建的元件库文件打开后,可在其中绘制元件。换句话说,绘制的元件都保存在设计数据库内的元件库文件中。Protel 提供的元件库文件一般按照不同公司的元器件进行分类,因此有大量的元件库,这些库都存放在 Protel99SE 的安装目录中,在 Design Explorer 99 SE\Library\Sch 子目录内,其中 Miscellaneous Devices.ddb 和 Protel DOS Schematic Libraries.ddb 两个设计数据库文件中包含的元件是最为常用的。Miscellaneous Devices.ddb 中存放着一个名为 Miscellaneous Devices.lib 的元件库,该元件库包含了常见的元件,如电阻、电容、二极管、三极管、场效应管、开关、接插件等元件。Protel DOS Schematic Libraries.ddb 中存放着 Protel DOS Schematic TTL.lib 等 14 个元件库,包含 74 系列、4000 系列数字集成电路、MCS-51 系列单片机、常见的运放、A/D 转换器、存储器芯片等元件。

在绘制原理图时,必须将所需元件所在的元件库添加到系统中。本例一共用到 15 个元件,其中电阻 R1、R2、电容 C1～C5、晶振 Y1、按钮 S1、接插件 J1～J4 属于元件库 Miscellaneous Devices.lib,单片机 AT89C51 和 ADC0809 分别属于 Protel DOS Schematic Libraries.ddb 中的元件库 Protel DOS Schematic Intel.lib 和 Protel DOS Schematic Analog digital.lib。必须先将这三个元件库添加到系统中,然后才能从这三个元件库中取用我们所要的元件。添加元件库方法如下。

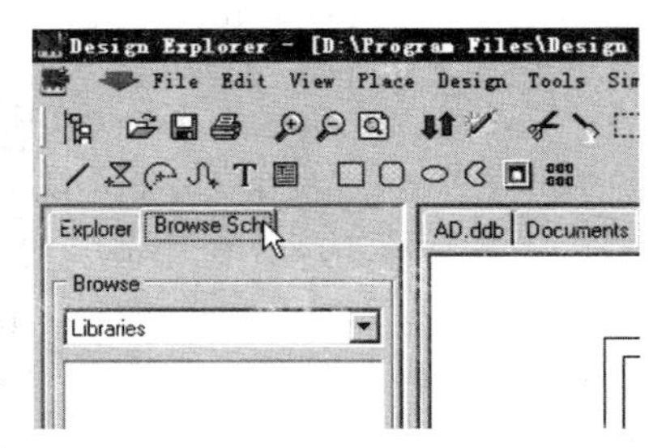

图 3-1-34　单击 Browse Sch 标签

①单击屏幕左侧设计管理器顶部的 Browse Sch 标签，如图 3-1-34 所示，选择 Browse 下拉列表框中的 Libraries 选项，就进入了元件库管理器，如图 3-1-35(a)所示。

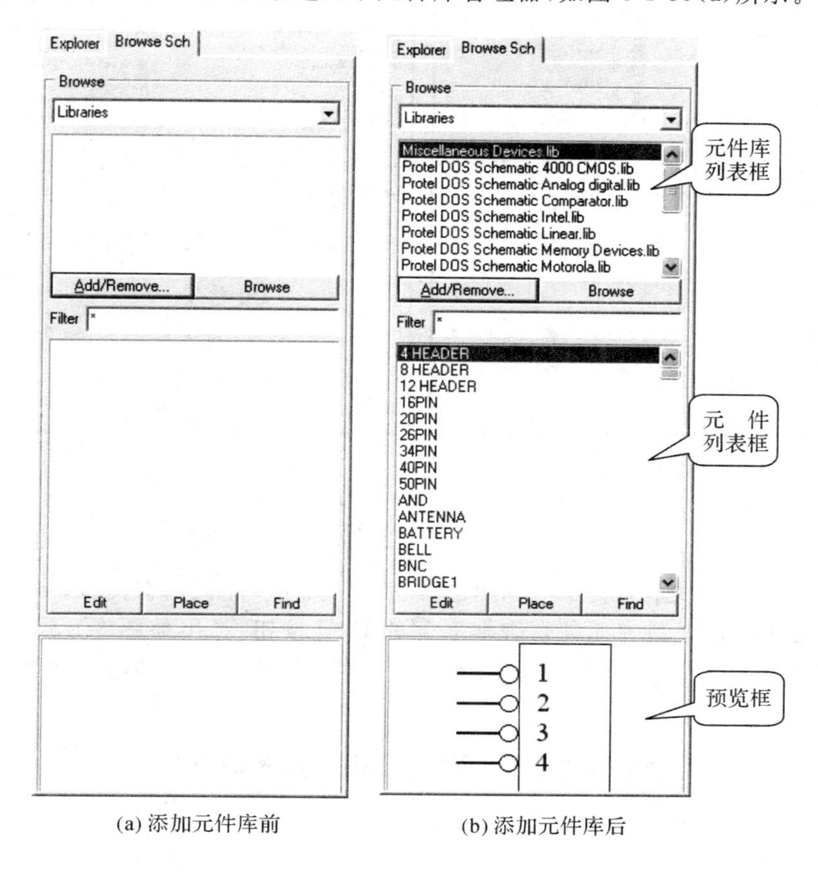

(a) 添加元件库前　　(b) 添加元件库后

图 3-1-35　元件库管理器

②单击 Add/Remove 按钮，弹出 Change Library File List(改变元件库文件列表)对话框，在"查找范围"下拉列表框中找到 Protel99SE 的安装目录，并进入 Design Explorer 99 SE\Library\Sch 子目录中，如图 3-1-36(a)所示。在"查找范围"下方的列表框中找到并单击数据库文件 Miscellaneous Devices. ddb 后，单击 Add 按钮或双击该文件，则该文件就添加到 Selected Files 列表框中，如图 3-1-36(b)所示。重复上述操作将数据库文件 Protel DOS Schematic Libraries. ddb 也添加到 Selected Files 列表框中。单击 OK 按钮，就可将上述两个数据库文件中的元件库全部添加到系统中。在元件库管理器的元件库列表框中列出了已添加的所有元件库的名称，如图 3-1-35(b)所示。单击选中其中某个元件库名称，则在元件列表框中就列出该元件库中全部元件的名称。

对于已经添加到系统中的元件库，在不需要时也可将其删除。方法是，在如图 3-1-36 所示对话框的 Selected Files 列表框中，单击要删除的数据库文件，再依次单击 Remove 和 OK 按钮即可。

(2)元件查找

当我们不知道某个元件在哪个元件库时，可以利用元件库管理器的元件查找功能进行

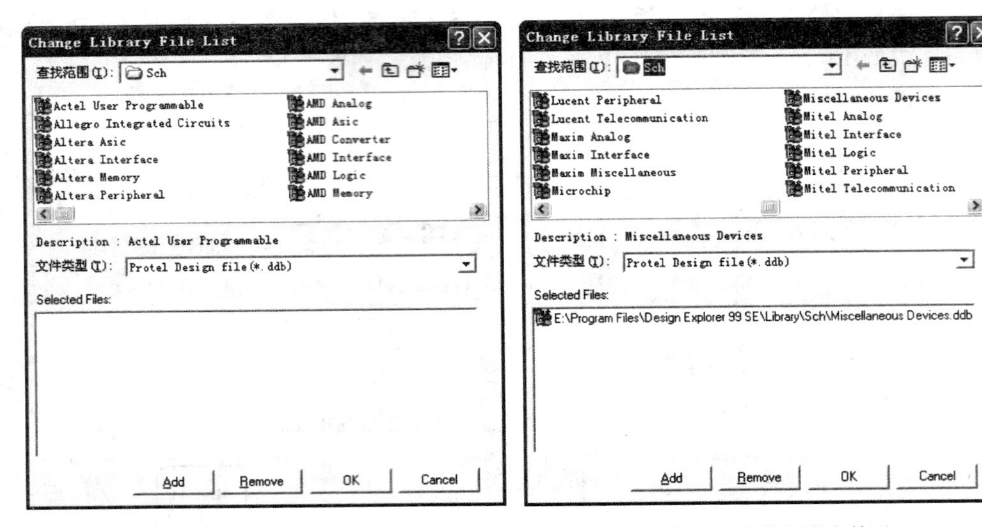

(a) 添加数据库文件前　　　　(b) 添加一个数据库文件后

图 3-1-36　Change Library File List 对话框

查找。下面以图 3-1-1 电路原理图中所示的按钮 S1 为例，介绍元件查找的方法。

①单击元件库管理器中元件列表框底部的 Find 按钮，弹出如图 3-1-37 所示的 Find Schematic Component(查找原理图元件)对话框。对话框中两个选项组的功能及其设置方法如下。

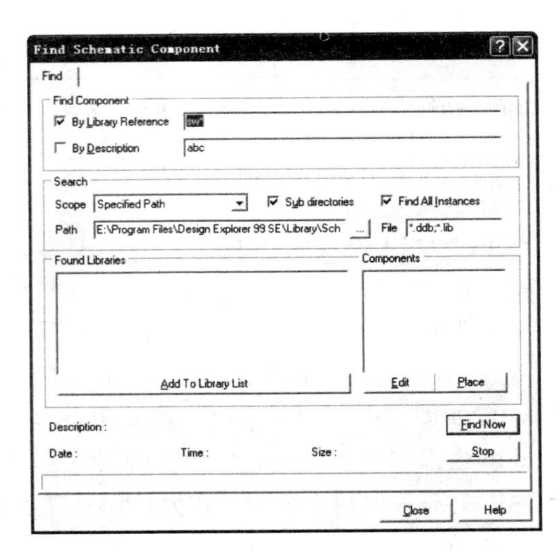

图 3-1-37　Find Schematic Component 对话框

Find Component 选项组用于选择查找元件的方式。有两种查找元件的方式：选中 By Library Reference 复选框时，按照绘制元件时定义的元件名称查找；选中 By Description 复选框，则按照绘制元件时给出的元件描述查找(但许多元件未给出元件描述)。一般按照元件名称查找，选中 By Library Reference 复选框后，在其右边文本框中输入元件名称。不知道完整名称时，可使用通配符“ * ”和“?”，一个“?”可代替一个字符，一个“ * ”可代替任意个字符。字符不区分大小写。例如，本例要查找的按钮的元件名称为 SW-PB，除了可输入 SW-PB 外，也可输入 SW * 或 sw * ，还可输入 SW??? 等。注意，系统采用完全匹配的查找方式，若仅输入 SW 或 SW? 是查找不到该元件的。

Search 选项组用于选择查找的范围。在 Scope 下拉列表框中有三个选项：Specified Path、Listed Libraries 和 All Drives，默认为 Specified Path。Specified Path 选项指定在 Path 文本框中给出的路径下查找。默认路径是元件库的安装路径 Program Files\Design Explorer 99 SE\ Library\Sch。Listed Libraries 选项指定在已添加到系统中的元件库中查找。All Drives 指定范围为计算机的所有驱动器。选中 Sub directories 复选框，则查找范围包括指定路径下的子目录。选中 Find All Instances，则系统会找出包含符合查找条件的元件的所有元件库，而不选此项时，系统找到一个元件库就不再继续查找。File 文本框用于指定查找的库文件类型，默认为 * . ddb 和 * . lib。以上各项内容一般均采用默认的。

②设置好上述选项后，单击对话框中的 Find Now 按钮即开始查找。若要中止查找，可单击 Stop 按钮。本例的查找结果如图 3-1-38 所示，Found Libraries 列表框列出查找到的元件所在的元件库，这里总共有两个元件库。单击选中某个元件库，则在 Components 列表框中就列出该元件库中符合条件的元件的名称。单击选中某个元件名称，再单击 Edit 按钮，系统将打开该元件所在的元件库文件，并将该元件放大显示于设计窗口中，供用户对元件进行编辑；若单击 Place 按钮，可将该元件放置到原理图上。单击选中某个元件库后，再单击 Add To Library List 按钮，可将该元件库添加到元件库管理器中。

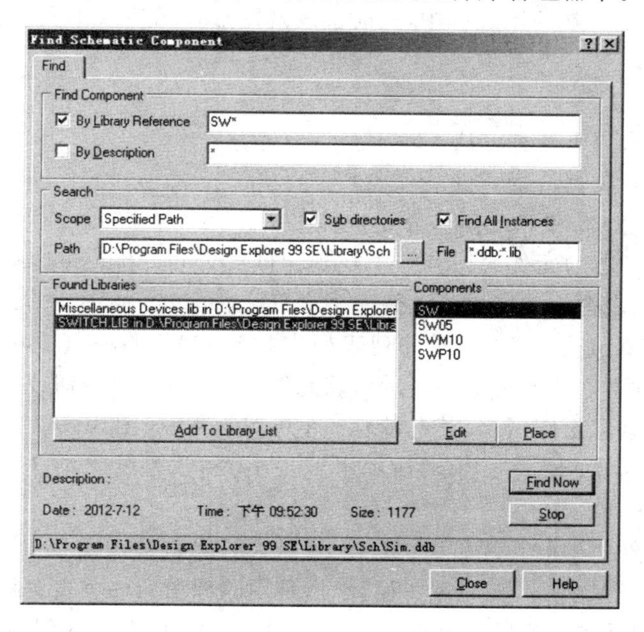

图 3-1-38　元件查找结果

6. 放置元件

(1)常用的电路原理图设计工具栏简介

图 3-1-39 所示的布线工具栏(Wiring Tools)和图 3-1-40 所示的绘图工具栏(Drawing

Tools)是比较常用的两个工具栏。前者主要用于绘制具有电气意义的导线等图形,后者主要用于绘制无电气意义的直线等图形。这两个工具栏中大多数工具在 Place 菜单中都有相应的命令。

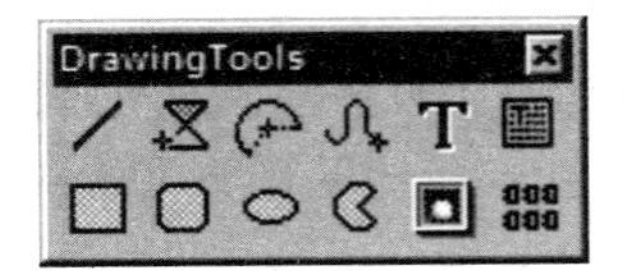

图 3-1-39　布线工具栏　　　　图 3-1-40　绘图工具栏

打开或关闭这两个工具栏的方法是,选择 View|Toolbars|Wiring Tools 命令,可以在布线工具栏的打开和关闭状态之间切换;选择 View|Toolbars| Drawing Tools 命令,可以在绘图工具栏的打开和关闭状态之间切换。

(2)几个常用的快捷键

Protel99SE 中的许多命令和操作有相应的快捷键,熟悉常用的快捷键有助于提高设计效率。几个常用的快捷键及其功能介绍如下。

①PageUp:将图纸以光标为中心放大显示。

②PageDown:将图纸以光标为中心缩小显示。

③V|F:以尽可能大的比例显示图纸中的所有对象。

④Home:将按下该键之前光标所指的位置移到设计窗口中心位置显示。

⑤End:刷新画面。在绘图过程中,有时会发现图形显示残缺不全、变形,此时按该键即可恢复正常显示。

(3)放置元件

放置元件主要有以下两种方法。

①利用元件库管理器放置元件

我们以放置电容 C2 和 C3 为例,介绍这种方法。

a. 在元件库管理器的元件库列表框中找到元件库 Miscellaneous Devices. lib 并在其上单击。此时,元件列表框中就列出该元件库中全部元件名称,如图 3-1-35(b)所示。无极性电容选用名称为 CAP 的元件。在元件列表框中找到 CAP 并在其上单击,如图 3-1-41 所示,此时元件列表框下方的预览框中显示出该元件。单击 Place 按钮或直接双击 CAP,出现十字光标且光标自动移至图纸上,其上带着一个电容元件,如图 3-1-42 所示。

b. 按 Tab 键,弹出如图 3-1-43(a)所示用于设置元件属性的 Part 对话框,其中几个属性介绍如下。

- Lib Ref:元件库中的元件名称。
- Footprint:元件封装。在原理图设计时,是用原理图元件代表实际的元件;在 PCB 图设计时,则用元件封装代表实际元器件及焊盘。图 3-1-44 示出了本例用到的三种元件封装及其名称。

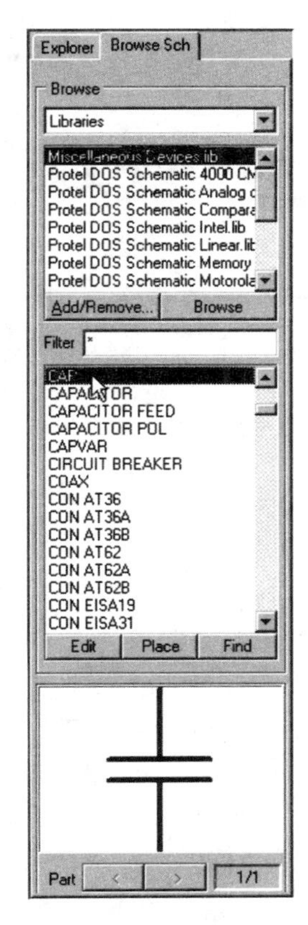

图 3-1-41　元件库 Miscellaneous Devices. ddb 中的无极性电容 CAP

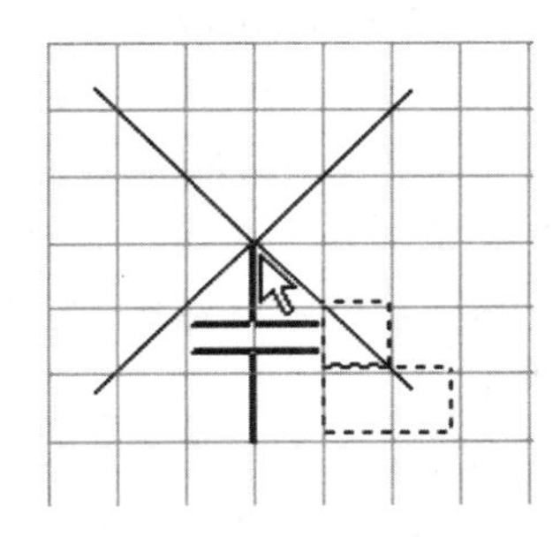

图 3-1-42　放置无极性电容 CAP

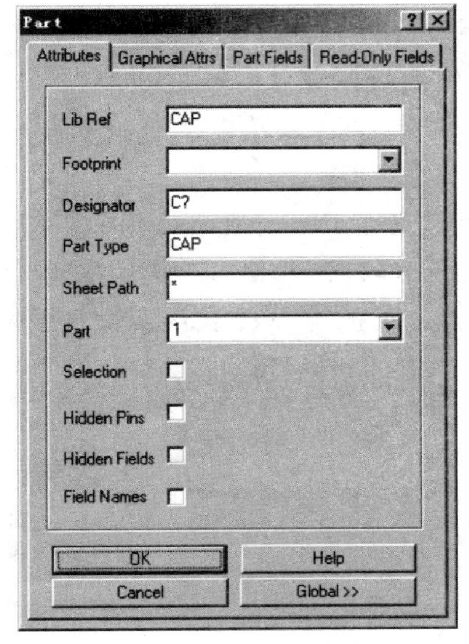

(a) 设置属性前

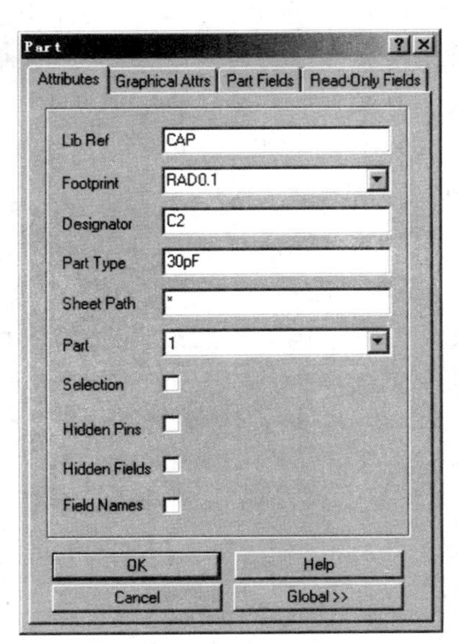

(b) 设置属性后

图 3-1-43　Part 对话框

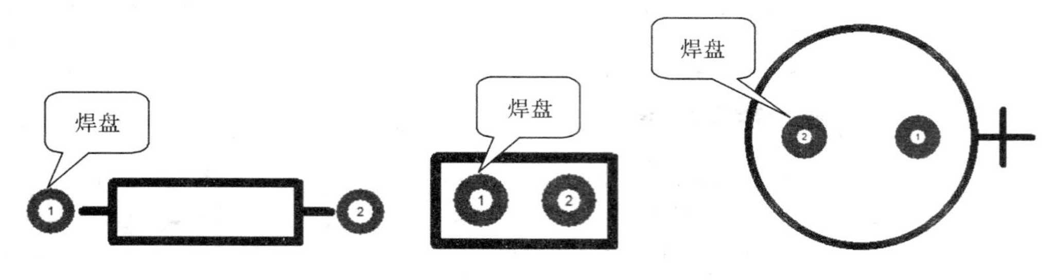

图 3-1-44　本例用到的电阻、无极性电容和电解电容的封装

Protel99SE 软件设计人员也绘制了大量的元件封装，存放在元件封装库文件中，供用户绘制 PCB 图时使用。例如，在元件封装库 PCB Footprints. lib 中提供了电阻、电容、二极管、三极管等许多常用的元件的封装。而且许多元件还提供了多种封装，如针脚式的电阻封装有 8 种：AXIAL0. 3～AXIAL1. 0；针脚式的无极性电容封装有 4 种：RAD0. 1～RAD0. 4；针脚式的电解电容封装有 4 种：RB. 2/. 4～RB. 5/1. 0。电阻和无极性电容封装名称中的数字均代表两焊盘中心距，单位为英寸。例如，电阻封装 AXIAL0. 4 两焊盘中心距为 0. 4 英寸(即 400mil)。电解电容封装名称中前一个数字代表两焊盘中心距，后一个数字代表电容的直径，单位均为英寸。例如，电解电容封装 RB. 2/. 4 两焊盘中心距为 0. 2 英寸、电容器直径为 0. 4 英寸。

在绘制原理图时，如果我们在 Part 对话框的 Footprint 文件框中指定了所使用的元件封装，则在以后绘制 PCB 图时，系统会将所指定的元件封装从元件封装库中加载到 PCB 图上，用户就可以利用这些元件封装完成 PCB 图的绘制。

同一种元件有多种封装时，究竟选择哪种封装应根据实际元件的尺寸而定。电阻的尺寸与功率大小有关，功率越大尺寸也越大。本例使用的是 1/8W 的电阻，一般选用 AXIAL0. 4。本例单片机时钟振荡电路中的电容 C2、C3 及两个集成电路的电源滤波电容 C4 和 C5 均为容值较小的瓷片电容，引脚间距为 0. 1 英寸，如图 3-1-45 所示，与封装 RAD0. 1 两焊盘中心距相同，所以这 4 个电容的封装应选用 RAD0. 1，这样在制作好的印制电路板上安装焊接元件时，这些电容可以贴板安装，如图 3-1-46(a)所示，使留下的引脚尽可能地短，从而有助于提高电路工作的稳定性。图 3-1-46(b)表示选用焊盘中心距为 0. 2 英寸的封装 RAD0. 2 时，因电容无法贴到板上而留下较长的引脚的情况。

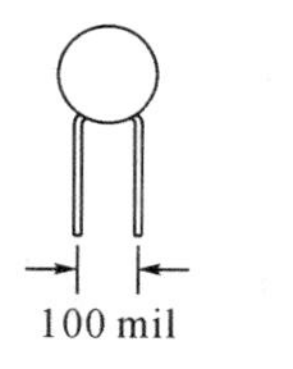

图 3-1-45　引脚间距为 0. 1 英寸的瓷片电容

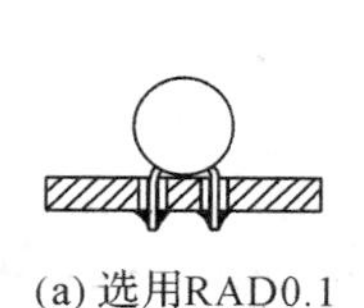

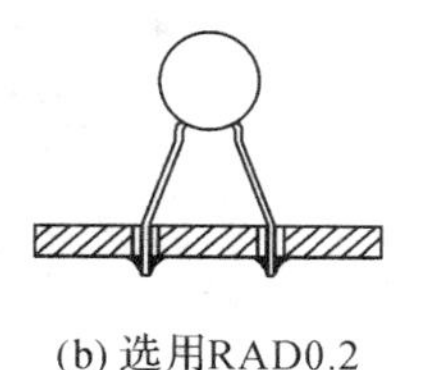

图 3-1-46　瓷片电容选用不同封装对安装的影响

- Designator：元件序号。用于区别同类元件。在图纸上，不允许任何两个元件具有相同的元件序号。

● Part Type:元器件型号。对于集成电路,此文本框中填入型号;对开电阻、电容等一般填入标称值。

本例在 Footprint、Designator 和 Part Type 3 个属性的文本框中分别输入 RAD0.1、C2 和 30pF,然后单击 OK 按钮或按 Enter 键完成设置。设置结果如图 3-1-43(b)所示。

c. 移动光标到适当位置后单击,就放置了一个电容元件。此时光标上仍附着一个电容元件,表示仍处于放置电容元件的状态。再次单击就放置了第二个电容元件。其元件序号自动递增为 C3,而其他属性都与第一个电容元件相同。放置结果如图 3-1-47(a)所示。元件放置后,Designator 和 Part Type 的设置结果将显示在图纸上,而 Lib Ref 和 Footprint 不显示。

在单击左键放置元件之前,若按空格键,则每按一次,元件就逆时针旋转 90°,由此可改变被放置元件的方向。

d. 按 Esc 键或单击鼠标右键,十字光标消失,退出放置元件状态。

在放置第一个元件之前也可不按 Tab 键,直接单击两次放置两个电容元件,则结果将如图 3-1-47(b)所示,Footprint、Designator 和 Part Type 属性未做设置,可在全部元件放置完后再进行编辑修改。

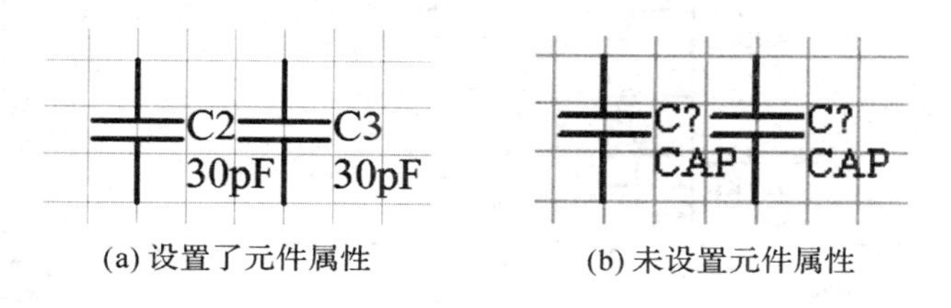

(a) 设置了元件属性　(b) 未设置元件属性

图 3-1-47　放置电容元件

②利用菜单命令或布线工具栏放置元件

我们以放置单片机 AT89C51 为例,介绍这种方法。

a. 选择 Place|Part 命令,或单击布线工具栏的按钮,或按快捷键 P|P,弹出 Place Part(放置元件)对话框,如图 3-1-48(a)所示。

b. 在 Lib Ref、Designator、Part Type 和 Footprint 文本框中分别输入 8031、U1、AT89C51 和 DIP40,结果如图 3-1-48(b)所示。

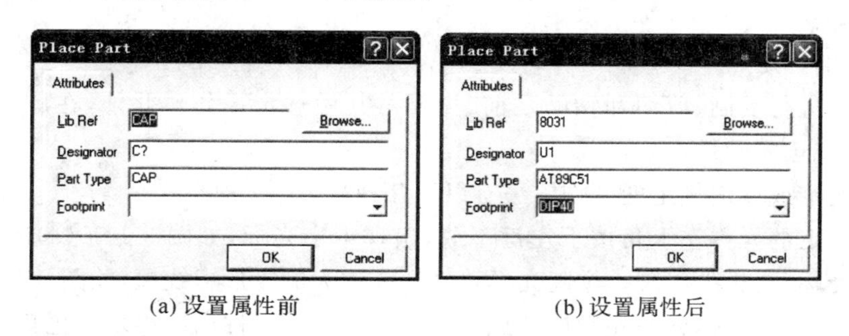

(a) 设置属性前　(b) 设置属性后

图 3-1-48　Place Part 对话框

c. 单击 OK 按钮或按 Enter 键,出现十字光标且其上附着单片机元件 8031。移动光标到图纸上适当位置后单击，即放置了一个 8031 元件。此时，又自动弹出 Place Part 对话框，表明系统仍处于放置该元件的状态。

d. 按 Esc 键或单击 Place Part 对话框中的 Cancel 按钮，即退出放置元件状态。

用上述方法放置其余元件。图 3-1-1 电路原理图中未放置的元件在元件库中的名称如下：无极性电容为 CAP，电阻选用 RES2，电解电容选用 ELECTRO1，按钮 S1 为 SW-PB，A/D 转换器 U2 为 ADC0809，晶振 Y1 为 CRYSTAL，接插件 J1 和 J4 为 CON2、J2 为 CON8、J3 为 CON4。图 3-1-49 是元件放置完成时的图纸。

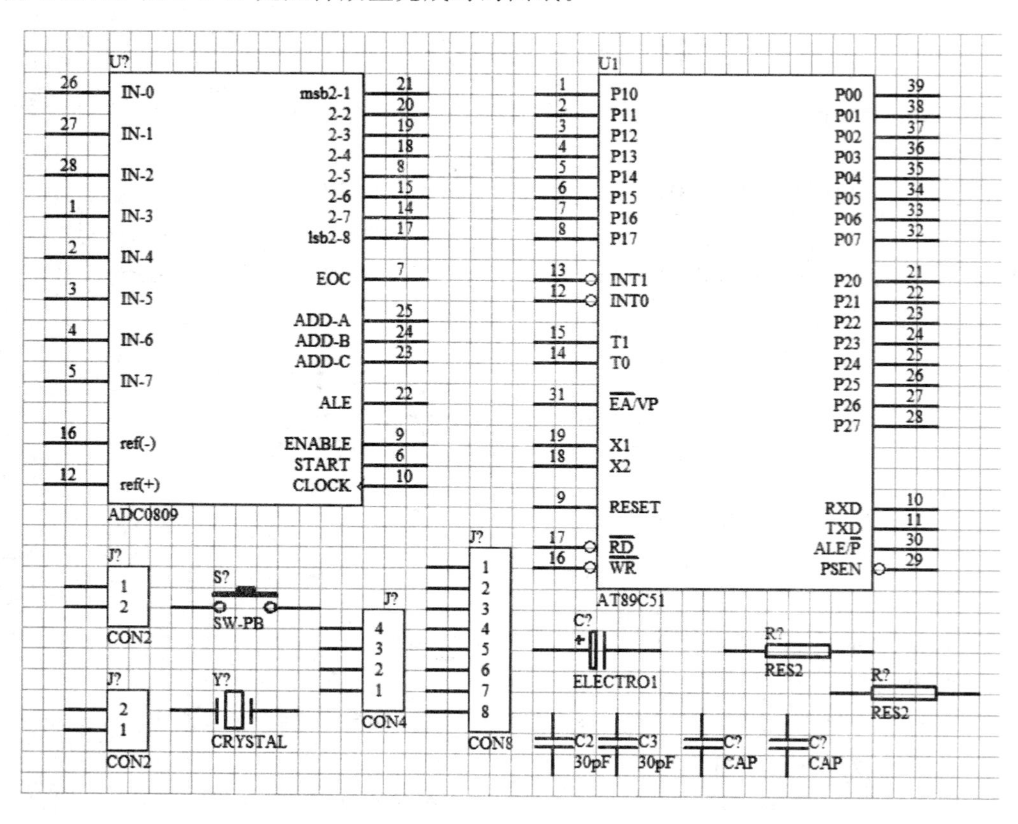

图 3-1-49　元件放置完成时的图纸

(4)元件的选定

在对元件进行复制、剪切和粘贴之前，先要对其做选定操作。此外，在删除、移动元件时，也常需要先选定元件。

常用的选定或取消选定的操作方法有以下几种。

①在待选定的元件左上角按下左键不放，出现十字光标，如图 3-1-50(a)所示。向右下角拖动鼠标光标，光标处出现一个随光标移动逐渐增大的矩形虚线框，如图 3-1-50(b)所示。当其框住待选定元件时，松开左键即完成选定。被选中的元件周围出现黄色矩形框标志，如图 3-1-50(c)所示，表明元件处于被选定状态。图 3-1-50 所示的操作同时选定了两个元件。

②选择 Edit|Toggle Selection 命令，出现十字光标，移动光标至待选定元件上并单击，即可将其选定。此时仍呈现十字光标，可继续选定其他元件。若在已选定的元件上再次单

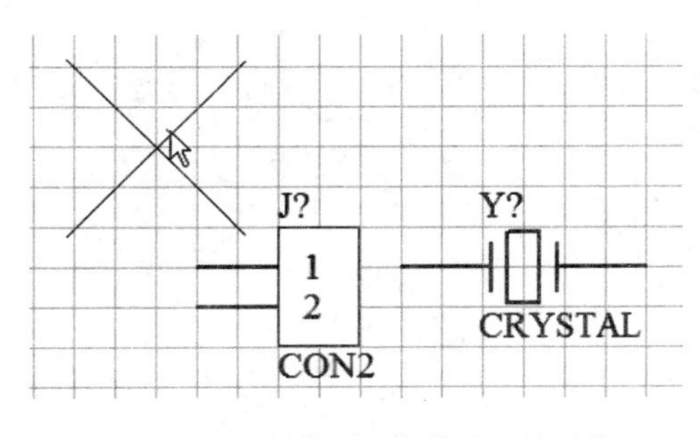

(a) 在待选定元件左上角按下左键不放

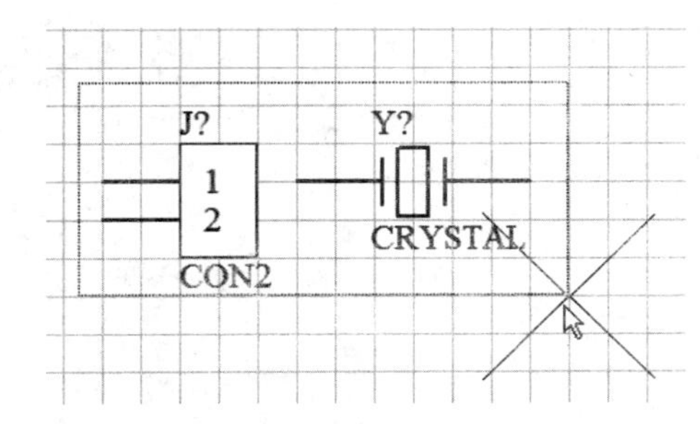

(b) 拖动光标

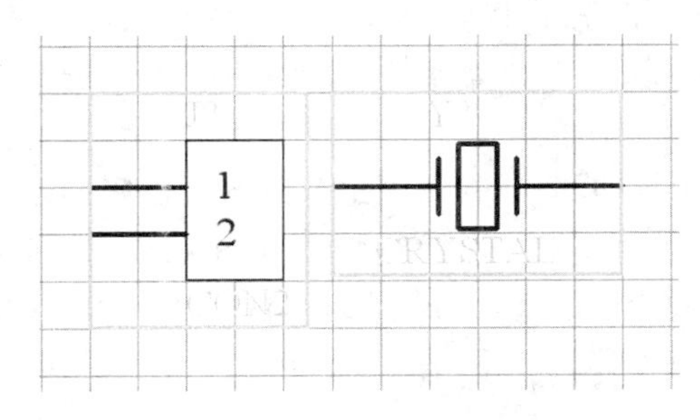

(c) 被选中的元件

图 3-1-50 选定两个元件

击，则会取消对该元件的选定。

按住 Shift 键后，在元件上单击，其作用与执行 Edit|Toggle Selection 命令相同。

③用于全部选定和全部取消选定的快捷键和工具栏按钮有：

a. 快捷键 S|A：全部选定。即选定图纸上的所有内容。

b. 快捷键 X|A：全部取消选定。即取消图纸上所有内容的选定。

c. 主工具栏的按钮：作用与快捷键 X|A 相同。即单击此按钮，将取消图纸上所有内容的选定。

(5)元件的剪贴

剪贴包括复制、剪切和粘贴。下面以在同一个原理图文件中剪贴一个电阻为例，介绍剪贴的操作方法。

①选定图纸上要复制(或剪切)的电阻。

②复制或剪切。复制时，选择 Edit|Copy 命令，或按 Crtl＋C 组合键；剪切时，选择 Edit|Cut 命令，或按 Crtl＋X 组合键，或单击主工具栏的按钮。出现十字光标，此时系统要求用户选择一个参考点。本例将光标移至电阻右引脚末端上单击，如图 3-1-51 所示，就将该点选为参考点，同时将该电阻复制(或剪切)到剪贴板中。参考点位置可任意选择，但最好不要选在远离被选定元件的地方，应当选在被选定元件上，这样有利于后续粘贴的进行。

③粘贴。选择 Edit|Paste 命令，或按 Crtl＋V 组合键，或单击主工具栏的按钮，出现十字光标，并带着剪贴板中的电阻，光标就位于上一步选择的参考点上，如图 3-1-52 所示。将光标移到适当位置后单击，即在该处粘贴了一个相同的电阻，其元件序号等属性都与原来的电阻相同，并且也处于被选定状态。

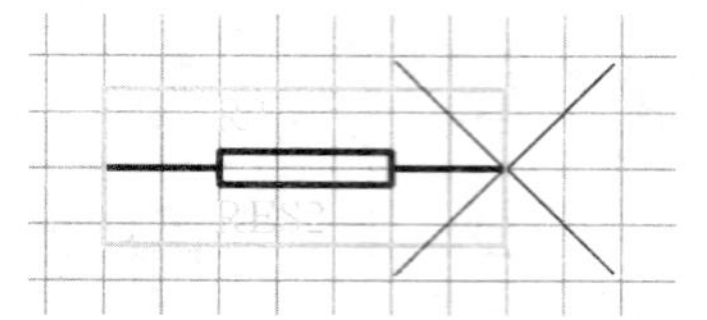

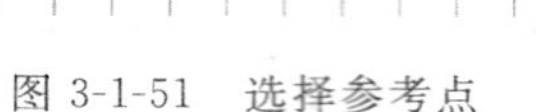

图 3-1-51 选择参考点

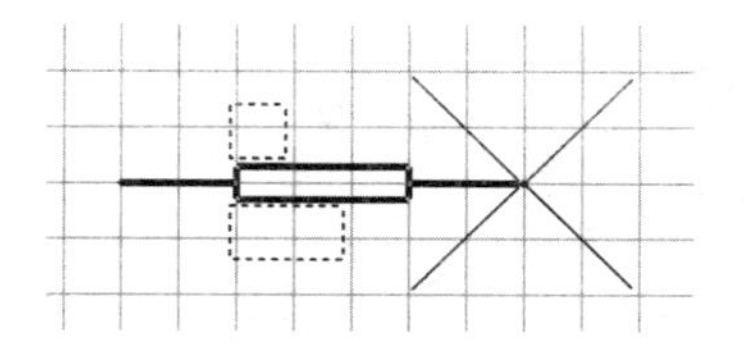

图 3-1-52 粘贴元件

也可将剪贴板中的内容粘贴到另一个原理图文件中，但两个原理图文件必须同属于一个设计数据库文件。

下面介绍一种特殊的粘贴方式，即阵列式粘贴。阵列式粘贴能够将剪贴板中的内容按指定间距重复粘贴指定的次数。在放置元件、绘制原理图等场合，灵活运用阵列式粘贴，可大大提高效率。

例如，要按图 3-1-53 所示的那样，在图纸上放置 8 个电阻，其序号分别为 R1～R8，标称值均为 100Ω，相邻电阻间距为 20mil。我们以阵列式粘贴来实现，操作方法如下。

①先在图纸上放置一个电阻，放置前将 Designator 和 Part Type 两个属性分别设置为 R1 和 100。该电阻放置结果如图 3-1-54 所示。

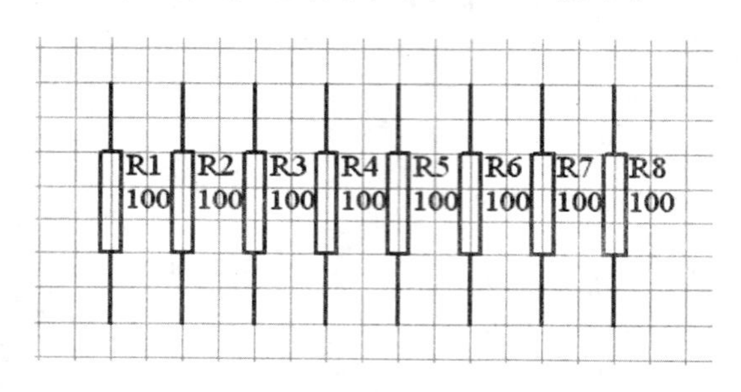

图 3-1-53 放置 8 个电阻

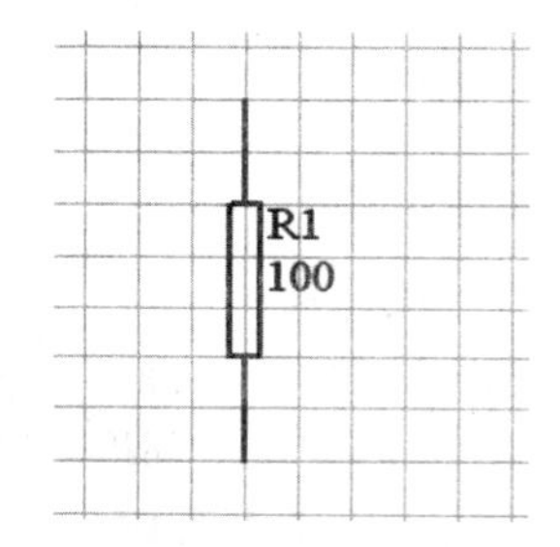

图 3-1-54 放置一个电阻

②选定该电阻后，选择剪切命令，将该电阻剪切入剪贴板。

③选择阵列式粘贴命令 Edit|Paste Array，或单击绘图工具栏的按钮，弹出如图 3-1-55(a)所示的 Setup Paste Array(设置阵列粘贴)对话框，其中 4 个文本框的功能如下。

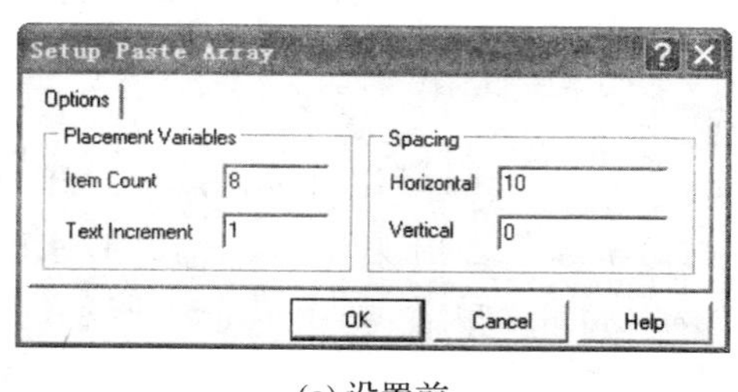

(a) 设置前

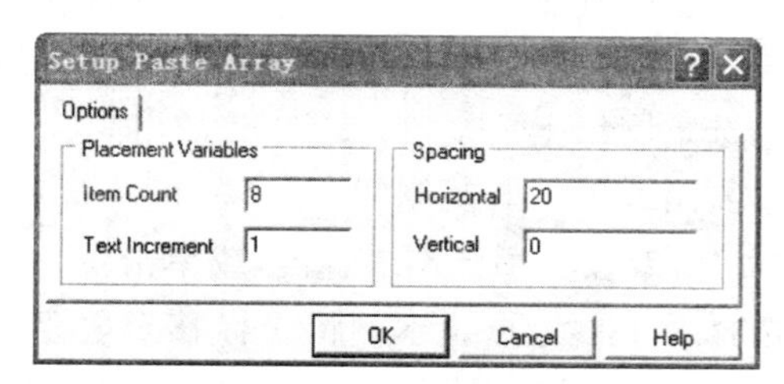

(b) 设置后

图 3-1-55 Setup Paste Array 对话框

- Item Count：设置将剪贴板内容重复粘贴的次数。这里设置为 8，即要粘贴 8 个电阻。
- Text Increment：序号增量。这里设置为 1，即 8 个电阻的元件序号从 R1 开始依次增1,分别为R1、R2、……、R8。

● Horizontal:设置各元件参考点之间的水平间距,其值可正可负,单位为mil。正值则从左到右重复粘贴,负值方向相反。这里设置为20。

● Vertical:设置各元件参考点之间的垂直间距。正值从下到上粘贴,负值方向相反。这里设置为0。

设置结果如图3-1-55(b)所示。

④单击对话框中的OK按钮,出现十字光标,在图纸上适当位置单击,就从单击处开始从左到右重复粘贴八个电阻,粘贴结果如图3-1-53所示。

(6)元件的删除

在放置元件时,常会放多或放错了,这时就必须删除多余的元件。元件的删除方法有以下几种。

①选择Edit|Delete命令,或按快捷键E|D,出现十字光标。将光标移到要删除的元件上单击,该元件即被删除。此时仍呈现十字光标,可继续删除多余元件。单击右键可退出该命令状态。

②首先选定要删除的元件,然后选择Edit|Clear命令,或按快捷键Crtl+Delete,已选定的元件即被删除。这种方法可一次删除已选定的所有元件。

删除已选定的元件,也可采用剪切命令Edit|Cut,或相应的快捷键Shift+Delete来实现。

③首先点选要删除的元件,然后按Delete键即可将该元件删除。

点选元件和前面介绍的选定元件不同,其操作方法是:在元件上单击,即完成点选。被点选的元件,其周围会出现一个矩形虚线框,如图3-1-56所示。点选只能选中一个元件。

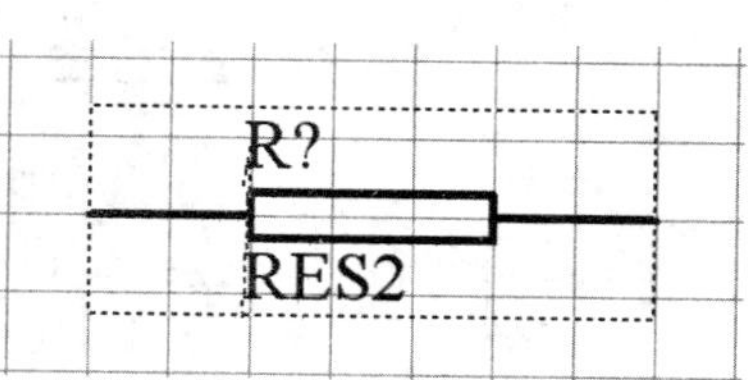

图3-1-56 被点选的元件

7. 调整元件位置

放置元件后,在布线前还需对元件的位置进行调整。元件位置的调整主要通过移动元件、使元件旋转或翻转来实现。

(1)移动元件

①移动一个元件

将鼠标指针移到要移动的元件上,按下左键不放。出现十字光标并自动移到最近的引脚末端,如图3-1-57所示。拖动光标,元件即跟随光标移动。到达目标位置时,松开左键,元件即被放下。

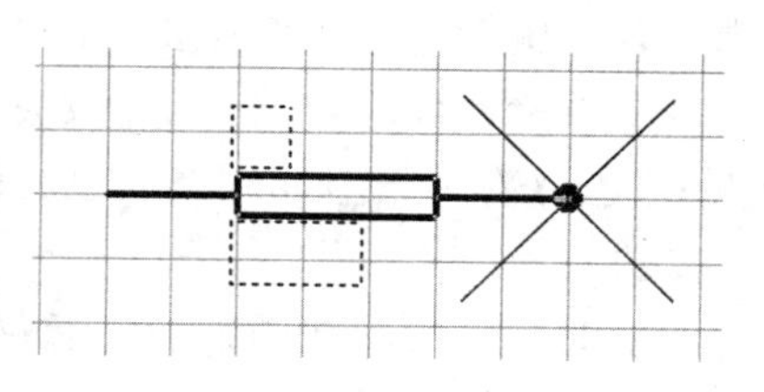

图3-1-57 移动一个电阻

②同时移动多个元件

先选定所有要同时移动的元件。然后将鼠标指针移到任意一个已选定的元件上,按下左键不放,出现十字光标。拖动光标时,所有已选定的元件跟随光标一起移动。到达目标位置时,松开左键,即可放下各元件。

(2)旋转和翻转元件

将元件旋转和翻转,可以调整元件放置的方向。

①旋转元件

将鼠标指针移到元件上，按下左键不放。然后按空格键，每按一次，元件就逆时针转过90°，转到所需要的方向时，松开左键即可。

②翻转元件

将鼠标指针移到元件上，按下左键不放。按X键，则元件左右翻转；按Y键，则元件上下翻转。

用以上方法调整图3-1-49所示图纸上的元件位置，调整结果如图3-1-58所示。

实际上，元件位置的调整并非一步到位，一般说在后续绘制原理图过程中，还要根据实际需要，对元件位置作适当调整。

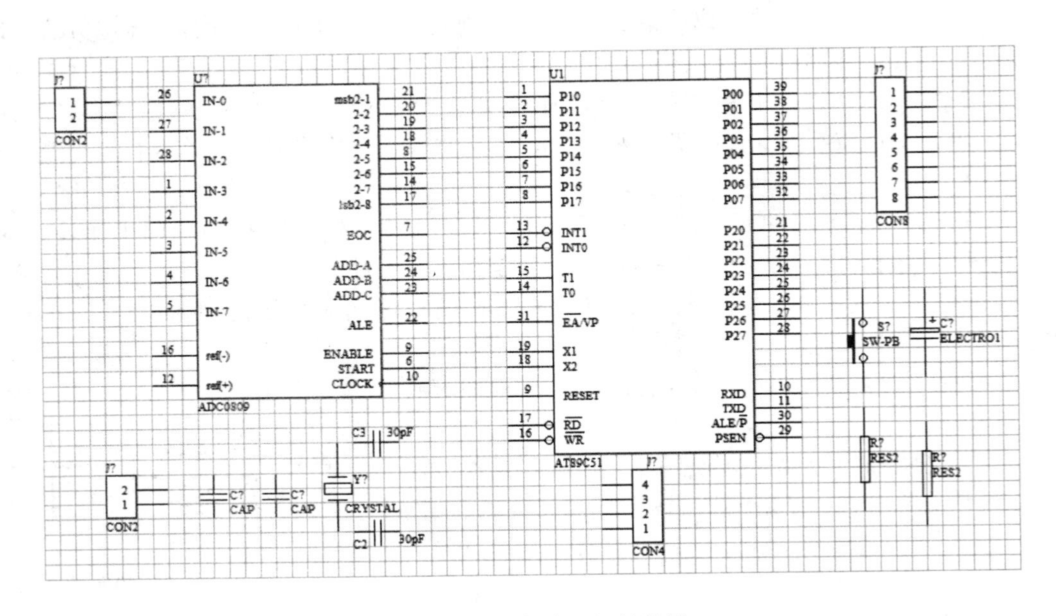

图3-1-58　元件位置调整结果

8. 编辑元件属性

一个元件有许多属性，一般只需要对元件序号、元件封装和元件型号这三个属性进行编辑设置。编辑元件属性主要有以下几种方法。

①放置元件时，在将元件放置到图纸上之前，可利用编辑元件属性的Part对话框或Place Part对话框对元件属性进行编辑，具体方法在“6. 放置元件”一节已作介绍，这里不再重复。

②对于已放置在图纸上的元件，其属性编辑方法是：双击元件，将弹出Part对话框，即可在此对话框中对元件属性进行编辑修改。例如，双击图3-1-58所示图纸上的ADC0809，弹出如图3-1-59(a)所示的Part对话框，在Footprint和Designator文本框中分别输入DIP28和U2，结果如图3-1-59(b)所示。单击OK按钮即完成编辑。

③直接编辑元件序号或型号。对于已放置在图纸上的元件，直接双击元件序号或型号，将打开Part Designator或Part Type对话框，可在对话框中对元件序号或型号进行编辑修改。

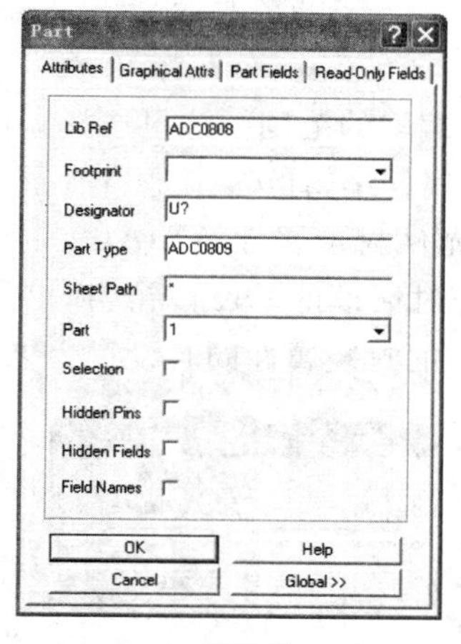

(a) 编辑前

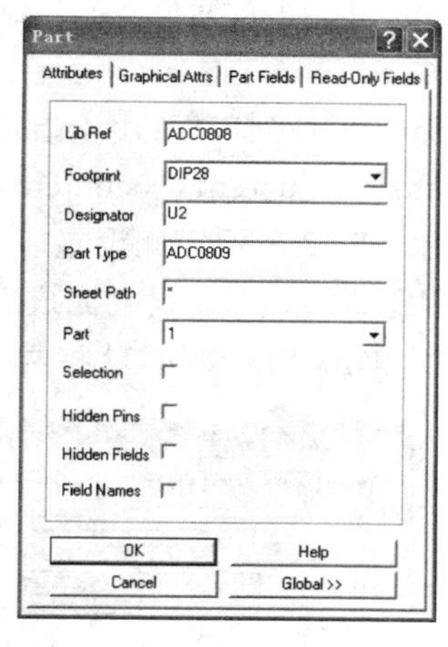

(b) 编辑后

图 3-1-59　Part 对话框

④全局编辑

Protel99SE 允许同时对多个元件的属性进行相同的编辑修改，这种编辑方式称为全局编辑。熟练掌握这种编辑方法将大大提高编辑效率。下面通过两个例子来介绍全局编辑的操作方法。

a. 将图 3-1-58 所示图纸上两个电阻的封装形式设置为 AXIAL0.4

双击任意一个电阻，弹出如图 3-1-60 所示的 Part 对话框。单击 Global 按钮，对话框展开成为全局编辑对话框，如图 3-1-61 所示。该对话框主要分为 3 列，各列中同一行对应于同一个属性，例如第二行三个文本框都对应于 Footprint(元件封装)这一属性。对话框中几个选项组的功能如下。

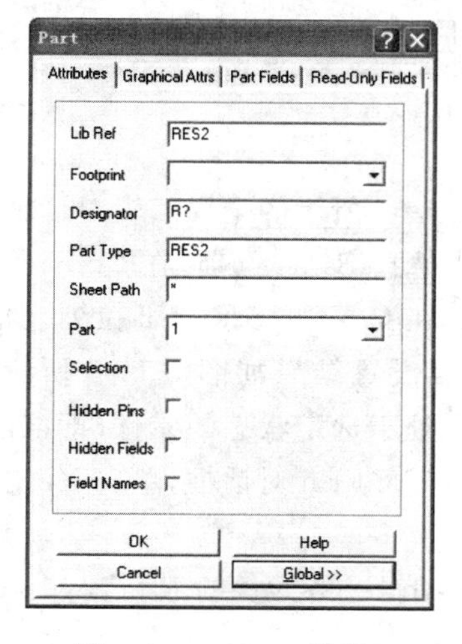

图 3-1-60　Part 对话框

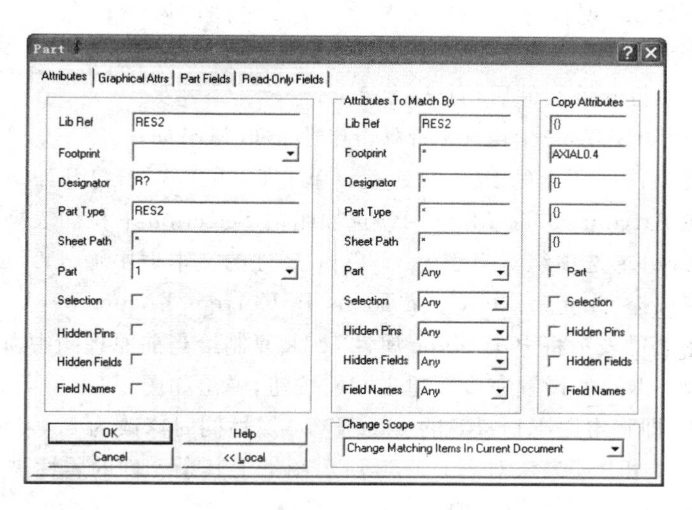

图 3-1-61　全局编辑对话框

● Attributes To Match By：用于指定具有怎样属性的元件能被编辑。这里在 Lib Ref 文本框中输入 RES2，表示只对元件名称为 RES2 的元件进行属性编辑。

● Copy Attributes：用于选择要被复制的属性。这里在对应于 Footprint 属性的文本框中输入 AXIAL0.4。

● Change Scope 下拉列表框：用于指定属性编辑的范围。这里选择默认选项 Change Matching Items In Current Document，表示属性编辑的范围是当前原理图文件。

设置结果如图 3-1-62 所示。此设置表示将元件封装属性 AXIAL0.4 复制给当前原理图中所有名称为 RES2 的元件。设置完成后单击对话框的 OK 按钮，弹出如图 3-1-63 所示的 Confirm 对话框，单击 Yes 按钮，就将两个电阻的封装属性同时设置为 AXIAL0.4。

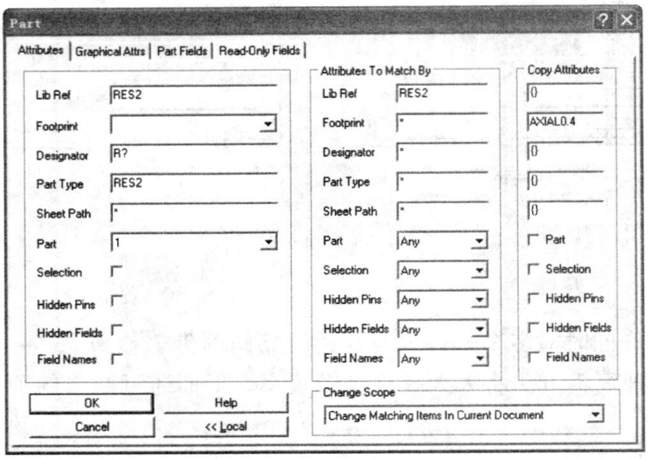

图 3-1-62　全局编辑设置结果

b. 假设某原理图文件中有 8 个电阻，其元件序号分别为 R1～R8，Part Type 属性均已设置为 1k，现将 R1～R8 的 Part Type 属性均修改为 5.1k，操作方法如下。

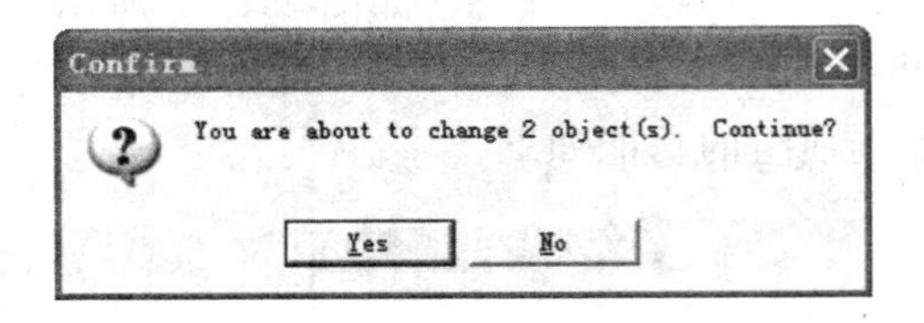

图 3-1-63　Confirm 对话框

打开该文件后，首先选定 R1～R8，然后双击其中任意一个电阻，如双击电阻 R1，弹出如图 3-1-64 所示的 Part 对话框。单击 Global 按钮，打开如图 3-1-65 所示的全局编辑对话框。在 Attributes To Match By 选项组的 Selection 下拉列表框中选择 Same 选项，在 Copy Attributes 选项组对应于 Part Type 属性的文本框中输入 5.1k，在 Change Scope 下拉列表框中选择 Change Matching Items In Current Document 选项。设置结果如图 3-1-66 所示。此设置表示将 Part Type 属性 5.1k 复制给当前原理图中所有处于选定状态的元件（即电阻 R1～R8）。设置完成后单击 OK 按钮，弹出如图 3-1-67 所示的 Confirm 对话框，单击 Yes 按钮，即将电阻 R1～R8 的 Part Type 属性同时修改为 5.1k。

用上述方法对图 3-1-58 所示图纸上其余元件的属性进行编辑。各元件的 Part Type 和 Footprint 属性设置如下。

单片机 AT89C51：AT89C51、DIP40；A/D 转换器 ADC0809：ADC0809、DIP28；电阻 R1：1k、AXIAL0.4；电阻 R2：200、AXIAL0.4；电容 C2 和 C3：30pF、RAD0.1；电解电容 C1：10uF、RB.2/.4；电容 C4：103、RAD0.1；电容 C5：104、RAD0.1；晶振 Y1：6MHz、XTAL1；按

钮 S1：SW-PB、KEY；接插件 J1 和 J4：CON2、SIP2；接插件 J2：CON8、SIP8；接插件 J3：CON4、SIP4。

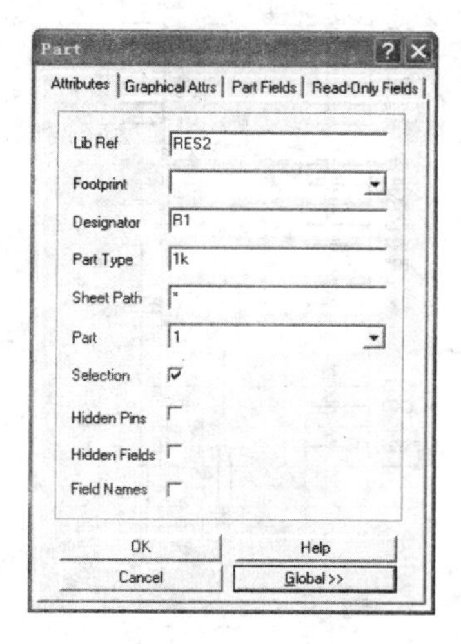

图 3-1-64　Part 对话框

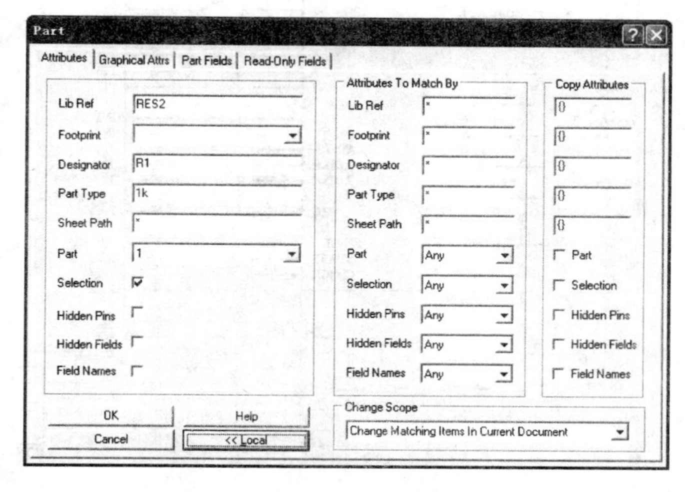

图 3-1-65　全局编辑对话框

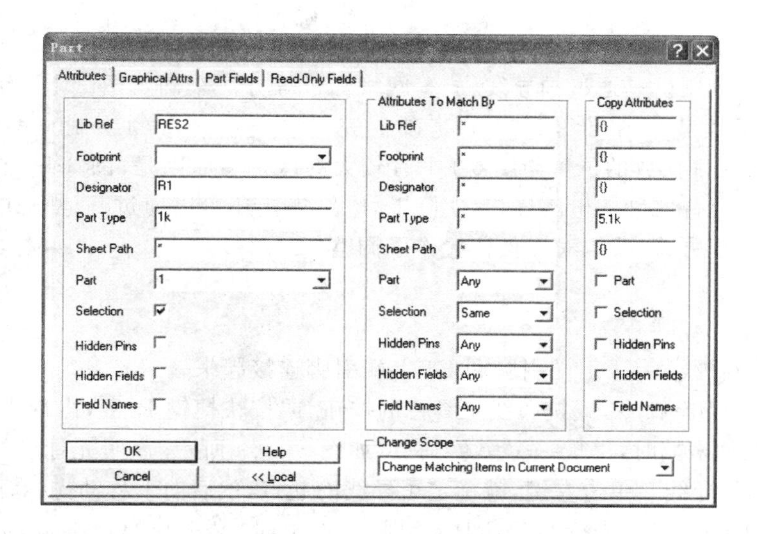

图 3-1-66　全局编辑设置结果

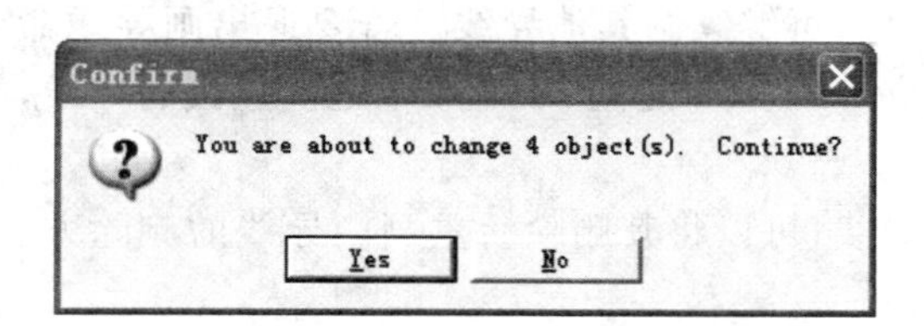

图 3-1-67　Confirm 对话框

元件属性编辑完成时的原理图如图 3-1-68 所示。

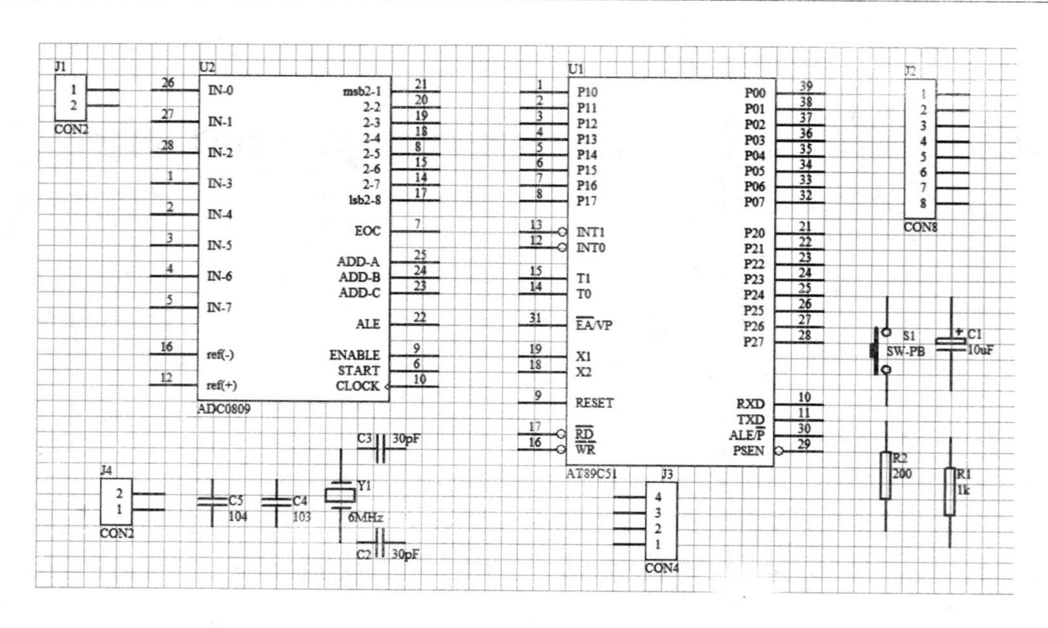

图 3-1-68　元件属性编辑完成时的原理图

9. 绘制电路原理图

绘制电路原理图就是通过画导线、放置网络标号等方法来确定图纸上各元件之间的电气连接关系。下面我们在图 3-1-68 的基础上完成电路原理图的绘制。我们注意到，图 3-1-68中一部分元件摆放的位置与图 3-1-1 有较大的区别。原因是，图 3-1-1 全部通过导线直接相连来实现元件之间的电气连接，实际上，电气连接还可以通过其他方式来实现，为了便于介绍其他实现方式，我们对元件位置作了调整。

(1)画导线

①画导线

我们首先画导线将 C1 下端引脚和 R1 上端引脚连接起来。

选择 Place|Wire 命令，或按布线工具栏的按钮，或按快捷键 P|W，出现十字光标，移动光标至 C1 下引脚末端时，出现一个黑色圆点，如图 3-1-69 所示，表明光标已捕捉到该电气节点，可以开始画导线。单击左键，就确定了导线的起点，然后向下移动光标，即出现随光标移动而向下伸展的导线。光标移至 R1 上引脚端点上时，又出现黑色圆点，如图 3-1-70 所示，再次单击左键就确定了导线的终点。单击右键，结束该导线的绘制，结果如图 3-1-71 所示。此时，仍呈现十字光标，可继续画其他导线。若要退出画导线命令状态，则再次单击右键即可。用同样方法画好 S1 与 C1 之间、S1 与 R2 之间连接的导线，如图 3-1-72 所示。

②导线的删除

对于画得不理想的导线，可以将其删除后重画。导线的删除方法与元件的删除方法是一样的。有以下几种。

a. 选择 Edit|Delete 命令，或按快捷键 E|D 后，将十字光标移到要删除的导线上单击即可。

b. 首先选定要删除的导线，然后选择 Edit|Clear 命令，或按快捷键 Crtl+Delete，已选定的导线即被删除。

选定导线的方法与选定元件的方法相同。

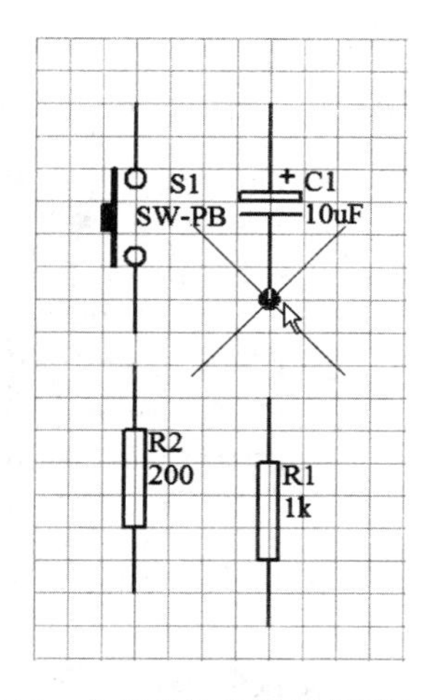

图 3-1-69 在起点处光标捕捉到电气节点

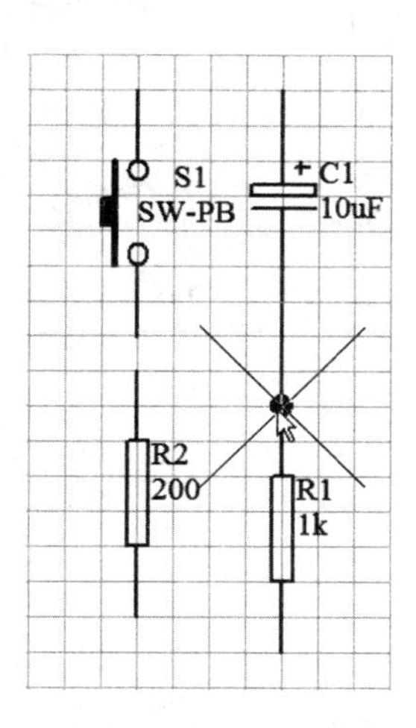

图 3-1-70 在终点处光标捕捉到电气节点

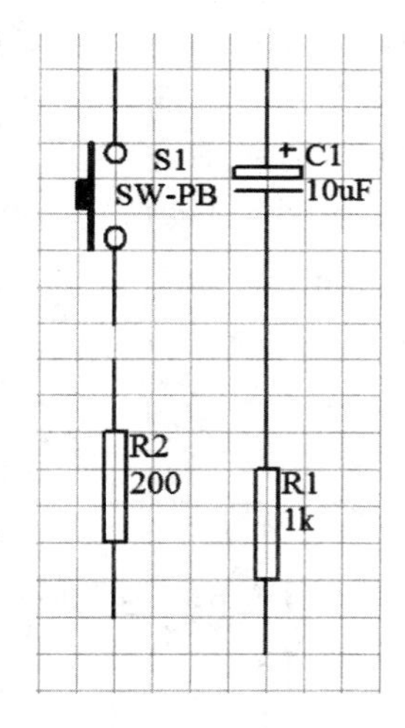

图 3-1-71 完成 C1 与 R1 之间导线的绘制

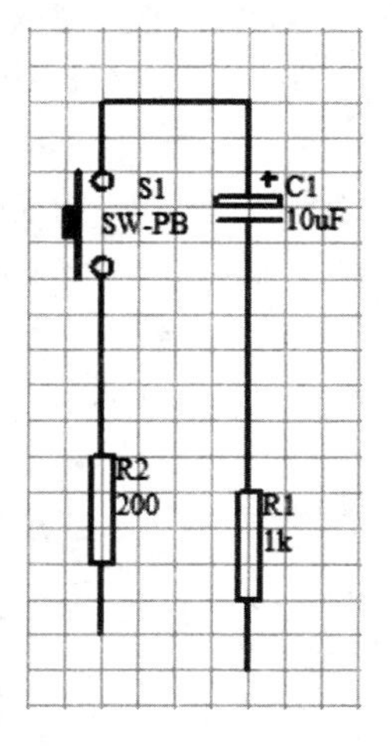

图 3-1-72 完成 S1 与 C1、R2 之间导线的绘制

c. 首先点选要删除的导线，即在要删除的导线上单击，导线两端会出现矩形的控制点，如图 3-1-73 所示，然后按 Delete 键即可将该导线删除。

图 3-1-73 被点选的导线

③放置电路节点

导线交叉时，若在交叉点上放置电路节点，则交叉的导线之间在电气上相通，否则不通。

选择 Tools|Preferences 命令，弹出如图 3-1-74 所示的对话框，在 Schematic 选项卡中选中 Auto Junction 复选框，则在导线成 T 形交叉时，系统会自动放置电路节点，但是，在导线十字交叉时，系统不会自动放置电路节点。该复选框默认为选中。

我们画一条导线将 U2 的 ADD-A、ADD-B 和 ADD-C 三个引脚连接起来。结果如图 3-1-75所示。所画导线与 ADD-B 引脚成 T 形交叉，系统自动在交叉处放置了一个电路节点。

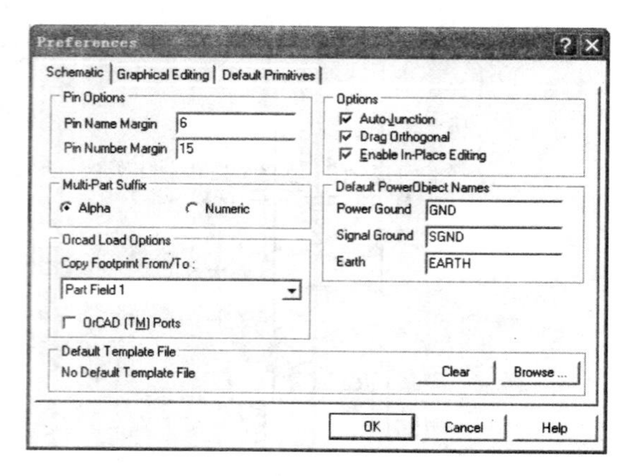

图 3-1-74　Preferences 对话框

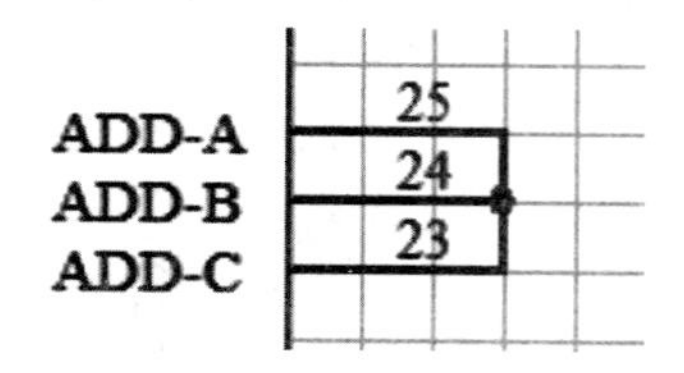

图 3-1-75　成T形交叉处系统自动放置电路节点

我们再画导线将R2下引脚、C1下引脚和R1上引脚三者连接起来。从R2下引脚末端开始，画出一条使三个引脚相连的折线形导线，如图3-1-76所示。画折线形导线时，在折线的每个转折点上，必须单击左键以确定已画的那段导线的终点，然后改变光标移动方向继续画下一段导线。图3-1-76中，折线末端向右伸出一段，这是为后续绘制过程中在该处放置网络标号做准备的。该导线与C1和R1之间的连线形成十字交叉，该十字交叉处必须有一个电路节点，以实现电气上的相连。但由于十字交叉时，系统不会自动放置电路节点，所以只能由手工放置。方法是：选择Place|Junction命令，或单击布线工具栏的按钮，出现带着电路节点的十字光标，如图3-1-77所示。移动光标至导线十字交叉点上单击，即在该点放置了一个电路节点，如图3-1-78所示。

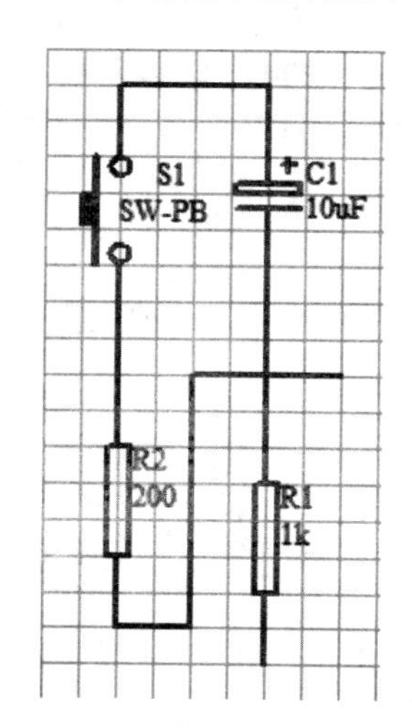

图 3-1-76　导线成十字交叉

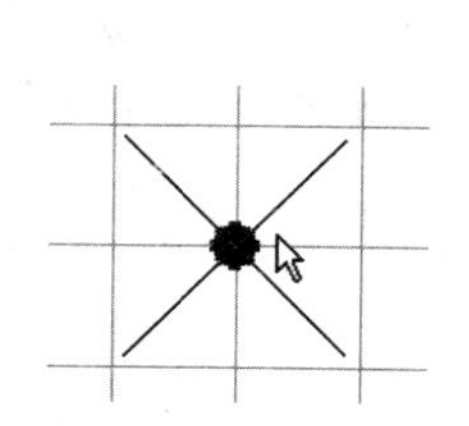

图 3-1-77　电路节点

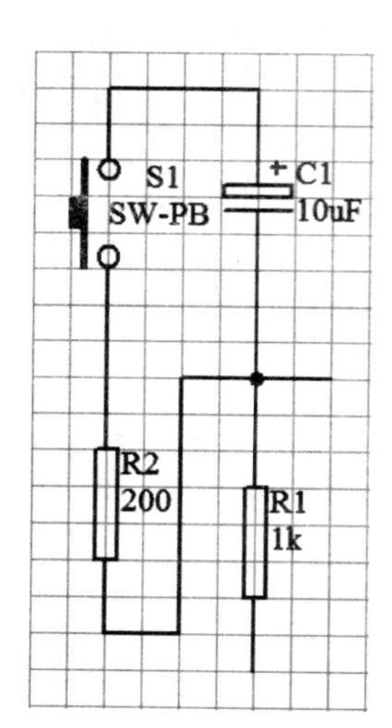

图 3-1-78　十字交叉处放置的电路节点

(2)放置网络标号

网络标号与导线一样也具有电气连接的作用，被放置了相同网络标号的元件引脚或导线，在电气上是相连的。

下面我们通过放置网络标号的方法，来实现接插件J3的四个引脚分别与U1的RXD、

TXD、INT1 和 INT0 这四个引脚的电气连接。操作方法如下。

①首先在 J3 和 U1 的上述引脚末端各画上一段导线。虽然可以将网络标号直接放置在引脚末端，但为了避免与引脚序号重叠等原因，一般都先在引脚末端画上一小段导线，再把网络标号放在所画的导线上。画上导线的结果如图 3-1-79 所示。

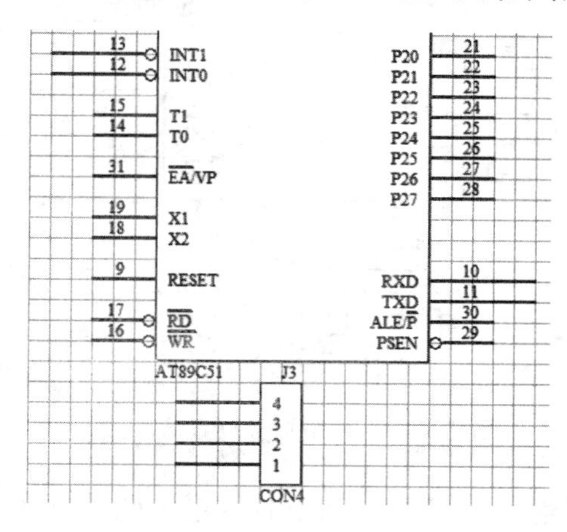

图 3-1-79　画上导线的结果

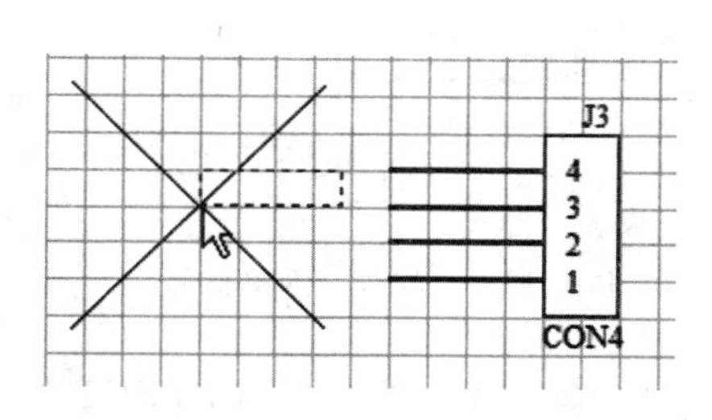

图 3-1-80　放置网络标号状态

②选择 Place|Net Label 命令，或单击布线工具栏的 **Net1** 按钮，出现带着一个矩形虚线框的十字光标，如图 3-1-80 所示。按 Tab 键，弹出如图 3-1-81 所示的 Net Label 对话框，在其 Net 文本框中输入网络标号的名称 B1，单击 OK 按钮返回。移动光标至 J3 第 1 引脚外的导线上时，出现黑色圆点，如图 3-1-82 所示，表明光标已捕捉到该导线。单击左键就在该导线上放置了名为 B1 的网络标号，如图 3-1-83 所示。此时仍呈现十字光标，可在 J3 的另外三个引脚外的导线上继续放置网络标号。连续放置网络标号时，名称末尾的数字会依次递增，所以，J3 四个引脚上放置的 4 个网络标号依次为 B1、B2、B3 和 B4，如图 3-1-84 所示。接着放置 U1 对应引脚上的网络标号，放置前应再按 Tab 键，打开 Net Label 对话框，将网络标号名称重新设置为 B1 后再放置。放置结果如图 3-1-84 所示。这样，J3 的四个引脚就分别与 U1 放置了相同网络标号的引脚之间建立了电气连接关系。

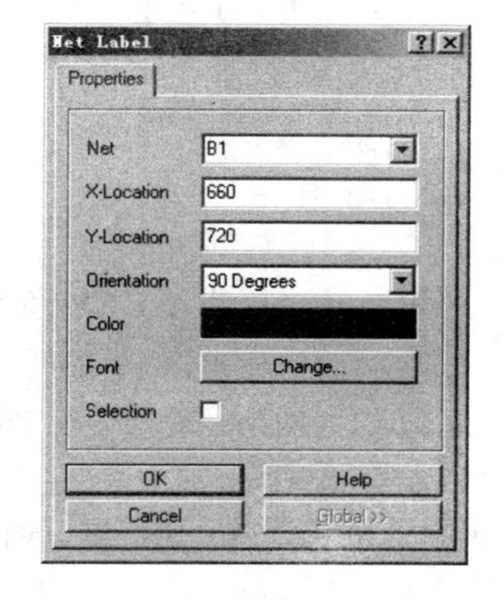

图 3-1-81　Net Label 对话框

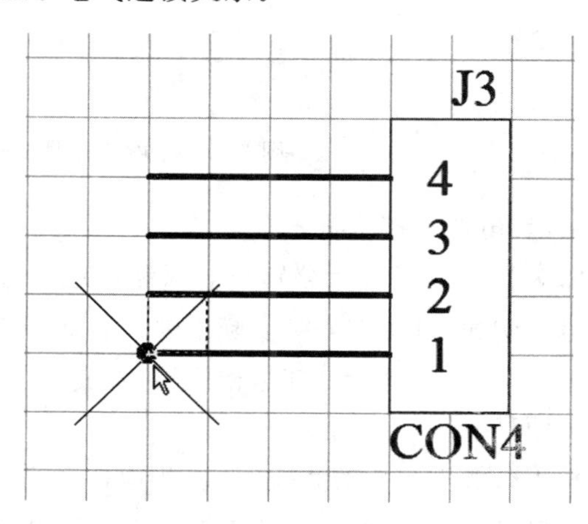

图 3-1-82　光标捕捉到导线

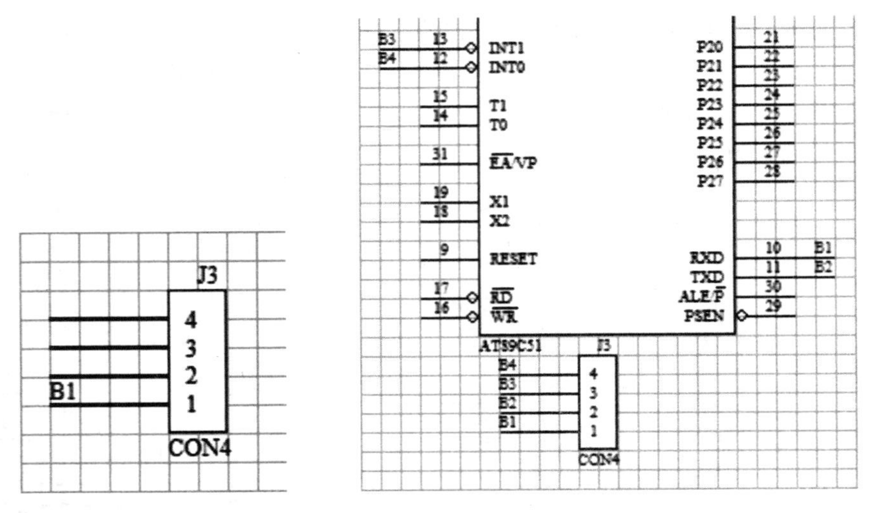

图 3-1-83　放置完网络标号 B1　　　　图 3-1-84　网络标号放置结果

用同样方法，通过放置名为 RESET 的网络标号，来实现图 3-1-78 所示的单片机复位电路与单片机复位引脚 RESET 之间的电气连接。结果如图 3-1-85 所示。

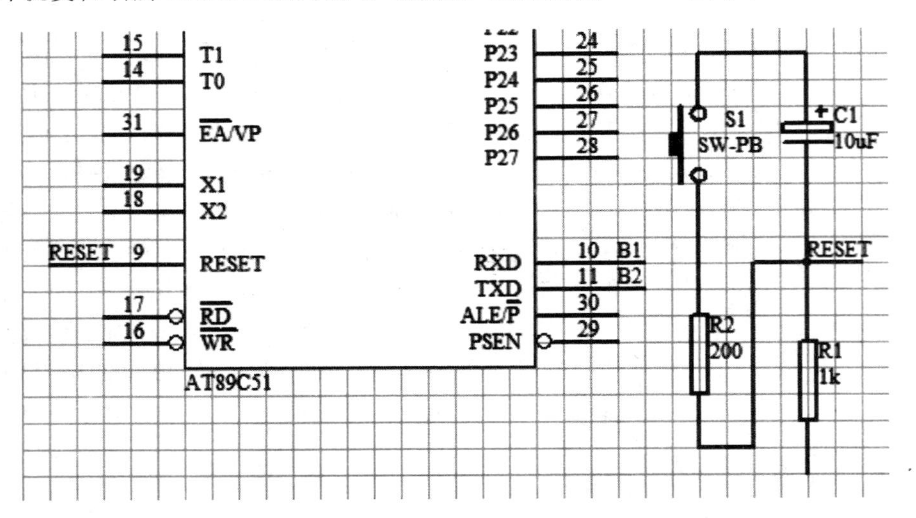

图 3-1-85　网络标号 RESET 放置结果

(3)放置电源和接地符号

在图 3-1-1 中，VCC 和 ⏚ 分别为电源和接地符号之一。电源和接地符号实际上是特殊的网络标号。例如，电源符号 VCC 实际上就是名称为 VCC 的网络标号，原理图上所有放置了该符号的电气节点，在电气上都是相连的，构成一个名称为 VCC 的网络。放置电源和接地符号有以下两种方法。

①利用布线工具栏的 ⏚ 按钮，或相应的菜单命令 Place|Power Port。这里以图 3-1-85 所示单片机复位电路为例，介绍电源和接地符号的放置方法。

a. 放置电源符号。单击布线工具栏的 ⏚ 按钮，出现带着电源或接地符号的十字光标。

按 Tab 键，弹出如图 3-1-86 所示用于设置电源或接地符号属性的 Power Port 对话框，其中两个主要属性及其设置介绍如下。

● Net 文本框：用于设定网络标号的名称，这里输入 VCC。

● Style 下拉列表框：用于选择电源或接地符号的形状。该下拉列表框中有 7 种形状可供选择，如图 3-1-87 所示。这里选择 Bar。

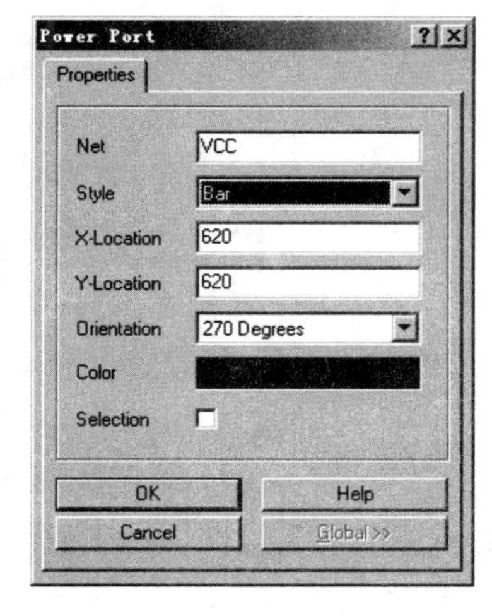

图 3-1-86　Power Port 对话框

单击 OK 按钮完成设置。出现带着电源符号的十字光标，如图 3-1-88 所示。如果电源符号方向不对，可以按空格键调整。移动光标至电容 C3 上引脚末端，该点出现黑色圆点，如图 3-1-89 所示，表明光标已捕捉到该电气节点。单击左键即完成电源符号的放置。此时仍呈现十字光标，可继续放置相同的电源符号。单击右键可退出该命令状态。

Circle：VCC　　Arrow：VCC　　Bar：VCC　　Wave：VCC　　Power Ground(电源地)：⏚

Signal Ground(信号地)：　　Earth(接大地)：

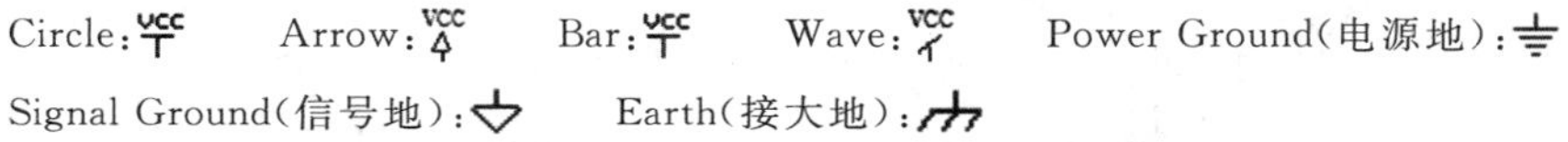

图 3-1-87　电源或接地符号的 7 种形状

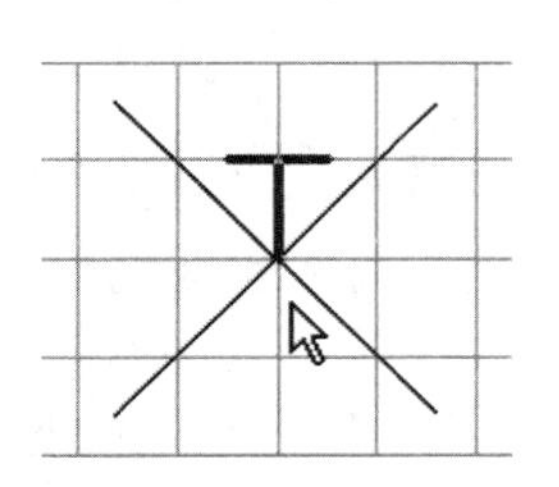

图 3-1-88　放置电源符号状态

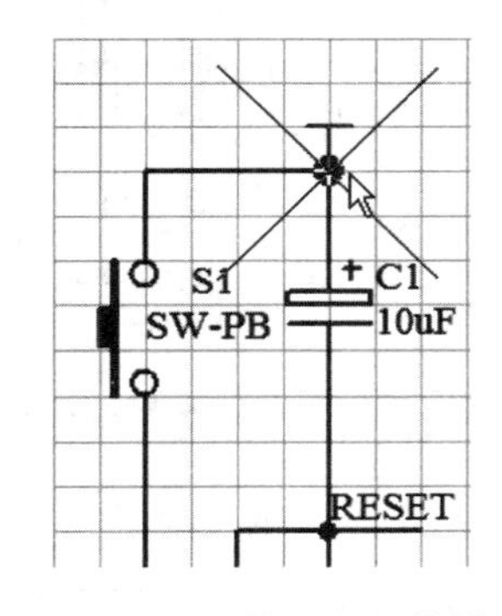

图 3-1-89　放置电源符号

b. 放置接地符号。单击布线工具栏的⏚按钮，出现十字光标。按 Tab 键，弹出如图 3-1-86所示的 Power Port 对话框，在 Net 文本框中输入 GND，在 Style 下拉列表框中选择 Power Ground。单击 OK 按钮。出现带着接地符号的十字光标，如图 3-1-90 所示。按空格键调整接地符号方向，然后移动光标至电阻 R1 下引脚末端。该点出现黑色圆点，如图 3-1-91所示。单击左键即完成接地符号的放置。电源和接地符号放置结果如图 3-1-92 所示。

注意，是电源还是接地符号，不是由形状决定，而是由 Power Port 对话框的 Net 文本框中输入的网络标号名称决定。如，不要认为放置的符号是⏚，就一定是接地符号。对于已放置的符号，可通过双击该符号，打开 Power Port 对话框，查看网络标号名称设置是否正确。

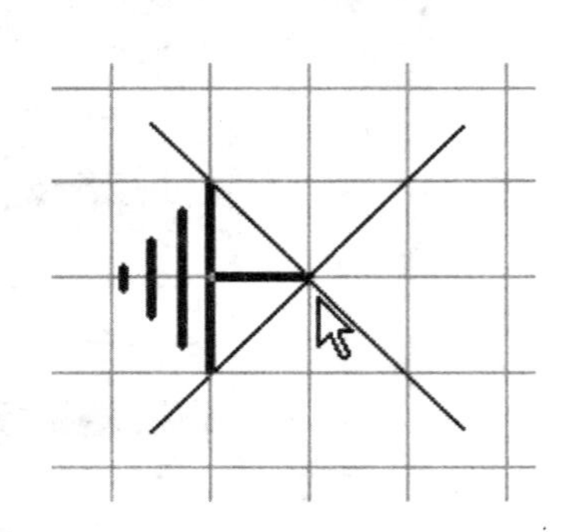

图 3-1-90　放置接地符号状态

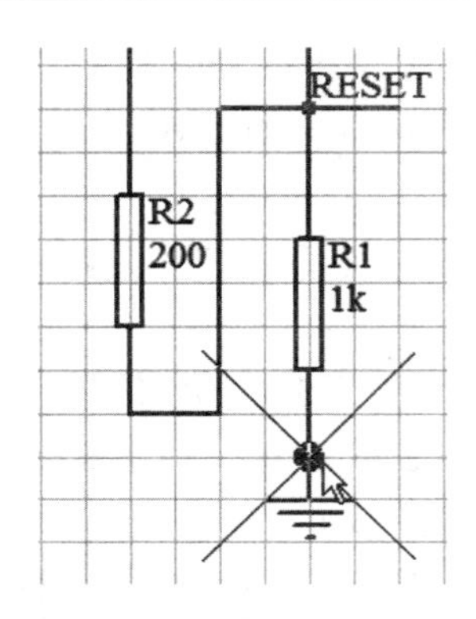

图 3-1-91　放置接地符号

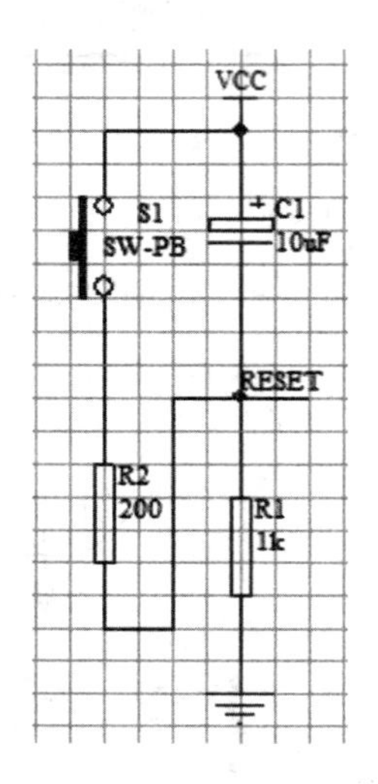

图 3-1-92　电源和接地符号放置结果

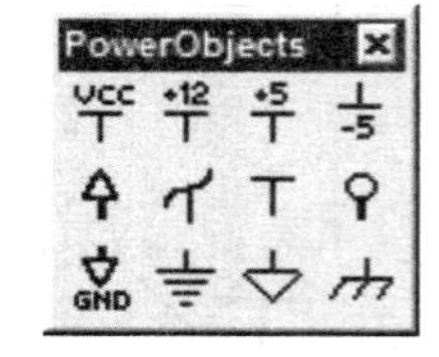

图 3-1-93　电源及接地符号工具栏

②利用电源及接地符号工具栏。电源及接地符号工具栏有 12 种不同形状的电源或接地符号供选择，如图 3-1-93 所示。

其中，按钮 VCC、+12、+5 和 -5 默认的网络标号分别为 VCC、+12、+5 和-5，而按钮 GND 和 默认的网络标号均为 GND。例如，单击 VCC 按钮后，移动光标至目标位置上单击，即放置一个 Bar 型且网络标号为 VCC 的电源符号；单击 按钮后，移动光标至目标位置上单击，则放置一个“Power Ground”型且网络标号为 GND 的接地符号。按钮 、、 和 的网络标号总是与最近一次放置的电源或接地符号的网络标号相同。

(4)画总线和放置总线分支线

图 3-1-1 中 A/D 转换器的八根数据输出引脚(msb2-1～lsb2-8)与单片机并行口 P0 的八根引脚(P07～P00)之间，全部用导线相连。八根导线纵横交错，绘制难度较大，也不便于读图。显然，采用网络标号，能够大大降低绘制难度，但也存在相互间连接关系不直观的缺点。因此，对于一组并行的导线，如数据总线、地址总线等，常将网络标号与总线配合来表达电气连接关系。如，上述 A/D 转换器数据输出引脚与单片机 P0 口引脚之间，用网络标号和总线及总线分支线实现连接的结果如图 3-1-94 所示。实际上，在这种情况下，电气连接是

完全靠网络标号来实现的，总线并无电气连接意义，它主要起到直观地指示出信号来龙去脉的作用，从而弥补了网络标号的缺点。在使用总线的场合，总线分支线并不是非要不可，但习惯上都在各导线与总线之间，放上一根呈45°倾斜的总线分支线作为过渡，使图纸看起来更具有专业水准。总线分支线也不具备电气连接意义。

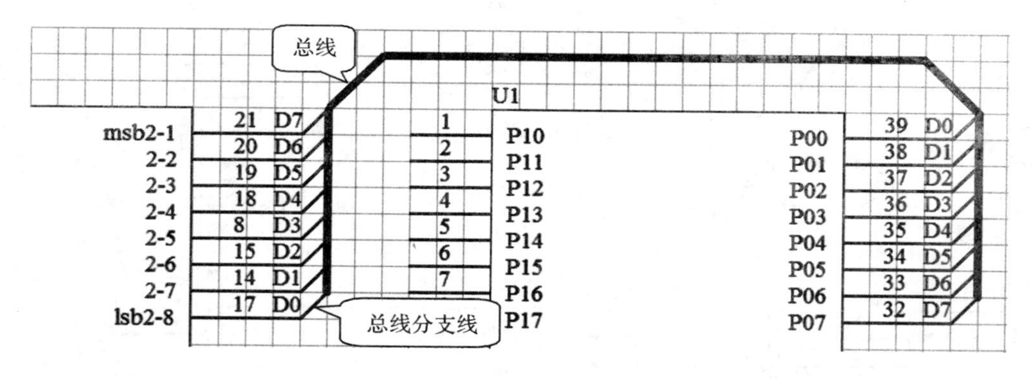

图 3-1-94　用网络标号和总线及总线分支线实现连接

下面用两种方法完成图 3-1-94 的绘制。

①方法一

a. 首先在 A/D 转换器八个数据输出引脚和单片机 P0 口八个引脚上各画一段导线并在导线上分别放置网络标号 D0～D7。结果如图 3-1-95 所示。

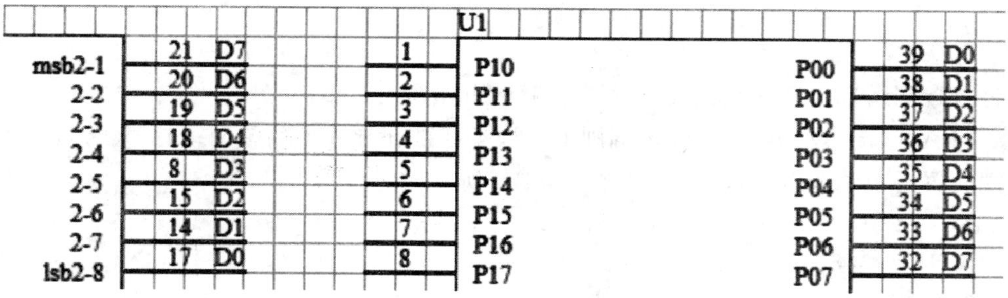

图 3-1-95　放置导线和网络标号 D7～D0

b. 放置总线分支线。选择 Place|Bus Enrty 命令，或单击布线工具栏的按钮，出现带着总线分支线的十字光标，如图 3-1-96 所示(这里为了便于看清总线分支线，十字光标改用90°小光标)。按空格键将总线分支线调整到合适的方向。移动光标至导线端点上，出现黑色圆点，如图 3-1-97 所示，单击左键即在该点放置了一根总线分支线。此时仍呈现十字光标，可继续放置其余总线分支线。总线分支线全部放置完后，单击右键退出放置状态。放置结果如图 3-1-98 所示。

c. 画总线。选择 Place|Bus 命令，或单击布线工具栏的按钮，出现十字光标，移动光标至总线分支线末端，如图 3-1-99 所示，单击确定总线起点。向上移动光标就出现向上延伸的总线，画总线的具体操作方法和画导线完全相同，所以，其余操作过程不再详述。绘制结果如图 3-1-94 所示。

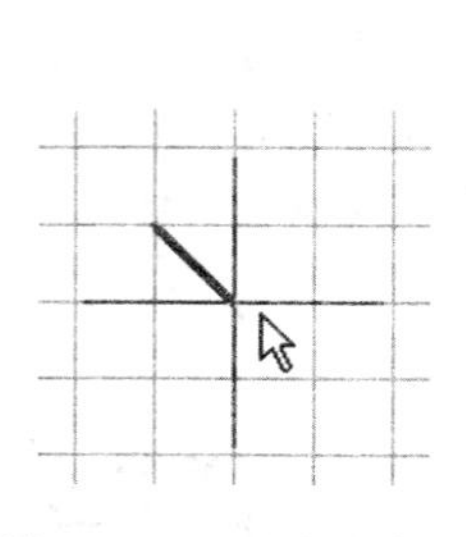

图 3-1-96　总线分支线

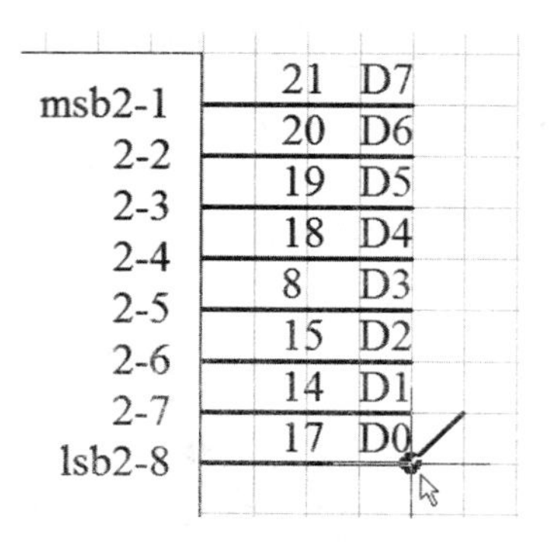

图 3-1-97　放置总线分支线

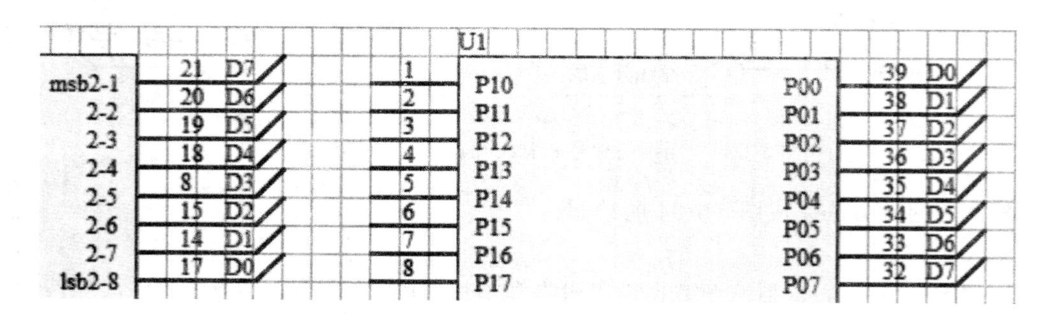

图 3-1-98　总线分支线放置结果

①方法二

将放置网络标号和总线分支线这部分工作用阵列式粘贴来完成。

a. 在 A/D 转换器第 17 引脚末端画上一段导线并在导线上放置网络标号 D0，然后在导线右端放置一根总线分支线，结果如图 3-1-100 所示。

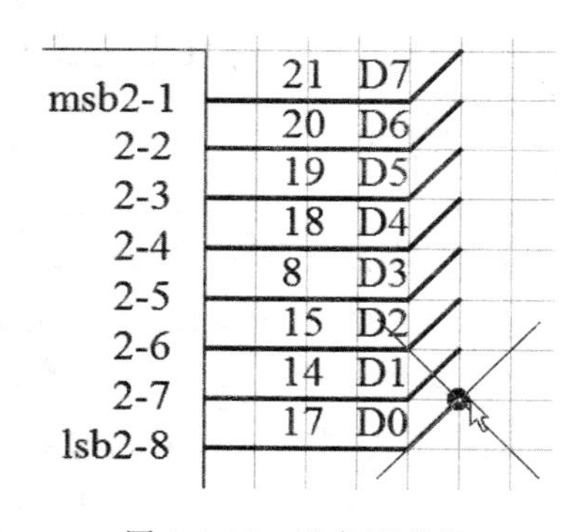

图 3-1-99　准备画总线

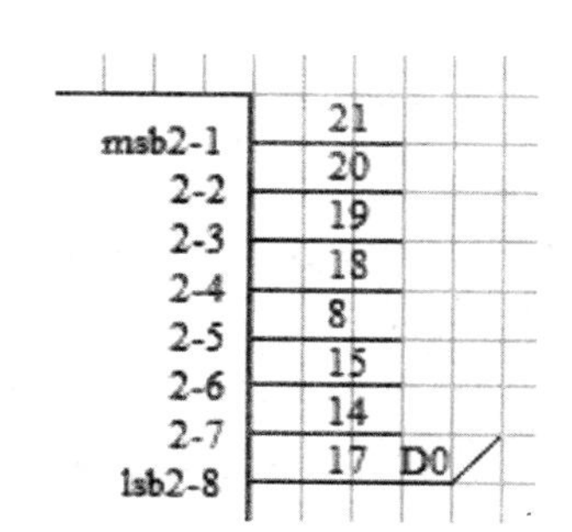

图 3-1-100　在第 17 引脚放置网络标号 D0
和总线分支线的结果

b. 同时选定上述导线、网络标号和总线分支线，并选择剪切命令，将它们剪切入剪贴板。

c. 单击绘图工具栏的▦按钮，在弹出的 Setup Paste Array 对话框中，将 Item Count、

Text Increment、Horizontal 和 Vertical 分别设定为 8、1、0 和 10，设定好后单击 OK 按钮。移动十字光标至 A/D 转换器第 17 引脚末端并单击，即通过阵列式粘贴，完成了 A/D 转换器八个数据输出引脚上网络标号和总线分支线的放置。用同样方法完成单片机 P0 口八个引脚上网络标号和总线分支线的放置。结果如图 3-1-98 所示。

(5)放置文字

在绘制的电路原理图上可放置一些文字，对电路模块名称、功能等进行说明。放置文字有以下两种方法。

①放置注释文字

选择 Place | Annotation 命令，或单击绘图工具栏的 **T** 按钮，出现带着矩形虚线框的十字光标。按 Tab 键，弹出如图3-1-101所示的 Annotation 对话框，其中几个属性及其设置介绍如下。

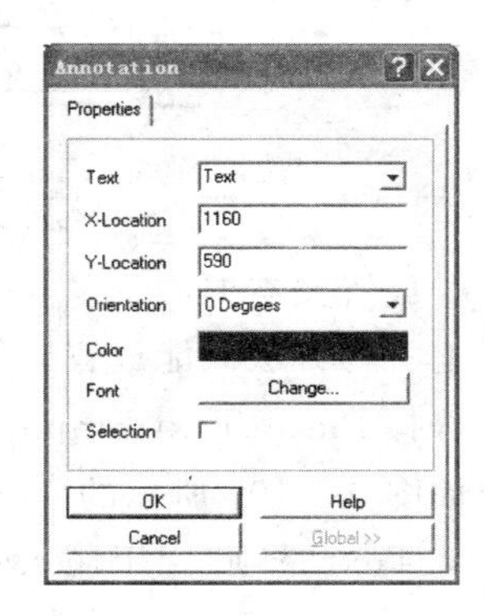

图 3-1-101 Annotation 对话框

a. Text 文本框：用于输入要放置的文字，文字只能是一行。这里输入本例的电路模块名称“信号采集处理模块”。

b. Font 选项：用于设置字体。单击右边的 Change 按钮，出现字体设置对话框。这里选择字体为楷体 GB2312，字形为常规，大小为 20，如图 3-1-102 所示。

c. Color 选项：用于设置文字的颜色。单击右边的色块，出现如图 3-1-103 所示的 Choose Color 对话框。其中有 239 种颜色可供选择，找到所要的颜色并在其上单击，再单击 OK 按钮，即完成颜色选择。这里采用默认的蓝色。

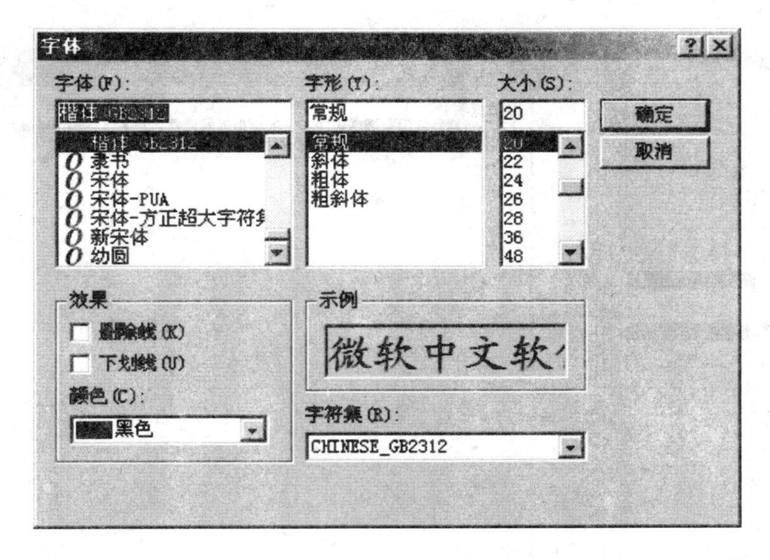

图 3-1-102 字体设置对话框

设置完后，单击 OK 按钮。移动光标至目标位置后单击，即将所需文字放置下来，放置结果如图 3-1-104 所示。

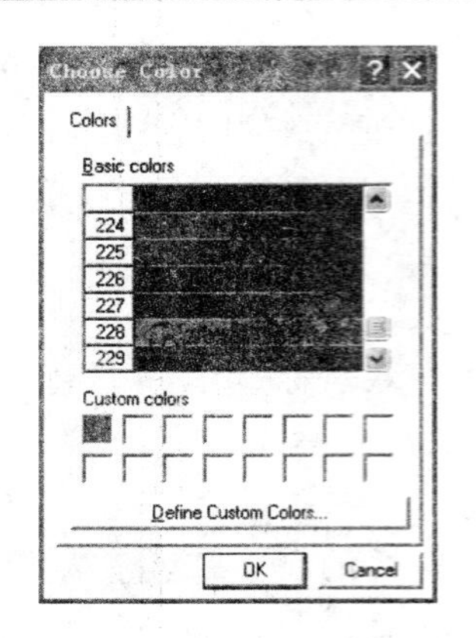

图 3-1-103 Choose Color 对话框

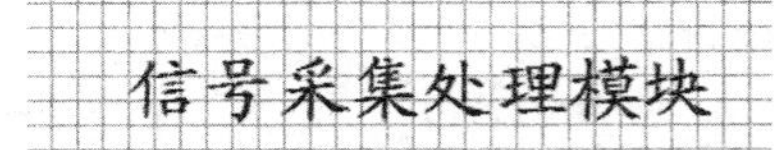

图 3-1-104 注释文字放置结果

②放置文本框

上一种方法只能放置一行文字，当需要多行文字时，就需要文本框。

选择 Place|Text Frame 命令，或单击绘图工具栏的▣按钮，出现十字光标。按 Tab 键，弹出如图 3-1-105 所示的 Text Frame 对话框。其中主要选项介绍如下。

- Text 选项：用于输入要放置的文字。单击 Change 按钮，将弹出用于输入文字的 Edit Text Frame 窗口，可在其中输入多行文字。如，输入如图 3-1-106 所示的文字，输入完后单击 OK 按钮。

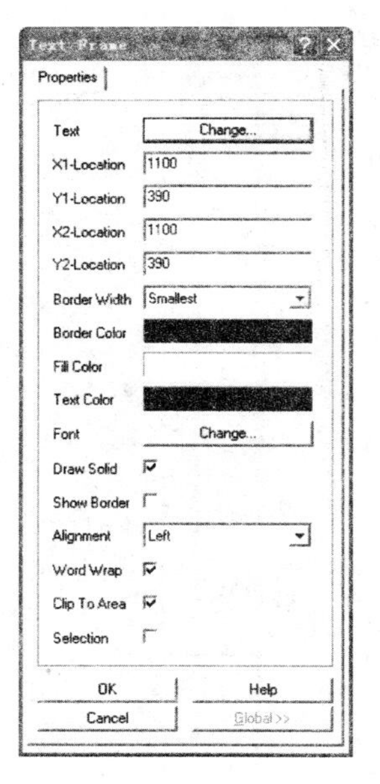

图 3-1-105 Text Frame 对话框

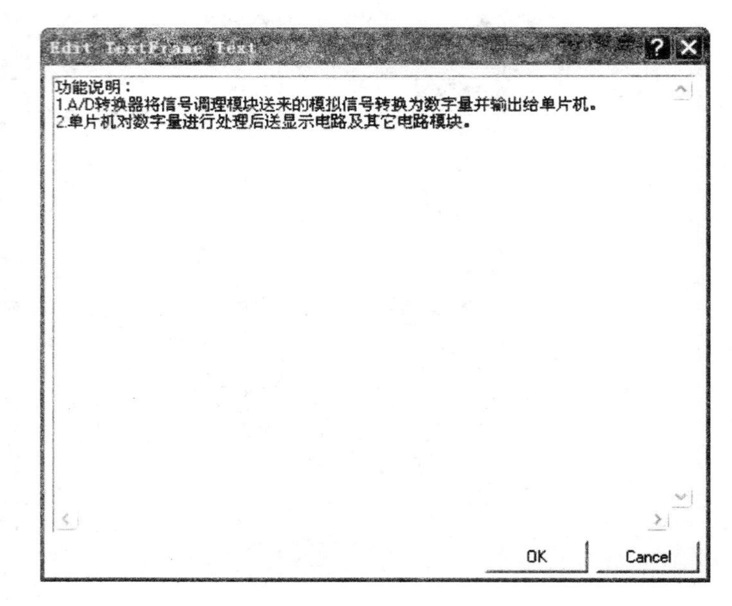

图 3-1-106 输入文字

- Border Width 和 Border Color 选项：分别用于选择边框宽度和边框颜色。
- Fill Color 和 Text Color 选项：分别用于选择填充颜色和文字颜色。
- Font 选项：用于设置字体。设置方法与放置注释文字相同。这里设置字体为 Times New Roman，字形为常规，大小为 20。

- Draw Solid 复选框:选中则文本框填充颜色。
- Show Border 复选框:选中则显示边框。
- Alignment 下拉列表框:用于选择文字对齐方式。
- Word Wrap 复选框:选中该项,则当文字超出边框时,会自动换行。
- Clip To Area 复选框:选中则边框内四周会留下一个间隔区。

设置完成后,单击 OK 按钮返回图纸。在适当位置单击,确定文本框的一个顶点。向右下方移动光标,出现随光标移动而增大的虚线框,再次单击,即完成一个文本框的放置。

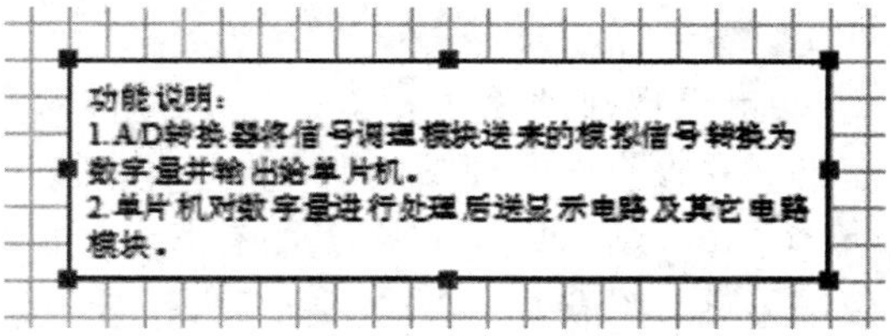

功能说明:
1.A/D转换器将信号调理模块送来的模拟信号转换为数字量并输出给单片机。
2.单片机对数字量进行处理后送显示电路及其它电路模块。

图 3-1-107 被点选的文本框

已放置的文本框,若大小不合适,可以先点选文本框,使边框上出现如图 3-1-107 所示小方块状的控制点,然后移动光标至控制点上按下不放,拖动光标即可调整文本框的大小。

(6)完成电路原理图的绘制

按以上方法继续绘制其余部分的电路原理图。绘制完成的原理图如图 3-1-108 所示。

信号采集处理模块
ADC0809
AT89C51
功能说明:
1.A/D转换器将信号调理模块送来的模拟信号转换为数字量并输出给单片机。
2.单片机对数字量进行处理后送显示电路及其它电路。

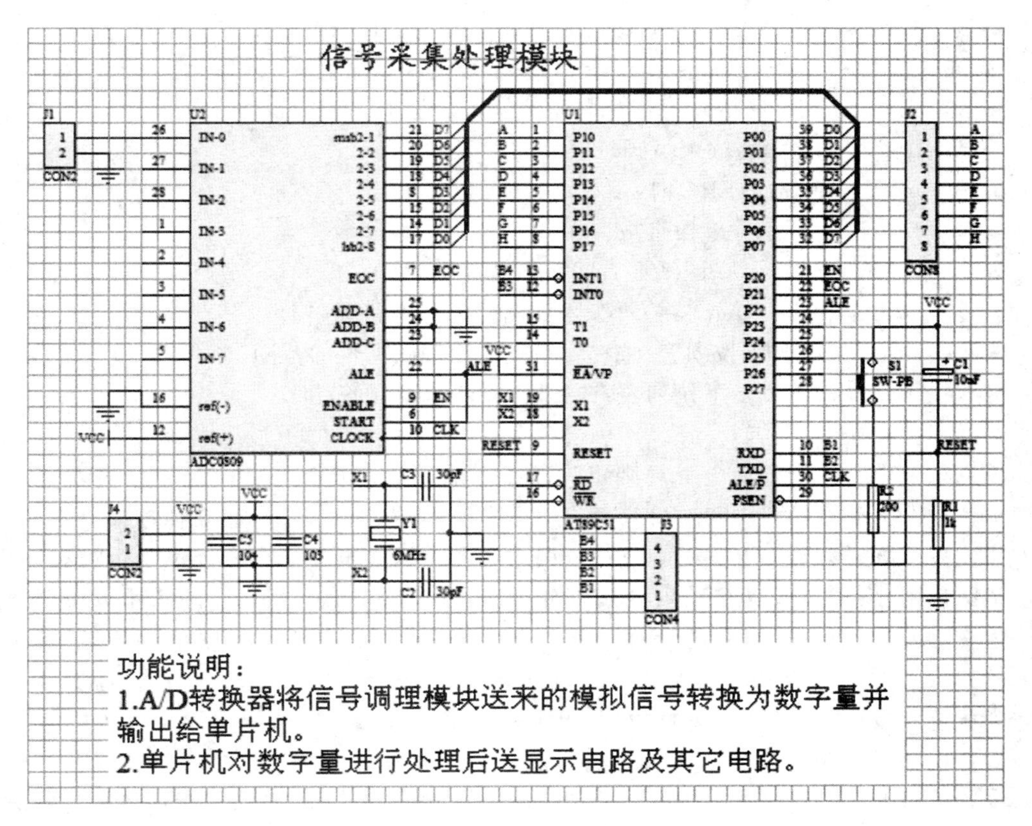

图 3-1-108 绘制完成的原理图

10. 电气规则检查

在原理图绘制过程中难免会出现一些差错，Protel99SE能够按照设定的电气规则对原理图进行检查，以便发现错误。这就是电气规则检查(Electrical Rule Check)，简称为ERC。电气规则检查完成时，系统会生成报告文件(*.ERC)，列出检查结果，并根据问题的严重程度，加上Error(错误)或Warning(警告)的提示。同时，会在原理图上有问题之处标上⊠标志。

(1)电气规则设置

打开要检查的原理图文件。选择Tools|ERC命令，弹出如图3-1-109所示的Setup Electrical Rule Check对话框，其中有Setup和Rule Matrix两个选项卡，用于对电气规则、检查范围等进行设置。这两个选项卡介绍如下。

①Setup选项卡

各选项含义如下。

- Multiple net names on net：同一网络上放置多个不同名称的网络标号。加上Error提示。
- Unconnected net label：未连接的网络标号。加上Warning提示。
- Unconnected power objects：未连接的电源或接地符号。加上Warning提示。
- Duplicate sheet numbers：电路图编号重号。加上Error提示。
- Duplicate component designators：元件序号重号。加上Error提示。
- Bus label format errors：总线标号格式错误。加上Warning提示。
- Floating input pins：输入引脚悬空。加上Error提示。
- Suppress warnings：ERC时，不提示警告信息。
- Create report file：生成检查报告文件。
- Add error markers：在图纸上有问题之处加上标记。
- Descend into sheet parts：检查深入到图件内部电路图中。
- Sheets to Netlist下拉列表：选择要检查的原理图文件的范围。
- Net Identifier Scope下拉列表：选择网络标号认定的范围。

②Rule Matrix选项卡

该选项卡中有一个称为电气规则矩阵的正方形区域，如图3-1-110所示。其左边和上方列出各种电气类型的引脚和端口。矩阵中小方块的颜色有红、绿、蓝三种选择，用以表示该方块左边引脚或端口与上方引脚或端口相连时是否构成电气冲突。绿色表示没有冲突。黄色和红色则存在冲突，ERC结果将分别加上Warning和Error提示。单击小方块可切换其颜色，以此来实现电气规则的设置。单击选项卡中的Set Defaults按钮，可恢复默认设置。例如，左边的Input Pin(输入引脚)与上方的Unconnected(未连接)相交处，小方块颜色默认为黄色，表示输入引脚悬空时，按此规则进行ERC的结果，将提示Warning信息。同时，在Setup选项卡中，Floating input pins默认为选中，所以对于输入引脚悬空的情况，按默认设置进行ERC时，检查报告中将分别给出Warning和Error两条提示信息。若单击该小方块，将颜色切换为绿色，同时不选中Floating input pins选项，则ERC后不再提示Warning和Error信息。

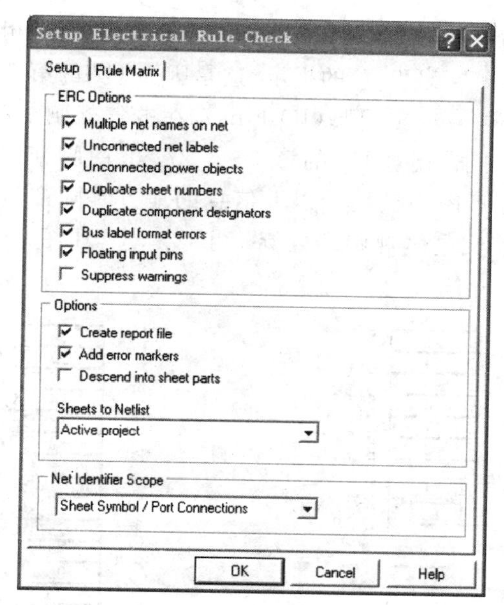

图 3-1-109　Setup Electrical Rule Check 对话框

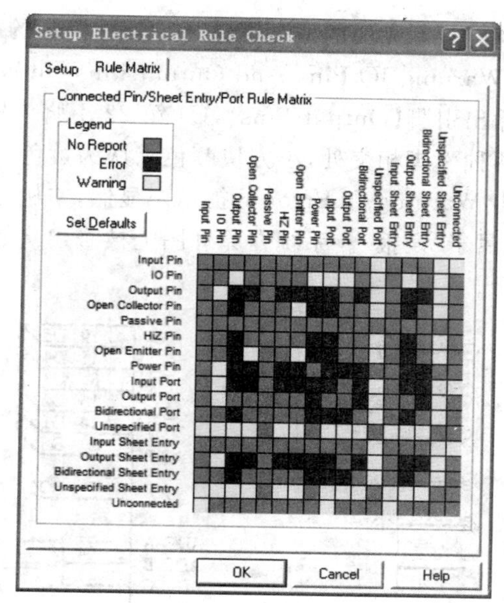

图 3-1-110　Rule Matrix 选项卡

由以上介绍看出，电气规则设置的选项较多，但通常采用默认设置即可。

(2)电气规则检查

电气规则设置完成后，单击 OK 按钮，即开始对原理图进行电气规则检查。检查完成时，系统生成检查报告文件并自动将其打开，如图 3-1-111 所示。该报告是在默认设置下，对我

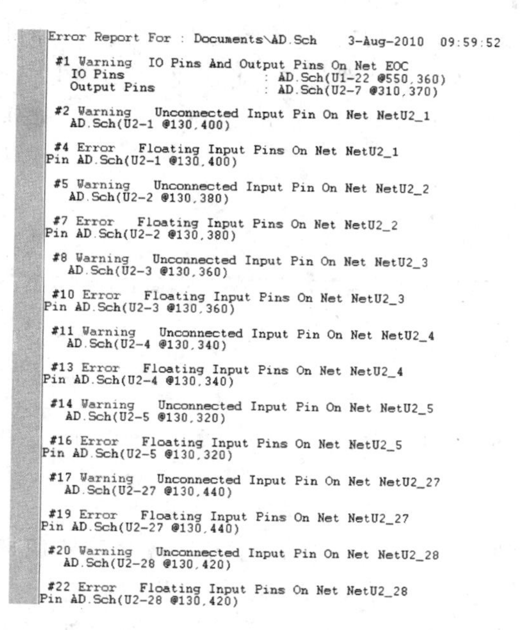

```
Error Report For : Documents\AD.Sch     3-Aug-2010  09:59:52

 #1 Warning  IO Pins And Output Pins On Net EOC
  IO Pins                        : AD.Sch(U1-22 @550,360)
  Output Pins                    : AD.Sch(U2-7 @310,370)

 #2 Warning   Unconnected Input Pin On Net NetU2_1
  AD.Sch(U2-1 @130,400)

 #4 Error   Floating Input Pins On Net NetU2_1
Pin AD.Sch(U2-1 @130,400)

 #5 Warning   Unconnected Input Pin On Net NetU2_2
  AD.Sch(U2-2 @130,380)

 #7 Error   Floating Input Pins On Net NetU2_2
Pin AD.Sch(U2-2 @130,380)

 #8 Warning   Unconnected Input Pin On Net NetU2_3
  AD.Sch(U2-3 @130,360)

 #10 Error   Floating Input Pins On Net NetU2_3
Pin AD.Sch(U2-3 @130,360)

 #11 Warning   Unconnected Input Pin On Net NetU2_4
  AD.Sch(U2-4 @130,340)

 #13 Error   Floating Input Pins On Net NetU2_4
Pin AD.Sch(U2-4 @130,340)

 #14 Warning   Unconnected Input Pin On Net NetU2_5
  AD.Sch(U2-5 @130,320)

 #16 Error   Floating Input Pins On Net NetU2_5
Pin AD.Sch(U2-5 @130,320)

 #17 Warning   Unconnected Input Pin On Net NetU2_27
  AD.Sch(U2-27 @130,440)

 #19 Error   Floating Input Pins On Net NetU2_27
Pin AD.Sch(U2-27 @130,440)

 #20 Warning   Unconnected Input Pin On Net NetU2_28
  AD.Sch(U2-28 @130,420)

 #22 Error   Floating Input Pins On Net NetU2_28
Pin AD.Sch(U2-28 @130,420)
```

图 3-1-111　检查报告文件

们绘制完成的原理图进行检查后生成的。报告对U2第7引脚和U1第22引脚相连给出“Warning IO Pins And Output Pins On Net NetU2_7”的提示，这是因为U2的第7引脚为输出引脚(Output Pins)，U1第22引脚为输入/输出引脚(IO Pins)，在电气规则矩阵中，这两种引脚相交处，小方块颜色默认为黄色。报告还对U2的第1～5、27、28引脚悬空未接给出Warning和Error的提示。显然，本例原理图中被提示以上信息的地方实际都是正确的，属于“误报”。系统在原理图上被查出有违反电气规则之处标上了⊗标志，如图3-1-112所示。

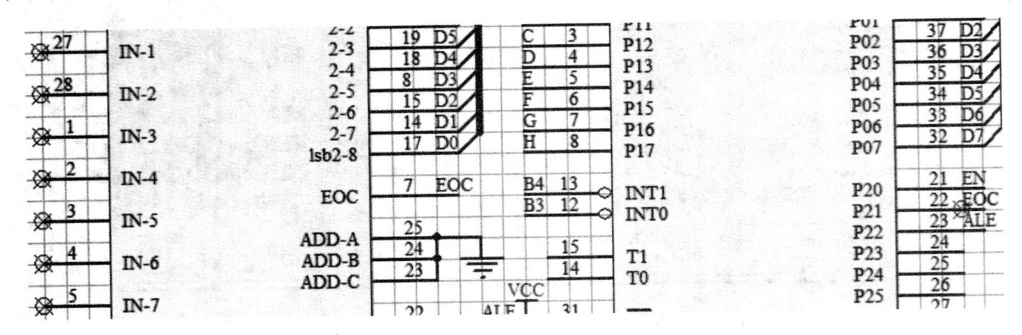

图3-1-112　加了⊗标志的原理图

(3)放置No ERC符号

对于原理图上实际为正确但ERC时被提示Warning和Error之处，可以通过在该处放置No ERC符号来避免出现这种提示。例如，对于图3-1-112所示情况，选择Place|Directives|No ERC命令，或单击布线工具栏的✗按钮，出现十字光标，其上带着“×”状的No ERC符号，如图3-1-113所示。移动光标至原理图上被加了⊗标志之处依次单击，即可在这些位置放上No ERC符号。放置完成时单击右键退出放置状态。此时再对原理图进行电气规则检查，得到如图3-1-114所示的报告，其中不再出现Warning和Error提示，原理图上也不再出现⊗标志，如图3-1-116所示。

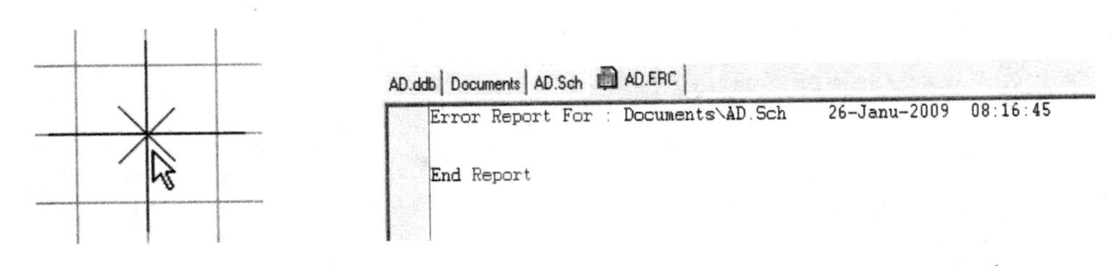

图3-1-113　“×”状的No ERC符号　　图3-1-114　放置No ERC符号后的ERC报告

11. 原理图打印

原理图绘制完后，为便于原理图的检查校对、电路的制作和调试等，常需要将原理图打印输出。下面我们以绘制完的原理图为例，介绍用打印机打印原理图的操作方法。

(1)打印前的设置。选择File|Setup Printer命令，或单击主工具栏的🖨按钮，弹出如图3-1-115所示的Schematic Printer Setup(原理图打印设置)对话框。其中主要选项的功能及设置如下。

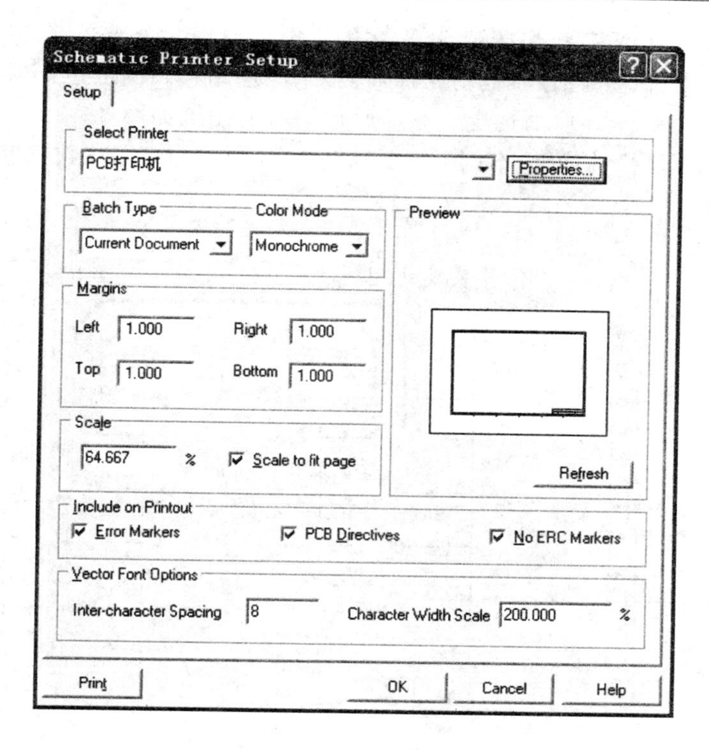

图 3-1-115 Schematic Printer Setup 对话框

①Select Printer：选择打印机。在下拉列表中选择实际安装的打印机。

②Batch Type：选择要打印的原理图文件。有两个选项：

- Current Document：只打印当前正在编辑的原理图文件。本例选择此选项。
- All Document：打印整个项目中的所有原理图文件。

③Color Mode：设置打印输出的颜色。有两个选项：

- Color：彩色。
- Monochrome：单色，即黑白两色。本例选择单色。

④Margins：设置页边距。页边距是指从纸张边缘到原理图图框的距离，包括 Left（左）、Right（右）、Top（上）、Bottom（下）4 个页边距。页边距的单位为英寸。本例采用默认设置。

⑤Scale：设置缩放比例。缩放比例可以是从 10%到 500%之间的任意值。缩放比例大，打印出来的原理图就大。当缩放比例大到一定值时，在一页纸上将打印不下一个文件上的全部原理图。在这种情况下，系统会将原理图分打在多页纸上。

如果选中 Scale to fit page（充满整页的缩放比例）复选框，则左边设置的缩放比例无效，系统会将原理图以尽可能大的比例打印在一页纸上。

我们一般希望打印出尽量大的原理图，以便于阅读。对于本例的原理图，在绘制之前曾设置图纸大小为 A4，但绘制好后，我们看到，在图纸边框内，原理图只占较小的面积，大部分区域是空白的，因此可以选择较小尺寸的图纸，以使打印出来的原理图图幅较大。为此我们对图纸做以下调整。

a. 调整原理图的位置。按快捷键 S|A，将图纸上的原理图全部选定。将鼠标指针移到任意一个元件上，按下左键不放，拖动光标，将整个原理图移到图纸边框的左下角，松开左键。再按快捷键 X|A，全部取消选定。移动原理图后的图纸如图 3-1-116 所示。如果需要标题栏，则应留出标题栏的位置，本例不需要标题栏，所以将原理图移到靠近下边框的位置。

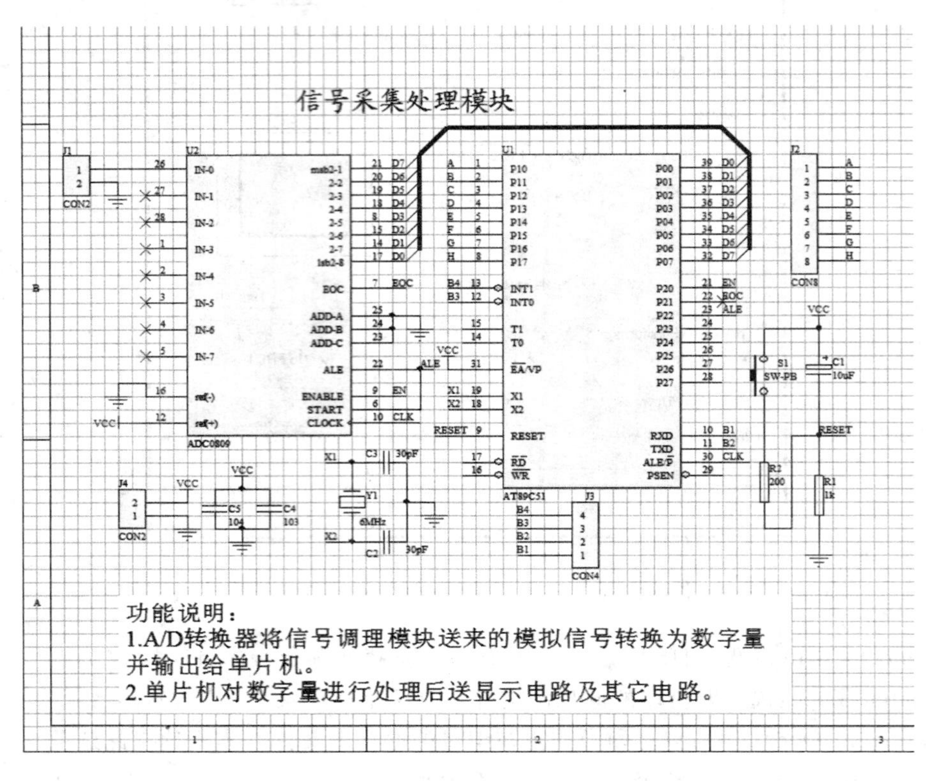

图 3-1-116　移动原理图后的图纸

b. 采用自定义图纸格式重新设置图纸大小。将鼠标指针移到原理图的上边缘处，如图 3-1-117 所示。记下屏幕左下角状态栏显示的 Y 值，本例为 520。再将鼠标指针移到原理图的右边缘处，记下状态栏的显示值，本例为 620。选择 Design|Options 命令，弹出如图 3-1-118所示的 Document Options 对话框。选中 Custom styles 选项组的 Use Custom style 复选框，然后在 Custom Width（图纸宽度）和 Custom Height（图纸高度）文本框中分别输入 640 和 540（考虑到边框宽度为 20mils，这里将 X、Y 值各增加 20）。再去掉 Title Block 复选框的"√"，不显示标题栏。设置结果如图 3-1-119 所示。单击 OK 按钮，得到重新设置好的图纸，如图 3-1-120 所示。

⑥单击图 3-1-115 所示 Schematic Printer Setup 对话框中的 Properties 按钮，弹出如图 3-1-121 所示的打印设置对话框。在"纸张"选项组的"大小"下拉列表中，选择实际使用的打印纸幅面尺寸，本例选择 A4。"方向"选项组用于选择纸张的方向，有纵向和横向两种供选择，本例选择横向。单击确定按钮回到图 3-1-121 所示的 Schematic Printer Setup 对话框。

（2）打印预览。设置好各选项后，单击 Schematic Printer Setup 对话框 Preview 区域中的 Refresh 按钮，即可在该区域的预览窗口中预览到实际打印的效果。

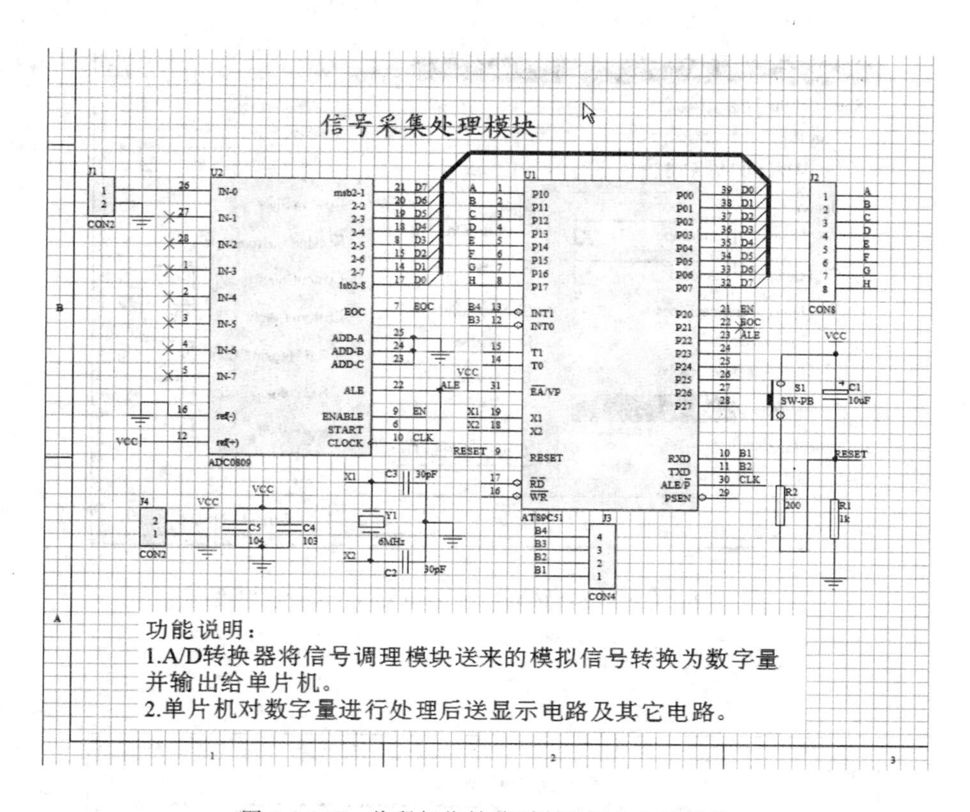

图 3-1-117 将鼠标指针移到原理图的上边缘处

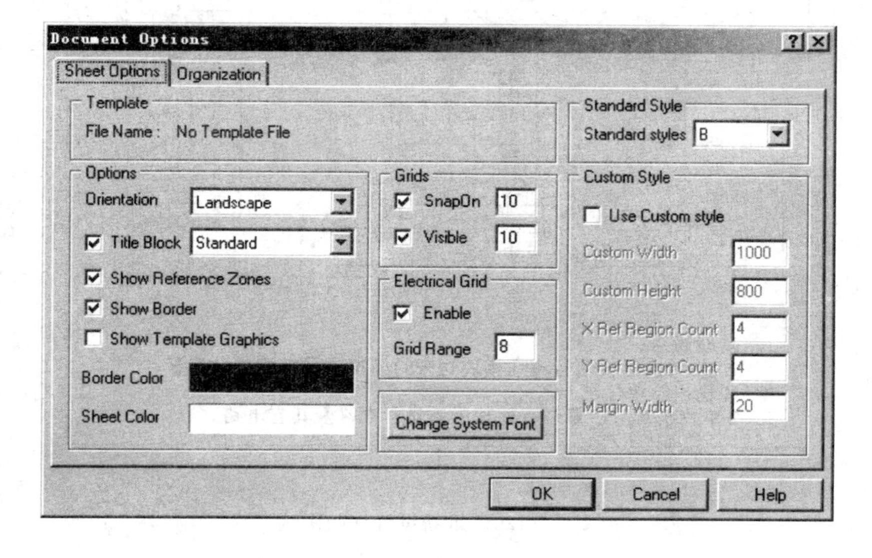

图 3-1-118 Document Options 对话框

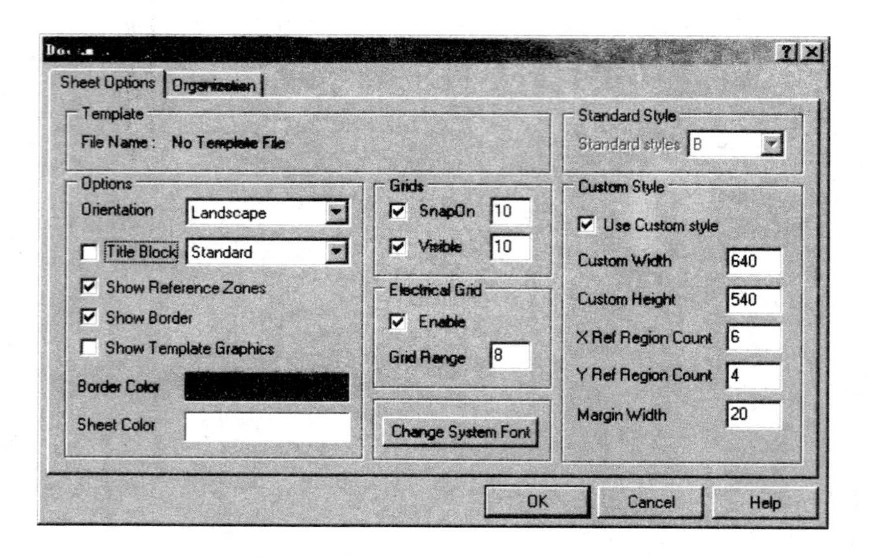

图 3-1-119　设置好的 Document Options 对话框

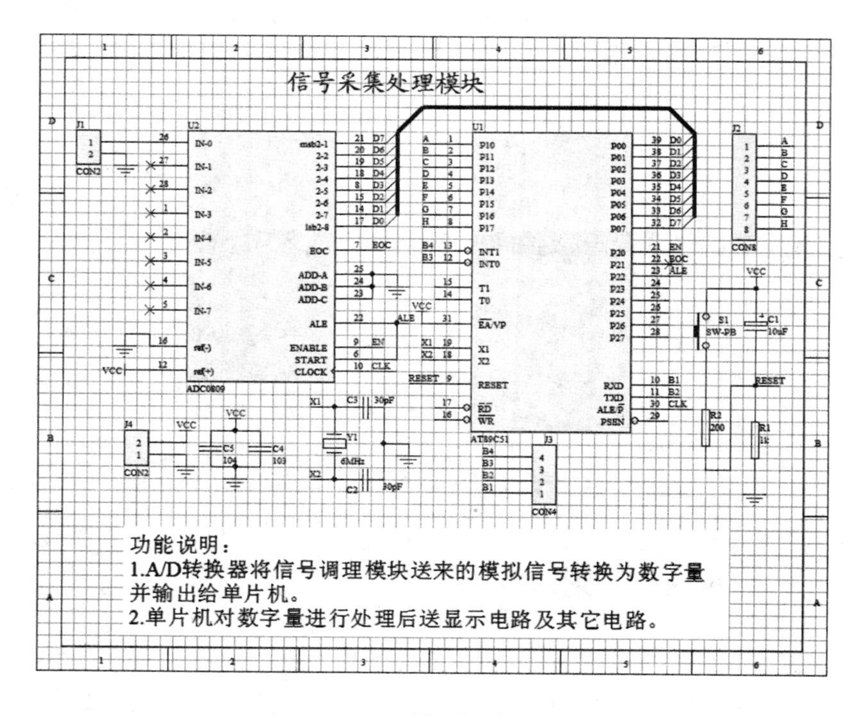

图 3-1-120　重新设置好的图纸

(3)打印原理图。完成设置后，单击 Schematic Printer Setup 对话框左下角的 Print 按钮，系统就开始打印输出原理图。

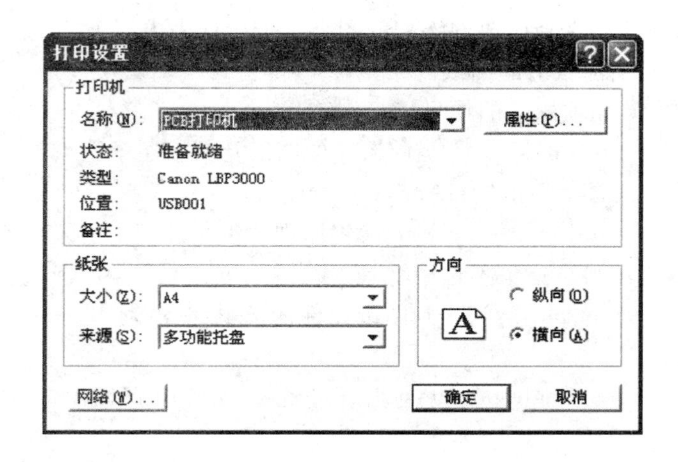

图 3-1-121　打印设置对话框

12. 生成网络表文件

网络表文件描述了原理图或 PCB 图中有哪些元件,每个元件的序号、元件封装和元件型号等属性,以及各元件之间的电气连接关系。

网络表文件可由绘制完成的原理图生成,也可由已布完线的 PCB 图生成。网络表文件主要有三方面的作用:(1)在设计 PCB 图之前,先由原理图生成网络表文件。PCB 图根据网络表加载元件封装并获得各封装之间的电气连接关系。(2)用于电路模拟。(3)将布完线的 PCB 图的网络表文件与原理图的网络表文件相比较,可判断 PCB 图的电路结构与原理图是否相符。

下面我们以绘制完成的原理图为例,介绍由原理图生成网络表文件的操作方法。

(1)打开绘制好的原理图文件 AD. Sch。

(2)选择 Design|Create Netlist 命令,弹出如图 3-1-122 所示的 Netlist Creation 对话框,其中 Preferences 选项卡各选项含义及设置如下。

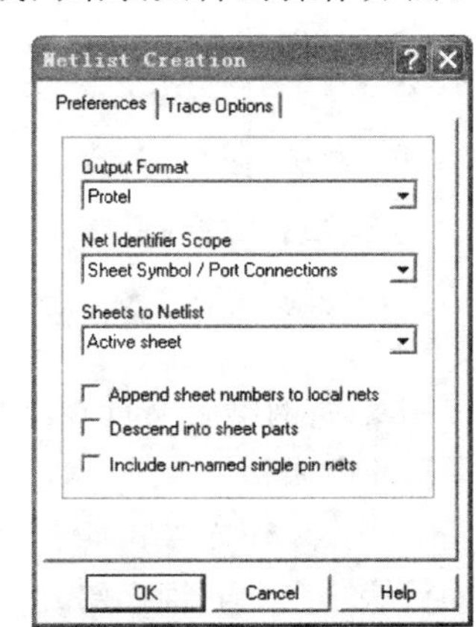

图 3-1-122　Netlist Creation 对话框

①Output Format:选择网络表格式,有 38 种格式供选择。这里选择默认的 Protel 格式。

②Net Identifier Scope:对多图纸项目设置网络标识符范围。下拉列表中 3 个选项的含义如下:

- Net Labels and Ports Global:在整个项目所有原理图中,同名网络标号及 I/O 端口在电气上是相连的。
- Only Ports Global:在整个项目所有原理图中,同名 I/O 端口在电气上是相连的,而同名网络标号仅在同一张原理图中才是电气相连的。
- Sheet Symbol/Port connections:在整个项目所有原理图中,同名方块电路端口和 I/O 端口在电气上是相连的。

本例只有一张原理图,可不考虑此选项。

③Sheets to Netlist：选择生成网络表的图纸。下拉列表中3个选项的含义如下：

- Active sheet：当前激活的图纸。
- Active project：当前激活的项目。
- Active sheet plus sub sheets：当前激活的图纸及其下层子图纸。

本例只有一张原理图，因而选择Active sheet。

④Append sheet numbers to local nets：将原理图编号加到由网络标号构成的网络名称上。一般用于多图纸项目。这里不选中。

⑤Descend into sheet parts：深入到图纸元件内部电路图，将其一并生成网络表。这里不选中。

⑥Include un-named single pin nets：对于单个孤立的引脚也生成一个网络。这里不选中。

(3)完成上述设置后，单击OK按钮，即生成Protel格式的网络表文件AD.NET，如图3-1-123所示。

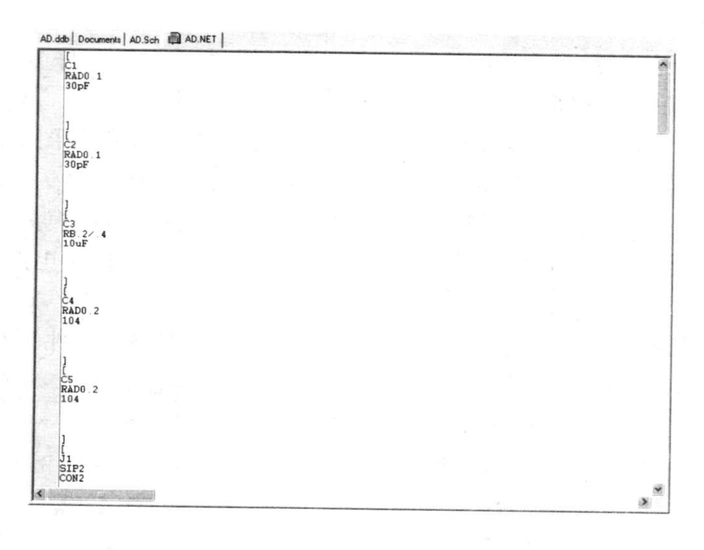

图3-1-123　网络表文件

Protel格式网络表文件在结构上可分为元件声明和网络定义两部分，其格式如下。

(1)元件声明格式

[	元件声明开始
C1	元件序号
RAD0.1	元件封装
30pF	元件的Part Type属性
]	元件声明结束

每一对[ ]中是一个元件的声明，所有元件都必须声明

(2)网络定义格式

(	网络定义开始
B1	网络名称(原理图中放置了名为B1的网络标号)

J3-1	元件 J3(元件序号)的第 1 引脚
U1-10	元件 U1(元件序号)的第 10 引脚
)	网络定义结束

又如：

(	网络定义开始
NetJ1_1	网络名称(原理图中没有放置网络标号)
J1-1	元件 J1(元件序号)的第 1 引脚
U2-26	元件 U2(元件序号)的第 26 引脚
)	网络定义结束

每一对(　)中是一个网络的定义，列出该网络中所有相互连接的元件引脚。设计 PCB 图时，就是根据网络表中元件声明部分的信息加载元件封装，根据网络定义部分的信息确定元件封装之间的电气连接关系。

13. 生成元件清单

元件清单用于列出原理图中所有元件的型号、序号和封装等信息。下面仍以我们绘制的原理图为例，介绍生成元件清单的操作步骤。

(1)选择 Reports|Bill of Material 命令，弹出如图 3-1-124 所示的 BOM Wizard 对话框。其中有 Project 和 Sheet 两个选项，分别用于选择是对整个项目中所有原理图生成一个元件清单，还是对当前原理图生成元件清单。这里选中 Sheet。

(2)单击 Next 按钮，弹出如图 3-1-125 所示的对话框。该对话框用于选择元件清单是否列出元件封装(Footprint)、元件描述(Description)等属性。另外，Include components with blank Part Types 复选框用于选择清单中是否包括 Part Type 属性为空的元件。这里选中 Footprint 和 Description 复选框。

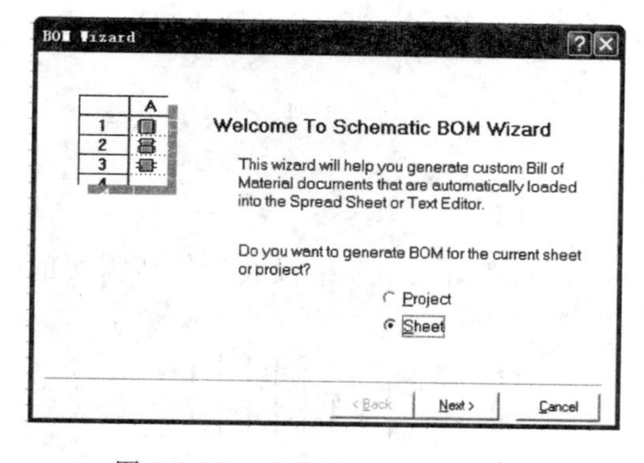

图 3-1-124　BOM Wizard 对话框

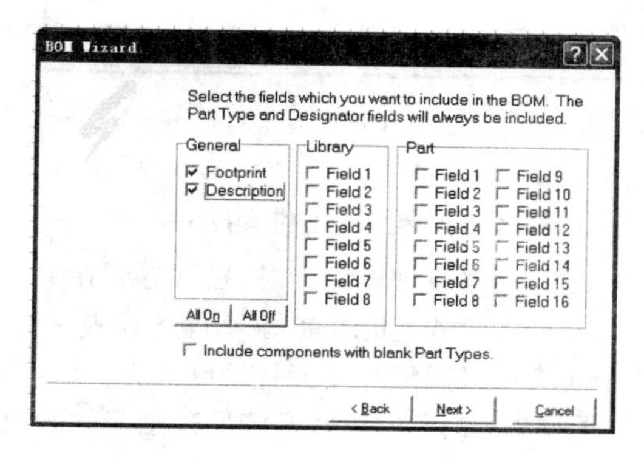

图 3-1-125　选择元件清单内容

(3)单击 Next 按钮，弹出如图 3-1-126 所示的对话框。该对话框表示之后生成的元件清单中将分四列给出元件的型号(Part Type)、序号(Designator)、封装(Footprint)和描述(Description)。对话框中四个文本框的内容分别作为这四个列的名称，这些名称可修改，如用中文表示。这里采用默认的名称。

(4)单击 Next 按钮，弹出如图 3-1-127 所示的对话框，要求选择元件清单的格式，有 Protel Format、CSV Format 和 Client Spreadsheet 三种格式供选择。这里选择 Client

Spreadsheet 格式。

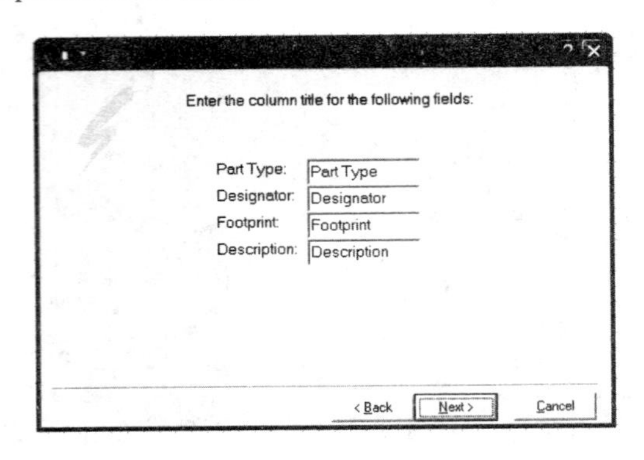

图 3-1-126　定义元件清单中四个列的名称

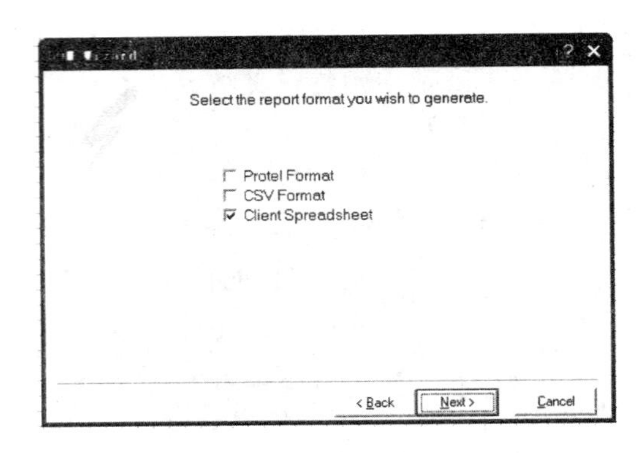

图 3-1-127　选择元件清单格式

(5)单击 Next 按钮，弹出如图 3-1-128 所示的对话框。单击其中的 Finish 按钮，即生成扩展名为.XLS 的元件清单文件，如图 3-1-129 所示。

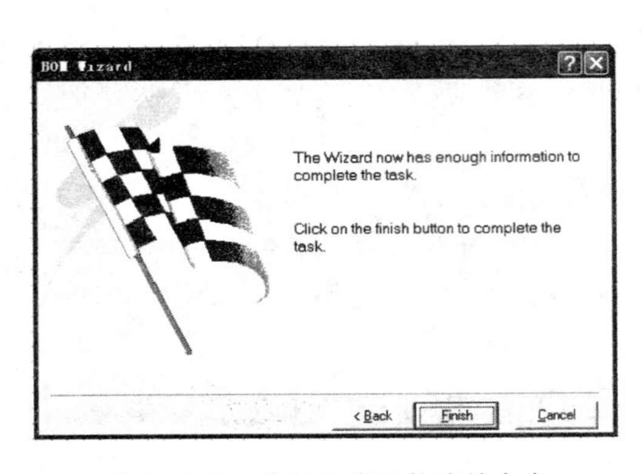

图 3-1-128　执行生成元件清单命令

AD.ddb | Documents | AD.Sch | AD.XLS

A1 Part Type

	A	B	C	D	E
1	Part Type	Designator	Footprint	Description	
2	1k	R1	AXIAL0.4		
3	6MHz	Y1	XTAL1	Crystal	
4	10uF	C3	RB.2/.4	Electrolytic Capacitor	
5	30pF	C1	RAD0.1	Capacitor	
6	30pF	C2	RAD0.1	Capacitor	
7	104	C5	RAD0.2	Capacitor	
8	104	C4	RAD0.2	Capacitor	
9	200	R2	AXIAL0.4		
10	ADC0809	U2	DIP-28		
11	AT89C51	U1	DIP-40		
12	CON2	J1	SIP2	Connector	
13	CON6	J3	SIP4	Connector	
14	CON8	J2	SIP8	Connector	
15	SW-PB	S1	SW		
16					
17					

图 3-1-129　元件清单文件

3.1.2　原理图元件的绘制

进行电路原理图设计时，经常遇到在 Protel99SE 原理图元件库中没有我们所需要的原理图元件的情况，此时就必须自己绘制。本节以几个实例来说明原理图元件绘制的方法。

【例 3-1-2】　四位数码管原理图元件的绘制

如图 3-1-130 所示，是绘制好的四位数码管的原理图元件，下面介绍其绘制过程。

(1)创建设计数据库文件

这与电路原理图设计时创建设计数据库文件的方法相同。首先启动 Protel99SE，打开 Protel99SE 窗口，再选择 File | New 命令，打开 New Design Database 对话框。这里将设计数据库名称更改为 MySchLib.ddb。单击对话框的 OK 按钮，

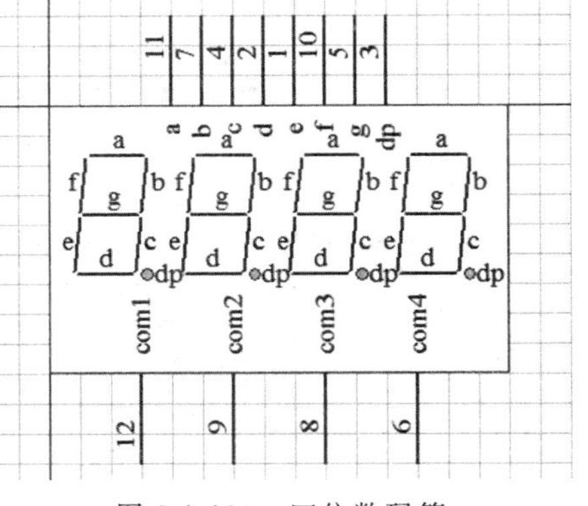

图 3-1-130　四位数码管

完成设计数据库文件的创建。此时 Protel99SE 窗口如图 3-1-131 所示。

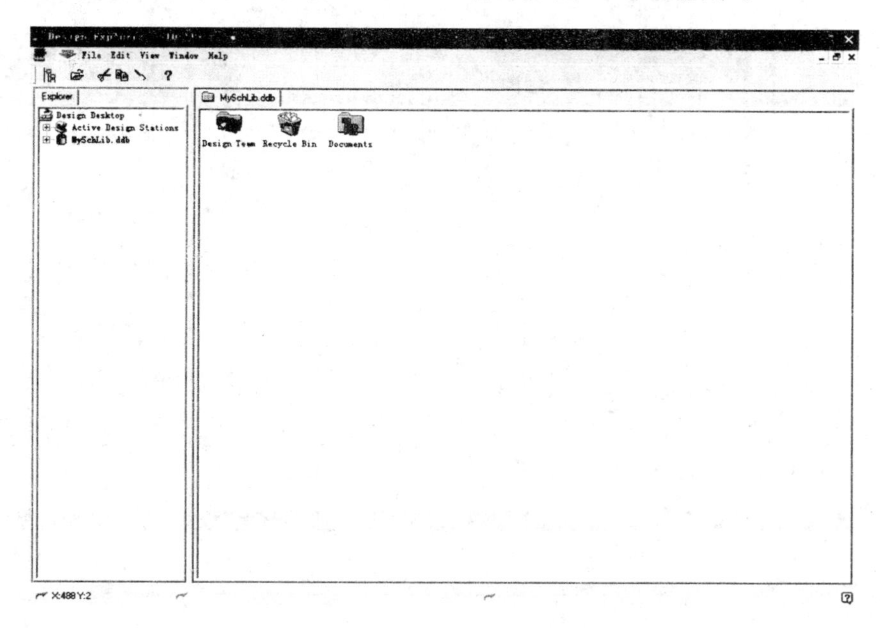

图 3-1-131　设计数据库文件创建完成时的 Protel99SE 窗口

(2)创建原理图元件库文件

双击图 3-1-131 所示的文件夹图标，打开 Documents 文件夹。选择 File|New 命令，系统弹出如图 3-1-132 所示的 New Document 对话框。在 Documents 选项卡中双击原理图元件库文件图标，即在打开的 Documents 文件夹中创建了一个原理图元件库文件，如图 3-1-133 所示。其默认文件名为 Sheet1. Lib。这里将其更名为 MySchlib. Lib，如图 3-1-134 所示。

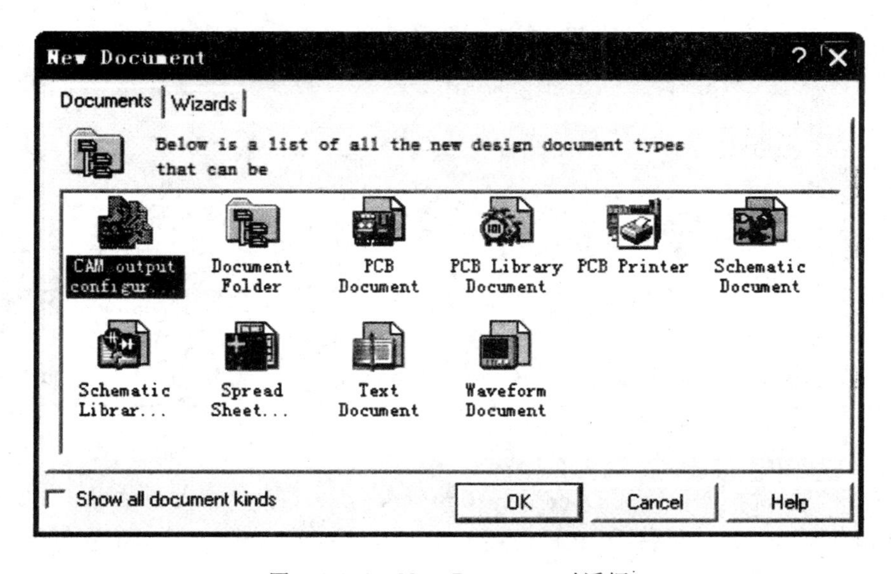

图 3-1-132　New Document 对话框

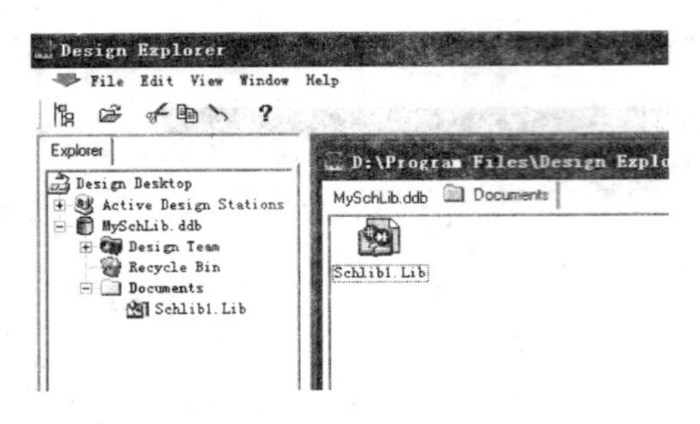

图 3-1-133　创建好的原理图元件库文件

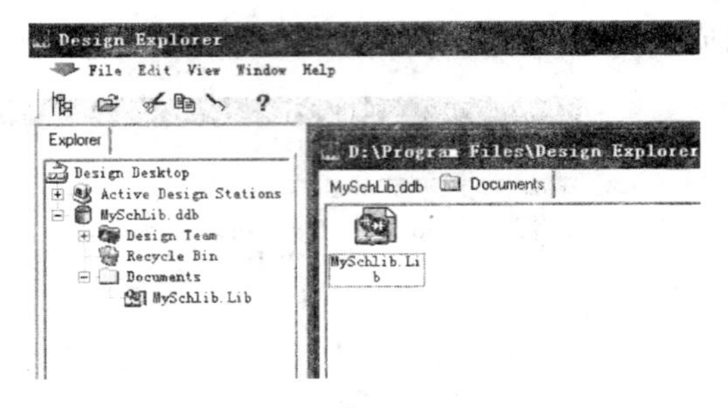

图 3-1-134　更名后的原理图元件库文件

双击图 3-1-134 所示的图标，打开创建的原理图元件库文件，设计窗口中呈现出一张有十字形坐标轴的图纸，如图 3-1-135 所示，可在其上绘制原理图元件。左侧元件库管理器的 Components(元件)区域的列表框中，列出当前原理图元件库所有元件的名称，此时仅有一个“Component_1”，这是待绘制的元件的默认名称。

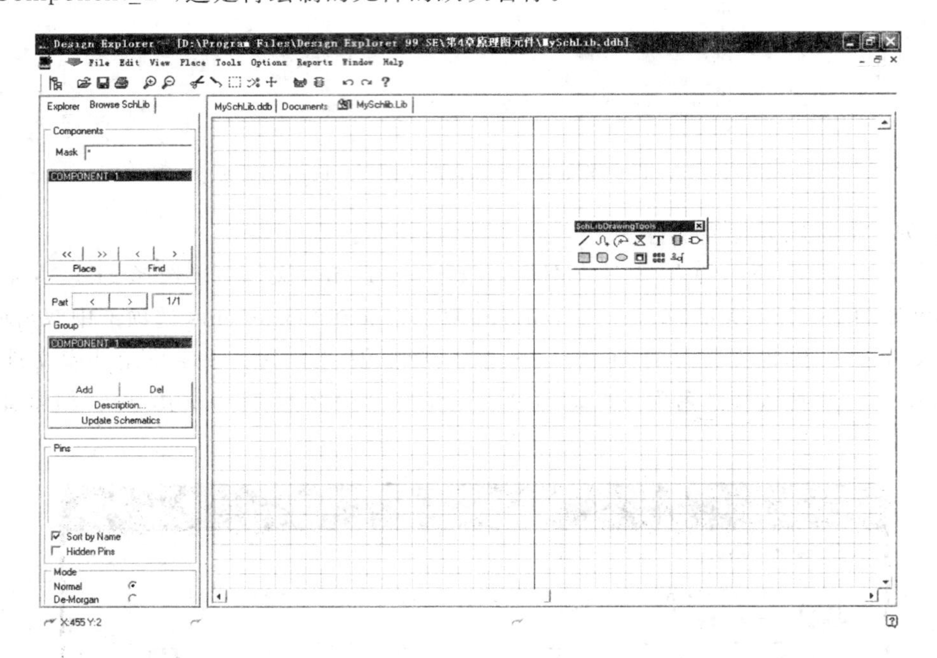

图 3-1-135　打开的原理图元件库文件

设计窗口中还出现一个如图 3-1-136 所示的元件库绘图工具栏(SchLibDrawingTools)。该工具栏打开、关闭的切换，可通过选择 View|Toolbars|Drawing Toolbar 命令，或按主工具栏的按钮来实现。

图 3-1-136　元件库绘图工具栏

(3)绘制四位数码管

①设置图纸。选择 Options|Document Options 命令，系统弹出如图 3-1-137 所示的 Library Editor Workspace 对话框。在该对话框中可对图纸的大小、方向、颜色和栅格等进行设置。这里将锁定栅格 Snap 和可视栅格 Visible 均设置为 10，其他选项保持默认设置不

变，单击 OK 按钮确认。

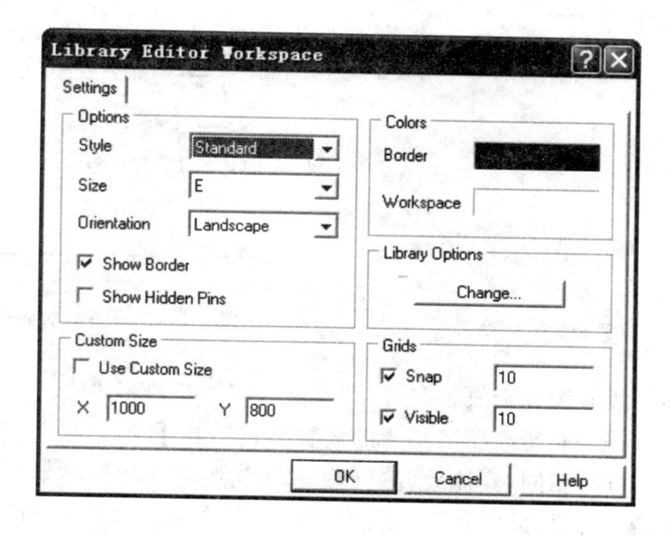

图 3-1-137　Library Editor Workspace 对话框

②绘制数码管的外形。选择 Place|Rectangle 命令，或单击绘图工具栏的画矩形工具，出现带着一个矩形的十字光标。移动十字光标至坐标原点处(在屏幕左下角的状态栏会显示出光标所在处的坐标值)，单击确定矩形的左上角，如图 3-1-138 所示。向右下方移动光标，调整矩形面积至适当大小时，再次单击确定矩形的右下角，就完成了数码管外形的绘制，如图 3-1-139 所示。

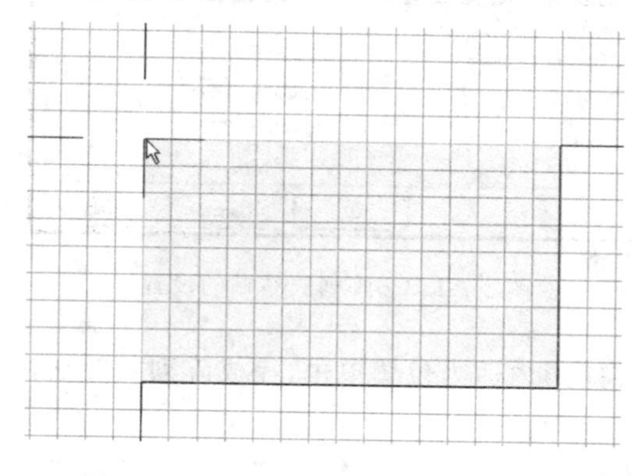

图 3-1-138　矩形左上角在坐标原点处

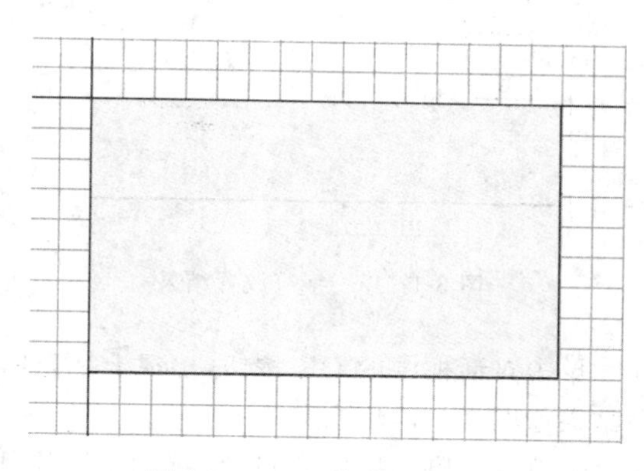

图 3-1-139　四位数码管外形

③绘制"日"字形。将锁定栅格 Snap 改为 2。选择 Place|Line 命令，或单击绘图工具栏的画直线工具，在表示数码管外形的矩形内绘制 7 条线段，构成一个"日"字形，如图 3-1-140所示。

④绘制数码管的小数点。选择 Place|Ellipses 命令，或单击绘图工具栏的画椭圆工具，画一个半径为 2mil 的圆作为数码管的小数点。画椭圆时共需单击左键三次，第一次确定椭圆的中心，第二次确定 X 轴半径，第三次确定 Y 轴半径，使 X 轴半径和 Y 轴半径都等于 2mil，就得到一个半径为 2mil 的圆。结果如图 3-1-141 所示。

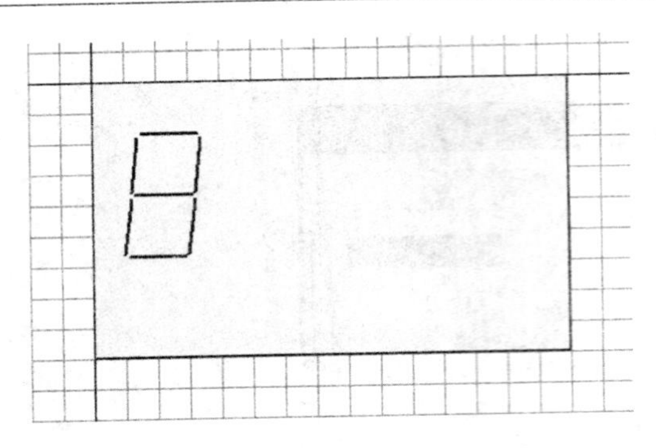

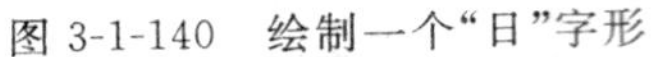

图 3-1-140　绘制一个“日”字形

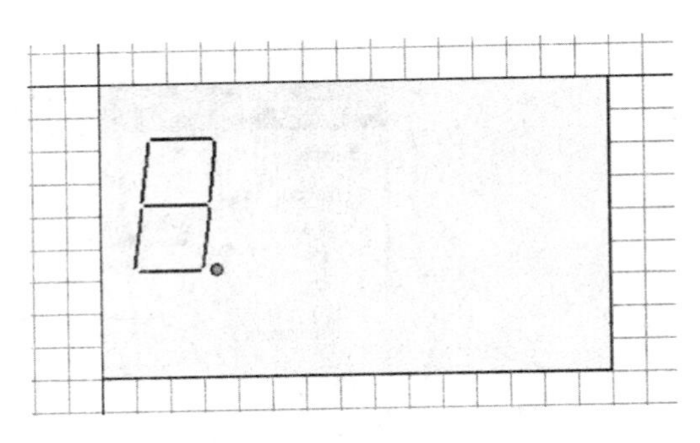

图 3-1-141　绘制数码管的小数点

⑤在“日”字形各线段旁分别放置字符“a”、“b”、“c”、“d”、“e”、“f”、“g”，在“小数点”旁放置字符“dp”。放置字符是利用绘图工具栏的放置字符工具**T**来完成的，放置方法与前面介绍的放置注释文字的方法相同，具体放置过程这里不再赘述。放置结果如图 3-1-142 所示。

⑥采用阵列式粘贴完成其余“日”字形、小数点和字符的绘制。选定已绘制的“日”字形、小数点和字符，选择剪切命令，将选定的各对象剪切入剪贴板。选择阵列式粘贴命令 Edit|Paste Array，或单击绘图工具栏的 钮，弹出 Setup Paste Array 对话框。将其中的 Item Count 设置为 4，Horizontal 设置为 35，Vertical 设置为 0。设置结果如图 3-1-143 所示。

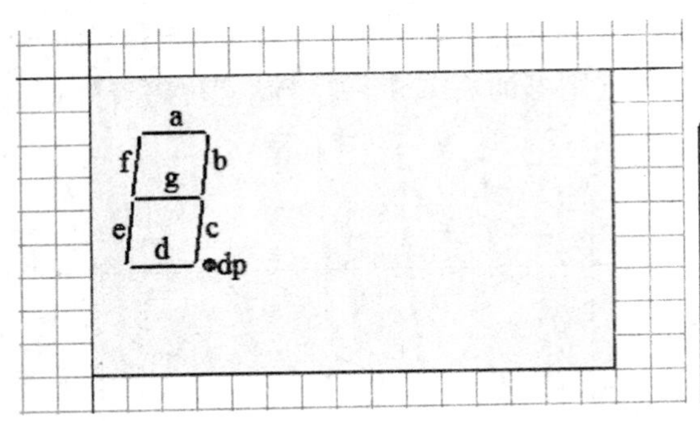

图 3-1-142　字符放置结果

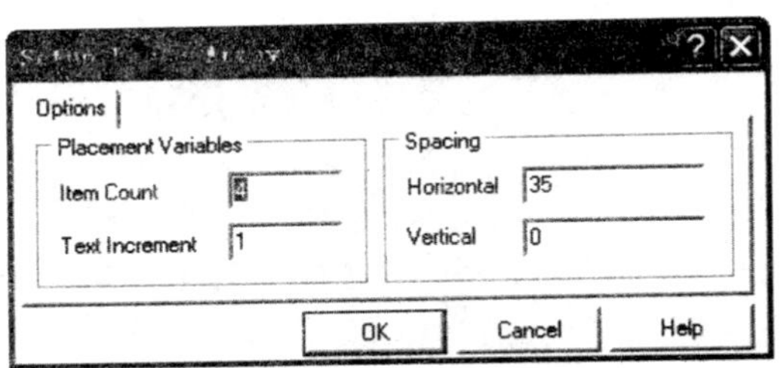

图 3-1-143　阵列式粘贴的设置

单击对话框中的 OK 按钮，出现十字光标，在矩形内适当位置单击，完成阵列式粘贴，粘贴结果如图 3-1-144 所示。

⑦放置引脚。四位数码管共有 12 个引脚，即引脚“a”、“b”、“c”、“d”、“e”、“f”、“g”、“dp”（引脚序号分别为：11、7、4、2、1、10、5、3）和四个公共端（引脚序号分别为：12、9、8、6）。先绘制序号为 1（“e”）的引脚。将 Snap 改为 10。选择 Place|Pins 命令，或单击绘图工具栏的放置引脚工具 出现十字光标，其上带着一个引脚，如图 3-1-145 所示。引脚位于十字光标处的那一端，不具有电气特性，而呈“火柴头”状的另一端是具有电气特性的，该端也称为电气热点，元件是利用引脚的电气热点来与其他元件实现电气意义的连接，所以放置引脚时电气热点应朝向元件外。

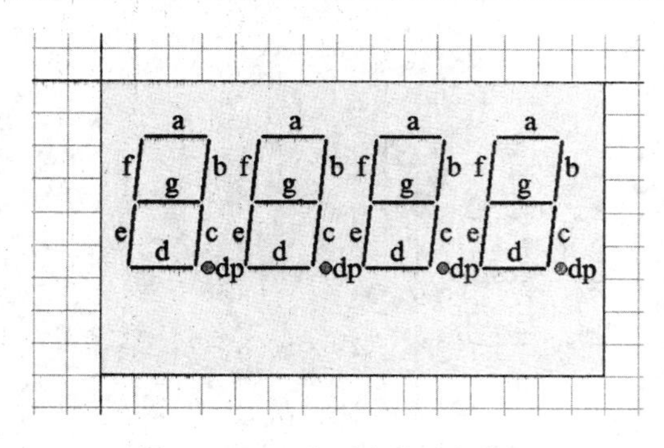

图 3-1-144 阵列式粘贴的结果

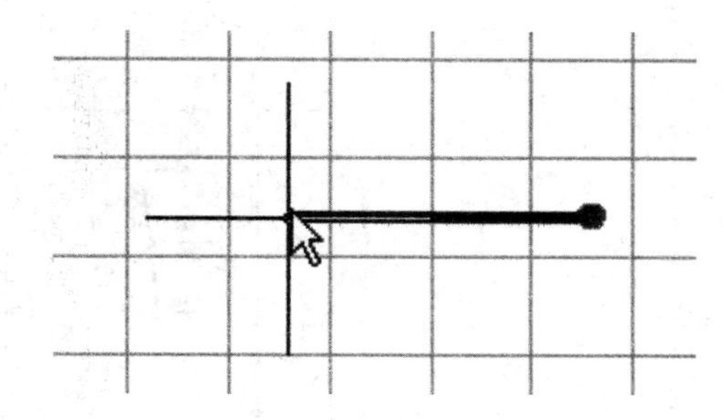

图 3-1-145 放置引脚

按 Tab 键，弹出如图 3-1-146(a)所示的引脚属性设置对话框，其中几个属性介绍如下。

- Name：引脚名称。
- Number：引脚序号。引脚的序号应与元件封装对应焊盘的序号相同。
- Pin Length：引脚长度，单位为 mil。

这里将上述三个属性分别设置为 e、1 和 30，然后单击 OK 按钮完成设置。设置结果如图 3-1-146(b)所示。

(a) 设置属性前

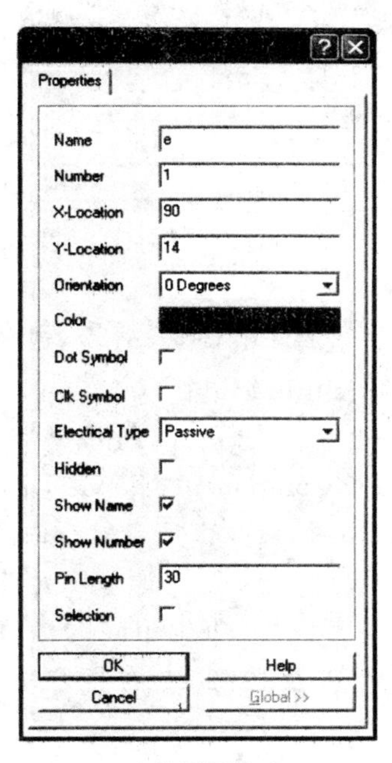

(b) 设置属性后

图 3-1-146 引脚属性设置对话框

移动光标到适当位置后单击，就放置了上述引脚，如图 3-1-147 所示。

注意，在放置前应通过按空格键，或按 X、Y 键来调整引脚的朝向，使电气热点朝向元件外。

继续用上述方法放置其余引脚，引脚放置完成时的结果如图 3-1-130 所示。至此就完成了四位数码管的绘制。

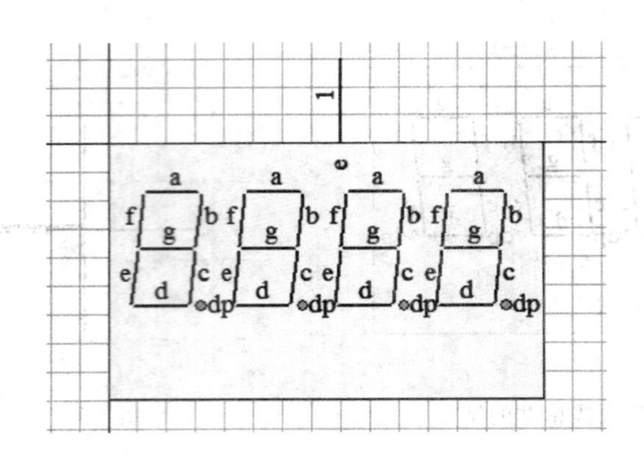

图 3-1-147　放置了一个引脚

⑧更改元件名。选择 Tools|Rename Component 命令，弹出如图 3-1-148 所示的 New Component Name 对话框，在其中输入想要的元件名，如 SMG，再单击 OK 按钮。我们看到此时元件库管理器的 Components（元件）区域的列表框中，列出的元件名称为 SMG，如图 3-1-149所示，表明元件名更改为 SMG 了。

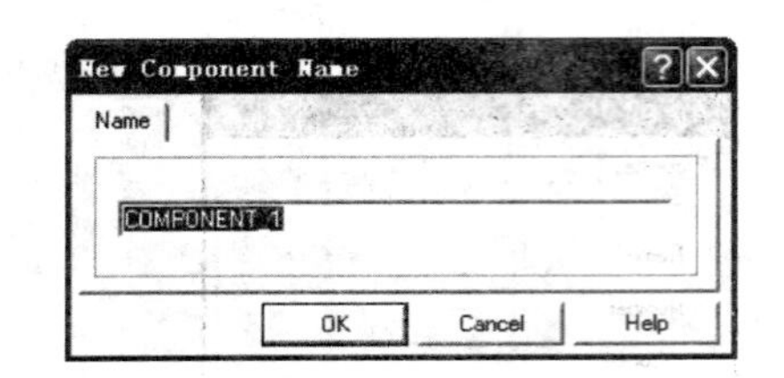

图 3-1-148　New Component Name 对话框

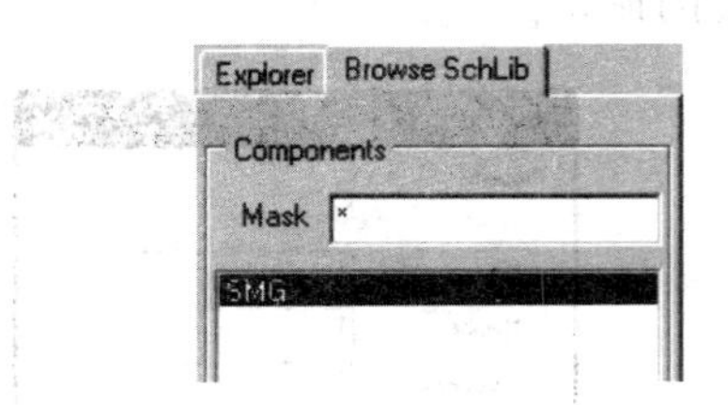

图 3-1-149　元件更名为 SMG

⑨保存元件。选择 File|Save 命令，或单击主工具栏的钮，将绘制好的元件保存到当前元件库文件 MySchlib. Lib 中。

⑩如果还要绘制其他元件，可以选择 Tools|New Component 命令，系统弹出如图 3-1-148所示的 New Component Name 对话框，在其中输入我们所要的元件名后单击 OK 确认，就能打开一个如图 3-1-135 所示的空白图纸，可在其上绘制其他元件。

【例 3-1-3】　双运放 LM358 原理图元件的绘制

LM358 内部包含两个功能相同的运算放大器。其引脚排列及内部结构框图如图 3-1-150所示。

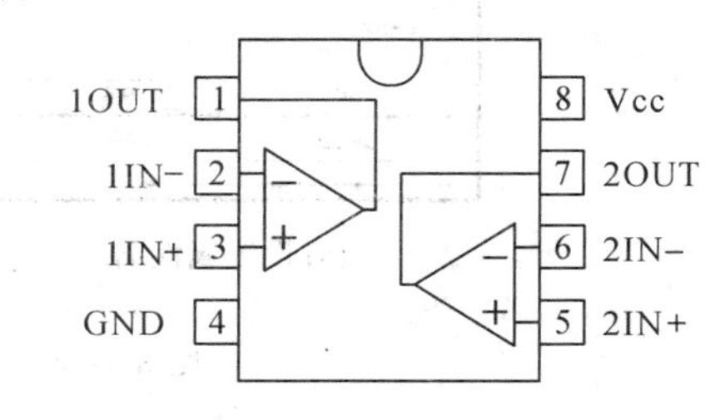

图 3-1-150　LM358 引脚排列及内部结构框图

在绘制一个元器件的原理图元件时，如果需要，可以将其拆成若干个部分来绘制，每个部分称为一个子件。对于本例，我们将 LM358 内部的每个运算放大器作为一个子件，即把 LM358 分为两个子件。下面介绍这种包含若干个子件的原理图元件的绘制方法。

(1)打开【例 3-1-2】创建的设计数据库文件 MySchLib. ddb 及其中的元件库文件 MySchlib. Lib。

(2)选择 Tools|New Component 命令,弹出如图 3-1-148 所示的 New Component Name 对话框,在其中输入元件名 LM358 后单击 OK 按钮确认,打开一张空白图纸。

(3)选择 Options|Document Options 命令,在弹出的 Library Editor Workspace 对话框中,将锁定栅格 Snap 和可视栅格 Visible 均设置为 10,单击 OK 按钮。

(4)绘制第一个子件

①单击绘图工具栏的画直线工具 ╱ 在图纸上绘制出如图 3-1-151 所示的三角形。

②放置输入、输出引脚。首先放置输入引脚 2。单击绘图工具栏的放置引脚工具,按 Tab 键,弹出引脚属性设置对话框。其中的 Name 可以输入相应的引脚名称,也可以空着,这里为空;Number 设置为 2;Electrical Type(引脚的电气类型)选择 Input(输入)。属性设置结果如图 3-1-152 所示。

继续用上述方法放置输入引脚 3 和输出引脚 1,引脚 1 的 Electrical Type 选择 Output(输出)。引脚放置结果如图 3-1-153 所示。

各引脚的 Electrical Type 也可以采用默认的 Passive,但是,选择与引脚功能相符的电气类型,将有助于通过 ERC 发现原理图设计上的一些错误。例如,将两个电气类型均为 Output 的引脚相连,在 ERC 时将报错。

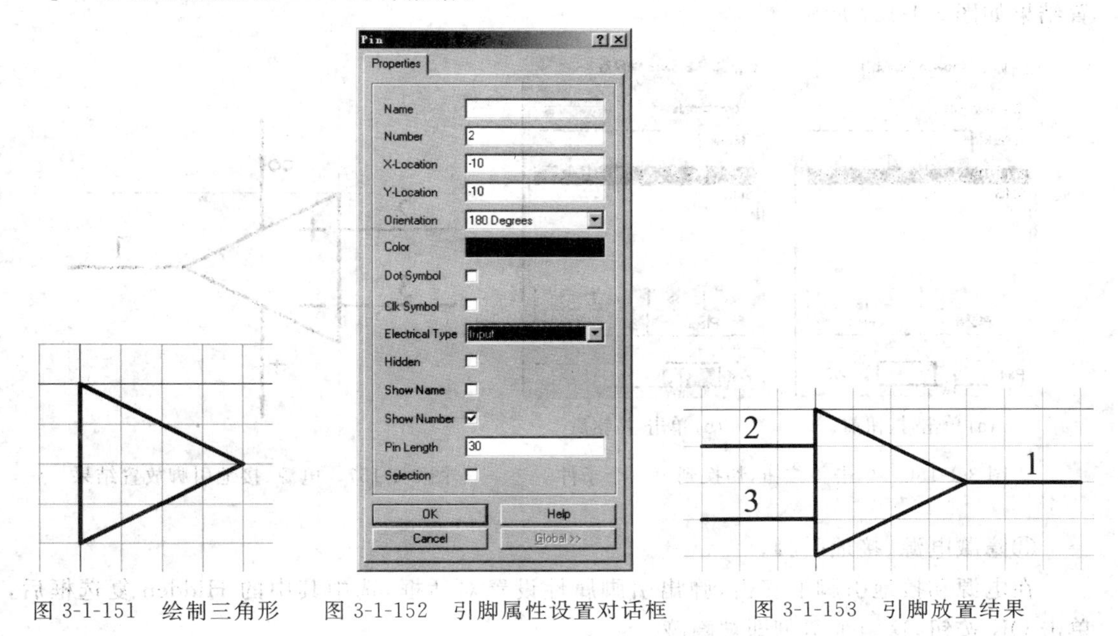

图 3-1-151 绘制三角形　　图 3-1-152 引脚属性设置对话框　　图 3-1-153 引脚放置结果

③绘制"+"、"-"符号。将锁定栅格 Snap 修改为 1。单击绘图工具栏的画直线工具,在三角形内绘制出"+"、"-"符号,绘制结果如图 3-1-154 所示。

(5)绘制第二个子件。选择 Tools|New Part 命令,即打开一张用于绘制第二个子件的空白图纸。用上述方法绘制出第二个子件,绘制结果如图 3-1-155 所示。

由于两个子件仅仅是引脚序号有差别,所以第二个子件也可以不用另外绘制,只要将第一个子件复制后粘贴过来,再修改一下引脚序号即可。

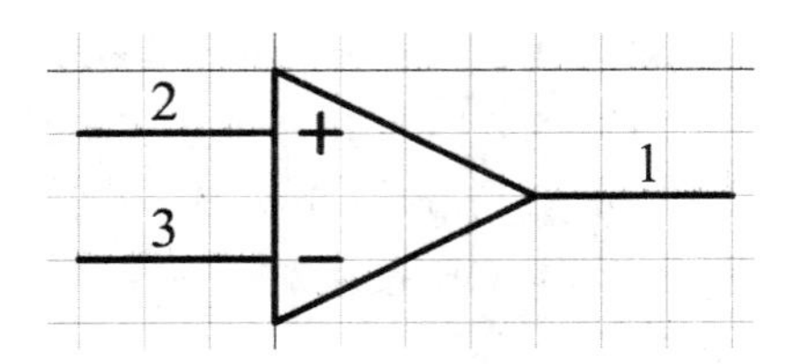

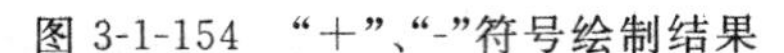
图 3-1-154 “+”、“-”符号绘制结果

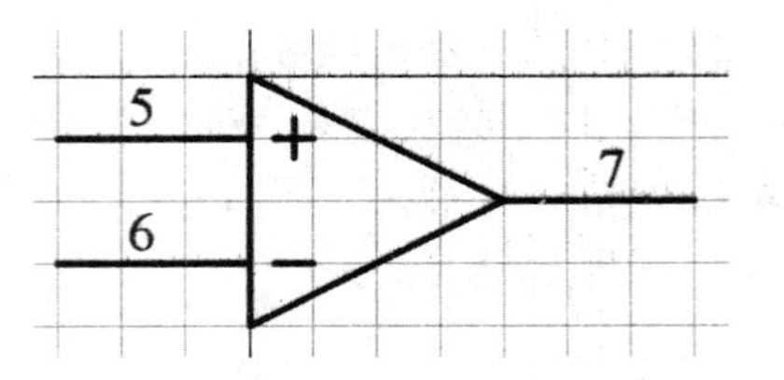

图 3-1-155 第二个子件绘制结果

(6)放置电源、接地引脚

可以在所有子件上都放置电源和接地引脚，也可以只在任意一个子件上放置电源和接地引脚。这里我们仅将电源和接地引脚放置在第一个子件上。

①单击元件库管理器 Part 区域中的＜按钮，如图 3-1-156 所示，切换到第一个子件。

提示：通过单击元件库管理器 Part 区域中的＜和＞按钮，可以在第一、二个子件间切换。

②放置电源、接地引脚。放置方法与其他引脚是一样的。电源、接地引脚的属性设置：Name 分别设置为 VCC 和 GND；Number 分别为 8 和 4；Electrical Type 均选择 Power。放置结果如图 3-1-157 所示。

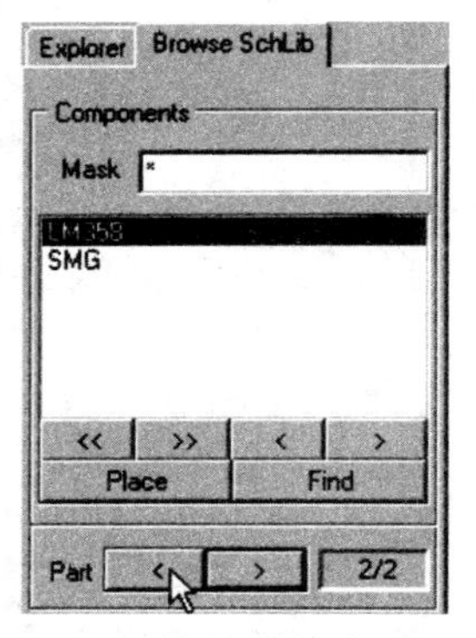

(a) 单击<按钮前

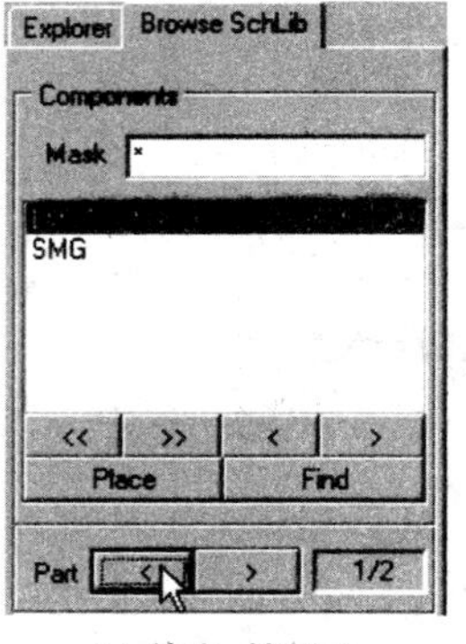

(b) 单击<按钮后

图 3-1-156 单击＜按钮，切换到第一个子件

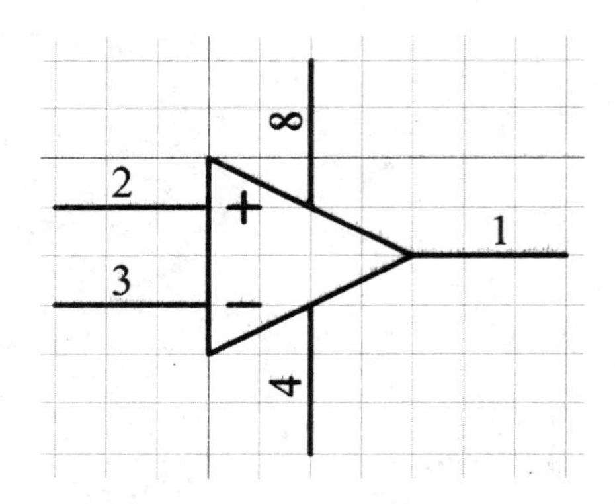

图 3-1-157 电源、接地引脚放置结果

③隐藏电源、接地引脚。

在电源和接地引脚上双击，弹出引脚属性设置对话框，选中其中的 Hidden 复选框后，单击 OK 按钮，这两个引脚即被隐藏。

在绘制原理图时，如果元件的电源、接地引脚的名称分别与原理图中电源线、地线的网络名称相同，并且电源、接地引脚被隐藏，则系统会自动将电源、接地引脚分别连接到电源线和地线上(这从生成的网络表中可看出)。

(7)设置默认的元件序号和元件封装。选择 Tools|Description 命令，或单击元件库管理器 Group 区域中的 Description 按钮，弹出如图 3-1-158 所示的 Component Text Fields 对话框。在 Default Designator 文本框中输入默认的元件序号 U?；在 Footprint 1 至 Footprint 4 文本框中可输入不同形式的封装，这里仅在 Footprint 1 中输入 DIP8。设置结果如图 3-1-158 所示。单击 OK 按钮完成设置。

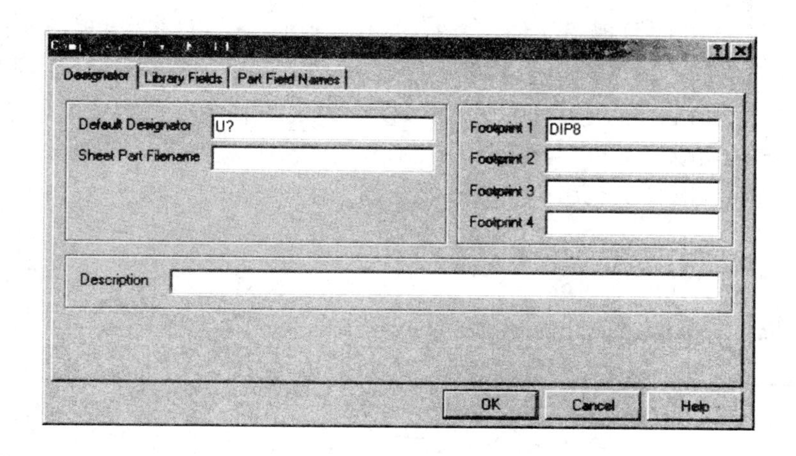

图 3-1-158 Component Text Fields 对话框

(8)保存元件。单击主工具栏的▣钮,将绘制好的元件 LM358 保存到当前元件库文件 MySchlib. Lib 中。

子件形式的原理图元件的优点是明显的,在绘制原理图时,各子件可以分散开,从而可与各自要相连的元件靠近放置,使连接的导线较短,原理图尺寸较小并且简洁、美观,也增强了可读性。

【例 3-1-4】 子件形式的 TMS320VC5402 原理图元件的绘制

DSP 芯片 TMS320VC5402 有 144 个引脚,引脚图如图 3-1-159 所示。通常仿照该图绘

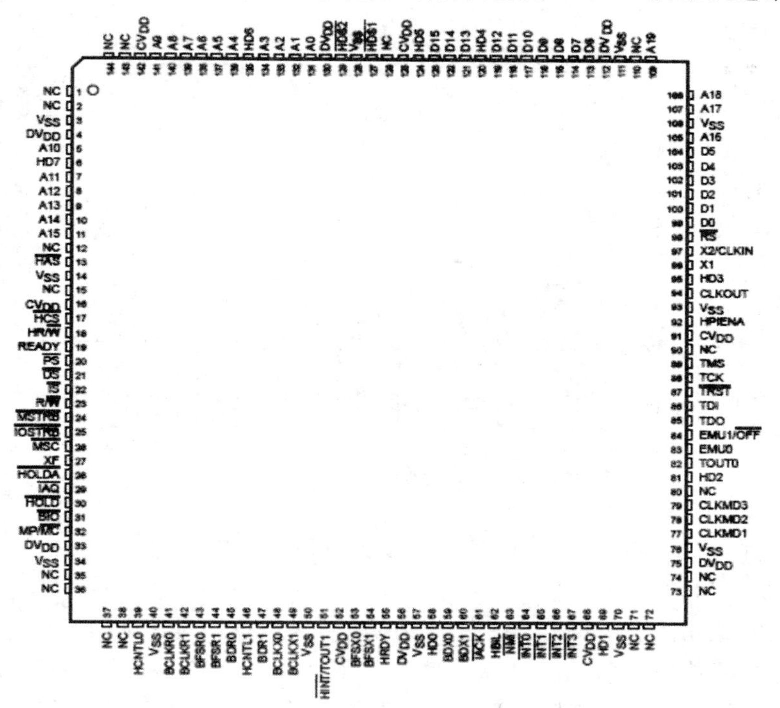

图 3-1-159 TMS320VC5402 引脚图

制出 TMS320VC5402 的原理图元件，如图 3-1-160 所示。采用这种原理图元件，在绘制原理图时，如果元件之间用导线连接，则连线较长，需要较大幅面的图纸；由于 TMS320VC5402 引脚较多，众多的连线纵横交错，显得杂乱无章，分析各元件之间的连接关系和工作原理较为费劲。如果用网络标号表示电气连接关系，也有不直观的缺点，寻找与一个引脚有电气连接关系的其他引脚不太方便。如果采用子件形式的原理图元件，则可较好地解决上述问题。

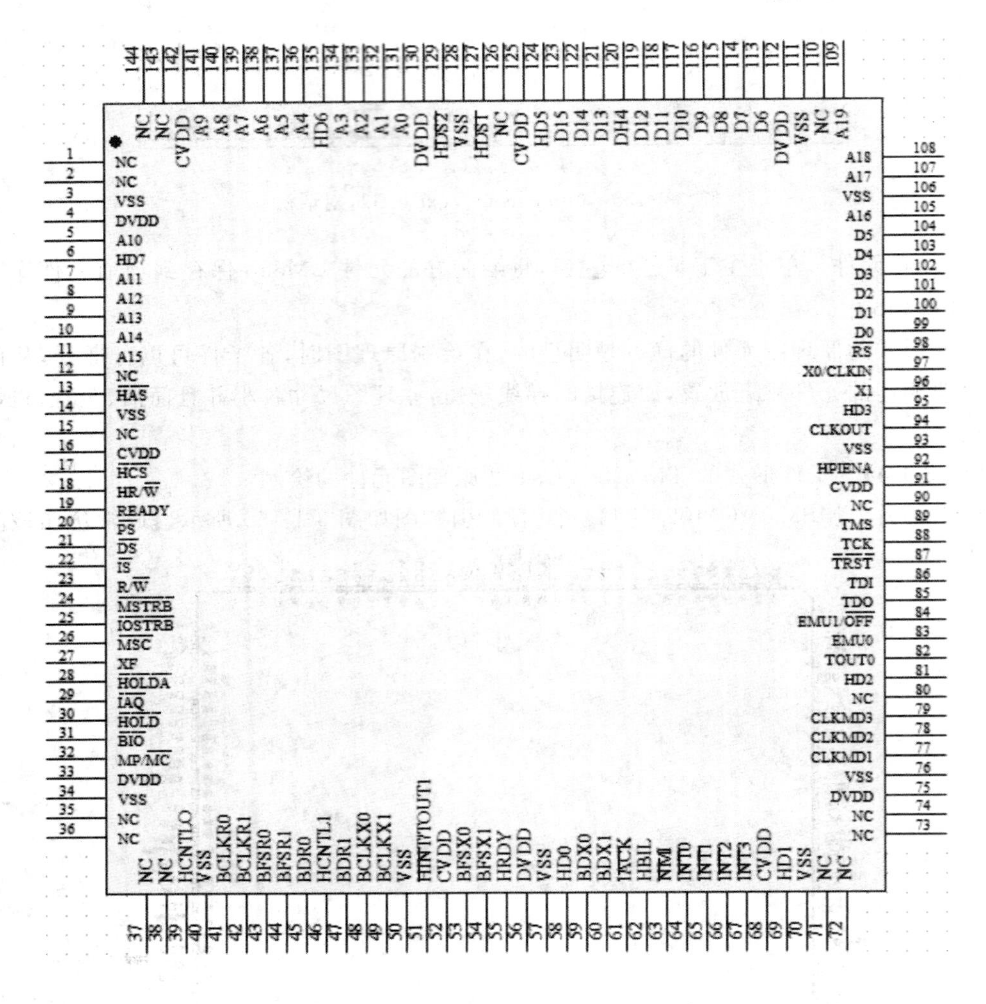

图 3-1-160 TMS320VC5402 原理图元件

本例以子件形式绘制好的 TMS320VC5402 原理图元件如图 3-1-161 所示。需要说明的是，TMS320VC5402 划分为多少个子件及每个子件包括哪些引脚，应根据具体电路而定，原则是便于与其他元件连接及便于读图。该原理图元件是针对某个信号处理系统绘制的。第一个子件包括了数据、地址总线引脚。第二个子件包括了多通道缓冲串口等引脚。第三个子件包括了 JTAG 接口等引脚。第四个子件包括了电源、接地引脚。第五个子件包括了所有未使用的引脚。

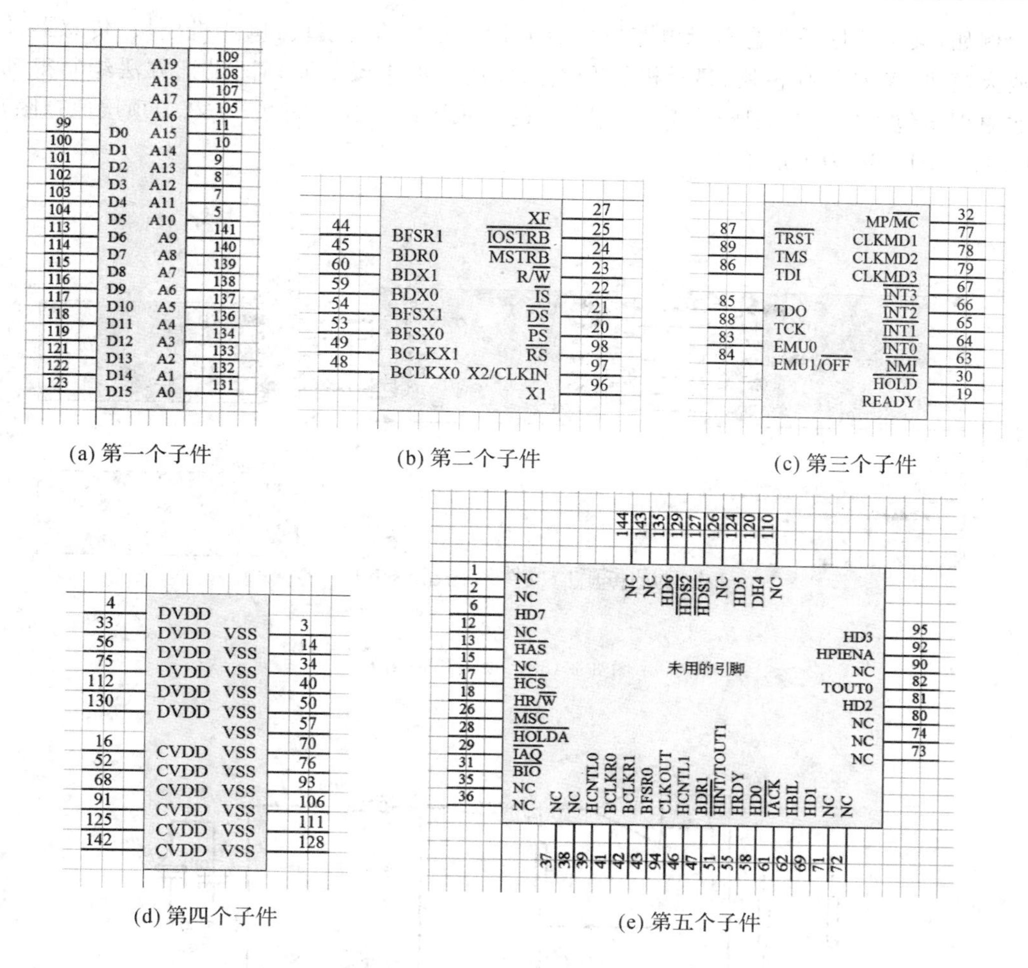

(a) 第一个子件　(b) 第二个子件　(c) 第三个子件　(d) 第四个子件　(e) 第五个子件

图 3-1-161　子件形式的 TMS320VC5402 原理图元件

提示:有些引脚名称上有上划线,输入上划线的方法是,在引脚属性设置对话框中输入引脚名称时,在每个字母后输入一个反斜杠“\”即可。例如,第二个子件中的复位引脚名称为,在 Name 文件框中输入该名称的方法如图 3-1-162 所示。

图 3-1-162　输入有上划线的引脚名称

3.1.3　层次原理图的绘制

一个复杂的电路,可能在一张图纸上画不下,即使画下了阅读起来也不方便。此时,可以将其绘制成层次原理图。

绘制层次原理图之前,先要将整个电路按照功能的不同划分为若干个功能模块。层次原理图由顶层原理图和若干个下层子图组成,每个子图就是每个功能模块的原理图,每个功能模块与其他功能模块的连接端口在子图中用 I/O 端口表示。顶层原理图用来表示各功能模块的连接关系,它是由方块电路、方块电路端口和导线(或总线)组成的,每个方块电路是用来代表一个子图的方块;方块电路端口用来代表子图中的 I/O 端口;导线或总线则用于按照各功能模块的连接关系,将各方块电路端口连接起来。

例如，某个数据采集与显示电路按功能可分为五个功能模块：单片机模块、传感器及信号放大模块、A/D 转换模块、显示模块和电源模块。采用层次原理图设计方法绘制得到的层次原理图包含如图 3-1-163～3-1-168 所示的六张图纸。其中图 3-1-163 为顶层原理图，图 3-1-164～3-1-168 为下层子图。

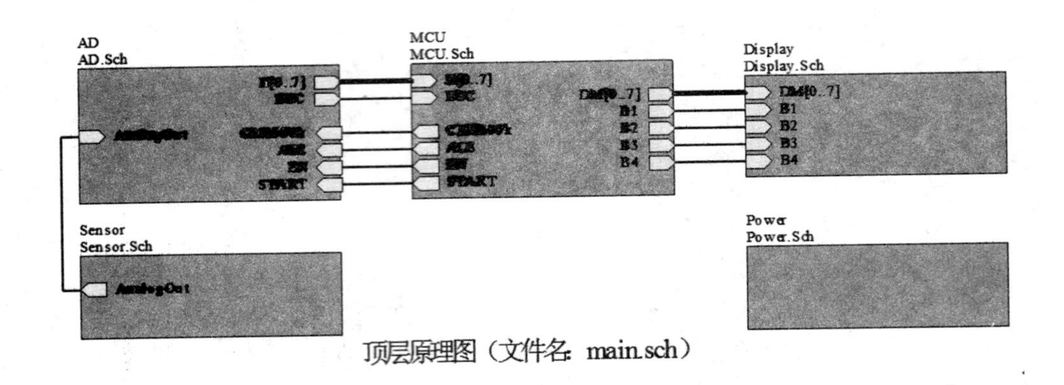

图 3-1-163　顶层原理图

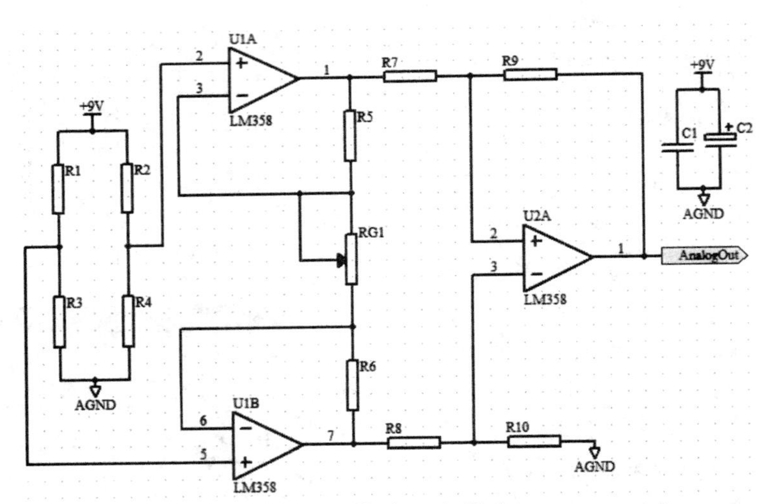

图 3-1-164　传感器及信号放大模块原理图

层次原理图体现了层次化、模块化的设计思想，使复杂的电路变成相对简单的几个模块，具有层次分明、结构清晰的特点，便于绘制、读图和修改。

层次原理图的绘制有自顶向下和自底向上两种方法。自顶向下方法就是先绘制顶层原理图，再绘制下层子图。自底向上就是先绘制最底层的子图，再逐层向上，最后绘制顶层原理图。下面就以上述数据采集与显示电路为例，分别介绍这两种绘制方法。

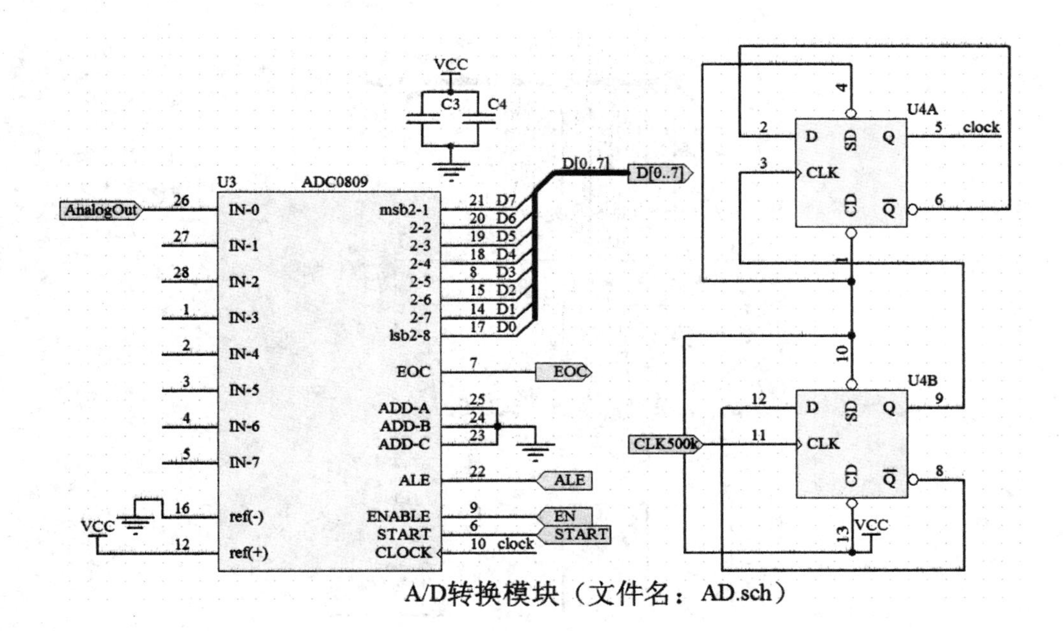

图 3-1-165 A/D 转换模块原理图

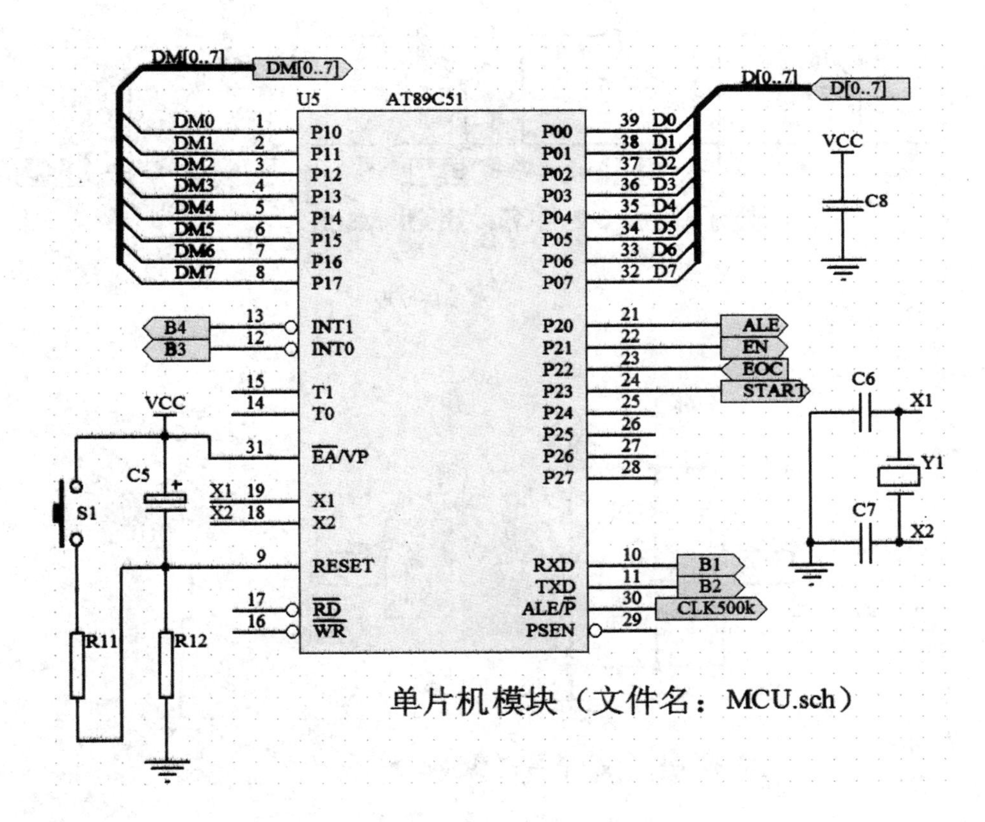

图 3-1-166 单片机模块原理图

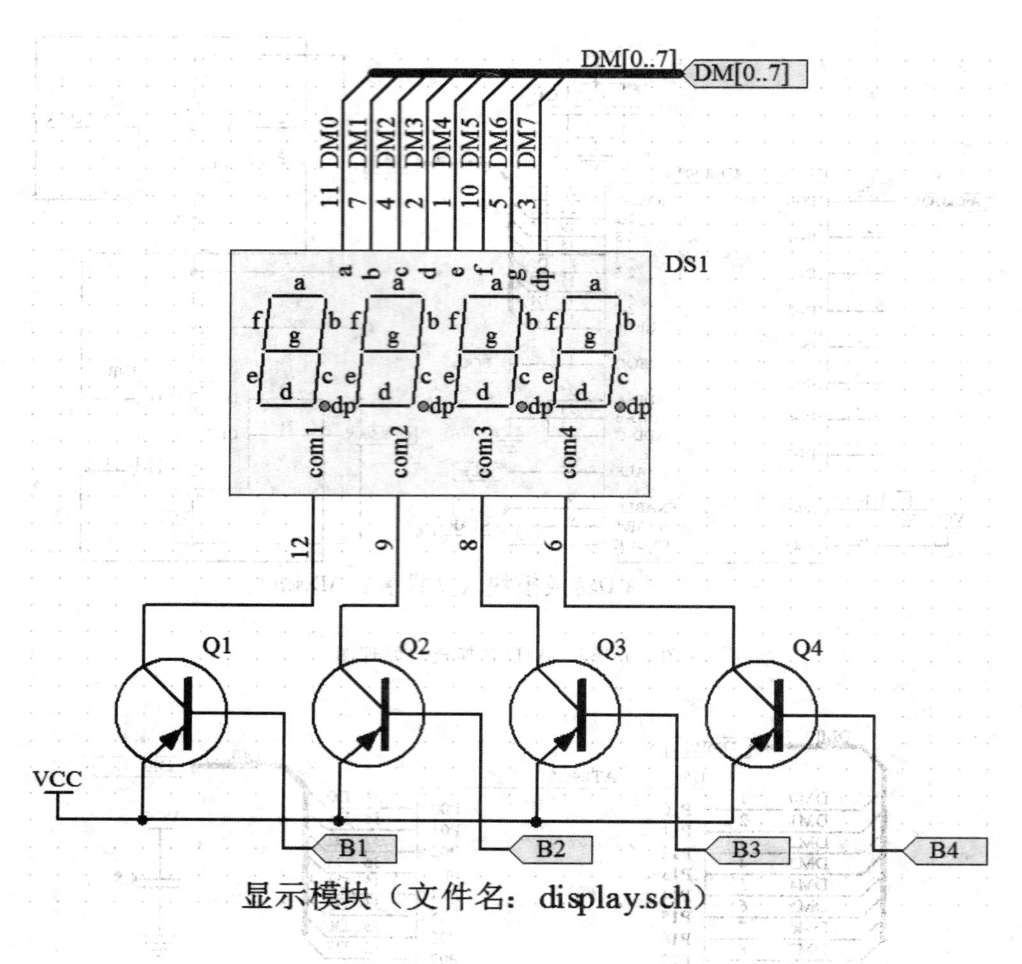

图 3-1-167　显示模块原理图

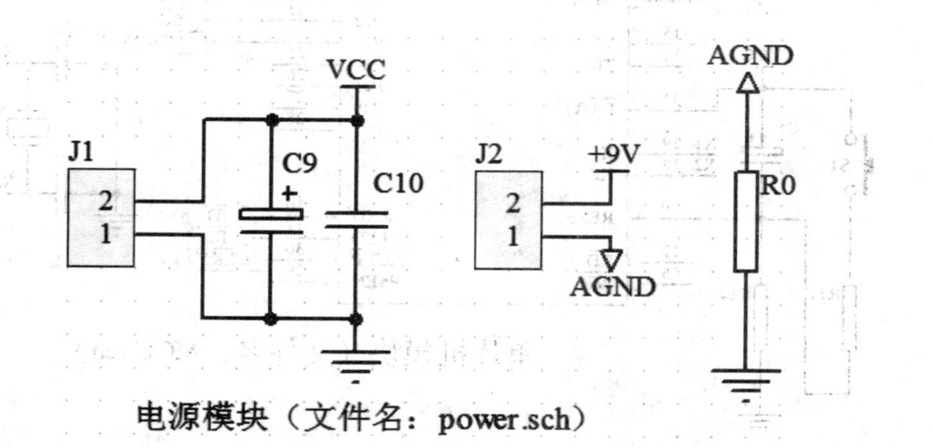

图 3-1-168　电源模块原理图

1. 自底向上设计方法

(1)创建一个设计数据库文件,文件名取为"层次原理图.ddb"。

(2)绘制下层各子图

①绘制传感器及信号放大模块原理图

打开 Documents 文件夹,在其中创建一个名为 sensor.sch 的原理图文件并打开,开始绘制传感器及信号放大模块的原理图,绘制方法与一般的原理图相同。

a.放置元件(放置运算放大器)

该模块原理图如图 3-1-164 所示。各元件在原理图元件库中的元件名称和元件封装(Footprint)如下。

U1:LM358、DIP8;R1 至 R10:RES2、AXIAL0.4;RG1:POT2、VR5;C1:CAP、RAD0.1;C2:ELECTRO1、RB.2/.4。

运算放大器 U1 采用双运放 LM358,其原理图元件在自建的设计数据库文件 MySchLib.ddb 内的原理图元件库文件 MySchlib.Lib 中。本例需要放置两个 LM358 元件,放置方法如下。

- 首先将 MySchLib.ddb 添加到系统中,然后在元件库管理器的元件库列表框中单击选中 MySchlib.Lib,接着在元件列表框中单击选中 LM358,再单击 Place 按钮,将出现带着一个运放符号的十字光标。
- 按 Tab 键,弹出如图 3-1-169 所示的 Part 对话框,其中 Part 下拉列表框中的数字 1 表示当前要放置的是 LM358 元件的第一个子件。将对话框中的 Designator 由 U? 改为 U1,然后单击 OK 按钮。

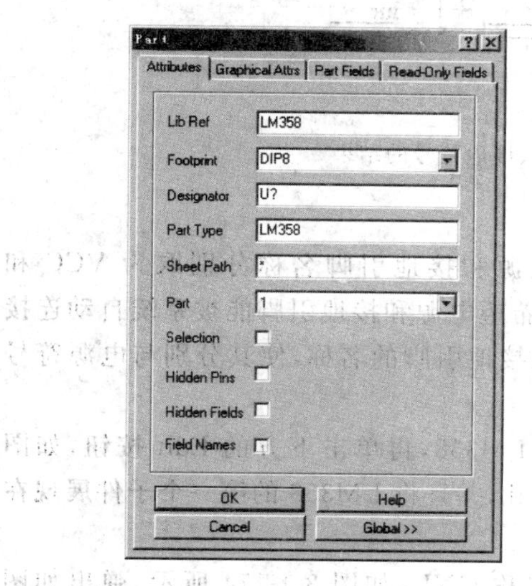

图 3-1-169 Part 对话框

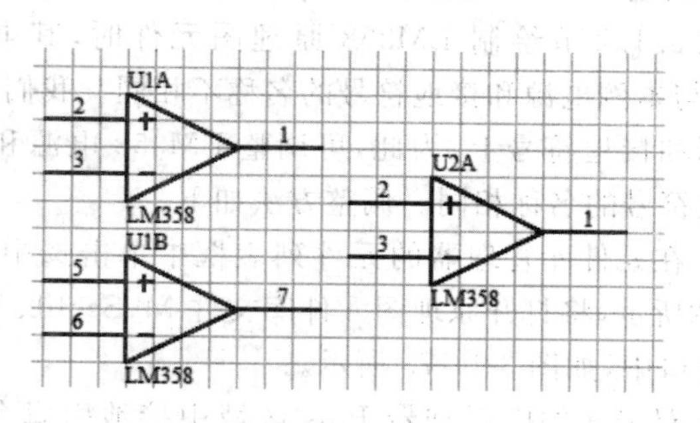

图 3-1-170 放置 LM358

- 移动光标到适当位置后单击,就放置了 U1 的第一个子件。此时仍处于放置 LM358 的状态,再次单击就放置了 U1 的第二个子件。第三次单击则放置了另一个 LM358(U2)的第一个子件。放置结果如图 3-1-170 所示。其余元件的放置这里不再赘述。

b. 画导线和放置电源、接地符号

画导线将各元件连接起来，同时放置电源和接地符号，结果如图3-1-171所示。

该数据采集与显示电路是一个模数混合系统，传感器及信号放大模块是模拟电路部分。为了避免数字电路对模拟电路的干扰，通常将模拟地和数字地分开。为此，绘制原理图时，模拟地和数字地用不同的名称，并且用不同形状的接地符号。这里，模拟地名称用AGND，接地符号用AGND；数字地名称用GND，接地符号用⏚。此外，单片机等数字电路采用+5V电源供电，电源符号的名称为VCC，形状为VCC；传感器及信号放大模块采用+9V单电源供电，电源符号的名称为+9V，形状为+9V。

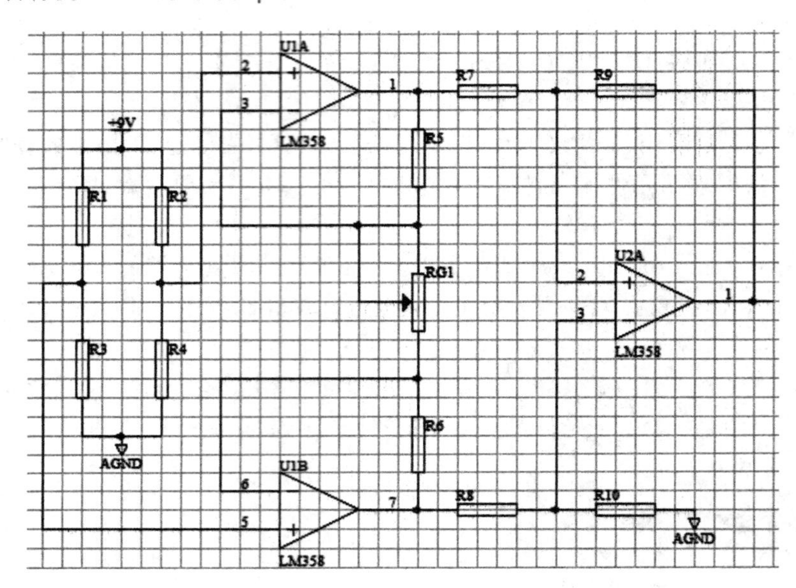

图3-1-171　画导线和放置电源、接地符号的结果

c. 调整LM358电源、接地引脚的名称

在3.1.2节绘制LM358原理图元件时，其电源和接地引脚名称分别取为VCC和GND，与本例电源和接地符号的名称不相同。我们希望电源和接地引脚能被系统自动连接到电源和接地符号上，为此，可调整LM358电源和接地引脚的名称，使其分别与电源符号和接地符号的名称相同。调整方法如下。

● 在元件库管理器的元件列表框中单击选中LM358，再单击下方的Edit按钮，如图3-1-172所示，将打开原理图元件库文件MySchlib.Lib，并且将LM358的第一个子件展现在设计窗口中，如图3-1-173所示。

● 双击元件库管理器Pins区域中接地引脚名称GND，如图3-1-174所示，弹出如图3-1-175所示的引脚属性设置对话框，将引脚名称改为AGND，然后单击OK按钮。用同样方法将电源引脚名称改为+9V。修改完后，单击元件库管理器Group区域中的Update Schematics按钮，如图3-1-176所示，就将原理图上的LM358更新为修改了电源和接地引脚名称后的LM358。

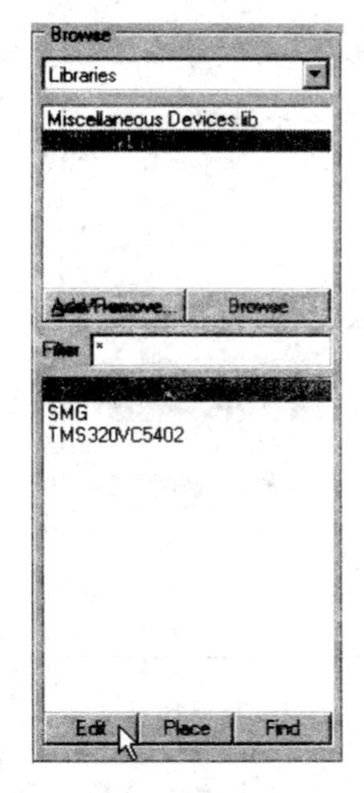

图 3-1-172 单击 Edit 按钮

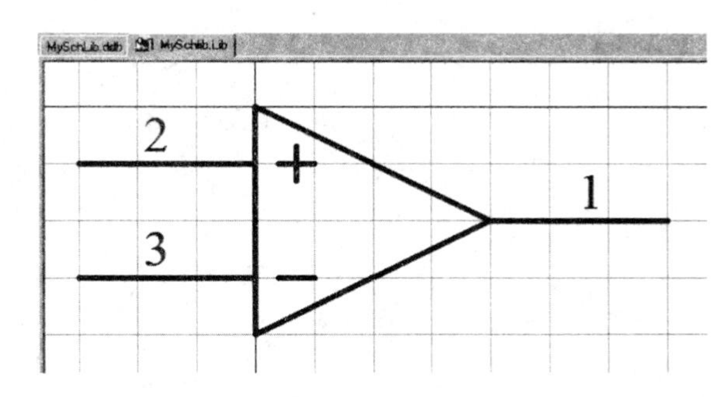

图 3-1-173 编辑 LM358

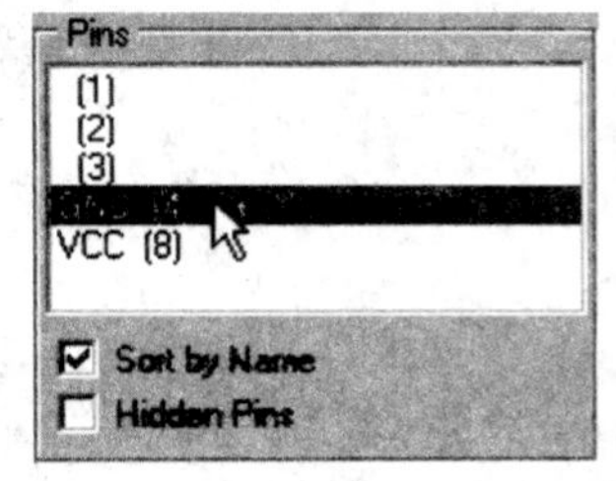

图 3-1-174 双击引脚名称 GND

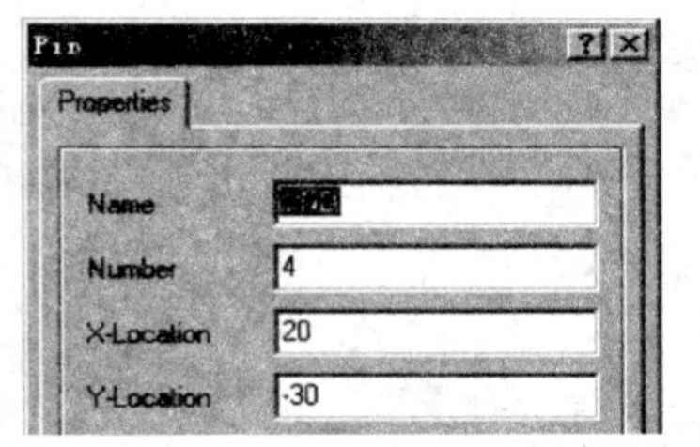

图 3-1-175 Pin 对话框

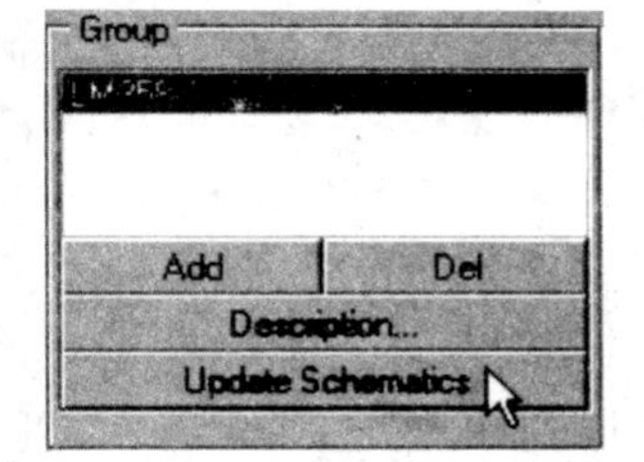

图 3-1-176 单击 Update Schematics 按钮

● 单击设计窗口右上角的"关闭"按钮,关闭当前设计数据库文件 MySchLib. ddb,重新回到原理图文件 sensor. sch。

d. 放置 I/O 端口

层次原理图子图之间的电气连接是通过 I/O 端口来实现的。该模块将传感器的信号放大后,经运算放大器 U2A 输出给 A/D 转换模块,即该模块有一个与 A/D 转换模块相连的信号输出端,应在此输出端放置一个 I/O 端口。放置方法是,选择 Place|Port 命令,或单击布线工具栏的按钮,出现带着一个 I/O 端口的十字光标,如图 3-1-177 所示。按 Tab 键,弹出如图 3-1-178 所示的 I/O 端口属性设置对话框,其中主要选项的含义及设置如下。

● Name:用于输入 I/O 端口的名称。这里输入 AnalogOut。

● Style:用于选择 I/O 端口的外观样式。这里选择 Right 选项,即设置 I/O 端口的箭头向右。

● I/O Type:用于选择 I/O 端口的输入/输出类型。有四种类型供选择:Unspecified(不指定)、Output(输出)、Input(输入)和 Bidirectional(双向)。这里选择 Output,即设置 I/O 端口为输出。

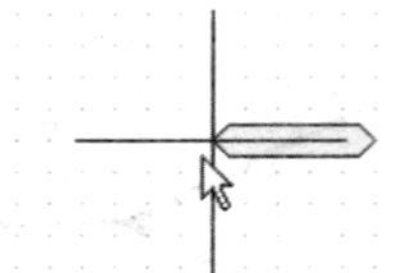

图 3-1-177　放置 I/O 端口

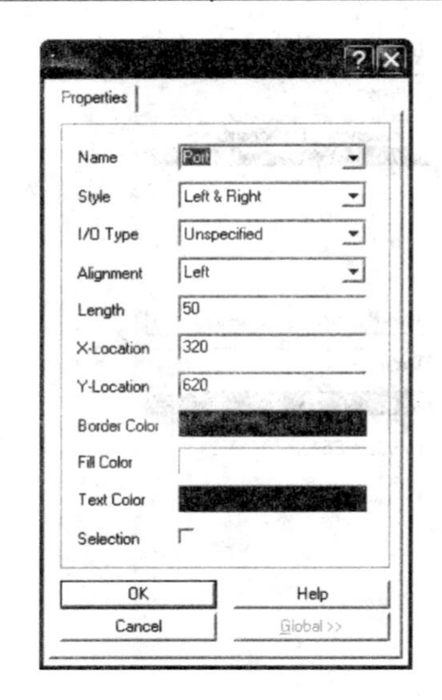

图 3-1-178　I/O 端口属性设置对话框

● Alignment：用于选择 I/O 端口名称在 I/O 端口中的对齐方式。这里选择 Left，即左对齐。

单击 OK 按钮，完成 I/O 端口属性的设置。移动光标至连接于 U2A 输出引脚的一段导线的右端，将出现黑色圆点，如图 3-1-179(a)所示，单击左键确定 I/O 端口的左端，再向右移动光标改变 I/O 端口右端的位置，当 I/O 端口长度适合时再单击则右端位置确定，就完成了 I/O 端口的放置，如图 3-1-179(b)所示。

已放置的 I/O 端口，若长度不合适，可以先点选 I/O 端口，使其右端出现如图 3-1-180 所示小方块状的控制点，然后移动光标至控制点上按下不放，拖动光标即可调整 I/O 端口的长度。

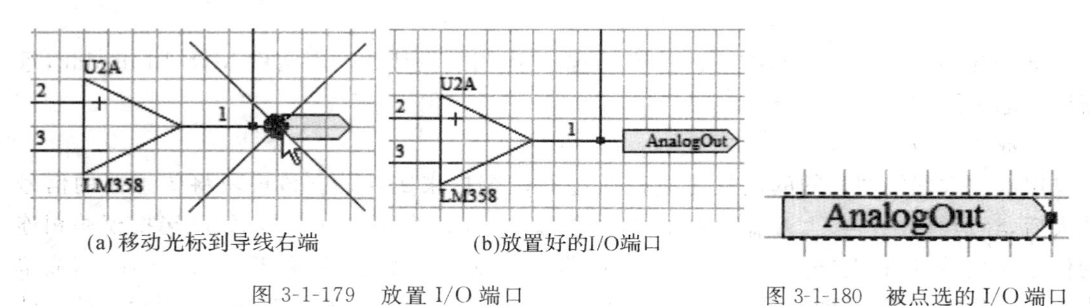

(a)移动光标到导线右端　　(b)放置好的I/O端口

图 3-1-179　放置 I/O 端口　　图 3-1-180　被点选的 I/O 端口

绘制好的传感器及信号放大模块原理图如图 3-1-164 所示。

②绘制 A/D 转换模块原理图

该模块原理图如图 3-1-165 所示。各元件在原理图元件库中的元件名称和元件封装如下。

U3：ADC0809、DIP28；U4：74LS74、DIP14；C3 和 C4：CAP、RAD0.1。

双 D 触发器 74LS74 属于 Protel DOS Schematic Libraries.ddb 中的元件库 Protel DOS Schematic TTL.lib。

该模块有 7 个 I/O 端口，它们的 I/O Type 属性如下。

AnalogOut、ALE、EN、START 和 CLK500k 均为 Input；D[0.7]和 EOC 均为 Output。

ADC0809 将传感器及信号放大模块送来的模拟量转换为数字量后，由其 8 个数据输出引脚(序号为 17、14、15、8、18～21)输出到单片机模块中 AT89C51 的 P0 口。为了实现这 8 个引脚与 AT89C51 的 P0 口相连，在 8 个引脚上各画一小段导线并在导线上分别放置网络标号 D0～D7，然后放置总线分支线，绘制总线，在总线末端放置名为 D[0..7]的 I/O 端口。注意，在总线上还要放置一个名为 D[0..7]的网络标号，如图 3-1-181 所示。

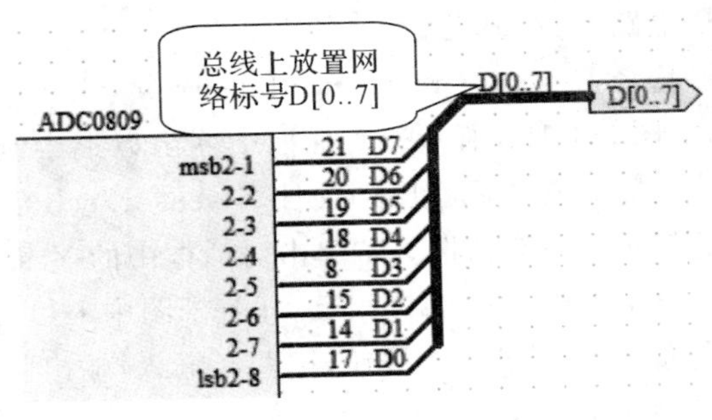

图 3-1-181 总线上放置网络标号 D[0..7]

③绘制单片机模块原理图

该模块原理图如图 3-1-166 所示。各元件在原理图元件库中的元件名称和元件封装如下。

U5：8031、DIP40；C5：ELECTRO1、RB. 2/. 4；C6～C8：CAP、RAD0. 1；R11 和 R12：RES2、AXIAL0. 4；Y1：CRYSTAL、XTAL1；S1：SW-PB、KEY。

该模块有 11 个 I/O 端口，它们的 I/O Type 属性如下。

EOC 和 D[0..7]均为 Input；DM[0..7]、B1～B4、ALE、EN、START 和 CLK500k 均为 Output。

与 A/D 转换模块中 ADC0809 的 8 个数据输出引脚相对应，在 AT89C51 的 P0 口的 8 个引脚上也分别放置网络标号 D0～D7，放置总线分支线，绘制总线，在总线末端放置名为 D[0..7]的 I/O 端口。在总线上也放置一个名为 D[0..7]的网络标号

④绘制显示模块原理图

该模块原理图如图 3-1-167 所示。各元件在原理图元件库中的元件名称和元件封装如下。

DS1：4SMG、SMG4；Q1～Q4：PNP、TO-126。

该模块有 5 个 I/O 端口，即 B1～B4 和 DM[0..7]，它们的 I/O Type 属性均为 Input。

⑤绘制电源模块原理图

该模块原理图如图 3-1-168 所示。各元件在原理图元件库中的元件名称和元件封装如下。

J1 和 J2：CON2、SIP2；C9：ELECTRO1、RB. 2/. 4；C10：CAP、RAD0. 1；R0：RES2、AXIAL0. 4。

(3)绘制顶层原理图。顶层原理图是由方块电路、方块电路端口和导线(或总线)组成的。

①在 Documents 文件夹中创建一个新原理图文件，将文件名改为 main. sch，并将其打开。我们在此文件中绘制顶层原理图。

②绘制方块电路和方块电路端口。我们可以选择 Place|Sheet symbol 命令或单击布线工具栏的▣按钮来绘制方块电路，可以选择 Place|Add Sheet entry 命令或单击布线工具栏

的按钮来绘制方块电路端口，但 Protel99SE 提供了一个简便的方法，即可由子图直接生成方块电路和方块电路端口。下面我们以传感器及信号放大模块为例，介绍由子图生成方块电路和方块电路端口的方法。

选择 Design|Create Symbol From Sheet 命令，弹出 Choose Document to Place 对话框，如图 3-1-182 所示。对话框中列出以上绘制好的五个子图的文件名。单击选中传感器及信号放大模块原理图的文件名 sensor. sch 后再单击 OK 按钮，这时弹出如图 3-1-183 所示的 Confirm 对话框。若单击对话框中的 Yes 按钮，则产生的方块电路端口的输入/输出特性将与子图中 I/O 端口相反，即若子图中 I/O 端口为输入，则相应的方块电路端口为输出，反之亦然；若单击 No 按钮，则两者输入/输出特性相同。我们选择单击 No 按钮，这时光标上即出现所生成的方块电路，如图 3-1-184 所示。移动光标到顶层图纸上适当位置后单击，方块电路和方块电路端口就被放置在顶层原理图中，所生成的方块电路端口与子图中 I/O 端口具有相同的名称和输入/输出特性，如图 3-1-185 所示。用同样方法由其他子图生成相应的方块电路和方块电路端口。

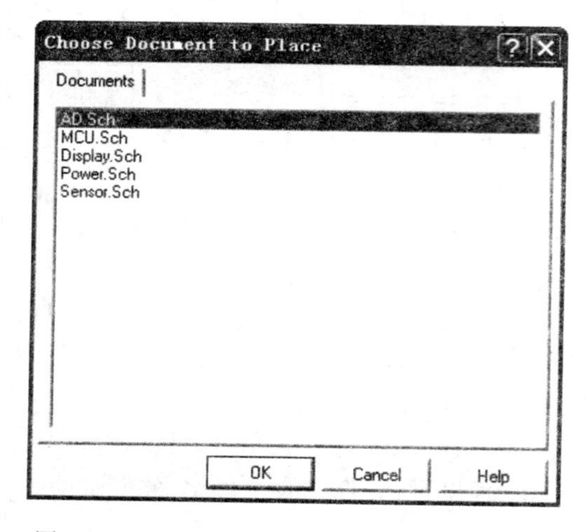

图 3-1-182　Choose Document to Place 对话框

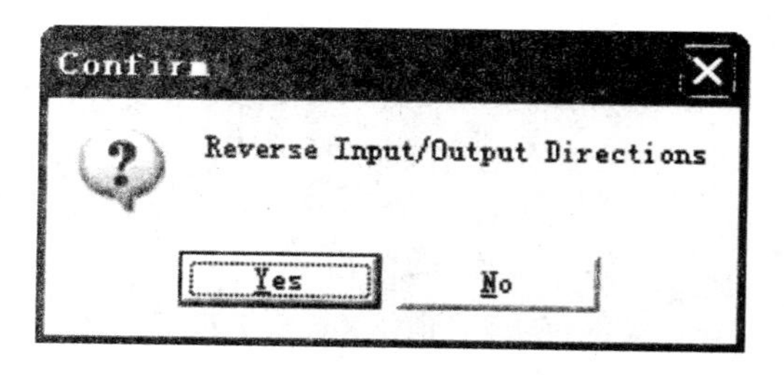

图 3-1-183　Confirm 对话框

图 3-1-184　光标上出现所生成的方块电路

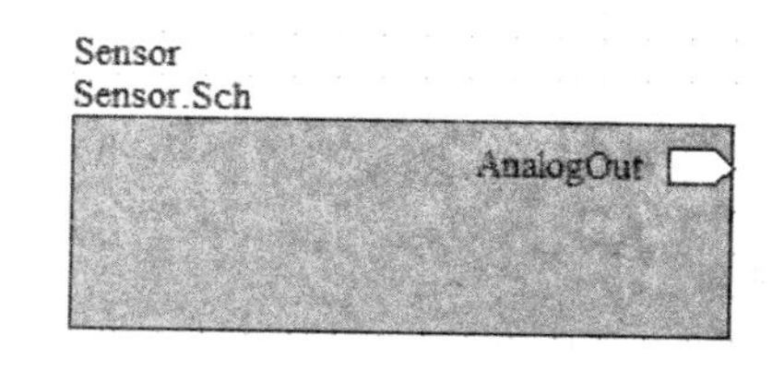

图 3-1-185　放置好的方块电路和方块电路端口

③绘制导线或总线。即按照各模块电路实际连接关系，用导线或总线将各方块电路通过方块电路端口连接起来。绘制导线或总线的方法与普通原理图的绘制方法相同。为便于连接，可对方块电路端口的位置作适当的调整，方法是，在方块电路端口上按下左键不放，拖

动光标，就能将方块电路端口移到需要的位置。绘制好的顶层原理图如图 3-1-163 所示。至此就完成了层次原理图的绘制。

2. 自顶向下设计方法

这种方法的设计过程与自底向上设计方法相反。是先绘制顶层原理图，再绘制下层子图。

(1)创建一个设计数据库文件，文件名取为“层次原理图.ddb”。

(2)绘制顶层原理图。

①打开 Documents 文件夹，在其中创建一个新原理图文件，将文件名改为 main.sch，并将文件打开。

②绘制方块电路。

我们先绘制传感器及信号放大模块对应的方块电路。选择 Place|Sheet symbol 命令，或单击布线工具栏的按钮，出现带着一个方块电路的十字光标，如图 3-1-186 所示。移动光标到适当位置时单击，就确定了方块电路的左上角。向右下方移动光标，当方块电路大小适当时单击，就绘制好了一个方块电路。

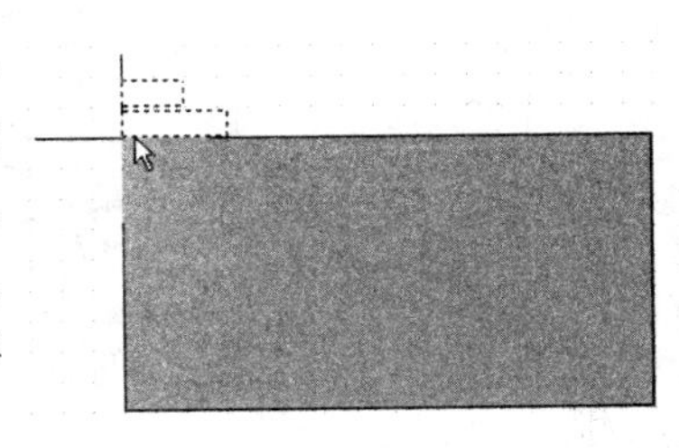

图 3-1-186 绘制方块电路

双击此方块电路，弹出如图 3-1-187 所示的 Sheet Symbol 对话框，其中主要选项的功能及设置如下。

- File Name：用于输入该方块电路所对应的下层子图的文件名。这里输入 sensor.sch。
- Name：用于输入方块电路的名称。这里输入 sensor。

设置完后单击 OK 按钮确定，就完成了该方块电路的绘制。绘制结果如图 3-1-188 所示。

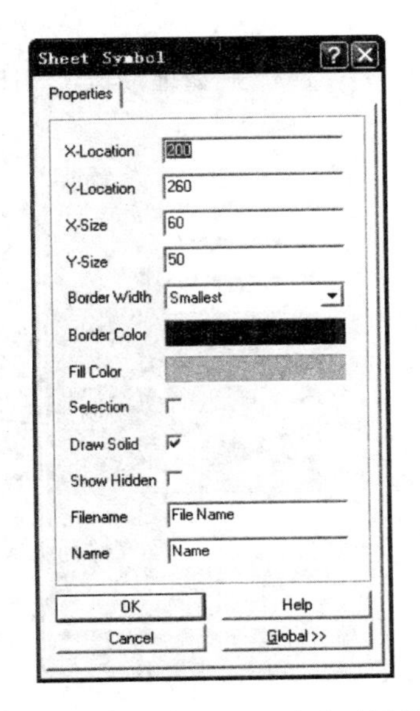

图 3-1-187 Sheet Symbol 对话框

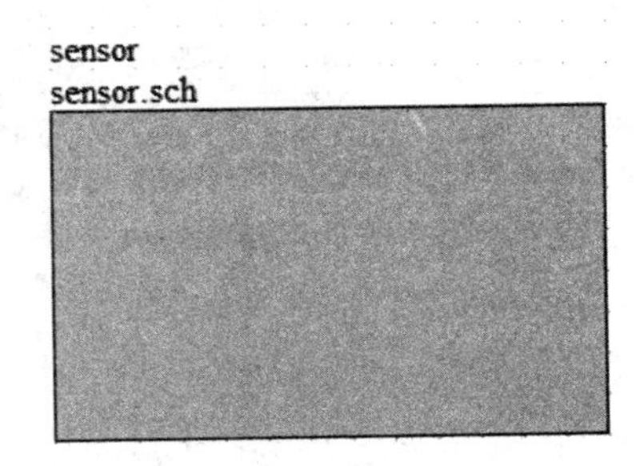

图 3-1-188 绘制完成的方块电路

用同样方法完成其余方块电路的绘制。

③放置方块电路端口。

先来放置sensor方块电路中的方块电路端口。选择Place|Add Sheet entry命令，或单击布线工具栏的按钮，出现十字光标，将光标移到sensor方块电路内单击，光标上出现一个方块电路端口，如图3-1-189所示。按下Tab键，弹出如图3-1-164所示的Sheet Entry对话框，其中主要选项的功能及设置如下。

- Name：用于输入方块电路端口的名称。这里输入AnalogOut。
- I/O Type：用于选择方块电路端口的输入/输出类型。有四种类型供选择：Unspecified（不指定）、Output（输出）、Input（输入）和Bidirectional（双向）。这里选择Output。

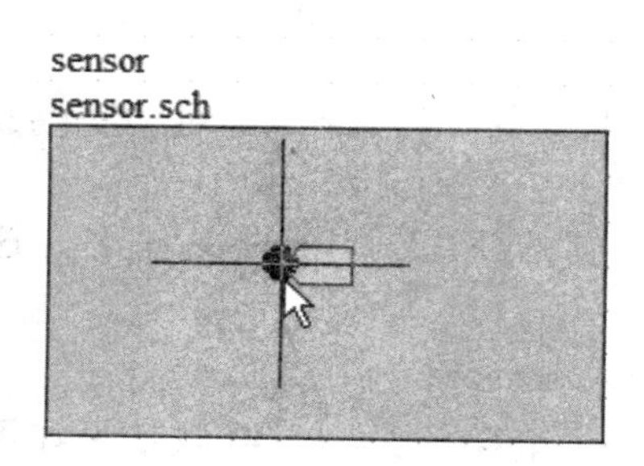

图3-1-189　放置方块电路端口

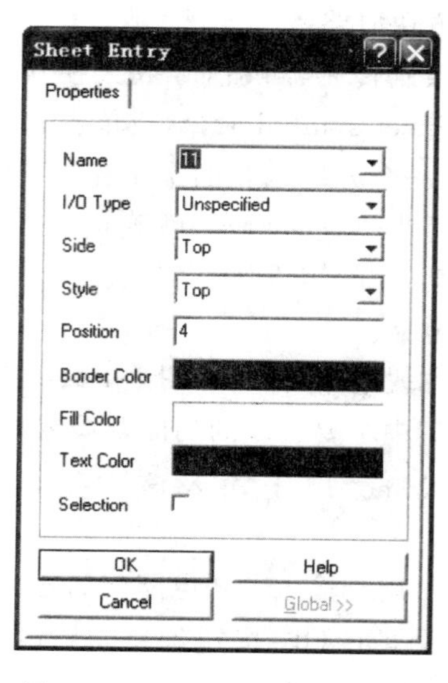

图3-1-190　Sheet Entry对话框

- Side：用于选择端口在方块电路内的位置。由于可通过鼠标拖动改变端口的位置，所以该项可不设置。
- Style：用于选择方块电路端口的外观样式。这里选择Left，即设置端口的箭头向左。

设置完后单击OK按钮确定。移动端口至方块电路左边缘后单击，就放置了一个端口。放置结果如图3-1-191所示。此时仍处于放置方块电路端口的状态，用同样方法完成其余方块电路的端口的放置。

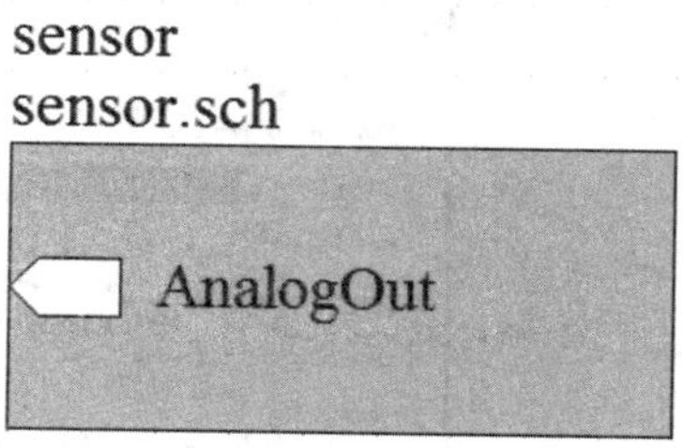

④绘制导线或总线。这一步与自顶向下的方法相同，这里不再赘述。绘制好的顶层原理图也与图3-1-163所示的相同。

sensor
sensor.sch
AnalogOut

图3-1-191　放置好的方块电路端口

(3)绘制下层各子图。

由绘制好的方块电路可直接生成相应子图的原理图文件及I/O端口。以Sensor方块电路为例，介绍具体操作方法。选择Design|Create Sheet From Symbol命令，出现十字光标，移动光标到Sensor方块电路上单击，弹出如图3-1-192所示的Confirm对话框。若单击对

话框中的 Yes 按钮，则产生的 I/O 端口的输入/输出特性将与方块电路端口相反；若单击 No 按钮，则两者输入/输出特性相同。我们选择单击 No 按钮，就自动生成了原理图文件 sensor. sch，并在其中生成了名为 AnalogOut 的 I/O 端口，如图 3-1-193 所示。用同样方法由其他方块电路生成相应的子图文件和 I/O 端口。

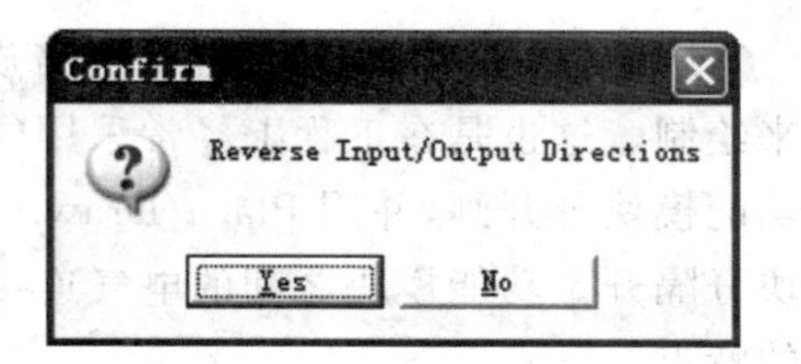

图 3-1-192 Confirm 对话框

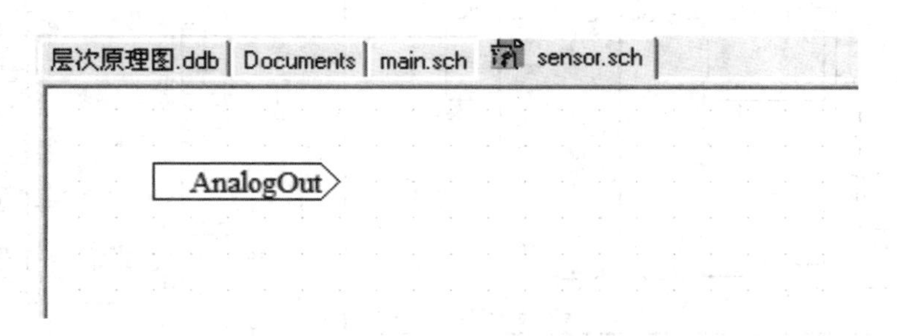

图 3-1-193 生成的子图原理图文件及 I/O 端口

最后，在各子图文件中绘制相应模块的原理图，绘制方法与普通原理图相同。绘制好的各模块原理图也分别与图 3-1-164～3-1-168 相同。

3. 不同层次原理图之间的切换

在进行层次原理图的设计、修改和阅读时，需要经常在不同层次原理图之间切换，Protel99SE 提供了进行这种切换的简便方法。下面以我们绘制好的层次原理图来介绍切换的方法。

(1)由上层母图切换到下层子图

例如，从顶层原理图 main. sch 切换到子图 sensor. sch。选择 Tools|Up/Down Hierarchy 命令，或单击主工具栏的⬇⬆按钮，出现十字光标，移动光标到与子图 sensor. sch 对应的方块电路上单击，就自动切换到子图 sensor. sch。

(2)由下层子图切换到上层母图

例如，从子图 Display. sch 切换到顶层原理图 main. sch。选择 Tools|Up/Down Hierarchy 命令，或单击主工具栏的⬇⬆按钮，出现十字光标，移动光标到子图 display. sch 的某个 I/O 端口上，如名为 B1 的 I/O 端口上，如图 3-1-194 所示，单击，就自动切换到顶层原理图 main. sch，并且光标落在名称也为 B1 的方块电路端口上，如图 3-1-195 所示。

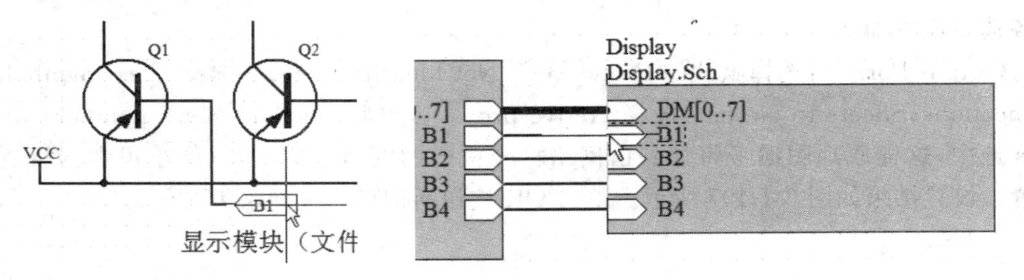

图 3-1-194 子图 display. sch

图 3-1-195 顶层原理图 main. sch

顺便提及，对于本例，由于电路规模不大，其原理图还可以用如图3-1-196所示的方法来绘制。这也是在工程上经常采用的方法，这种方法将整个电路绘制在一个原理图上，但按功能模块分开画，并用Place/Drawing Tools/Line命令画没有电气意义的直线将各功能模块分隔开。功能模块之间的电气连接用网络标号来实现。显然，这种原理图也具有模块化的特点。

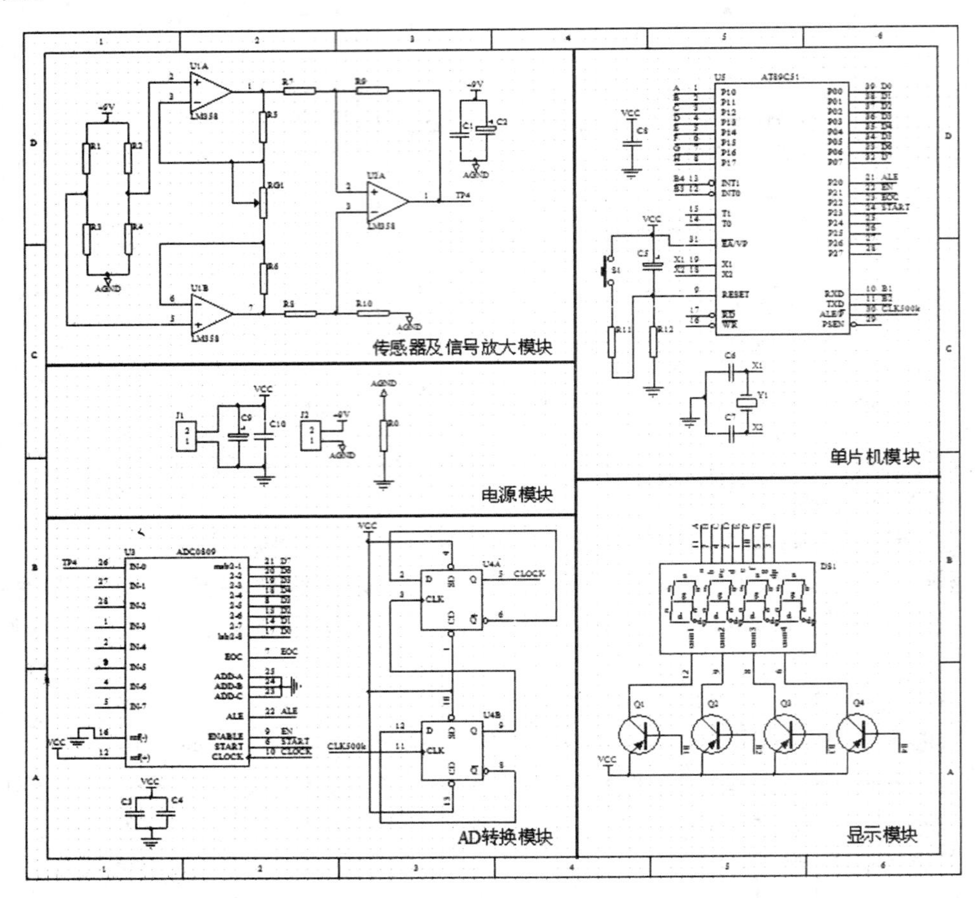

图3-1-196　具有模块化特点的原理图

4. 生成层次原理图的网络表文件

选择Design|Create Netlist命令，弹出Netlist Creation对话框，其中Preferences选项卡各选项设置如下。

Output Format：选择默认的Protel格式；Net Identifier Scope：选择Sheet Symbol/Port connections；Sheets to Netlist：选择Active project。可将Append sheet numbers to local nets选中，这样原理图编号将加到由网络标号构成的网络名称上，以便于识别网络所在的位置。设置结果如图3-1-197所示。单击OK按钮后即可生成网络表文件。

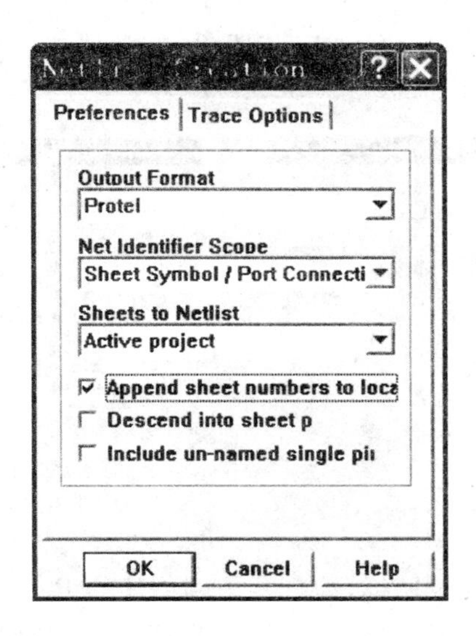

图 3-1-197　Netlist Creation 对话框

3.2　印制电路板设计

在“3.1 电路原理图设计”部分，我们已绘制好如图 3-1-108 所示的信号采集处理模块电路原理图，下面以该电路为例，介绍最为常用的印制电路板：单面板和双面板的设计方法。

3.2.1　单面板设计

单面板的布线特点是，只能在一面布导线，所以布线难度大，只适合于不太复杂的电路。但在手工制作印制板的情况下，要制作双面板，难度较大，所以手工制作一般采用单面板。

1. 创建 PCB 文件

(1)打开 3.1.1 节创建的设计数据库文件 AD.ddb 及其中的 Documents 文件夹。选择 File|New 命令，弹出如图 3-2-1 所示的 New Document 对话框。双击其中的图标，即在

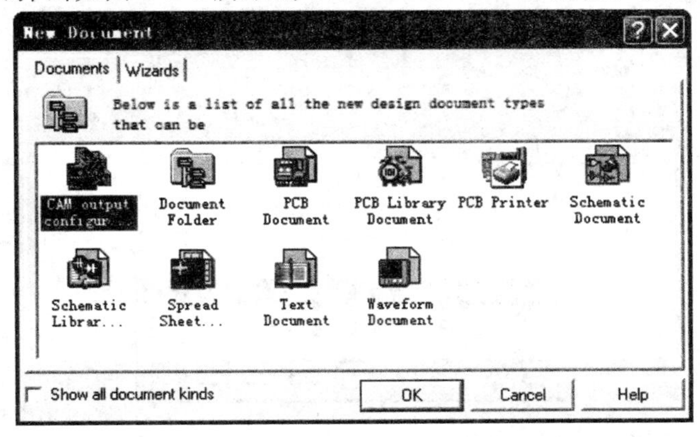

图 3-2-1　New Document 对话框

Documents文件夹中创建了一个PCB文件，如图3-2-2所示。其默认文件名为PCB1.PCB，这里将其更名为AD.PCB，如图3-2-3所示。

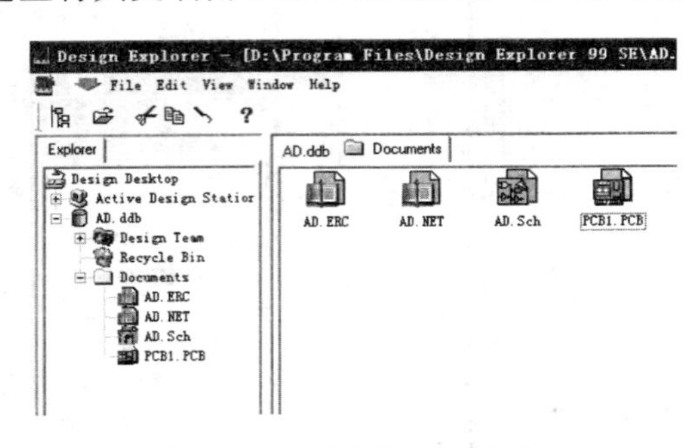

图3-2-2 创建的PCB文件

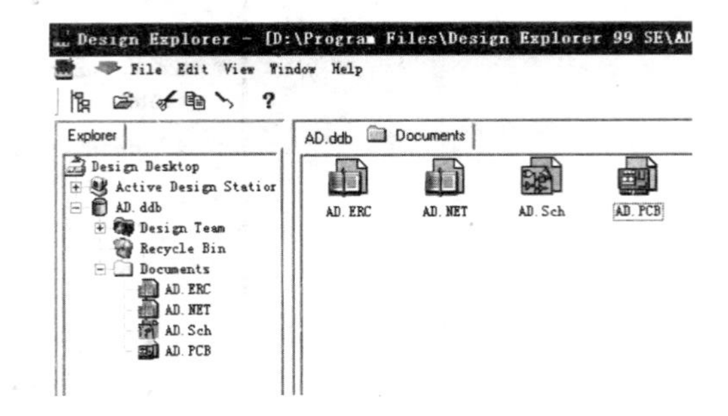

图3-2-3 更名后的PCB文件

(2)打开PCB文件。双击图标，即打开了刚创建的PCB文件，如图3-2-4所示。其中还打开了如图3-2-5所示的放置工具栏，该工具栏提供了设计印制电路板时需用到的绘制导线、放置元件封装及其他用途的十几种工具，其中大部分工具在Place菜单中都有相应的命令。选择View|Toolbars|Placement Tools命令，可以在放置工具栏的打开和关闭状态之间切换。

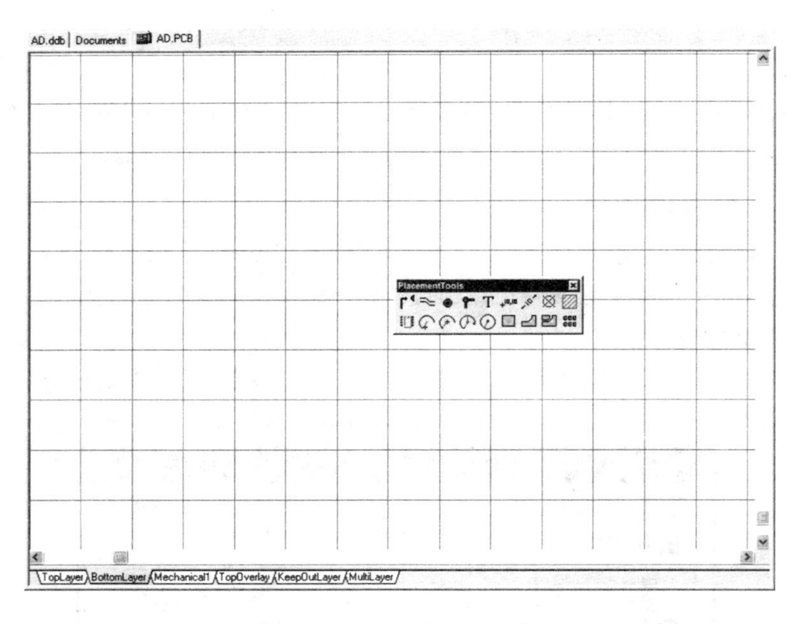

图3-2-4 打开的PCB文件

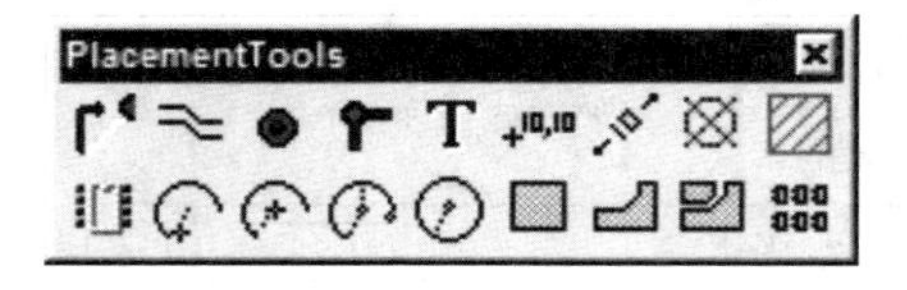

图3-2-5 放置工具栏

2. 环境设置

(1)Document Options 对话框的设置

选择 Design|Options 命令，将弹出如图 3-2-6 所示的 Document Options 对话框，该对话框包含了两个选项卡：Layers 选项卡和 Options 选项卡。

①Layers 选项卡的设置

a. 选择要显示的工作层面

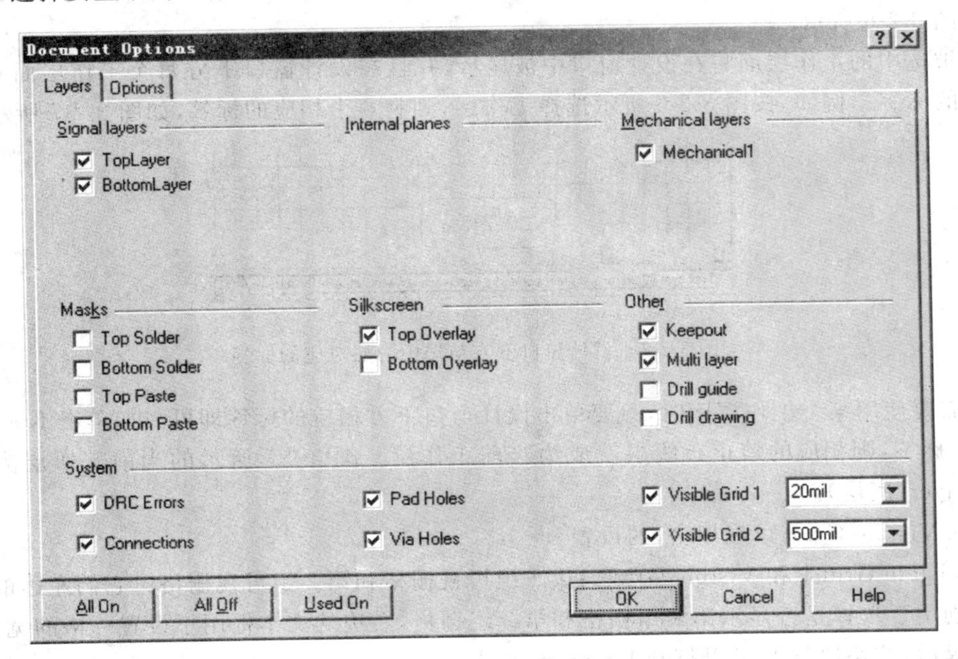

图 3-2-6 Document Options 对话框

Protel99SE 提供了 Signal layers(信号层)、Internal planes(内部电源/接地层)、Mechanical layers(机械层)、Masks(防护层)、Silkscreen(丝印层)和 Other(其他层)等工作层面。其中主要的工作层面介绍如下。

- Signal layers：信号层。包括 TopLayer(顶层)、BottomLayer(底层)和 MidLayer1～MidLayer30(中间布线层)。顶层用于放置元件和布线；底层用于布线和焊锡；中间布线层是多层板中用于布线的中间板层。
- Internal planes：是多层板的内部电源层或接地层。
- Mechanical layers：机械层。用于绘制 PCB 的物理边界，放置装配说明等的标注文字。
- Solder Masks：阻焊层。包括 Top Solder Mask(顶层阻焊层)和 Bottom Solder Mask(底层阻焊层)，用于在印制板上焊盘和过孔以外部分印上一层不粘焊锡的阻焊剂。
- Paste Masks：助焊层。包括 Top Paste Mask(顶层助焊层)和 Bottom Paste Mask(底层助焊层)。在表面装配元器件自动装配焊接工艺中，在钢板上将对应于 SMC/SMD 元器件焊盘的位置镂空，用来在焊盘上涂上锡膏。
- Silkscreen：丝印层。包括 Top Overlay(顶层丝印层)和 Bottom Overlay(底层丝印

层)，分别用于在印制板正面和反面印上元件序号、标称值等文字符号。

● Keepout(Layer)：禁止布线层。用于绘制PCB的电气边界。

● Multi layer：多层。它代表所有的信号层，放置于其上的图件，如焊盘和穿透式过孔，将被放置到所有信号层上。

这里我们选中TopLayer(顶层)、BottomLayer(底层)、Mechanical1(机械层1)、Top Overlay(顶层丝印层)、Keepout(禁止布线层)和Multi layer(多层)等6个工作层面，选择结果如图3-2-6所示。

被选中的工作层面将在设计窗口中被显示，并且在设计窗口下方每个工作层面有一个对应的标签。例如，按图3-2-6所示选择工作层，则有6个相应的标签，如图3-2-7所示。

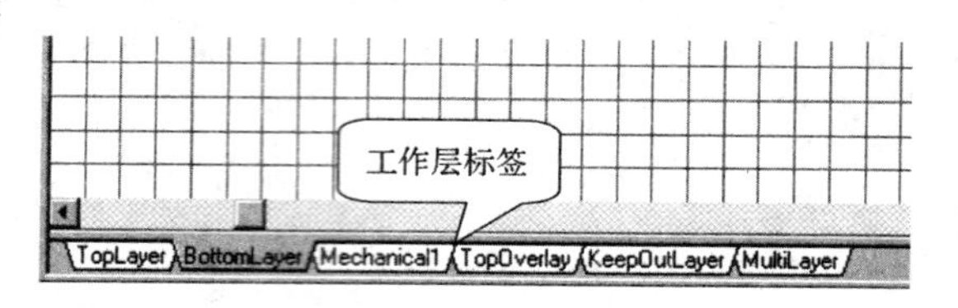

图3-2-7　设计窗口下方与选中的层对应的标签

需要使用某个工作层面时，只要单击设计窗口下方相应的标签即可。如单击KeepOut-Layer标签，则相应的禁止布线层就成为当前工作层。图3-2-7所示的当前工作层为Bot-tomLayer(底层)。

b. Visible Grid(可视栅格)的设置

Visible Grid 1和Visible Grid 2：第1组可视栅格和第2组可视栅格。它们左边的复选框分别用于选择是否显示第1组栅格和第2组栅格，右边的文本框用于设置一格的宽度。

提示：按快捷键L可以打开Layers选项卡。

②Options选项卡的设置

Options选项卡如图3-2-8所示。该选项卡各选项的含义如下。

● Snap X：X方向的捕捉栅格。在布线等工作状态下，十字光标以文本框中的设置值为X方向移动的基本单位。

● Snap Y：Y方向的捕捉栅格。在布线等工作状态下，十字光标以文本框中的设置值为Y方向移动的基本单位。

● Component X：元件封装在X方向移动的基本单位。

● Component Y：元件封装在Y方向移动的基本单位。

● Electrical Grid：电气栅格。若选中该项，则在布线等工作状态时，系统会以十字光标中心为圆心，以Range设置值为半径，向周围搜索焊盘，如果在搜索范围内有焊盘，就会自动将光标移到该焊盘中心。

● Visible Kind：可视栅格的类型。有Dots(点状)和Lines(线状)两种类型的栅格供选择。

● Measurement Unit：度量单位。系统提供了两种度量单位：Metric(公制)和Imperial(英制)，分别以mil和mm为度量单位。1mil＝0.0254mm。

提示：按快捷键Q可以在公制Metric(公制)和Imperial(英制)之间切换。

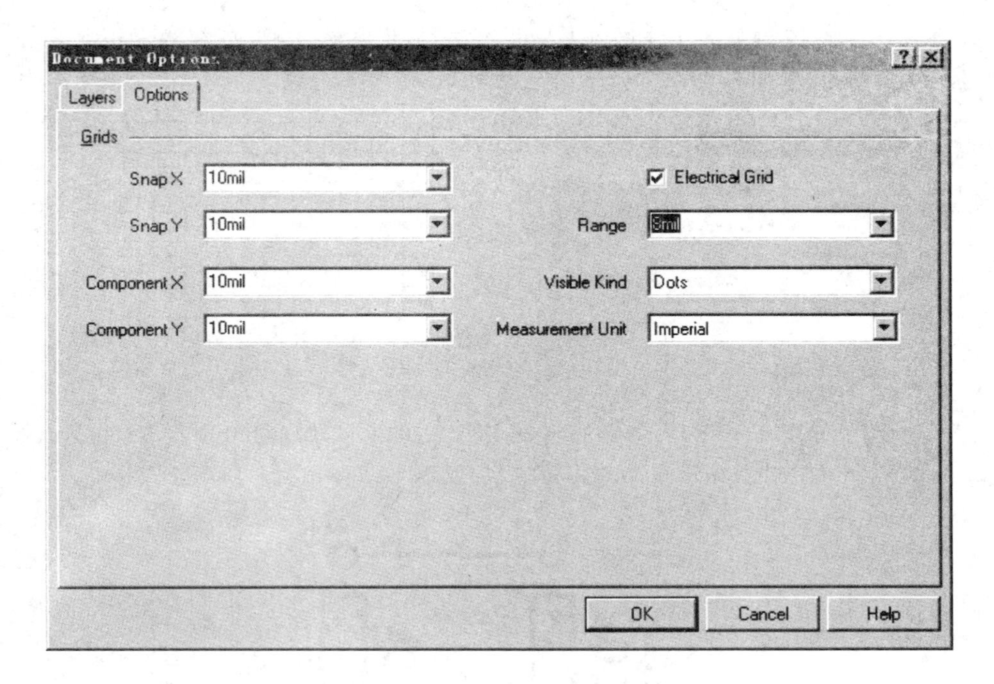

图 3-2-8　Options 选项卡

【例 3-2-1】　Visible Grid 的实例

(1)按快捷键 L 打开如图 3-2-6 所示的 Layers 选项卡，将 Visible Grid 1 和 Visible Grid 2 均选中，并且分别设置为 20mil 和 500mil。

(2)选择 Options 选项卡，将 Snap X 和 Snap Y 均设置为 20mil。

(3)此时 AD. PCB 文件中一个栅格的宽度为 500mil，即显示的是第 2 组可视栅格(刚打开 PCB 文件时显示的是第 2 组可视栅格)。我们可以测量栅格的宽度：

①按 PageUp 键两次，将图面适当放大。

②选择测量距离的命令 Reports|Measure Distance，出现十字光标，将十字光标移到一个格点上，如图 3-2-9 所示，单击确定测距的起点。

③再将光标移到右边相邻的格点上，再次单击确定测距的终点，如图 3-2-10 所示。此时弹出如图 3-2-11 所示的测距结果对话框，其中显示 X 方向两格点间的距离(一个栅格的宽度)为 500mil。另外，由图 3-2-9 和图 3-2-10 所示屏幕左下角状态栏显示的坐标值也可看出一个栅格的宽度。

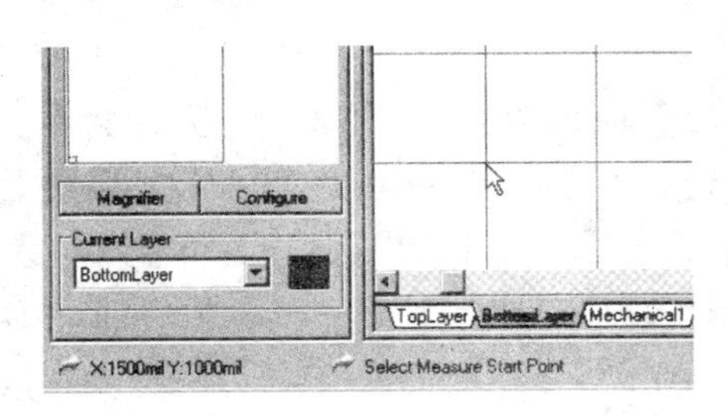

图 3-2-9　将十字光标移到一个格点上

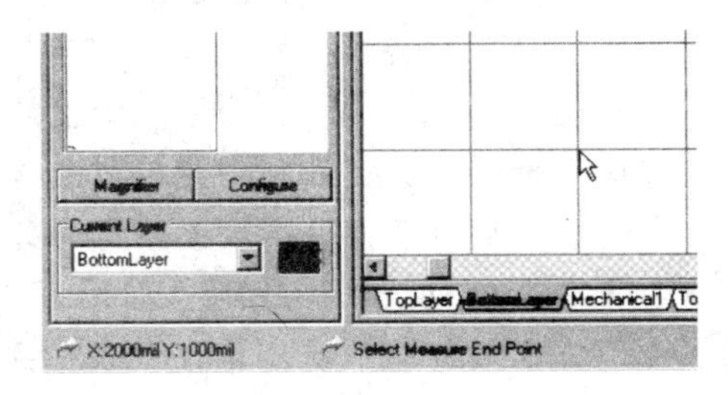

图 3-2-10　将十字光标移到相邻格点上

(4)再按PageUp键放大工作区到一定程度时，栅格突然变小，如图3-2-12所示，此时切换为显示第1组可视栅格，即一个栅格的宽度是20mil。

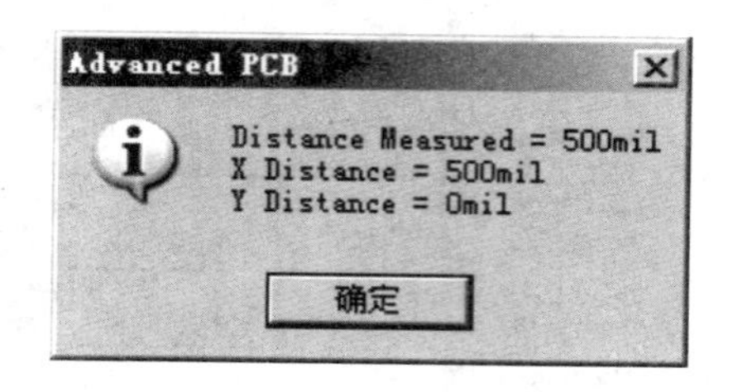

图3-2-11　测距结果

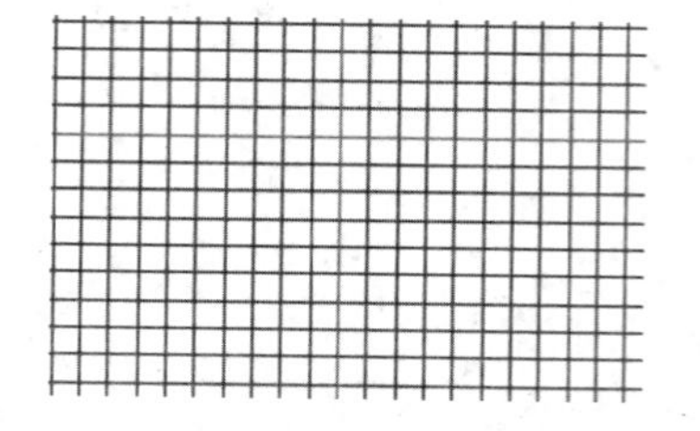

图3-2-12　显示第1组可视栅格

【例3-2-2】 如图3-2-13所示，在打开的PCB文件上放置序号分别为R1和R2、标称值均为10k的两个电阻封装AXIAL0.4，并在底层绘制导线，将它们并联起来。

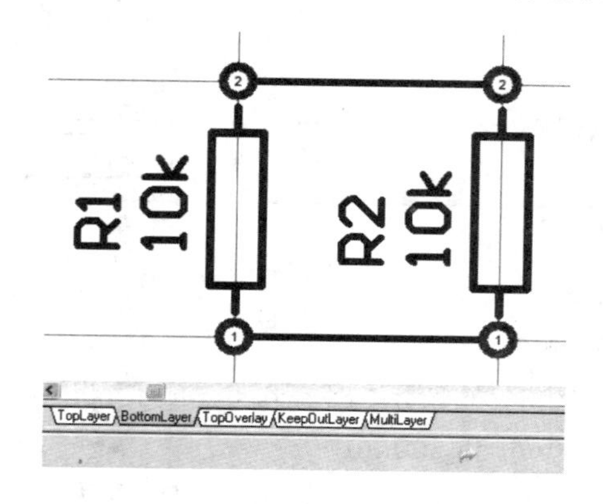

图3-2-13　放置电阻封装AXIAL0.4并连线

(1)将Visible Grid 2设置为400mil并选中。Visible Grid 1不选。

(2)放置电阻封装AXIAL0.4

与绘制原理图类似，在放置元件封装前，必须将元件封装所在的元件封装库添加到系统中。AXIAL0.4在Protel99SE提供的元件封装库PCB Footprints.lib中，在打开PCB文件时，系统已经自动添加了该封装库。

①进入元件封装库管理器。单击屏幕左侧设计管理器顶部的Browse Sch标签后，选择Browse下拉列表框中的Libraries选项，就进入了元件封装库管理器，如图3-1-14所示。在元件封装库列表框中列出了已添加的封装库PCB Footprints.lib，在元件封装列表框中列出了该封装库中全部封装的名称。

②放置封装AXIAL0.4。与原理图设计时放置原理图元件类似，放置元件封装有利用元件封装库管理器来放置和利用菜单命令来放置两种方法。下面分别介绍这两种方法。

a.利用元件封装库管理器放置AXIAL0.4

● 在元件封装列表框中找到AXIAL0.4并在其上单击，如图3-1-15所示，此时元件封装列表框下方的预览框中显示出该元件封装。单击Place按钮或直接双击AXIAL0.4，出现十字光标，其上带着一个封装AXIAL0.4，如图3-2-16所示。

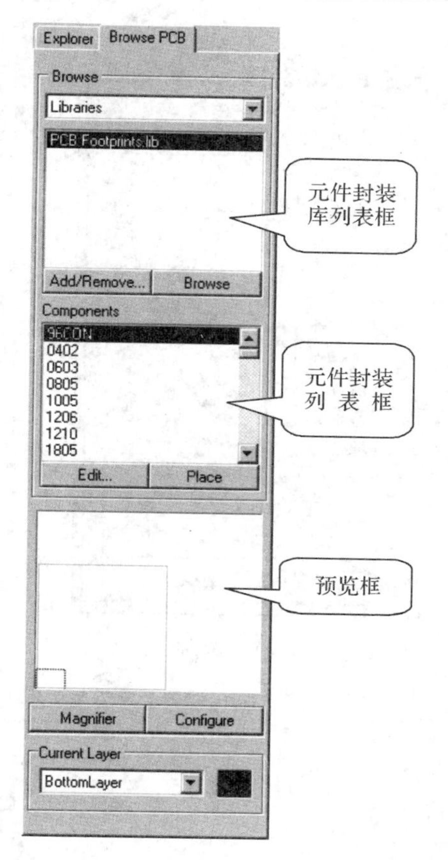

图 3-2-14 元件封装库管理器

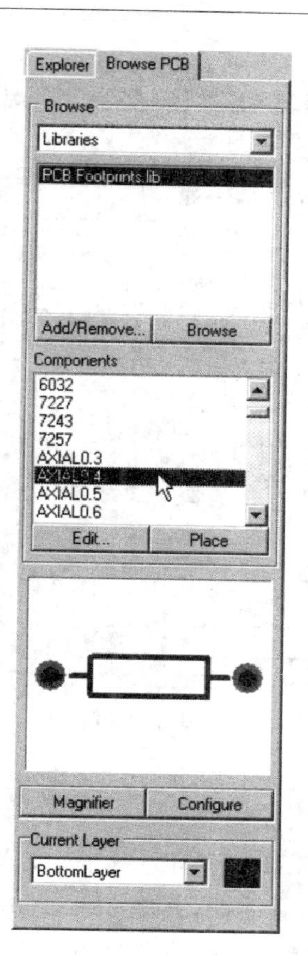

图 3-2-15 找到 AXIAL0.4 并单击

● 设置封装的属性。按 Tab 键，弹出如图 3-2-17(a)所示用于设置元件封装属性的 Component 对话框。在 Designator 和 Comment 文本框中分别输入 R1 和 10k，然后单击 OK 按钮完成设置。设置结果如图 3-2-17(b)所示。

● 按空格键一次，使封装 AXIAL0.4 逆时针转过 90°，轴线转到竖直方向。移动光标到适当位置后单击，就放置了一个电阻封装 AXIAL0.4。再用上述方法放置第二个 AXIAL0.4 封装，放置结果如图 3-2-18 所示。放置第二个 AXIAL0.4 时，不需按 Tab 键设置封装的属性，其 Designator 会自动递增为 R2，而 Comment 保持为 10k。

b. 利用菜单命令或放置工具栏放置 AXIAL0.4

● 选择 Place|Component 命令，或单击放置工具栏的按钮，或按快捷键 P|C，弹出 Place Component (放置元件封装)对话框，如图 3-2-19(a)所示。

● 在 Footprint、Designator 和 Comment 文本框中分别输入 AXIAL0.4、R1 和 10k，设置结果如图 3-2-19(b)所示。

● 单击 OK 按钮，出现十字光标且其上附着一个封装 AXIAL0.4。移动光标到适当位置后单击，就放置了

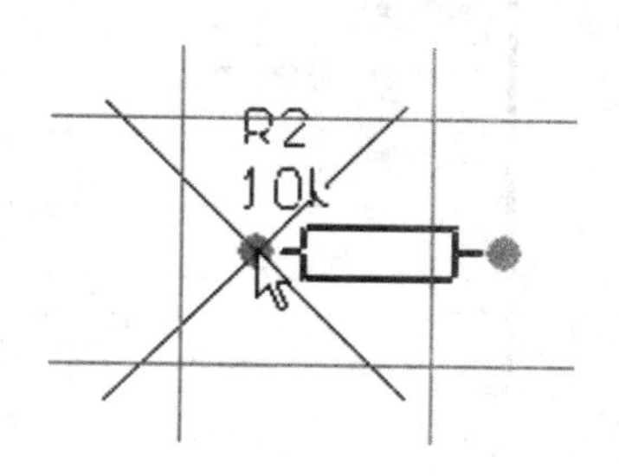

图 3-2-16 放置 AXIAL0.4 的状态

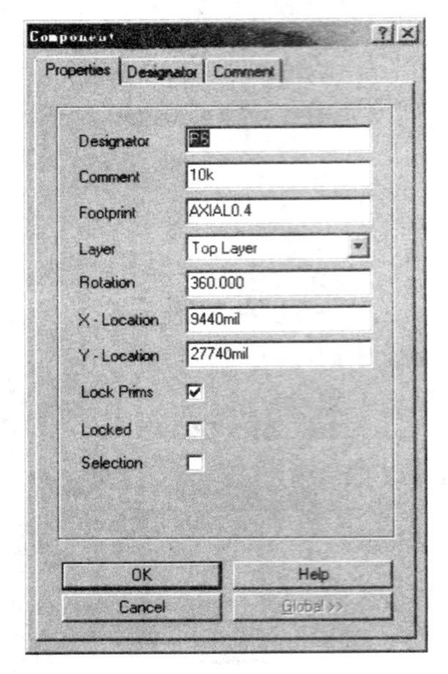

(a) 设置属性前

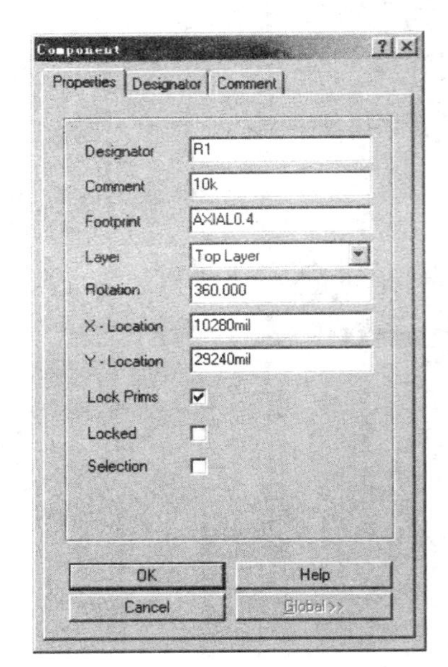

(b) 设置属性后

图 3-2-17　Component 对话框

一个电阻封装 AXIAL0.4。此时，又自动弹出 Place Component 对话框，其中 Designator 自动递增为 R2。再次单击，完成第二个 AXIAL0.4 封装的放置。放置结果如图 3-2-18 所示。

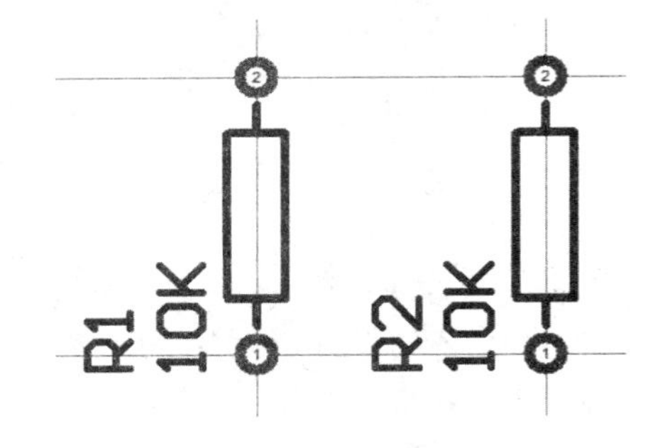

图 3-2-18　电阻封装 AXIAL0.4 放置结果

● 按 Esc 键或单击 Place Component 对话框中的 Cancel 按钮，即退出放置封装状态。

(3)绘制导线

①单击设计窗口下方的 BottomLayer 标签，选择底层为当前工作层。

②选择 Place| Interactive Routing 命令，或单

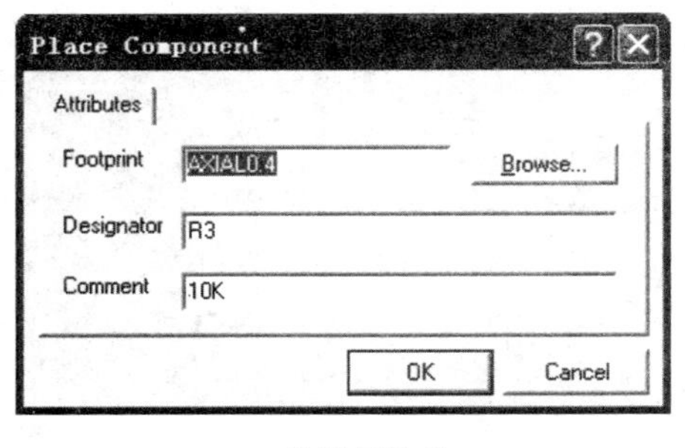

(a) 设置属性前

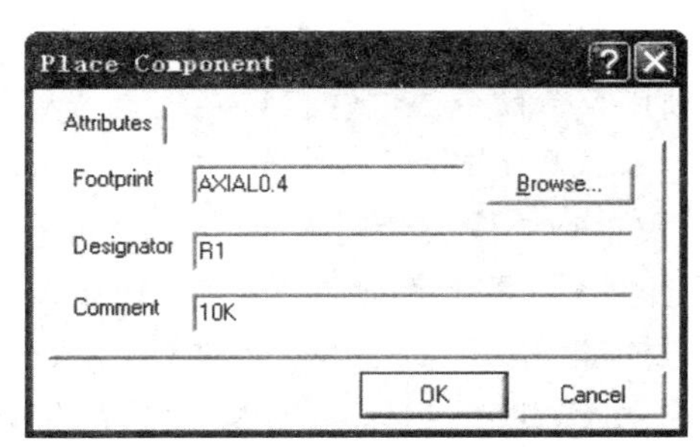

(b) 设置属性后

图 3-2-19　Place Component 对话框

击放置工具栏的按钮，出现十字光标，移动光标至 R1 的 2 号焊盘中心时，焊盘上会出现一个八边形框，如图 3-2-20 所示，表示十字光标已定位于焊盘中心。此时单击左键，就在焊盘中心确定了导线的起点。

③向右移动光标，即出现随光标移动而向右伸展的蓝色导线(底层导线为蓝色)。光标移至 R2 的 2 号焊盘中心时，又出现八边形框，再次单击就确定了导线的终点，此时导线呈现高亮的黄色。

④单击右键，结束该导线的绘制，结果如图 3-2-21 所示。此时，仍呈现十字光标，可继续绘制另一条导线(若此时再次单击右键则退出绘制导线的状态)。

⑤在设计窗口中空白处单击，导线变为蓝线。

两条导线绘制完成时的结果如图 3-2-13 所示。

在绘制导线等工作状态下，十字光标移至焊盘中心时，若不显示八边形框，则按 End 键刷新屏幕后即可显示。

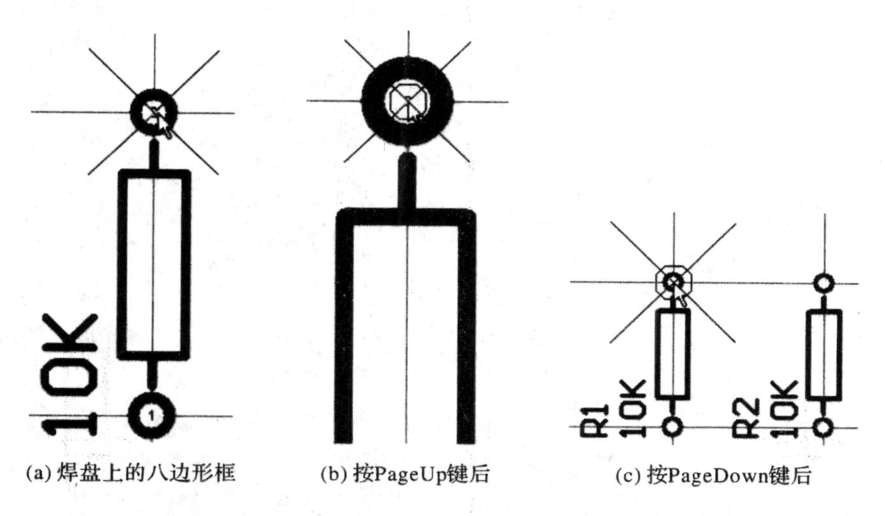

(a) 焊盘上的八边形框　(b) 按PageUp键后　(c) 按PageDown键后

图 3-2-20　光标定位于焊盘中心时显示的八边形框

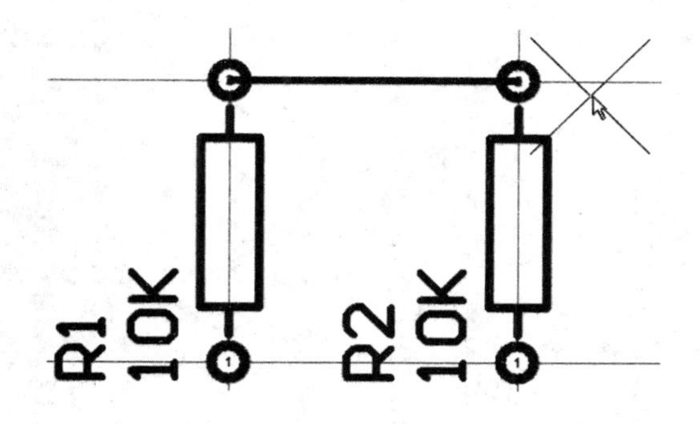

图 3-2-21　完成一条导线的绘制

(2)Preferences 对话框的设置

选择 Tools|Preferences 命令，弹出如图 3-2-22 所示的 Preferences 对话框，该对话框包含了六个选项卡，用于对一些特殊功能、工作层面颜色、图件的显示/隐藏等进行设置。

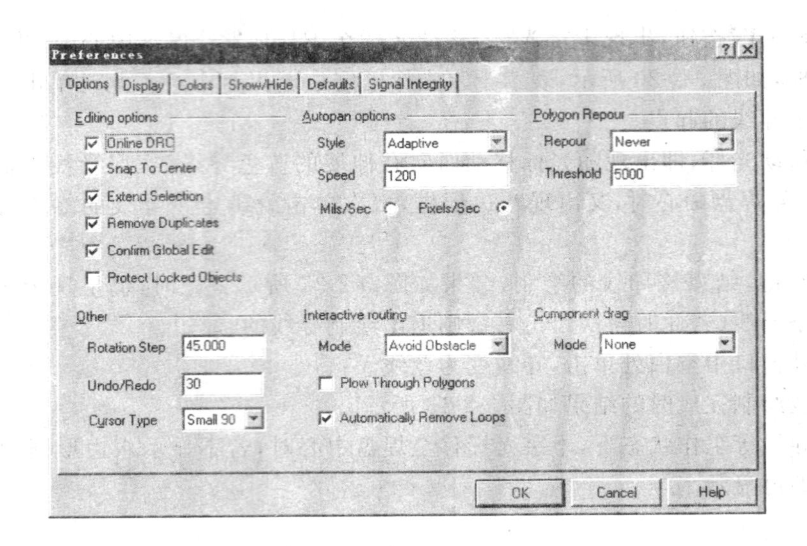

图 3-2-22　Preferences 对话框

①Options 选项卡的设置

该选项卡用于设置一些特殊的功能。其中几个选项的功能介绍如下。

● Rotation Step：用于设置旋转角度。即在放置元件封装时，每按一次空格键，元件封装旋转的角度。默认值为 90°。

● Cursor Type：用于设置在布线等工作状态下十字光标的形状。其下拉列表框中有 3 个选项：Large 90、Small 90 和 Small 45，可分别选择 90°大光标、90°小光标和 45°小光标三种光标形状。

②Colors 选项卡的设置

Colors 选项卡如图 3-2-23 所示。该选项卡用于设置工作层面的颜色。单击层面名称右边的色块，将打开如图 3-2-24 所示的颜色选择对话框。其中有 239 种颜色供选择。单击所要的颜色后再单击 OK 按钮，即完成层面颜色的设置。

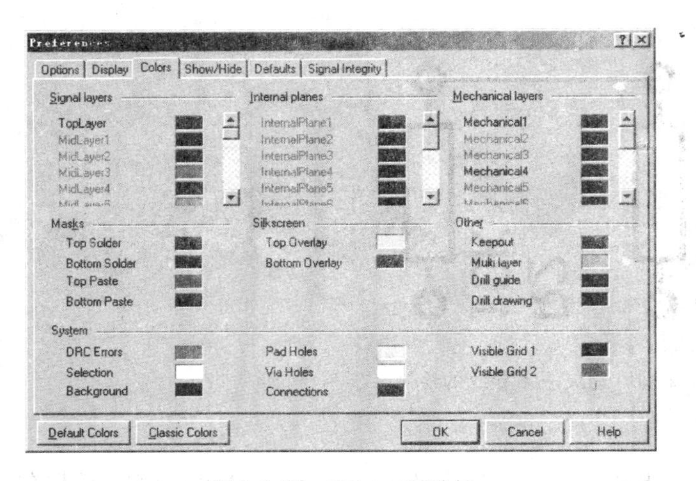

图 3-2-23　Colors 选项卡

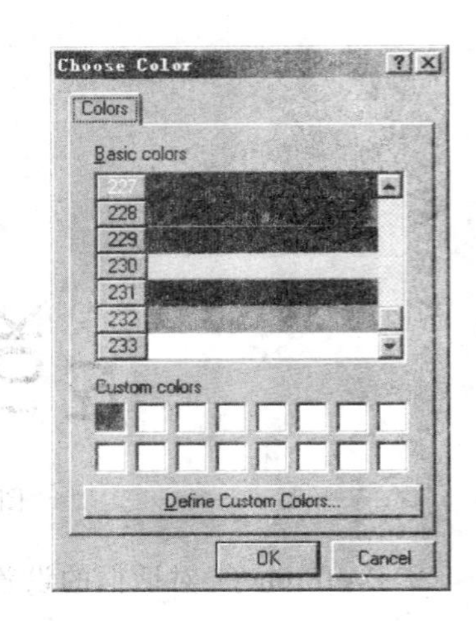

图 3-2-24　颜色选择对话框

单击 Default Colors 按钮，将恢复系统默认的颜色。

单击 Classic Colors 按钮，则指定为传统的颜色设置，即 DOS 版本的 Protel 所采用的黑底界面。

③Show/Hide 选项卡的设置

Show/Hide 选项卡如图 3-2-25 所示。该选项卡用于设置图件的显示模式。图件包括 Arcs(圆弧)、Fills(金属填充)、Pads(焊盘)、Polygons(覆铜)、Dimension(尺寸标注)、Strings(字符串)、Tracks(导线)、Vias(过孔)、Coordinates(坐标)等。显示模式有以下三种。

- Final：精细显示模式。
- Draft：简易显示模式。
- Hidden：隐藏模式。

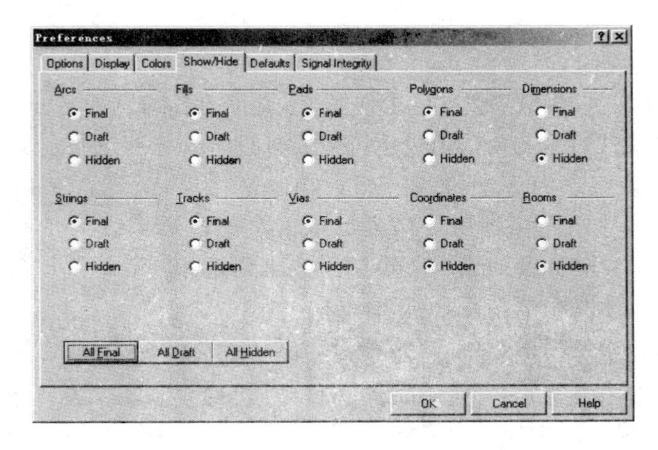

图 3-2-25 Show/Hide 选项卡

例如，对 Strings(字符串)选中 Hidden 模式，则 PCB 图上元件的序号、型号、标称值以及注释文字等将被隐藏而不显示。

3. 印制板边界的绘制

印制板边界包括物理边界和电气边界。物理边界用于定义印制板的物理轮廓。电气边界用于定义印制板的电气轮廓，PCB 图上所有的图件(如元件封装、导线等)都被限制在电气边界内。物理边界在机械层绘制，电气边界在禁止布线层绘制。但是实际上，可以只绘制电气边界而不绘制物理边界，因为印制板厂商在切割印制板时就将电气边界作为物理边界。

【例 3-2-3】 印制电路板尺寸要求如图 3-2-26 所示，板面积为 98×74mm，板上有 4 只安装孔，使用 M2.5 的螺钉固定。请绘制印制板电气边界。

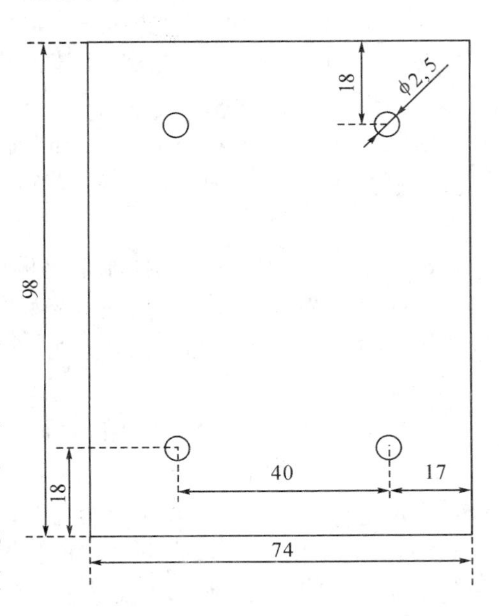

图 3-2-26 印制电路板尺寸

我们按照图 3-2-26 给出的印制电路板尺寸来

绘制印制电路板边界。绘制步骤如下。

(1)新建一个 PCB 文件并将其打开。

(2)设置参数

①设置度量单位。由于图 3-2-26 给出的尺寸以毫米为单位,所以绘图的度量单位也要设置为毫米。方法是,按快捷键 Q 将度量单位切换到毫米(从屏幕左下角状态栏上显示的鼠标指针坐标值,可以看出是否已切换到毫米)。

②将 Snap X 和 Snap Y 均设置为 0.5mm。

③本例为了画面更清晰,选择 Dots(点状)栅格。

(3)单击设计窗口下方的 KeepOutLayer 标签,选择禁止布线层为当前工作层。

(4)绘制印制板电气边界。绘制方法可有多种,下面介绍两种方法。

①方法一

a. 设定坐标原点

在 PCB 设计窗口中,系统提供了一套坐标系,其原点称为绝对原点(Absolute Origin),绝对原点位于工作窗口的左下角。用户也可以通过设定坐标原点来定义自己的坐标系。

设定用户坐标系原点的方法:选择 Edit/Orign/Set 命令,出现十字光标,移动光标到所需位置后单击左键,即可将该点设定为用户坐标系的原点。定义用户坐标系后,设计窗口中各点的坐标是在用户坐标系中的坐标。如果要恢复系统原有的坐标系,可通过选择 Edit/Orign/Reset 命令来实现。

合理地选择、变更用户坐标系原点的位置,可以使电气边界的绘制、元器件的布局等变得更容易。

这里我们选择 Edit/Orign/Set 命令,然后在设计窗口接近左下角的位置单击左键,将该点设定为用户坐标系原点,如图 3-2-27 所示。

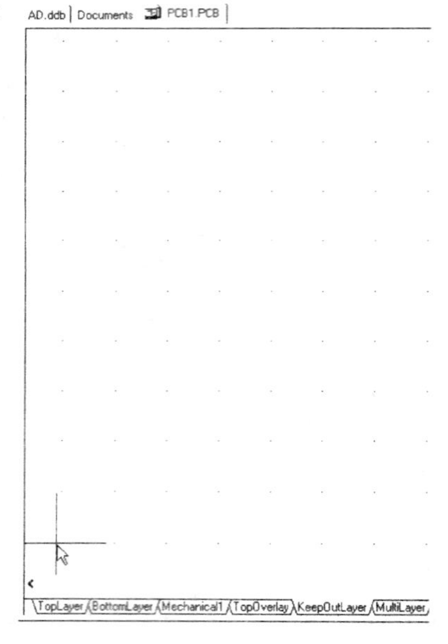

图 3-2-27　设定用户坐标系原点

b. 选择 Place|Interactive Routing 命令,或单击放置工具栏的按钮,在设计窗口中任意放置 4 段线段,如图 3-2-28 所示。

图 3-2-28　放置 4 段线段

c. 根据图 3-2-26 所示的印制电路板尺寸得出电气边界四个顶点的坐标。取左下角顶点坐标为(0,0),则按逆时针顺序其余 3 个顶点的坐标分别为:(74,0)、(74,98)、(0,98)。

d. 双击设计窗口中位于下方的线段,打开如图 3-2-29所示的导线属性设置对话框,修改线段起点坐标(Start-X,Start-Y)为(0,0),终点坐标(End-X,End-Y)为(74,0),如图 3-2-30 所示。单击 OK 按钮就完成了下边界的绘制,如图 3-2-31 所示。根据上述各顶点坐标,重复此操作修改其余 3 段边界的起点和终点坐标,就得到尺寸符合要求的电气边界,如图 3-2-32 所示。

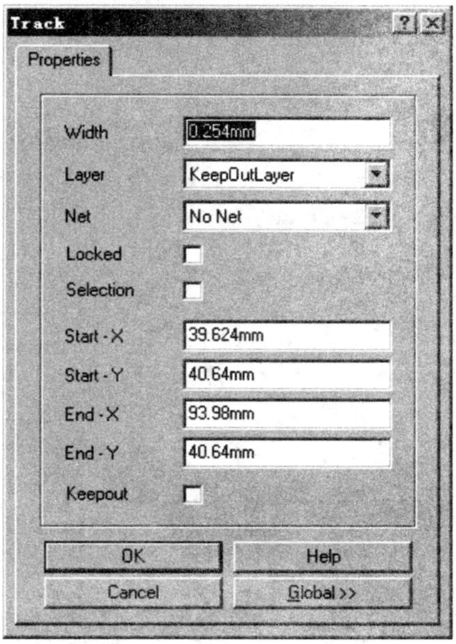

图 3-2-29 导线属性设置对话框

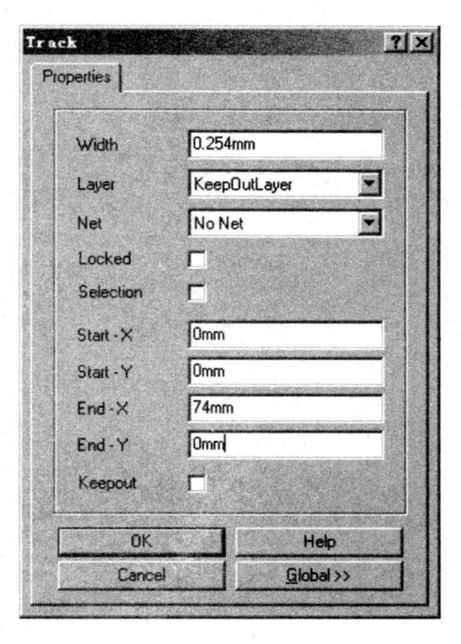

图 3-2-30 修改线段起点、终点坐标

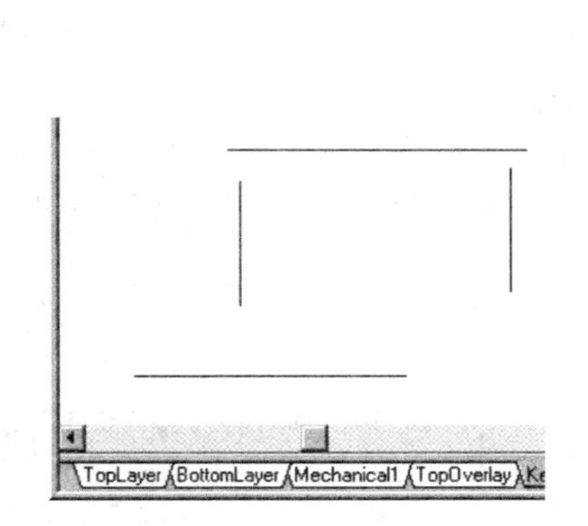

图 3-2-31 绘制完成的下边界

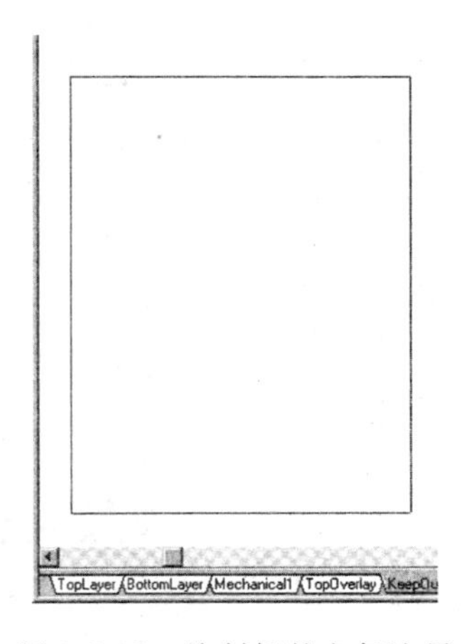

图 3-2-32 绘制好的电气边界

注意，在绘制电气边界过程中，应当根据需要适时地按 PageUp 键或 PageDown 键来放大或缩小画面。例如，在双击线段编辑其属性前，应按 PageUp 键适当放大画面，以便鼠标指针能准确地移到线段上。

②方法二

a. 选择 Design/Options 命令，打开 Document Options 对话框，将 SnapX 和 SnapY 分别设置为电气边界的宽 74mm 和长 98mm，如图 3-2-33 所示。这样，在手动布线时光标水平方向移动的最小距离为 74mm，竖直方向移动的最小距离为 98mm。

b. 设定用户坐标系原点。选择 Edit/Orign/Set 命令，然后在设计窗口接近左下角的位置单击左键，将该点设定为用户坐标系原点，如图 3-2-27 所示。然后按 PageDown 键若干次，将画面缩小，以保证下一步画的电气边界不会超出设计窗口。

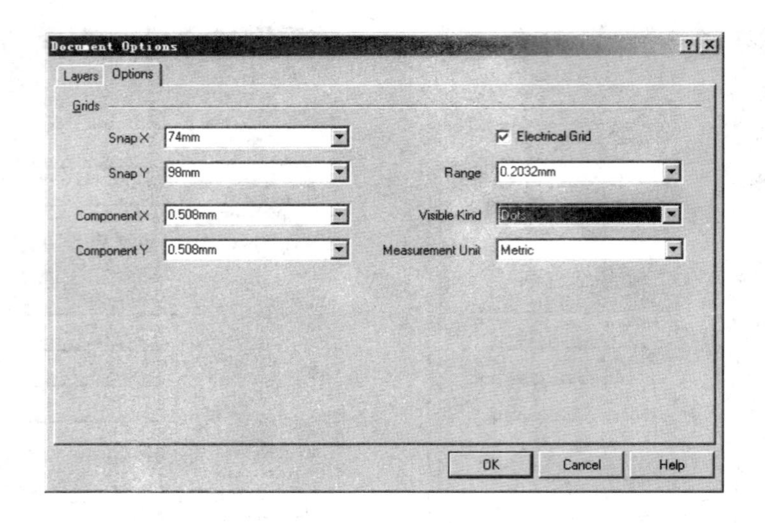

图 3-2-33　将 SnapX 和 SnapY 分别设置为 74mm 和 98mm

c. 单击放置工具栏的按钮，将光标移到用户坐标系原点，单击将该点确定为下边界的起点，如图 3-2-34 所示。然后按一次键盘的右方向键，使光标沿水平方向右移 74mm，同时绘制出一条 74mm 长的线段。接着按两次回车键确定线段的终点，这样就得到了下边界，如图 3-2-35 所示。然后依次按键盘的上、左、下方向键各一次，每次按方向键后都按两次回车键以确定线段的终点，最后按两次 Esc 键或单击鼠标右键两次退出放置边界线状态，就完成了电气边界的绘制。

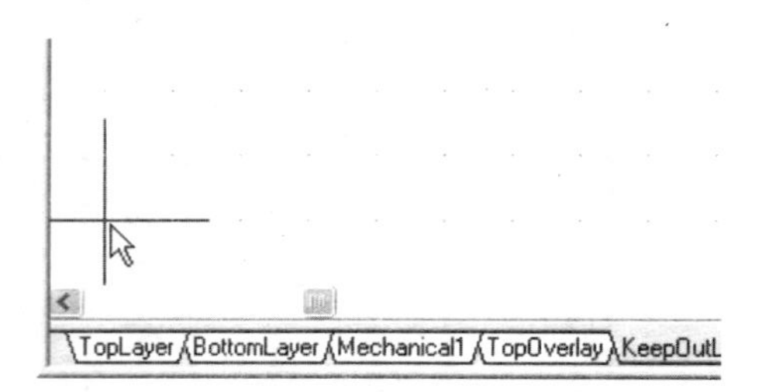

图 3-2-34　光标移到用户坐标系原点上单击

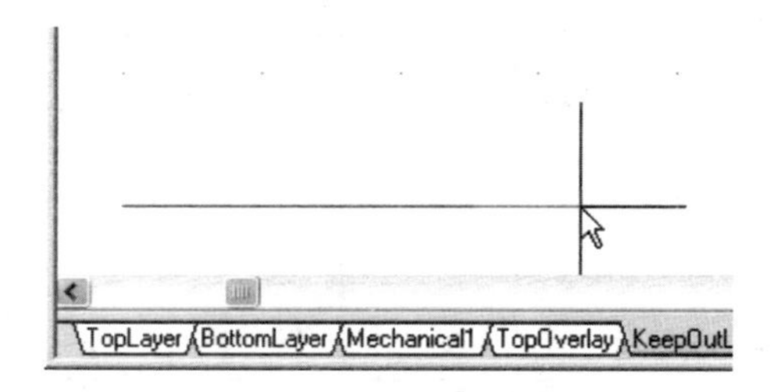

图 3-2-35　完成下边界的绘制

(5)放置安装孔

安装孔的直径根据螺钉的直径来确定，考虑到钻孔的误差和安装孔的孔壁要金属化，直径为 2.5mm 的螺钉，安装孔直径至少要 3mm，这里取 3.5mm。可用焊盘或过孔作为安装孔。

①重新将 Snap X 和 Snap Y 均设置为 0.5mm。

②计算安装孔中心的坐标。取电气边界左下角顶点坐标为(0,0)，则从左下角安装孔开始，按逆时针顺序，四个安装孔中心的坐标依次为：(17,18)、(57,18)、(57,80)和(17,80)。

③采用内外径均为 3.5mm 的焊盘作为安装孔

a. 先在电气边界内任意放置 4 个焊盘。选择 Place|Pad 命令，或单击绘图工具栏上的按钮，出现十字光标且其上带着一个焊盘，如图 3-2-36 所示。移动光标到电气边界内任意位置上单击，就放置了一个焊盘。此时仍处于放置焊盘的状态，移动光标到其他位置再放

置 3 个焊盘。4 个焊盘放置结果如图 3-2-37 所示。

b. 调整焊盘坐标。双击任意一个焊盘，打开如图 3-2-38(a)所示的 Pad(焊盘属性设置)对话框，修改其坐标(X-Location，Y-Location)为(17，18)、焊盘外径(X-Size、Y-Size)及孔径(Hole Size)均为 3.5mm，如图 3-2-38(b)所示。单击 OK 按钮，就放置好了左下角的安装孔。用同样方法修改其余焊盘，放置好其余安装孔，结果如图 3-2-39 所示。

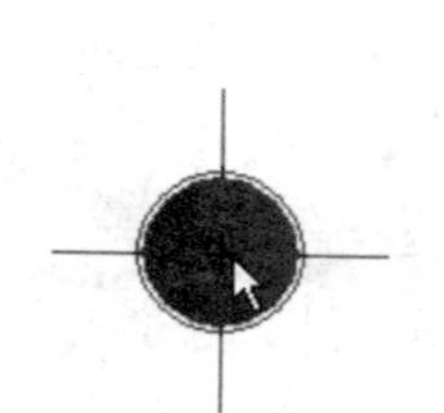

图 3-2-36　放置焊盘状态

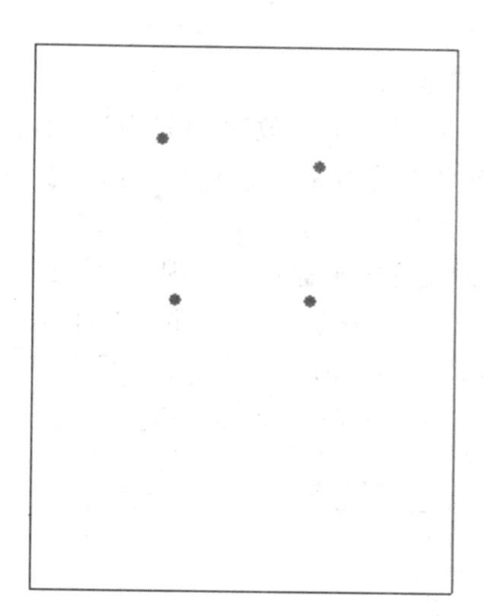

图 3-2-37　4 个焊盘放置结果

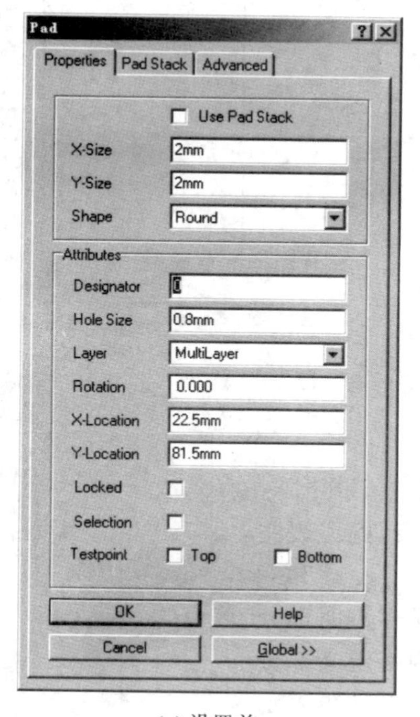

(a) 设置前

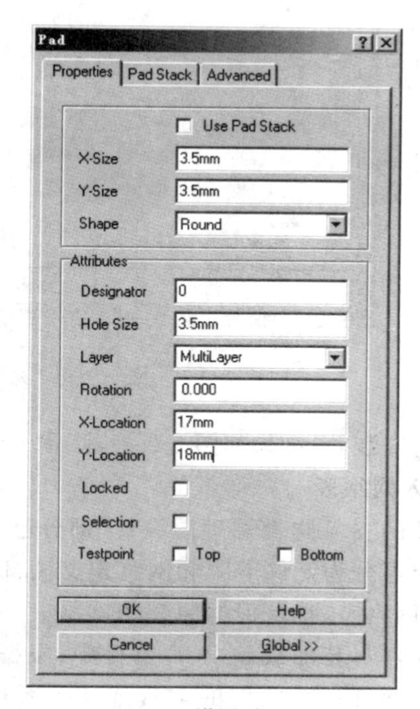

(b) 设置后

图 3-2-38　Pad 对话框

对于“3.1 电路原理图设计”部分已绘制好的信号采集处理模块电路原理图，假定印制板的电气边界尺寸要求为 75×65mm，其绘制过程简要说明如下。

(1)打开前面已建立的 PCB 文件 AD.PCB。

(2)按【例 3-2-3】介绍的方法绘制电气边界，结果如图 3-2-40 所示。

(3)放置安装孔

在印制板的四个角落放置四只安装孔，使用 M3 的螺钉固定。安装孔直径取 4mm。一般说，孔的边缘到印制板边缘的距离应不小于 3mm。这里取 3mm。以电气边界左下顶点为用户坐标原点。从左下角安装孔开始，按逆时针顺序，四个安装孔中心的坐标依次为：(5,5)，(70,5)，(70,60)，(5,60)。按【例 3-2-3】介绍的方法放置四个外径(X-Size、Y-Size)及孔径(Hole Size)均为 4mm

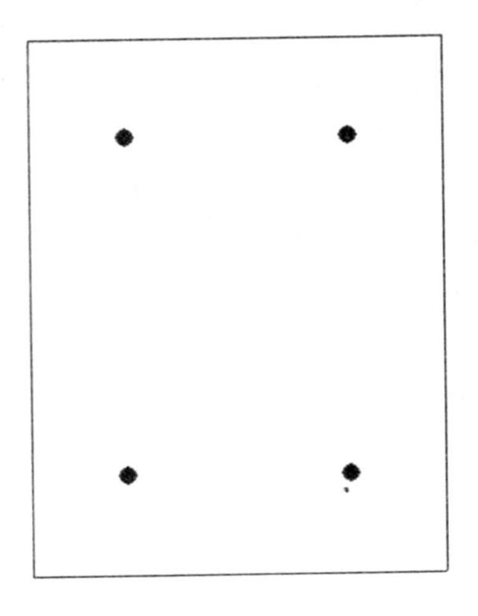

图 3-2-39　放置好的安装

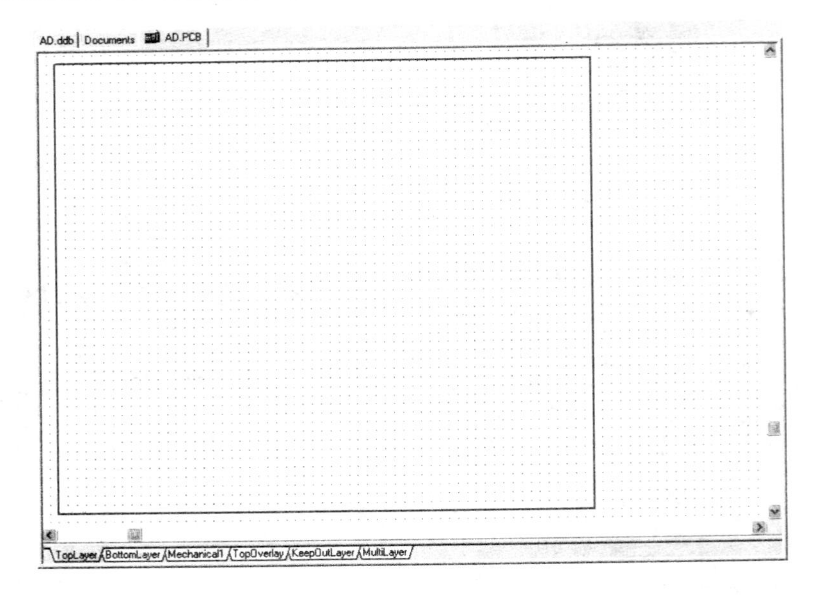

图 3-2-40　绘制好的电气边界

的焊盘作为安装孔，结果如图 3-2-41 所示。

4. 载入网络表

在本章的“3.1 电路原理图设计”部分已述及，网络表文件在结构上可分为元件声明和网络定义两部分。设计 PCB 图时，载入网络表，就是根据原理图网络表中元件声明部分的信息将元件封装加载到 PCB 文件中；根据网络定义部分的信息确定元件封装之间的电气连接关系，并用飞线表示这种关系。也就是将原理图网络表转换为 PCB 的网络表。

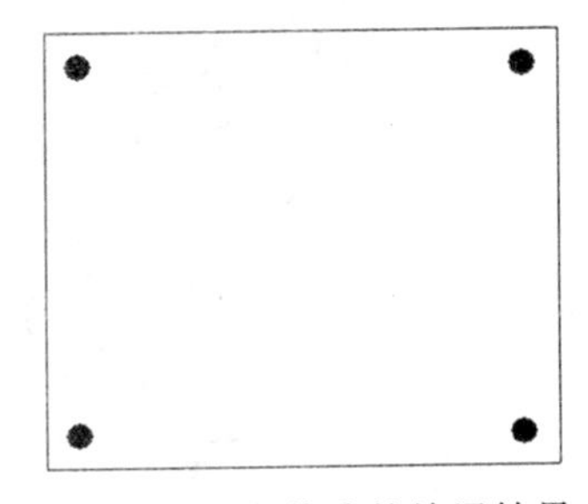

图 3-2-41　安装孔的放置结果

在3.1节，由AD.ddb中的原理图文件AD.Sch生成了网络表文件AD.NET。下面介绍载入网络表的方法。

(1)打开前面已绘制了电气边界的PCB文件AD.PCB。

(2)添加元件封装库

载入网络表前，必须先将所需的元件封装所在的元件封装库添加到系统中。本例一共用到15个元件，封装形式有10种：DIP40、DIP28、AXIAL0.4、RAD0.1、RB.2/.4、XTAL1、KEY、SIP2、SIP8和SIP4。Protel99SE提供了大量的元件封装库，这些库都存放在Protel99SE的安装目录中，在Design Explorer 99 SE\Library\Pcb子目录内。上述10种封装，除了按钮S1的封装(KEY)在Protel99SE的元件封装库中没有外，其余的封装都在Protel99SE提供的设计数据库Advpcb.ddb中的元件封装库PCB Footprints.lib内。对于Protel99SE元件封装库中未提供的元件封装，就必须自己绘制。元件封装的绘制方法，在本章的后续部分将有专门介绍，并且绘制了按钮S1的封装，将其命名为KEY，存放在自建的设计数据库MyPCBlib.ddb中的元件封装库文件MyPCBlib.LIB内。

前已述及，在打开PCB文件时，系统已经自动添加了元件封装库PCB Footprints.lib。因此只需要添加自建的元件封装库文件MyPCBlib.LIB。假定该封装库存放在"D:\Program Files\Design Explorer 99 SE\第3章元件封装"目录中的设计数据库MyPCBlib.ddb内。其添加方法与原理图设计时添加原理图元件库的方法基本一样，具体如下。

①进入元件封装库管理器。单击屏幕左侧设计管理器顶部的Browse Sch标签后，选择Browse下拉列表框中的Libraries选项，就进入了元件封装库管理器，如图3-2-42(a)所示。在元件封装库列表框中列出了系统已自动添加的封装库PCB Footprints.lib。

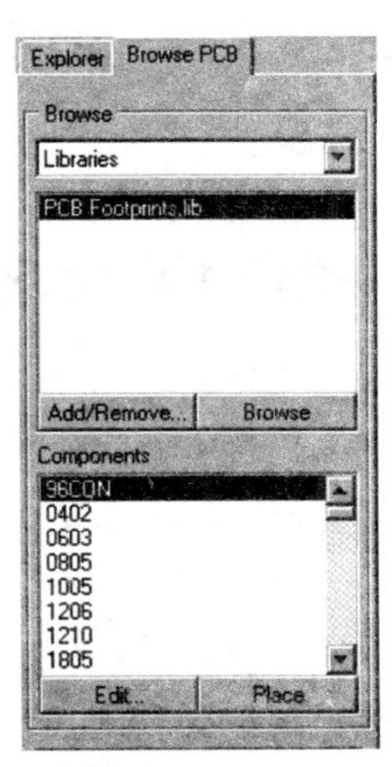

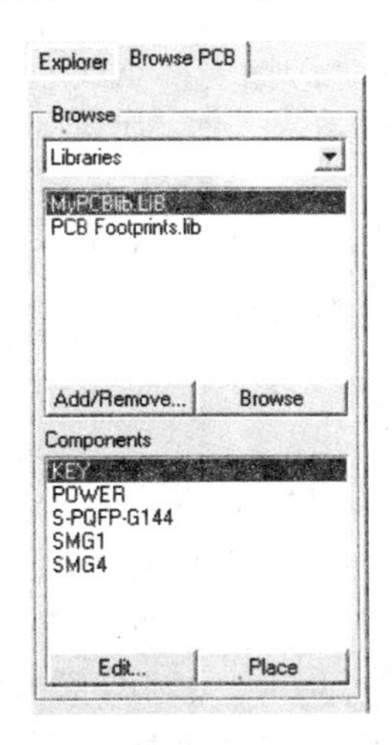

(a) 添加元件封装库MyPCBlib.LIB前　(b) 添加元件封装库MyPCBlib.LIB后

图3-2-42 元件封装库管理器

②单击元件封装库列表框下方的Add/Remove按钮，弹出如图3-2-43所示的PCB Libraries(添加/删除元件封装库)对话框。在"查找范围"下拉列表框中找到并进入"D:\Program Files\Design Explorer 99 SE\第3章元件封装"子目录中，如图3-2-43(a)所示。在列表框中单击数据库文件MyPCBlib.ddb后，单击Add按钮或双击该文件，则该文件就添加

到 Selected Files 列表框中，如图 3-2-43(b)所示。单击 OK 按钮，即将数据库文件 MyPCBlib. ddb 中的元件封装库 MyPCBlib. LIB 添加到系统中，如图 3-2-42(b)所示。在元件封装列表框中列出了添加到系统中的所有元件封装库，单击选中某个元件封装库，则在元件封装列表框中就列出该元件封装库中全部元件封装的名称。

(a) 添加数据库MyPCBlib.ddb前

(b) 添加数据库MyPCBlib.ddb后

图 3-2-43　PCB Libraries 对话框

(3)载入网络表

这里先假定由原理图文件 AD. Sch 生成网络表文件 AD. NET 时，按钮 S1 的封装属性(Footprint)未设置，为空，并且假定 AD. ddb 存放在"D:\Program Files\Design Explorer 99 SE\第 3 章原理图与 PCB 图"目录中。

①打开"D:\Program Files\Design Explorer 99 SE\第 3 章原理图与 PCB 图"目录中的数据库 AD. ddb 及其中的 PCB 文件 AD. PCB。

②选择 Design | Load Nets 命令，弹出如图 3-2-44 所示的 Load/Forward Annotate Netlist(载入网络表)对话框。

③单击其中的 Browse 按钮，弹出如图 3-2-45(a)所示的 Select(选择网络表文件)对话框。

④单击 Select 对话框中的 Add 按钮，弹出如图 3-2-46 所示的"打开"对话框。在"查找范围"下拉列表框中找到并进入"D:\Program Files\Design Explorer 99 SE\第 3 章原理图与 PCB 图"子目录中，如图 3-2-46 所示。在列表框中单击数据库文件 AD. ddb 后，

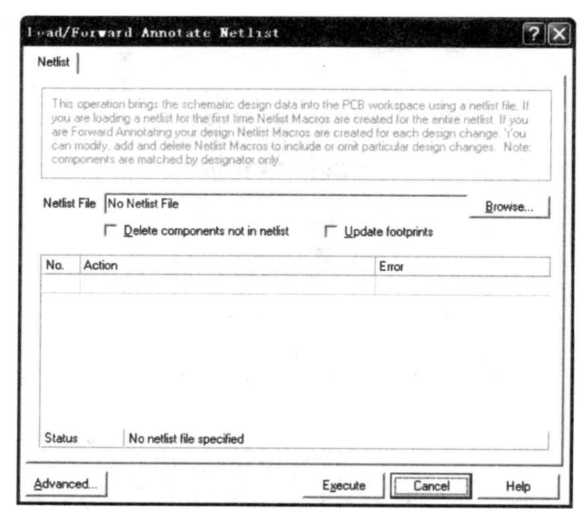

图 3-2-44　Load/Forward Annotate Netlist 对话框

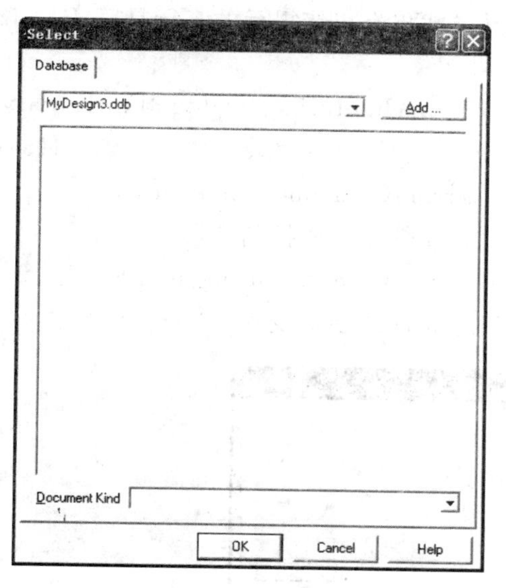

(a) 添加AD.ddb前

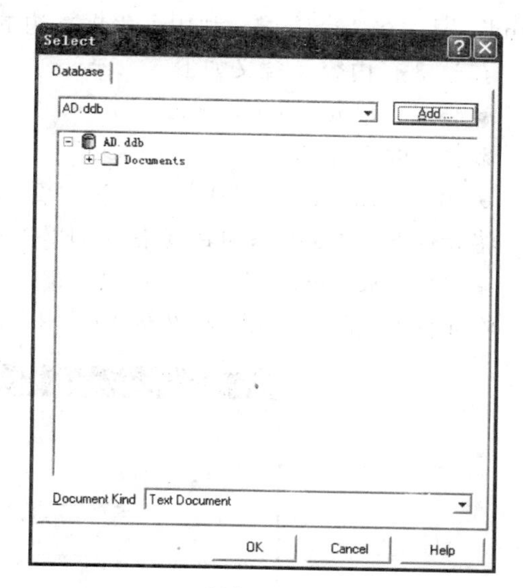

(b) 添加AD.ddb后

图 3-2-45 Select 对话框

单击“打开”按钮或双击该文件，则该文件就添加到 Select 对话框中，如图 3-2-45(b)所示。

⑤单击 Select 对话框中 Document 文件夹前的“+”按钮展开此文件夹，呈现出其中的网络表文件 AD. NET，如图 3-2-47 所示。单击该文件后再单击 OK 按钮或双击该文件，就返回到 Load/Forward Annotate Netlist 对话框。

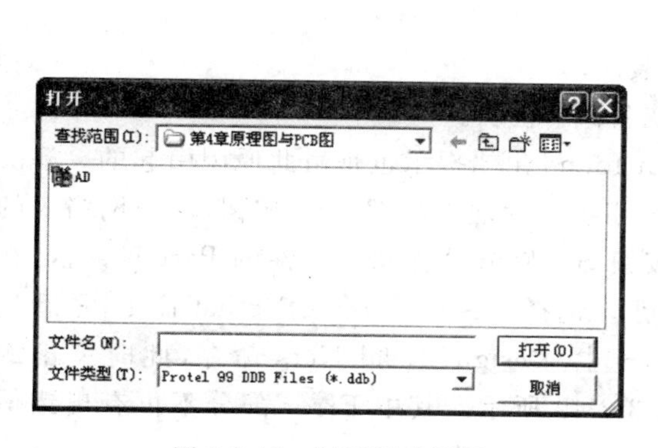

图 3-2-46 “打开”对话框

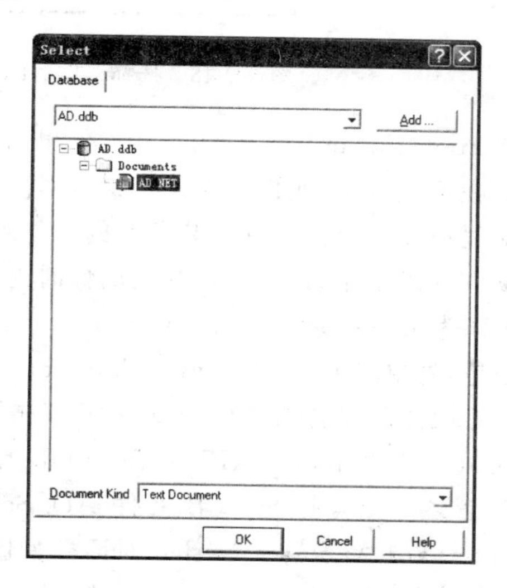

图 3-2-47 Document 文件夹中的 AD. NET

⑥此时 Load/Forward Annotate Netlist 对话框的列表框不再为空白，列出了将原理图网络表转换为 PCB 网络表时将要进行的各项操作，如图 3-2-48 所示。如果网络表不存在错误，在列表框下方的状态栏中，将提示“All macros validated”，否则将提示错误的数目，并且在列表框中 Error 部分会具体列出网络表中存在的错误。对于本例，状态栏提示“3errors found”，即存在 3 个错误。利用列表框右边的滚动条找出有出错提示的三行是第 43、142 和 151 行，这 3 行内容及含义如下。

- 43　Add new component S1　　Error：Footprint not found in Library
  添加新的元件 S1　　在已添加的封装库中未找到元件封装
- 142　Add node S1-1 to net NetR2_2　　Error：Component not found
  将元件 S1 的 1 脚添加到网络 NetR2_2 中　　元件封装未找到
- 151　Add node S1-2 to net VCC　　Error：Component not found
  将元件 S1 的 2 脚添加到网络 VCC 中　　元件封装未找到

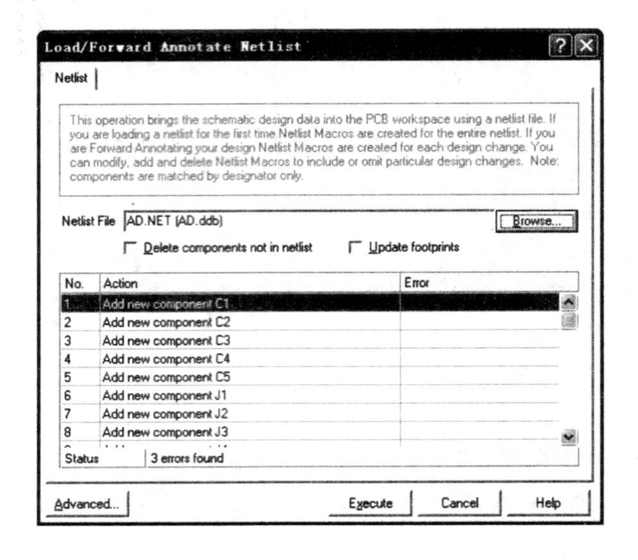

图 3-2-48　选择 AD. NET 文件后的载入网络表对话框

有 Footprint not found in Library 出错提示的原因，通常有以下三种。

- 在原理图中，元件没有设置封装属性。
- 没有添加所需元件封装所在的元件封装库。
- 在原理图中，设置元件封装属性时封装名称不正确。

本例为第一种原因。并且 Component not found 出错提示也是由此原因引起的。解决的办法是，先单击 Load/Forward Annotate Netlist 对话框中的 Cancel 按钮，取消网络表的载入。然后打开原理图文件 AD. Sch，双击按钮 S1，弹出设置元件属性的 Part 对话框，在 Footprint 文本框中输入 KEY 后单击 OK 按钮。选择 Design|Create Netlist 命令，重新生成网络表文件。再打开 PCB 文件 AD. Sch，选择 Design|Load Nets 命令，此时弹出的 Load/Forward Annotate Netlist 对话框如图 3-2-49 所示。其中 Error 部分不再有出错信息。在列表框下方的状态栏中，提示“All macros validated”。

⑦单击对话框中的 Execute 按钮，就开始执行列表框中的各项操作，完成网络表的载入。载入网络表后的 PCB 设计窗口如图 3-2-50 所示。加载到 PCB 文件中的元件封装全部排列在电气边界的右侧。还可看到许多焊盘之间有细线相连，这些细线被称为飞线，它们指示出哪些焊盘具有电气连接关系，在布线时要用导线连接起来。飞线本身并不具有电气连接作用。

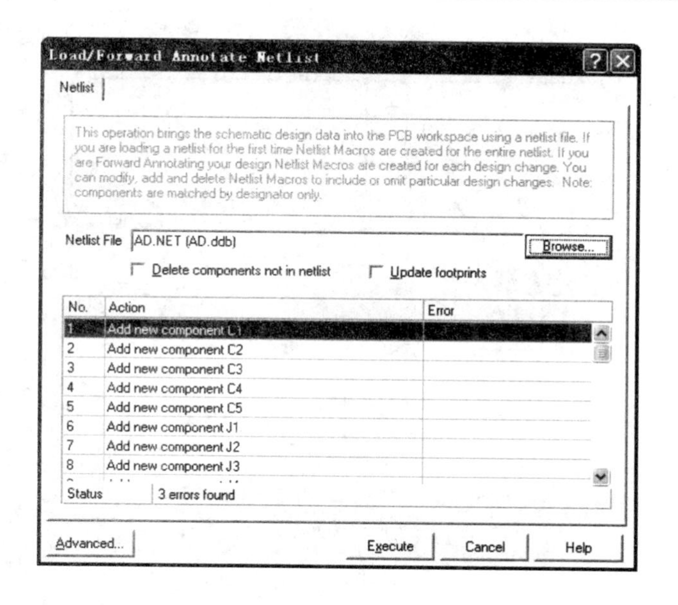

图 3-2-49 排除网络表错误后的载入网络表对话框

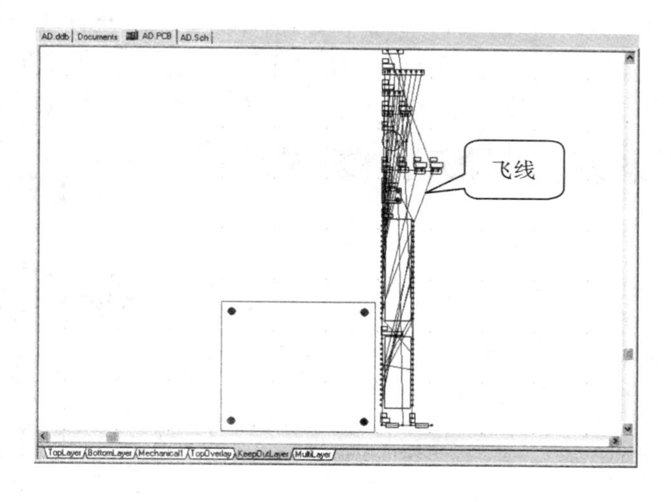

图 3-2-50 载入网络表的结果

【例 3-2-4】 由 NE555 和发光二极管等元件构成的 LED 闪烁灯电路如图 3-2-51 所示。其中发光二极管的封装 LED 存放在自建的设计数据库文件 MyPCBlib. ddb 内的元件封装库文件 MyPCBlib. LIB 中。

在 PCB 文件中载入网络表时，Load/Forward Annotate Netlist 对话框如图 3-2-52 所示。状态栏提示“2errors found”，即存在 2 个错误。有出错信息的两行内容如下。

- 30 Add node D2-1 to net NetD2_1 Error: Node Not found

将元件 D2 的 1 脚添加到网络 NetD2_1 中 焊盘未找到

- 35 Add node D2-2 to net NetD2_2 Error: Node Not found

将元件 D2 的 2 脚添加到网络 NetD2_2 中 焊盘未找到

有上述出错信息的原因是原理图元件引脚序号与相应元件封装的焊盘序号不一致。实

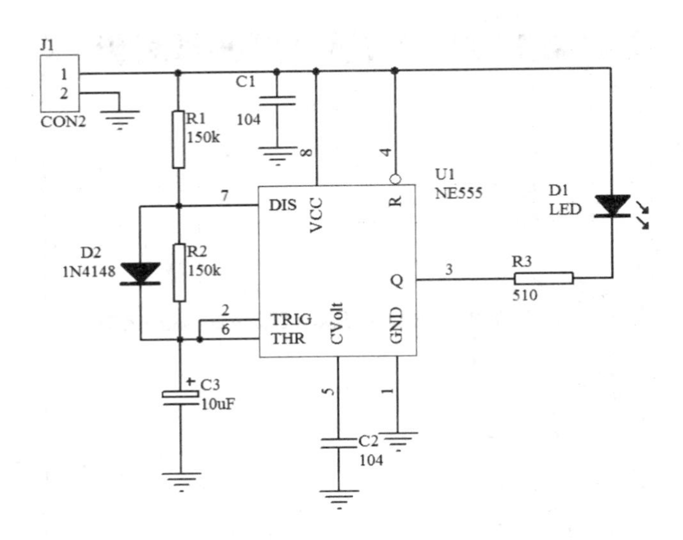

图 3-2-51　LED闪烁灯电路原理图

际上，原理图中二极管元件(DIODE)正、负极的序号分别为1和2，而二极管封装(本例用DIODE0.4)正、负极焊盘的序号分别为A和B，二者不一致。解决办法是，修改原理图元件库中二极管的引脚序号或PCB元件封装库中二极管封装的焊盘序号，使二者一致。这里采用后一种办法，即将二极管封装的焊盘序号由A、B改为1、2。修改方法如下。

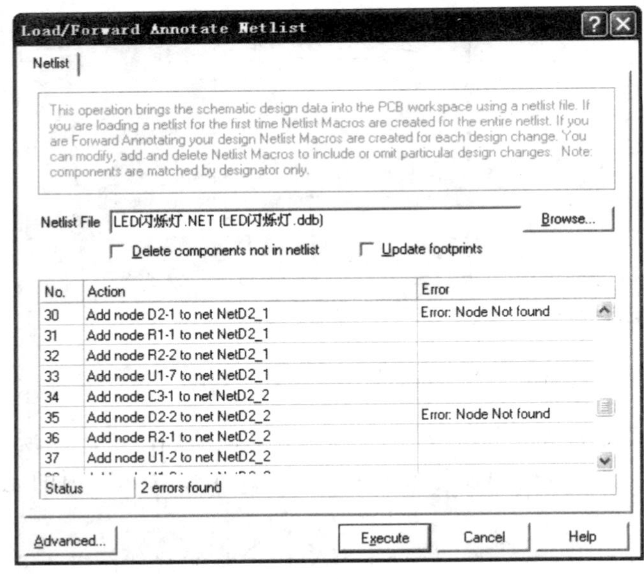

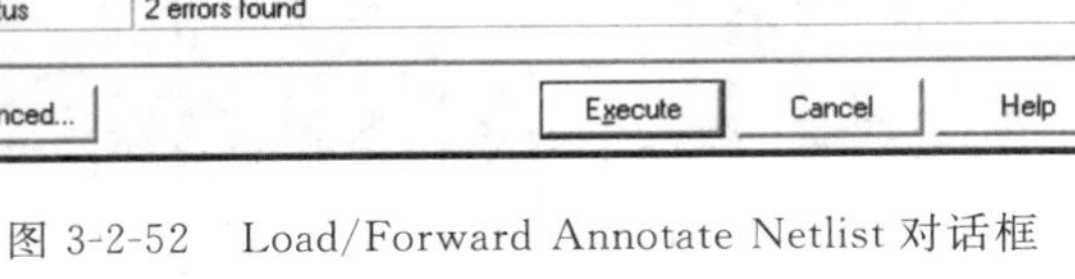

图 3-2-52　Load/Forward Annotate Netlist 对话框

图 3-2-53　单击 Edit 按钮

(1)在PCB的元件封装库管理器中，单击封装库PCB Footprints.lib。

(2)在元件封装列表框中找到DIODE0.4并在其上单击。

(3)再单击元件封装列表框下方的Edit按钮，如图3-2-53所示，就打开了元件封装库文件PCB Footprints.lib，并将二极管封装DIODE0.4放大显示于设计窗口中，如图3-2-54

所示。

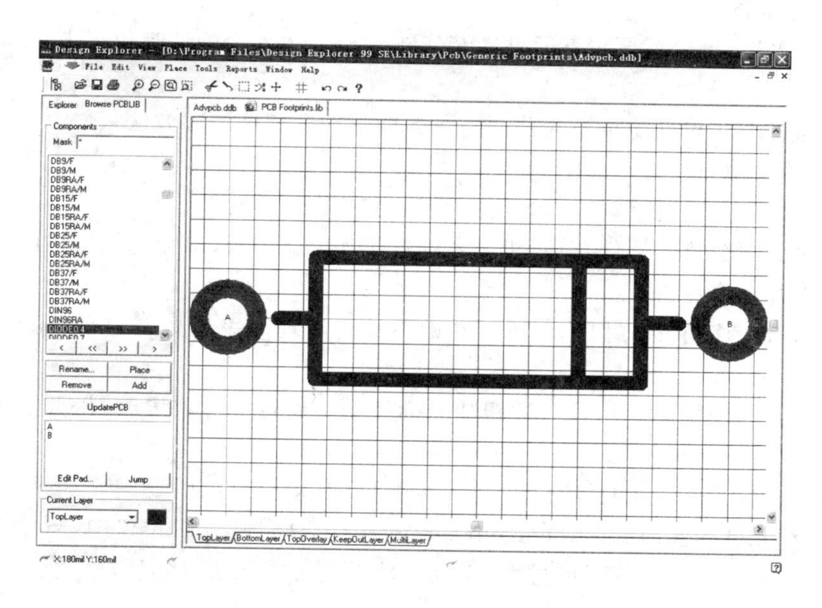

图 3-2-54　被放大显示的 DIODE0.4

(4)双击序号为 A 的焊盘，弹出设置焊盘属性的 Pad 对话框，如图 3-2-55 所示。在 Designator(焊盘序号)文本框中将焊盘序号由 A 改为 1。用同样方法将另一个焊盘的序号改为 2。

(5)单击主工具栏的■钮，保存修改结果。然后单击设计窗口右上角的按钮，关闭数据库 Advpcb.ddb，返回到 LED 闪烁灯电路的 PCB 文件中。

(6)选择 Design|Load Nets 命令，此时弹出的 Load/Forward Annotate Netlist 对话框如图 3-2-56 所示。在列表框下方的状态栏中，提示“All macros validated”。可以载入网络表。

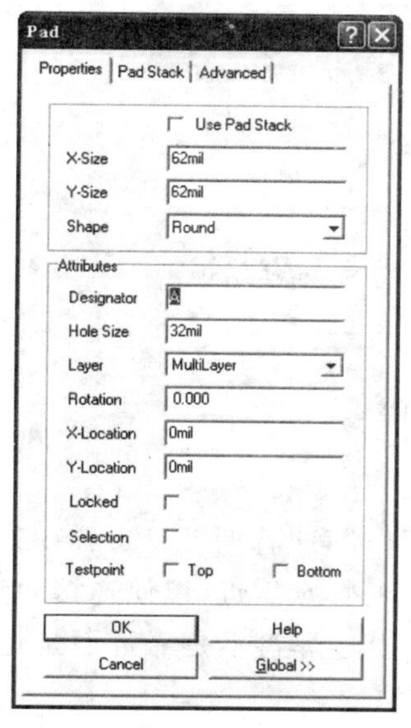

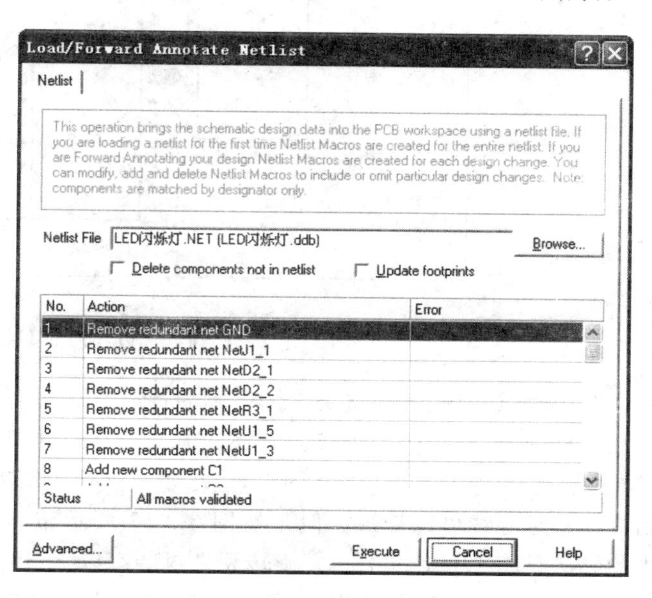

图 3-2-55　Pad 对话框

图 3-2-56　排除错误后的载入网络表对话框

5. 元件的布局

载入网络表后，接着就要将各元件封装安排到电气边界内的适当位置上，这就是元件的布局。

元件布局有手动和自动布局两种方法。下面分别介绍这两种方法。

(1)元件的手动布局

手动布局主要是通过移动、旋转元件封装来完成布局。

①将模块的两个核心器件：单片机U1和A/D转换器U2，移到电气边界内的中心位置

我们首先移动单片机U1

a. 将鼠标指针移到U1封装上，按下左键不放。出现十字光标并自动移到元件封装的参考点(1号焊盘中心)上。

b. 向电气边界内拖动光标，U1即跟随光标移动。到达目标位置时，松开左键，U1即被放下。

用同样方法将U2移到电气边界内。U1和U2移动结果如图3-2-57所示。

注意，移动元件封装时，在Document Options对话框的Options选项卡中，Component X和Component Y的设置值不可过大，否则元件封装可能无法移到所需位置。

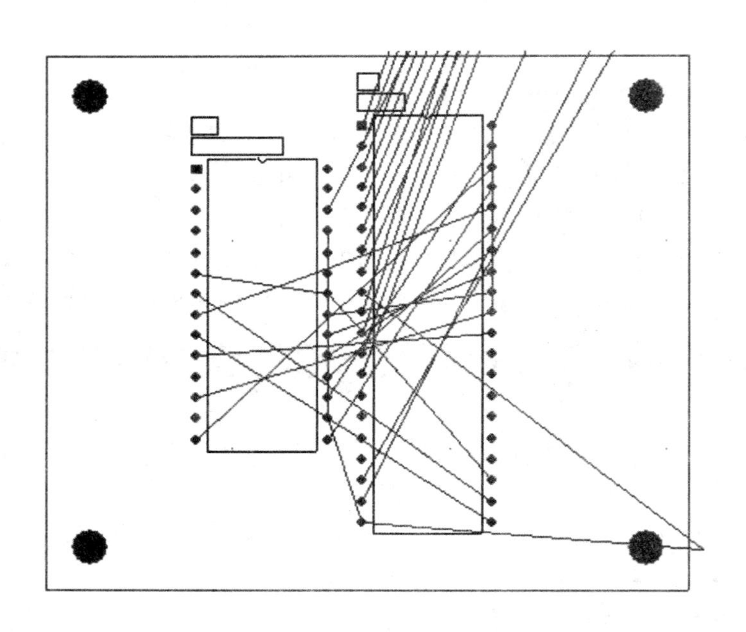

图3-2-57　移到电气边界内的U1和U2

②布局时，让有电气连接关系的引脚靠近

在原理图上，U2序号为17、15、18、19、20、21的引脚分别与U1序号为39、37、35、34、33、32的引脚相连，因此在PCB图上，应尽量将上述引脚对应的焊盘靠近，以使连接导线的绘制更容易且导线可以较短。但是按图3-2-57所示布局时，上述焊盘不是靠近而是远离。解决的办法是将U1旋转180°。旋转元件封装有以下三种方法。

a. 在移动元件封装的状态下，按空格键可以使元件封装逆时针旋转一定角度。旋转角度可以设置：选择Tools|Preferences命令，弹出Preferences对话框，选择Options选项卡，

其中的 Rotation Step 文本框用于设置旋转角度，默认值为 90°。

要将 U1 旋转 180°，则 Rotation Step 采用默认值。将鼠标移到 U1 封装上，按下左键不放，然后按两次空格键，U1 即逆时针转过 180°。再将其移到合适的位置，然后松开左键将其放下。结果如图 3-2-58 所示。

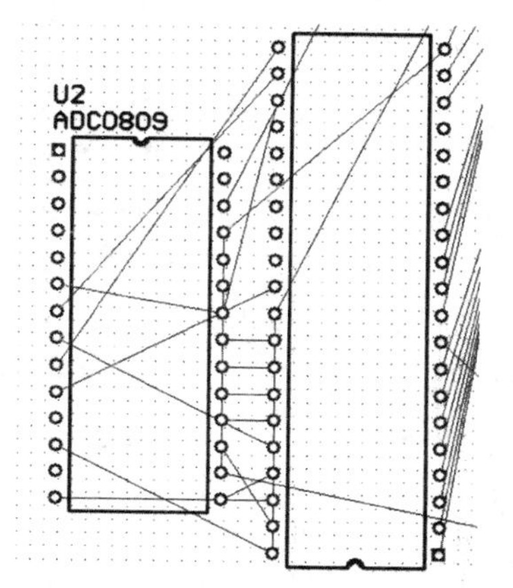

图 3-2-58 U1 转过 180°的结果

b. 双击元件封装，弹出如图 3-2-59 所示的 Component 对话框，在其中的 Rotation 文本框输入所需的旋转角度，再单击 OK 按钮即可实现元件封装的旋转。角度为正时，逆时针旋转，否则顺时针旋转。

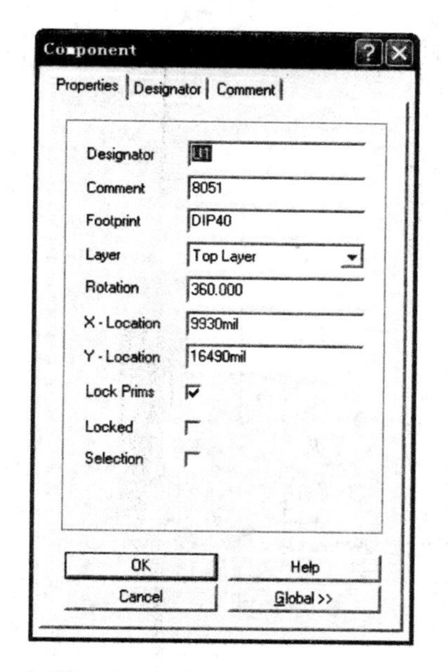

图 3-2-59 Component 对话框

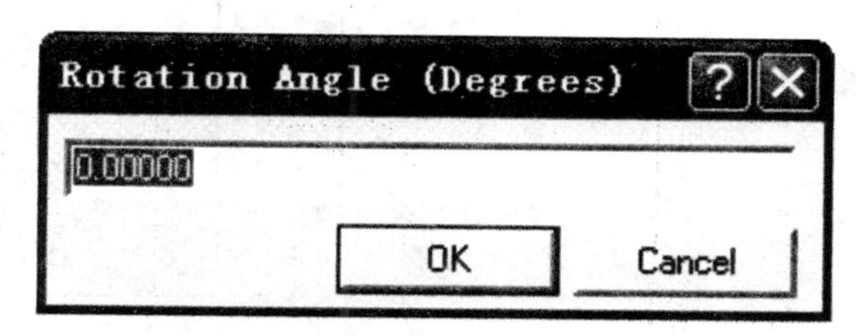

图 3-2-60 旋转角度设置对话框

c. 先选定要旋转的元件封装，然后选择 Edit | Move | Rotate Selection 命令，弹出如图 3-2-60所示的旋转角度设置对话框。在其中输入所需的旋转角度后，单击 OK 按钮，出现十字光标，此时单击左键，元件封装即以单击处为旋转中心，转过所输入的角度。角度为正时，逆时针旋转，否则顺时针旋转。

③布局时，同一功能单元电路的元件应集中放置

如本例的按钮 S1、电容 C1、电阻 R1 和 R2 构成单片机复位电路，所以这几个元件应当集中放置。下面介绍迅速找出这几个元件并进行布局的方法。

a. 首先在原理图文件 AD. Sch 中，选定 S1、C1、R1 和 R2。然后选择 Tools | Select PCB Components 命令，系统即自动将 PCB 文件 AD. PCB 中的四个元件封装 S1、C1、R1 和 R2 选定，并将文件 AD. PCB 打开。

b. 将元件封装 S1、C1、R1 和 R2 移到电气边界内并布局

● 将鼠标指针移到上述四个封装中的任意一个上，按下左键不放，然后通过向电气边界内拖动出现的十字光标，来移动这四个封装。但由于这四个封装相距较远，在Y向的分布超出了电气边界的范围，所以只能先将其中两个移到电气边界内，这里将R1和R2移到电气边界内，C1和S1在电气边界上方。松开左键，将它们放下，然后单击主工具栏的按钮，或按快捷键X|A取消上述四个封装的选定。结果如图3-2-61所示。

● 将C1和S1也移到电气边界内，然后按照有电气连接关系（即有飞线相连）的封装（或焊盘）应靠近放置的原则，对这四个封装的位置进行调整，并且将它们放在靠近单片机复位引脚（序号为9的焊盘）的位置。结果如图3-2-62所示。

按以上方法进行手动布局的结果如图3-2-63所示。

与原理图中元件位置的调整类似，PCB图中元件封装的布局并非一步到位，一般说在后续布线过程中，还要根据实际需要，对元件位置进行调整。

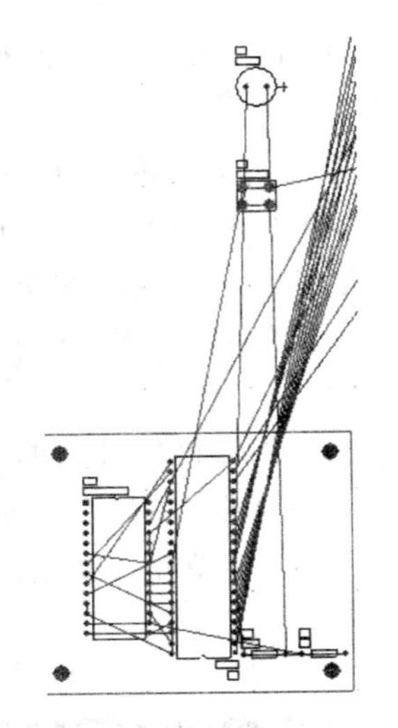

图3-2-61　S1、C1、R1和R2初步移动的结果

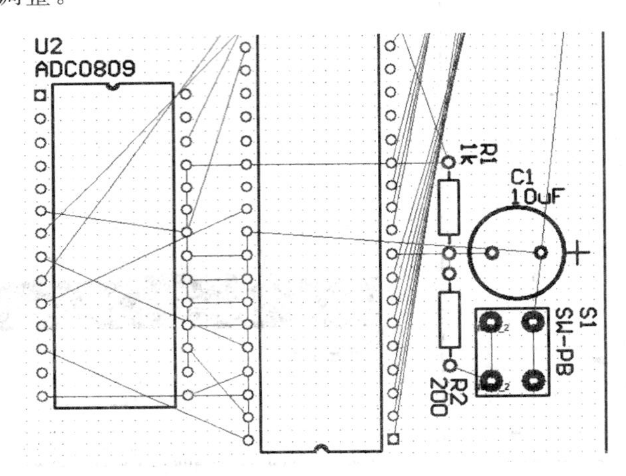

图3-2-62　S1、C1、R1和R2的布局结果

本例的布局要注意以下几点。

①单片机时钟振荡电路中的晶体Y1和两个电容C2、C3应尽量靠近单片机用于外接这三个元件的引脚（18、19引脚），以减小振荡电路的连接导线长度．提高振荡电路的工作稳定性。

②芯片U1、U2的电源退耦滤波电容C4、C5应尽量靠近芯片的电源引脚。

③对集成电路U1、U2的封装，不能通过按X、Y键等方法将其水平、竖直翻转，否则将导致封装发生变化。

（2）元件的自动布局

Protel99SE提供了自动布局的功能，自动布局的操作方法如下。

①选择Tools|Auto Placement|Auto Placer命令，弹出如图3-2-64所示的Auto Place（自动布局）对话框。

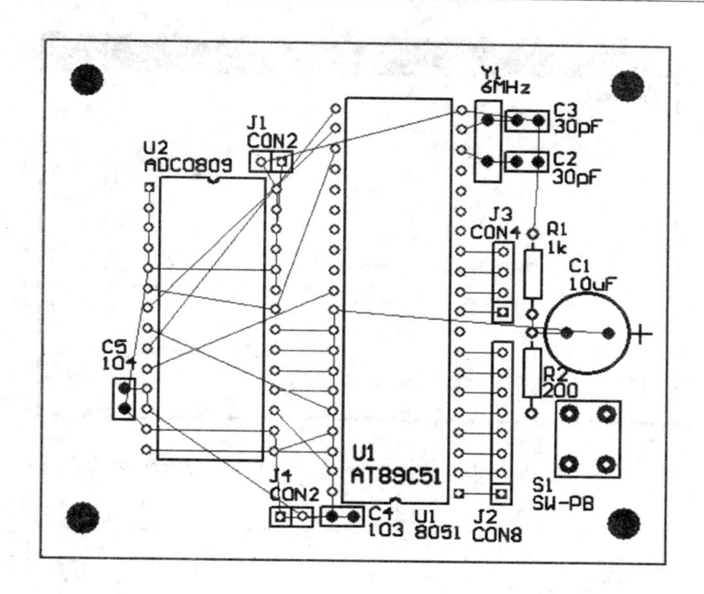

图 3-2-63 手动布局的结果

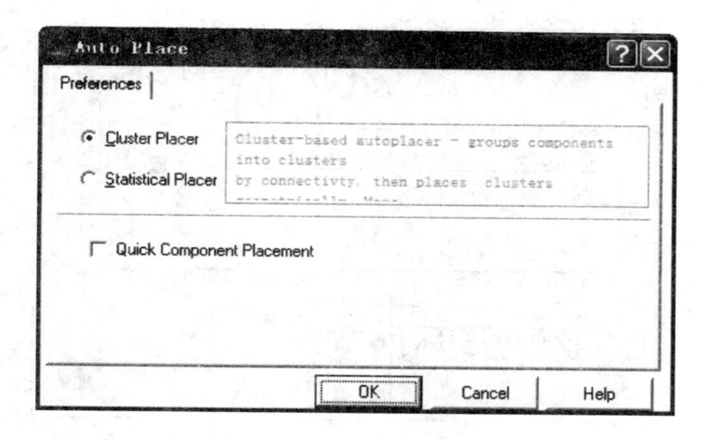

图 3-2-64 Auto Place 对话框

该对话框用于设置自动布局的方式。自动布局的方式有以下两种。

- Cluster Placer:成组布局方式。该方式根据元件之间的连接关系,将元件划分成不同的组,并以布局面积最小为标准进行布局,适合于元件数量不太多的情况。

- Statistical Placer:统计布局方式。该方式采用统计算法,以元件之间连线长度最短为标准进行布局,适合于元件数目较多的情况。若选中统计布局方式,则对话框将变成如图 3-2-65 所示的样式。

本例选择成组布局方式。按图 3-2-64 所示设置好对话框后,单击 OK 按钮,即开始自动布局。自动布局的结果如图 3-2-66 所示。

由图 3-2-66 看出,布局结果并不理想。一般说,自动布局的结果都不大理想,所以自动布局后都必须再进行手动调整。手动调整与手动布局一样,主要是通过移动、旋转元件封装来完成布局,所以具体的调整过程就不再介绍了。

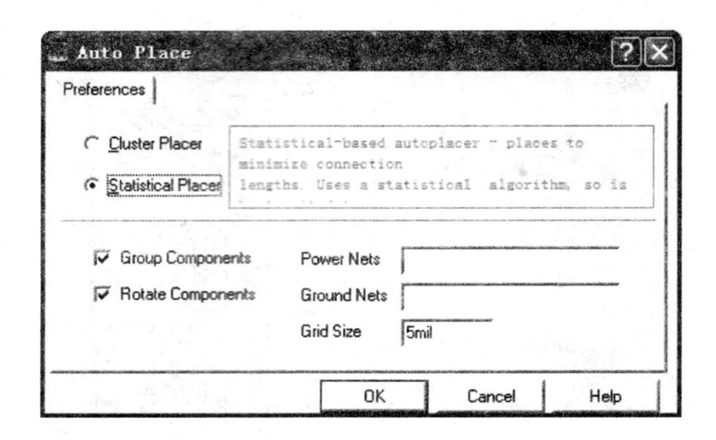

图 3-2-65　选中 Statistical Placer 时的 Auto Place 对话框

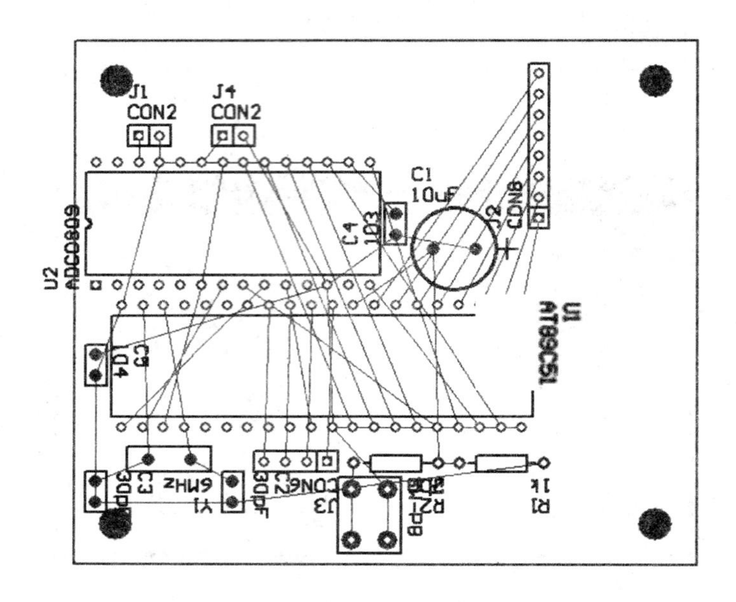

图 3-2-66　自动布局的结果

【例 3-2-5】 电子产品中可能有一些元器件在印制板上的位置有明确的要求，在布局时这些元器件的封装必须准确地放置在规定的位置上。例如，电源插口在印制板中安放的位置要求如图 3-2-67 所示，图中尺寸的单位为毫米。下面说明将元件封装准确放置在 PCB 图上指定位置的方法。

本例的电源插口的封装 POWER 存放在自建的设计数据库文件 MyPCBlib. ddb 内的元件封装库文件 MyPCBlib. LIB 中。

在绘制元件封装时，都为其设置了参考点。在 PCB 图上，整个元件封装的坐标就是其参考点的坐标。在封装轮廓线内空白处双击，打开 Component 对话框，在对话框中显示的坐标就是元件封装的坐标，只要改变此坐标值就能改变封装在 PCB 图上的位置。

本例操作方法如下。

(1)选择 Edit|Orign|Set 命令，将光标移到印制板电气边界左上角顶点处单击左键，将

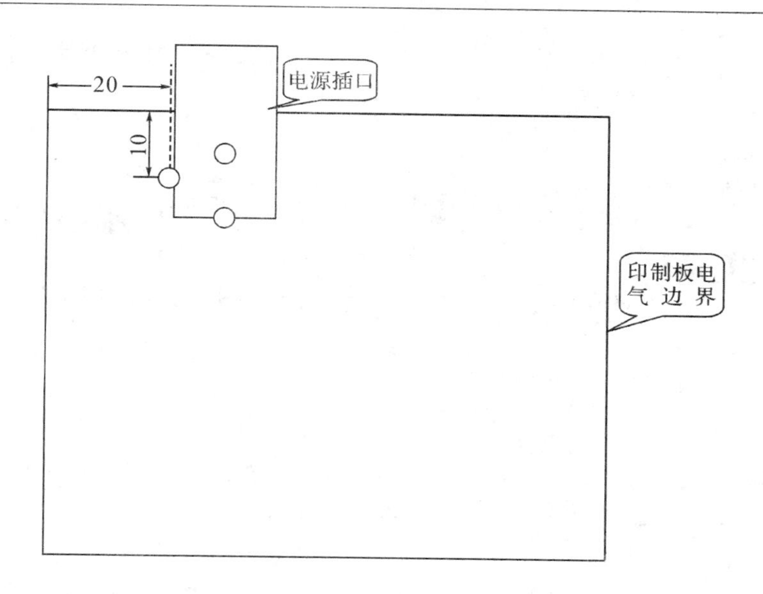

图 3-2-67　电源插孔安放位置示意图

该点设定为用户坐标系原点，则由图 3-2-67 可知，电源插口左边焊盘中心的坐标应为(20mm，—10mm)。

(2)假定电源插口封装的参考点在左边焊盘中心，且封装已放置在 PCB 图中。在电源插口封装轮廓线内空白处双击，如图 3-2-68 所示，在弹出的 Component 对话框中，将坐标 X-Location 和 Y-Location 分别改为 20mm 和-10mm，如图 3-2-69 所示。然后单击 OK 按钮，电源插口封装就会准确地移到图 3-2-67 所示的位置上。

(3)锁定电源插口封装。在电源插口封装轮廓线内空白处双击，在弹出的 Component 对话框中，选中 Locked 复选框，如图 3-2-70 所示。然后单击 OK 按钮，电源插口封装的位置就被锁定。

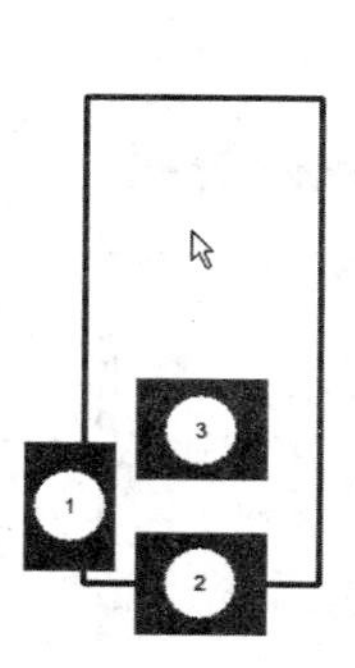

图 3-2-68　在轮廓内空白处双击

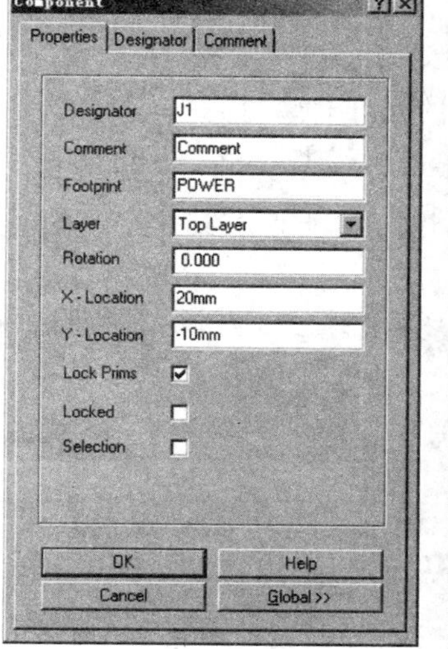
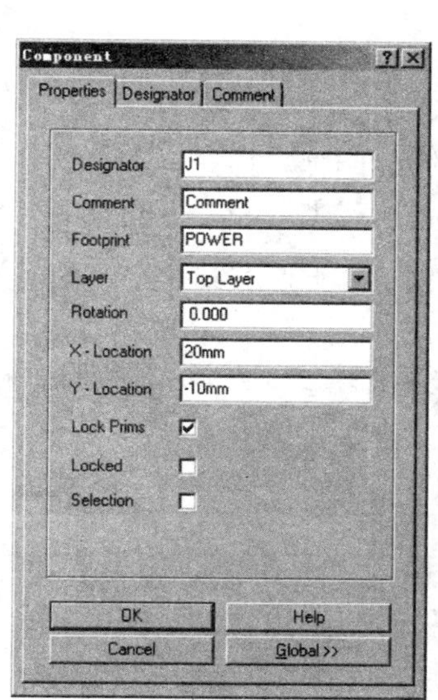

图 3-2-69　设置封装坐标

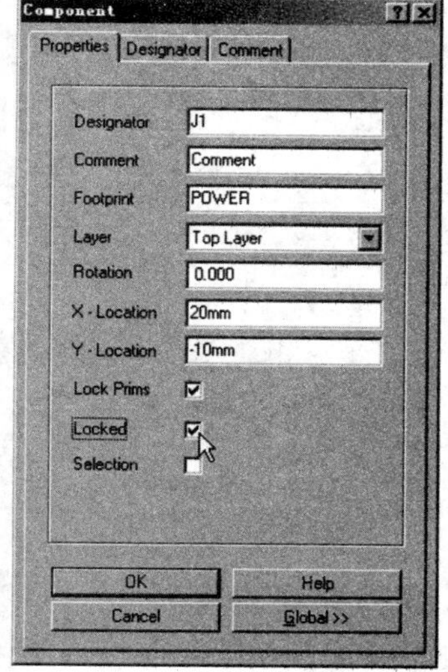

图 3-2-70　选中 Locked 复选框

【例3-2-6】 某PCB图上有四个按钮，如图3-2-71(a)所示。要求将它们排成上边对齐，且水平方向等间距。

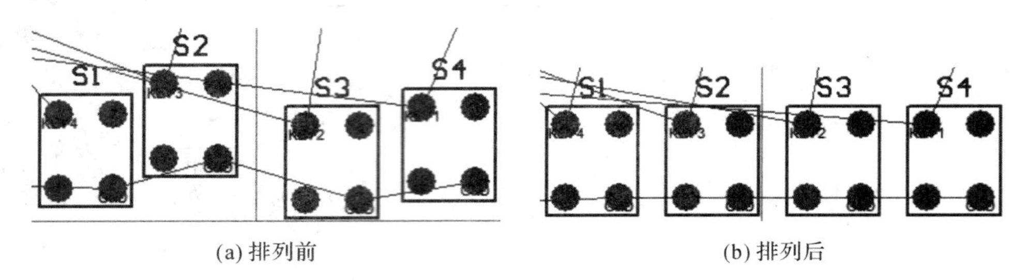

(a) 排列前　　　　(b) 排列后

图3-2-71　某PCB图上的四个按钮

Protel99SE提供了将元件封装按一定规律(如左对齐、右对齐等)排列的功能，利用此功能可以很方便地实现本例的要求。具体操作方法如下。

(1)首先选定四个按钮。

(2)选择Tools|Interactive Placement|Align命令，弹出如图3-2-72所示的Align Components(排列元件)对话框。其中有Horizontal和Vertical两个选项组，分别用于选择被选定的元件封装在水平和竖直方向的排列方式。各选项的含义及设置如下。

- Horizontal选项组

No Change:水平方向位置不变。

Left:左对齐(向最左边的元件封装对齐)。

Center:各元件封装水平方向的中心点对齐(处于同一竖直线上)。

Right:右对齐(向最右边的元件封装对齐)。

Space equally:水平方向等间距排列。

- Vertical选项组

No Change:竖直方向位置不变。

Top:顶对齐(向最上方的元件封装对齐)。

Center:各元件封装竖直方向的中心点对齐(处于同一水平线上)。

Bottom:底对齐(向最下方的元件封装对齐)。

Space equally:竖直方向等间距排列。

本例选择Horizontal选项组中的Space equally选项和Vertical选项组中的Top选项，如图3-2-73所示。

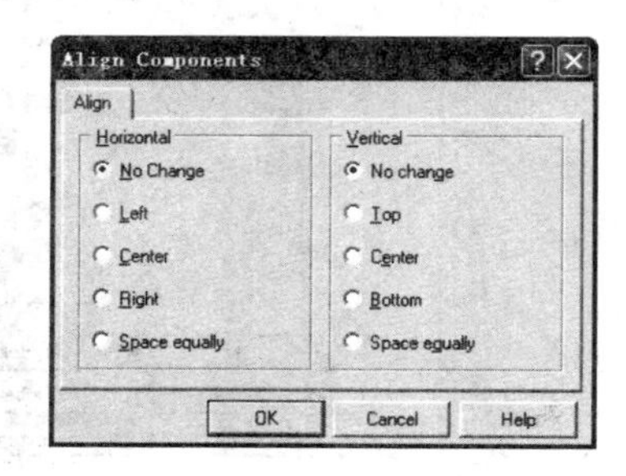

图3-2-72　Align Components对话框

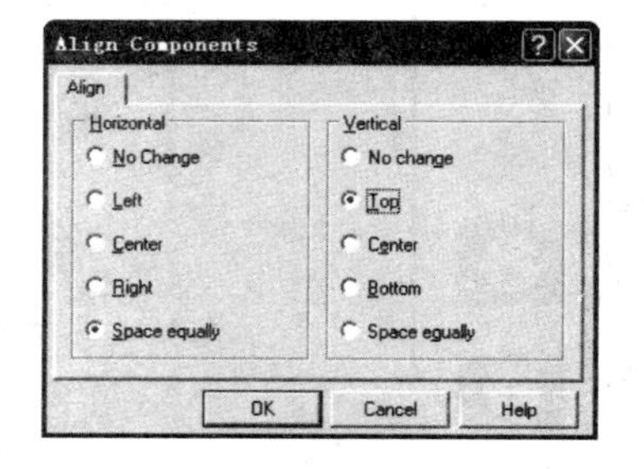

图3-2-73　对话框设置结果

（3）单击 OK 按钮，系统即按上述设置完成四个按钮的排列。

（4）取消四个按钮的选定。四个按钮排列结果如图 3-2-71(b)所示。

6. 调整焊盘直径和焊盘孔径

（1）适当加大焊盘

对单面板而言，焊盘抗剥能力较差，适当加大焊盘可以提高抗剥能力。另外，在手工制作印制板的情况下，由于加工精度差，焊盘外径也需要适当大些。本例除了按钮封装外，其余封装的焊盘直径为 50mil 或 62mil，这里将它们加大为 80mil。加大焊盘直径的方法如下。

①按快捷键 S|A，选定所有图件。

②按住 Shift 键后，分别在按钮和四个安装孔上单击，取消对它们的选定。

③在任意一个被选定的封装的任意一个焊盘上双击，弹出如图 3-2-74 所示的 Pad 对话框。将 X-Size 和 Y-Size 均改为 80mil，然后单击 Global 按钮，对话框展开成为全局编辑对话框，如图 3-2-75 所示。在 Attributes To Match By 选项组的 Selection 下拉列表框中选择 Same，如图 3-2-76 所示。在 Change scope 下拉列表框中选择 All primitives，如图 3-2-77 所示。单击 OK 按钮，就将所有处于选定状态的焊盘的 X-Size 和 Y-Size 均改为 80mil。

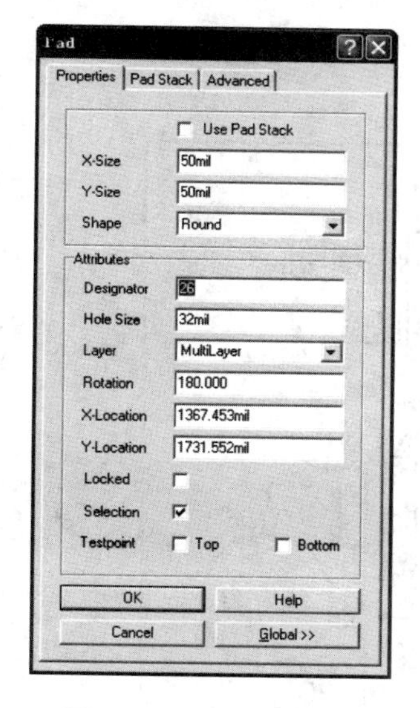

图 3-2-74　Pad 对话框

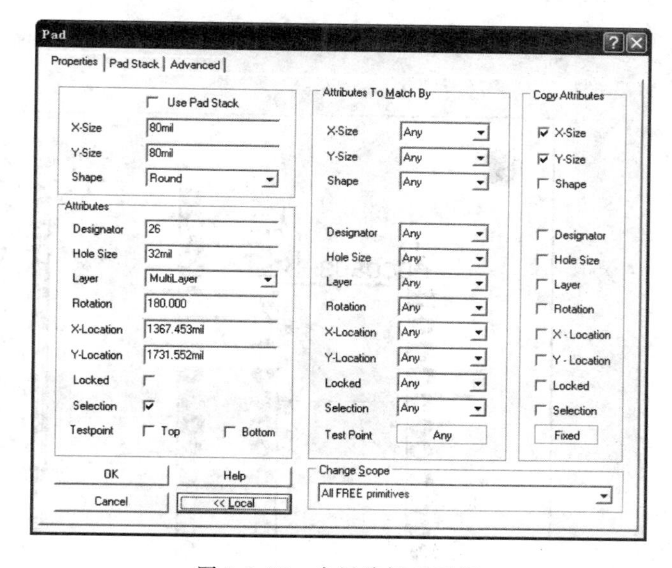

图 3-2-75　全局编辑对话框

④单击主工具栏的按钮，或按快捷键 X|A，取消所有图件的选定。

有时也将集成电路的焊盘设置为椭圆形焊盘。例如，我们将 U1 和 U2 焊盘的 X-Size 设置为 100mil，Y-Size 设置为 80mil，则焊盘成为椭圆形。具体设置方法如下。

①先选定 U1 和 U2 封装。

②双击 U1 或 U2 封装的任意一个焊盘，弹出如图 3-2-74 所示的 Pad 对话框。将X-Size 改为 100mil，Y-Size 不变。然后单击 Global 按钮。在 Attributes To Match By 选项组的 Selection 下拉列表框中选择 Same。在 Change scope 下拉列表框中选择 All primitives。单击 OK 按钮，则 U1 和 U2 所有焊盘的X-Size被改为 100mil，而 Y-Size 保持 80mil 不变。即焊盘成为椭圆形焊盘，如图 3-2-78 所示。这种焊盘的特点是，面积较大，增强了抗剥强度；

沿集成电路轴向的尺寸较小，相邻两焊盘之间有足够的间距。

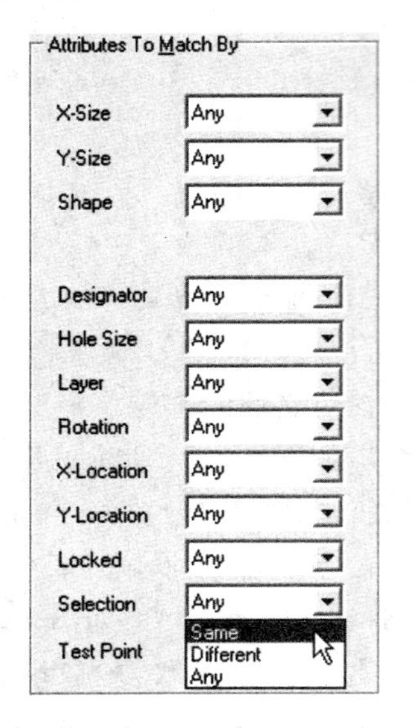

图 3-2-76　Selection 选择 Same

图 3-2-77　Change scope 选择 All primitives

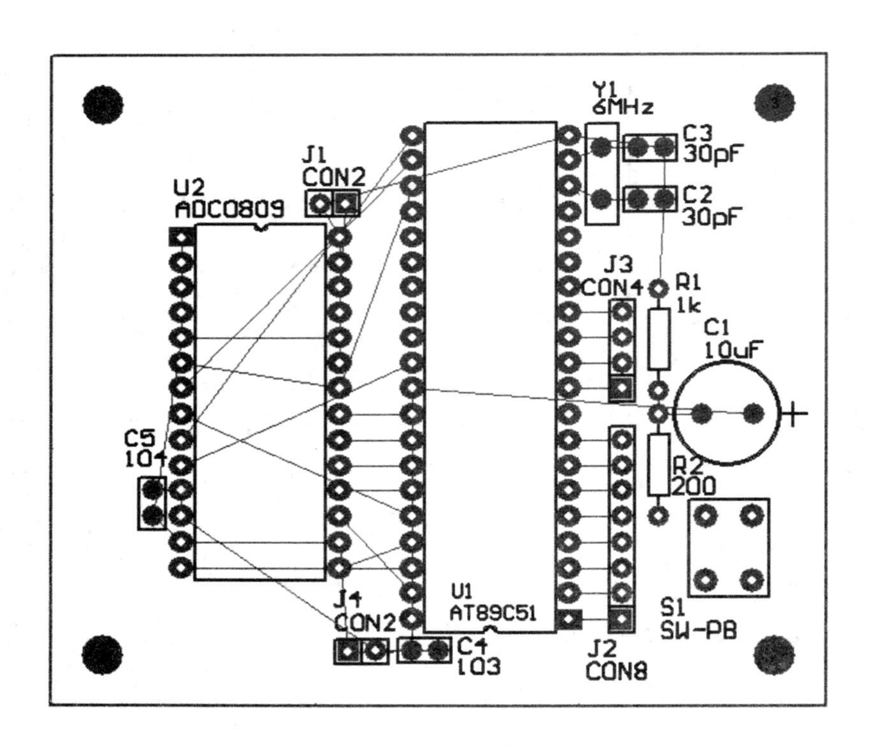

图 3-2-78　将 U1 和 U2 焊盘设置为椭圆焊盘

(2)调整焊盘孔径

如果印制电路板由 PCB 生产厂家生产，则应根据实际元件引脚直径，确定焊盘孔径。一般说，焊盘孔径应比引脚直径大 0.2～0.4mm，并且焊盘孔径不应小于 0.6mm(否则不易加工）。

本例共用到 7 类元件，各类元件引脚直径测量值和所采用的焊盘孔径如表 4-2-1 所示。

表 4-2-1　元件引脚直径测量值和所采用的焊盘孔径

元件类型	电阻	无极性电容	电解电容	晶振	按钮	集成电路插座	接插件
引脚直径测量值(mm)	0.38	0.36	0.48	0.46	0.7	0.62	0.74
焊盘孔径(mm)	0.7	0.7	0.7	0.7	0.9	0.8	0.9

修改焊盘孔径的方法是，双击焊盘，在打开的 Pad 对话框中将 Hole Size（焊盘孔径）修改为需要的值。为提高效率，可以先选定焊盘孔径应改为相同值的所有元件，然后用全局编辑完成这些元件焊盘孔径的修改。

7. 布线

布线就是通过绘制导线等方法将元件封装连接起来。

(1)设置布线的设计规则

在布线之前，首先要对设计规则进行设置，如确定布线的信号层，指定导线的宽度、导线与焊盘等图件之间的安全间距等。

选择 Design|Rules 命令，弹出如图 3-2-79 所示的 Design Rules（设计规则）对话框，布线设计规则就是通过该对话框来设置的。对话框包含了 6 个选项卡：Routing 选项卡（用于设置与布线有关的设计规则）、Manufacturing 选项卡（用于设置与电路板制作有关的设计规则）、High Speed 选项卡（用于设置与高频电路有关的设计规则）、Placement 选项卡（用于设置与元件布局有关的设计规则）、Signal Integrity 选项卡（用于设置与信号完整性有关的设计规则）、Other 选项卡（用于设置其他的设计规则）。

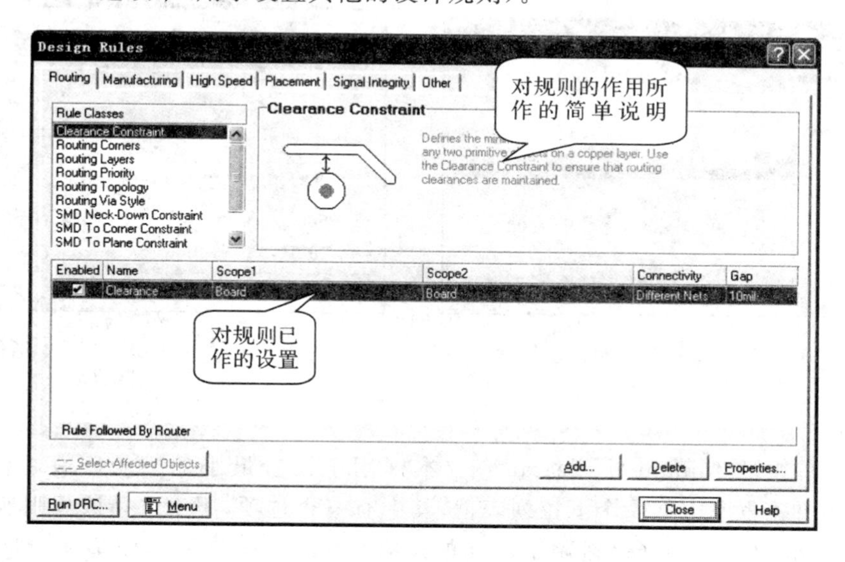

图 3-2-79　Design Rules 对话框

设计规则有很多，但一般只需要对少部分规则进行设置，其余规则采用默认设置即可。本例仅对Routing选项卡中的部分规则进行设置。打开Design Rules对话框时，默认选中了Routing选项卡。在左上方Rule Classes列表框中列出了与布线有关的设计规则，我们对其中的Clearance Constraint（安全间距）、Routing Corners（布线拐角）、Routing Layers（布线工作层）和Width Constraint（导线宽度）这四个规则设置如下。

①Clearance Constraint

该规则用于设置PCB图上两个图件（如导线与导线、导线与焊盘等）之间的最小间距。

在Routing选项卡中，系统默认选中了Clearance Constraint规则，选项卡右上方对该规则的作用给出简单的说明。在选项卡下方的列表框中列出对该规则已作的设置。图3-2-79中所示的设置是系统的默认设置，设置值（Gap）是10mil。

安全间距和其他规则的设置值要根据印制板生产工艺水平、电磁干扰、元件或导线之间的电位差以及印制板上元器件密度等因素来确定。例如，某印制板生产厂家对导线宽度和安全间距的加工能力是：导线宽度最小为6mil，安全间距最小为6mil。如果PCB图上导线宽度或安全间距小于6mil，则加工质量就难以保证。另外，对于手工制作印制板的情况，由于没有防焊漆，若安全间距较小，如小于等于10mil，在焊接时就容易发生桥接。因此，手工制作印制板时，安全间距最好不小于20mil。

对设计规则的设置可分为对已有设置的修改、删除已有的设置和增加新的设置三种。下面以安全间距规则为例，介绍这三种设置的操作方法。

a. 对已有设置的修改。我们来修改图3-2-79中所示的系统默认设置，将安全间距设置为20mil。先单击选中要修改的已有设置，如图3-2-80所示，再单击列表框下方的Properties按钮，或双击该设置，弹出如图3-2-81所示的Clearance Rule（安全间距规则设置）对话框。该对话框中几个选项的作用及设置如下。

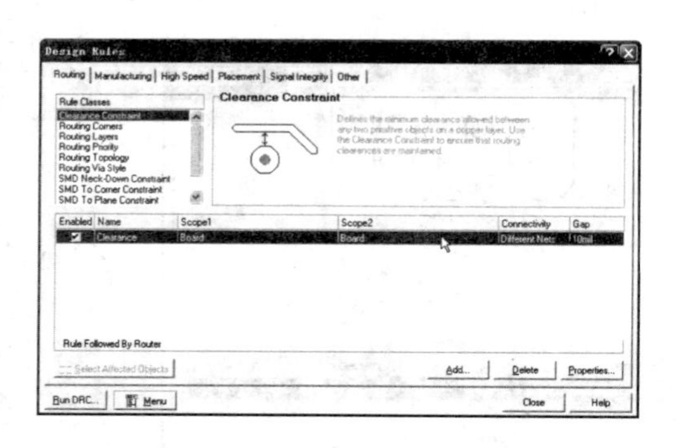

图3-2-80　单击选中要修改的已有设置

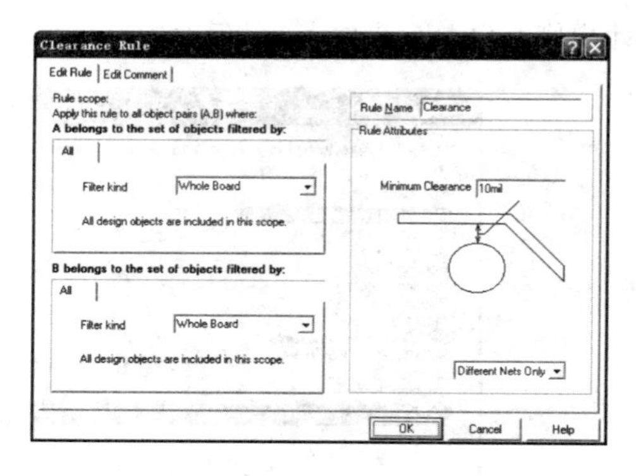

图3-2-81　Clearance Rule对话框

● Minimum Clearance

对话框右边的Minimum Clearance文本框用于设置最小的安全间距，这里设置为20mil。在该文本框下方有一个下拉列表框，其中有三个选项，用于选择该规则所适用的网络，即Different Nets Only（仅适用于不同的网络）、Same Net Only（仅适用于同一网络）、Any Net（适用于任何网络）。这里采用默认的Different Nets Only。

● Filter kind

对话框左边的上、下两部分各有一个 Filter kind 下拉列表框，分别用于选择要指定安全间距的两种图件。下拉列表框中包括 Whole Board(整个印制板)等 15 个选项。这里采用默认的 Whole Board，即所指定的最小安全间距适用于整个印制板上的所有图件。

Clearance Rule 对话框设置结果如图 3-2-82 所示。单击 OK 按钮返回到 Routing 选项卡，可以看到选项卡下方的列表框中设置值已修改为 20mil。

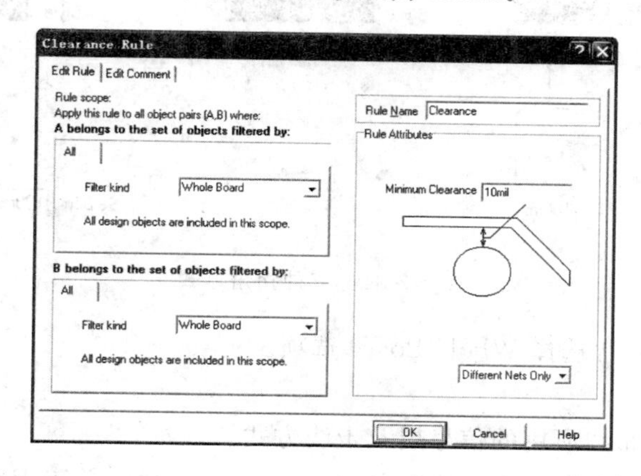

图 3-2-82　Clearance Rule 对话框设置结果

b. 删除已有的设置。先单击选中要删除的已有设置，再单击对话框右下方的 Delete 按钮即可。

c. 增加新的设置。单击选项卡右下方的 Add 按钮，弹出如图 3-2-81 所示的对话框，在其中设置后单击 OK 按钮，即可增加一个新的设置。

②Routing Corners

该规则用于设置自动布线时导线的拐角形式。

在 Rule Classes 列表框中单击选中 Routing Corners，然后单击 Properties 按钮，弹出如图 3-2-83 所示的 Routing Corners Rule(导线拐角规则设置)对话框。该对话框中几个选项的作用及设置如下。

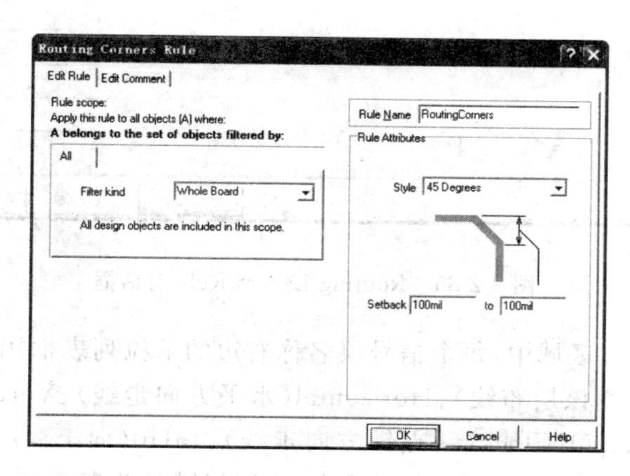

图 3-2-83　Routing Corners Rule 对话框

- Style。用于选择自动布线时导线的拐角形式。下拉列表框中包括 45 Degrees(45°拐角)、90 Degrees(90°拐角)和 Rounded(圆弧)三个选项,对应的拐角形式如图 3-2-84 所示。这里采用默认的 45 Degrees。

● Setback。如图 3-2-84 所示,采用 45 Degrees 和 Rounded 两种拐角形式时,该文本框用于设置拐角高度的最小、最大值。这里采用默认值。

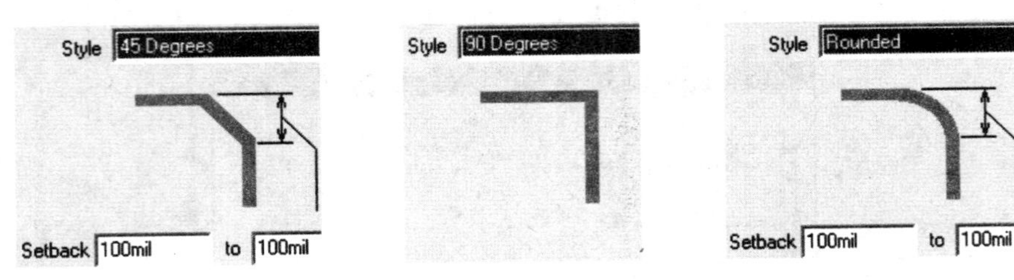

图 3-2-84　三种拐角形式

● Filter kind。通常选择 Whole Board 选项。

③Routing Layers

该规则用于选择布线所用的信号层及走线方式。

在 Rule Classes 列表框中单击选中 Routing Layers,然后单击 Properties 按钮,弹出如图 3-2-85 所示的 Routing Layers Rule(布线工作层设置)对话框。

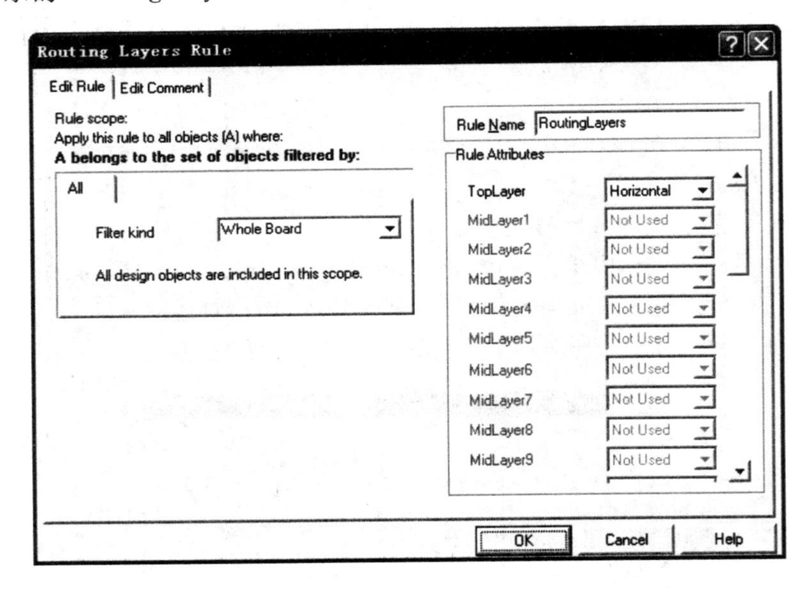

图 3-2-85　Routing Layers Rule 对话框

在 Rule Attributes 区域中,每个信号层名称右边的下拉列表框用于选择该层的走线方式,有 Not Used(不使用该层布线)、Horizontal(水平方向走线)、Vertical(竖直方向走线)、Any(任意方向走线)、1 O'Clock(一点钟方向走线)、45Up(向上 45°走线)、45Down(向下 45°走线)等 11 方式供选择。在 Protel99SE 中,印制板默认为双面板,即选择顶层和底层布线。由于本例是设计单面板,仅用底层布线,所以在 TopLayer 下拉列表框中选择 Not Used,并且在 BottomLayer 下拉列表框中选择 Horizontal,即底层以水平方向走线为主。

在 Filter kind 下拉列表框中，通常选择 Whole Board 选项。

④Width Constraint

该规则用于设置布线所用的导线宽度。

在 Rule Classes 列表框中单击选中 Width Constraint，然后单击 Properties 按钮，弹出如图 3-2-86 所示的 Max-Min Width Rule(导线宽度设置)对话框。

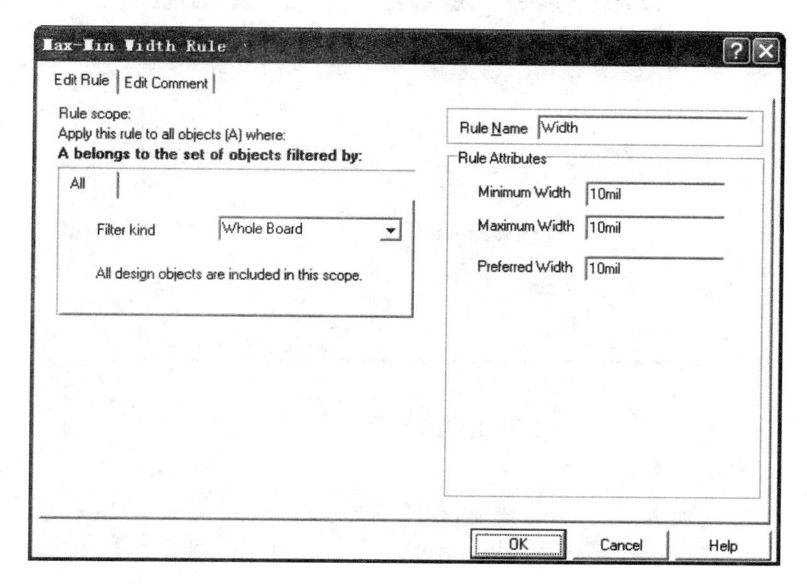

图 3-2-86 Max-Min Width Rule 对话框

在 Rule Attributes 区域中，Minimum Width、Maximum Width 和 Preferred Width 三个文本框分别用于设置导线的最小宽度、最大宽度和首选宽度。首选宽度就是布线时实际采用的导线宽度，首选宽度应介于最小宽度和最大宽度之间。例如，最小宽度、最大宽度和首选宽度的这几组设置值都是允许的：10mil、100mil、20mil；10mil、100mil、10mil；10mil、100mil、100mil；10mil、10mil、10mil。图 3-2-86 所示三个文本框中的值均为 10mil，这是系统的默认设置。

导线宽度的设置值要根据印制板生产工艺水平、导线所承载的电流大小、抗干扰等因素来确定。从提高电路抗干扰能力的角度考虑，电源线和地线的宽度大一点好，尤其是地线的宽度越大越好。一般说，电源线和地线的宽度应不小于 1mm，地线的宽度最好在 2～3mm 以上。另外，在手工制作印制板时，由于加工精度差，导线宽度最好不小于 20mil，否则腐蚀时容易断线。

本例安排电源线和地线主干线的宽度为 80mil，略大于 2mm(1mm＝39.37mil)。电源线和地线的支线流过的电流小，宽度为 20mil。其余导线的宽度为 20mil。具体设置如下。

a. 设置电源线、地线的宽度

先设置电源线宽度。打开如图 3-2-86 所示的 Max-Min Width Rule 对话框，在 Filter kind 下拉列表框中，选择 Net 选项，并在其下方的 Net 下拉列表框中选择 VCC(电源)网络，如图 3-2-87 所示。然后将最小、最大和首选宽度分别设置为 10mil、80mil 和 80mil。单击 OK 按钮确定。

再设置地线宽度。单击Routing选项卡中的Add按钮，弹出新的Max-Min Width Rule对话框。在Filter kind下拉列表框中，选择Net选项，并在其下方的Net下拉列表框中选择GND(地线)网络。将最小、最大和首选宽度分别设置为10mil、80mil和80mil。单击OK按钮确定。

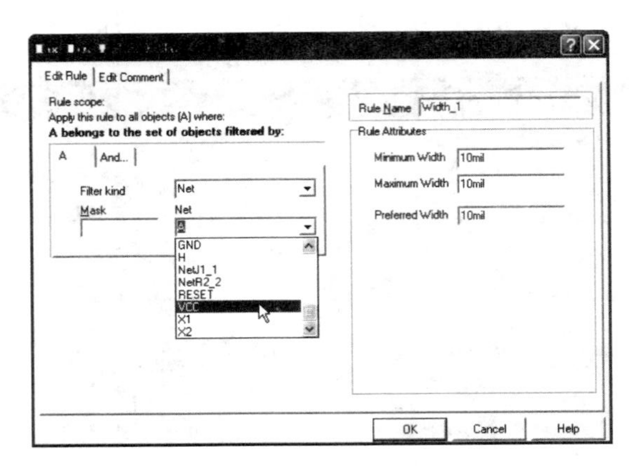

图 3-2-87　设置电源线的宽度

b. 设置其他导线的宽度

单击Routing选项卡中的Add按钮，弹出新的Max-Min Width Rule对话框。将最小、最大和首选宽度分别设置为10mil、20mil和20mil。Filter kind下拉列表框采用默认的Whole Board选项。单击OK按钮确定。

完成线宽设置时的Routing选项卡如图3-2-88所示。

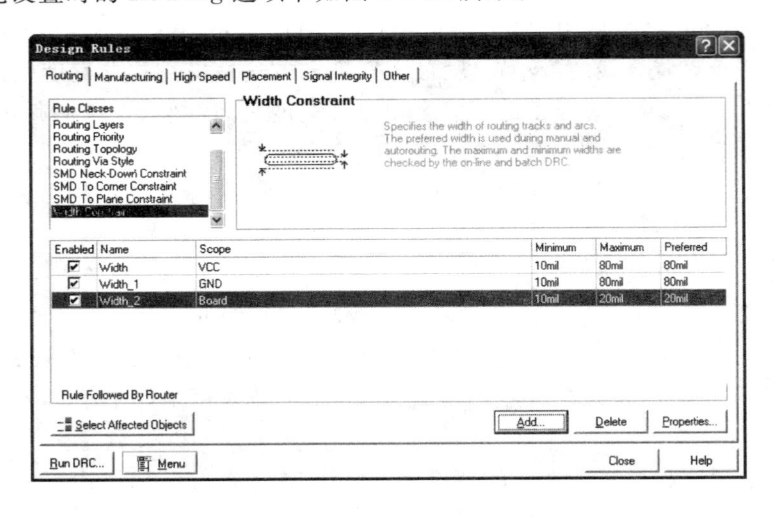

图 3-2-88　完成线宽设置时的Routing选项卡

(2)设计规则检查

Protel99SE提供了设计规则检查(Design Rule Check，DRC)功能，可以检查布线是否违反了设计规则。

DRC有在线(On-line)和手动两种检查方式。在手动布线时，在线DRC能阻止某些违反设计规则的操作，如企图布一条与其他图件的间距小于安全间距的导线时将被阻止；而对另一些违反设计规则的操作，如移动元件导致两个元件的间距小于规定值，则以元件显示绿色来提示违反了设计规则。因此，对于手动布线来说，在线 DRC 功能是很有用的。在布线完毕，或手动布线过程中，可以手动运行 DRC 来检查是否存在违反设计规则之处。

下面介绍手动和在线 DRC 的设置方法。

选择 Tools| Design Rule Check 命令，弹出如图 3-2-89 所示的 Design Rule Check（设计规则检查）对话框。其中包括 Report 和 On-line 两个选项卡，分别用于手动和在线 DRC 的设置。这两个选项卡中的选项基本相同，下面对 Report 选项卡中常用的检查选项进行介绍。

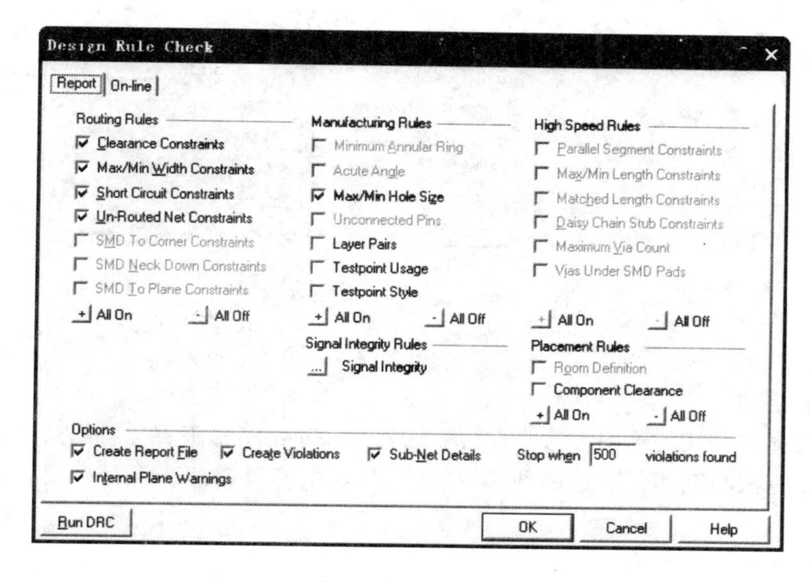

图 3-2-89 Design Rule Check 对话框

- Clearance Constraints：安全间距检查。
- Max/Min Width Constraints：最大/最小导线宽度检查。
- Short Circuit Constraints：短路检查。
- Un-Routed Net Constraints：未布线网络检查。
- Max/Min Hole Size：焊盘和过孔的最大/最小孔径检查。
- Component Clearance：元件间距检查。
- Create Report File：选中该项，则检查完毕将产生报告文件。
- Create Violations：选中该项，则印制板上违反规则的图件将以绿色显示。
- Stop when violations found：当找到错误的数目达到设置值时停止检查。

本例采用默认设置。

需要手动运行 DRC 时，单击对话框左下角的 Run DRC 按钮，即开始检查。在选中 Create Report File 选项的情况下，将生成检查结果报告文件，其中列出 Report 选项卡中要求检查的各项内容的检查结果，同时在印制板上以绿色标示违反规则的图件。

在线 DRC 功能的开启与关闭：选择 Tools| Preferences 命令，打开如图 3-2-90 所示的

Preferences对话框。选中Options选项卡中的Online DRC选项(默认为选中),则开启在线DRC功能,否则关闭该功能。

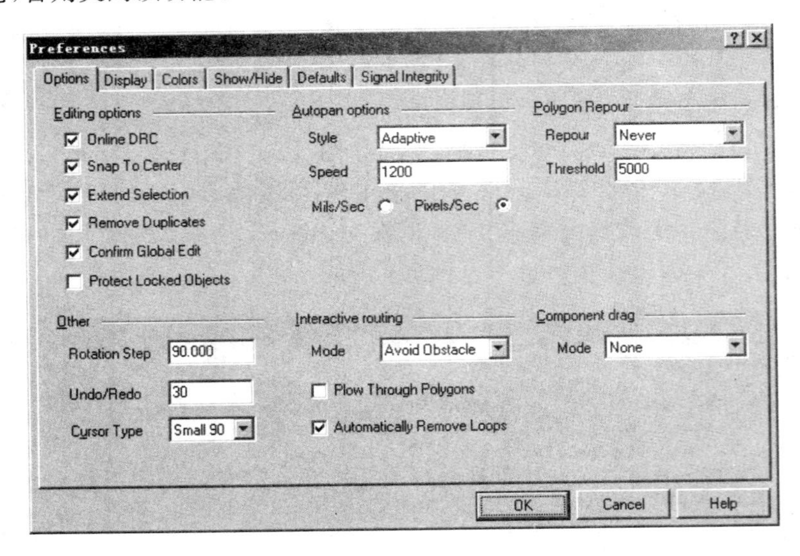

图3-2-90　Preferences对话框

(3)手动布线

①导线的绘制

这里首先介绍导线的绘制方法。在【例3-2-2】中,介绍了水平直导线的绘制方法。竖直直导线的绘制方法与其相同。这两种导线的绘制,这里不再赘述。下面介绍有转折的导线的绘制方法。

a. 导线的6种转折方式

导线的转折方式有6种,如图3-2-91所示。

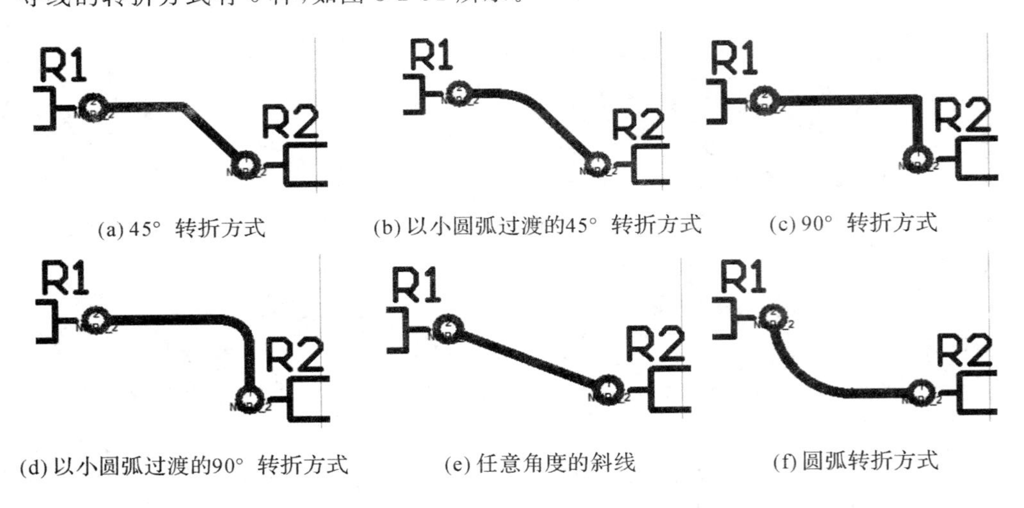

图3-2-91　导线的6种转折方式

在绘制导线时,按Shift+空格键,可以在上述6种转折方式之间切换。

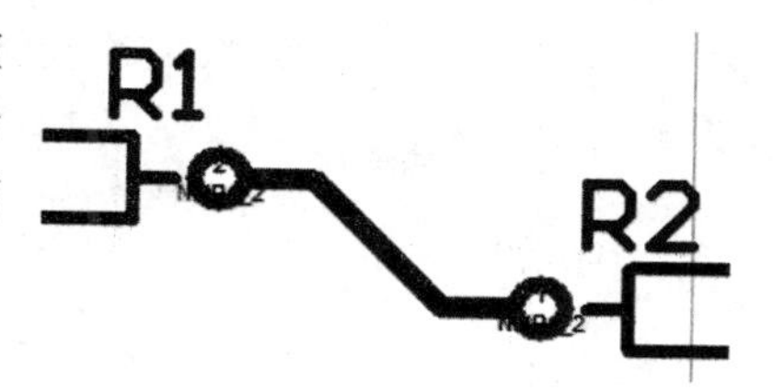

图 3-2-92　导线的 45°转折方式

【例 3-2-7】 45°转折方式是最常用的转折方式，应当熟练掌握 45°转折导线的绘制方法。图 3-2-91(a)所示的 45°转折导线也常绘制成图 3-2-92 所示的形状。下面分别介绍这两种导线的绘制方法。

(1)图 3-2-92 所示导线的绘制方法如下。

● 单击设计窗口下方的 BottomLayer 标签，选择底层为当前工作层。

● 选择 Place| Interactive Routing 命令，或单击放置工具栏的按钮，出现十字光标。移动光标至 R1 的 2 号焊盘中心单击，确定导线的起点。

● 向 R2 的 1 号焊盘方向移动光标，出现成 45°转折的两段导线，如图 3-2-93(a)所示。第一段导线为蓝线，这段导线的起点和方向已确定，但终点位置未确定，随光标的移动而移动。第二段导线是无色透明的(仅边缘为蓝色)，其起点和终点位置均未确定。

● 移动光标，改变第一段导线终点的位置，当该点位置合适时，如图 3-2-93(a)所示，单击左键确定第一段导线终点(此时第一段导线呈现高亮的黄色)，该段导线的绘制即已完成

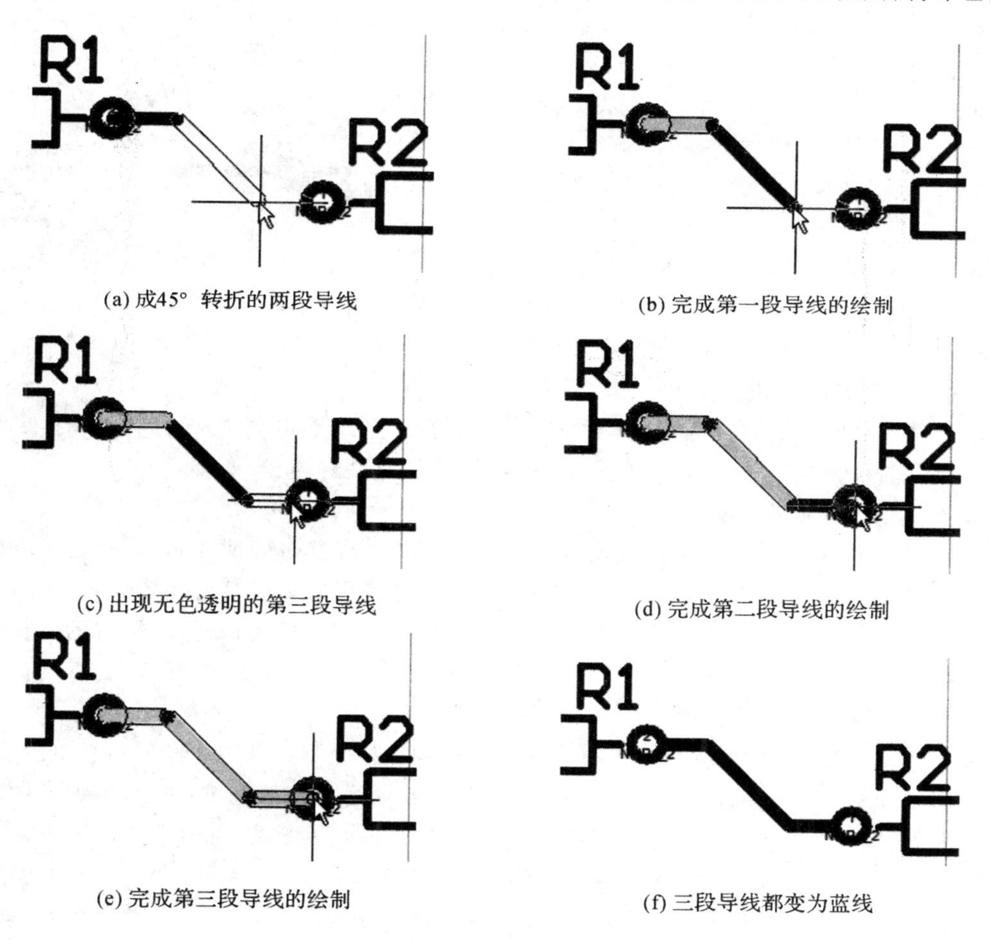

图 3-2-93　45°转折方式导线的绘制

(如果对已完成的一段导线的绘制结果不满意,可以通过按Backspace键来取消该段导线的绘制)。同时第二段导线变为蓝线,如图3-2-93(b)所示。

● 继续向R2的1号焊盘方向移动光标,出现无色透明的第三段导线,如图3-2-93(c)所示。

● 移动光标到R2的1号焊盘中心单击,确定第二段导线终点,完成了第二段导线的绘制,该段导线也呈现高亮的黄色。同时第三段导线变为蓝线,如图3-2-93(d)所示。

● 在R2的1号焊盘中心再次单击,确定第三段导线终点,第三段导线的绘制也完成了,其也呈现高亮的黄色,如图3-2-93(e)所示。

● 单击右键,结束该导线的绘制。此时,仍出现十字光标,仍处于绘制导线的状态,再次单击右键,则退出绘制导线的状态。

● 在设计窗口中空白处单击,三段导线都变为蓝线,如图3-2-93(f)所示。

提示:在PCB图的某个局部绘制导线时,按快捷键PageUp将画面适当放大,能方便观察和光标的定位。绘制完后要观察全局时,则按V|F快捷键。

(2)图3-2-91(a)所示导线的绘制方法如下。

● 单击放置工具栏的按钮,出现十字光标。移动光标至R1的2号焊盘中心单击,确定导线的起点。

● 将光标直接移至R2的1号焊盘中心,出现成45°转折的两段导线,如图3-2-94所示。在焊盘中心单击两次,分别确定第一、二段导线的终点,就完成了导线的绘制。

● 单击右键,结束该导线的绘制。

b. 走线方向的切换

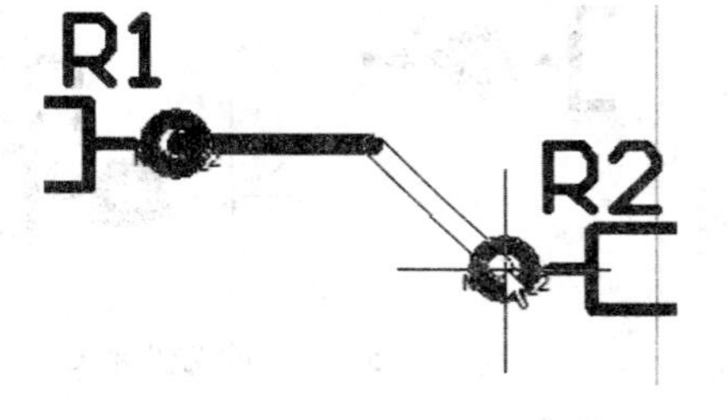

图3-2-94　45°转折方式导线的绘制

图3-2-91(a)、(b)、(c)、(d)这四种转折方式的导线还可以分别绘制成如图3-2-95(a)、(b)、(c)、(d)所示的形状。每种转折方式的导线的两种形状,区别在于走线方向不同。绘制导线时,走线方向的切换有两种方法。下面以45°转折方式为例,介绍这两种方法。

● 按空格键切换走线方向

假定正处于图3-2-93(a)所示的绘制导线状态。此时按空格键,两段导线的走线方向均发生了变化,结果如图3-2-96所示。如果再按一次空格键,则又切换为如图3-2-93(a)所示的走线方向。即每按一次空格键,将使走线方向在图3-2-93(a)和图3-2-96所示的两种状况之间切换一次。

● 单击左键切换走线方向

单击放置工具栏的按钮,进入布线状态。移动光标至R1的2号焊盘中心单击后,向右下方移动光标,出现的是如图3-2-93(a)所示形状的导线。如果在R1的2号焊盘中心单击两次后,再向右下方移动光标,出现的则是如图3-2-96所示形状的导线。这里单击的作用与按空格键是一样的,即每单击一次,将使走线方向切换一次。

以上两种切换走线方向的方法,对于其他转折方式也适用。

②手动布线

我们开始对前面已完成元件布局的单面板(如图3-2-78所示)进行手动布线。

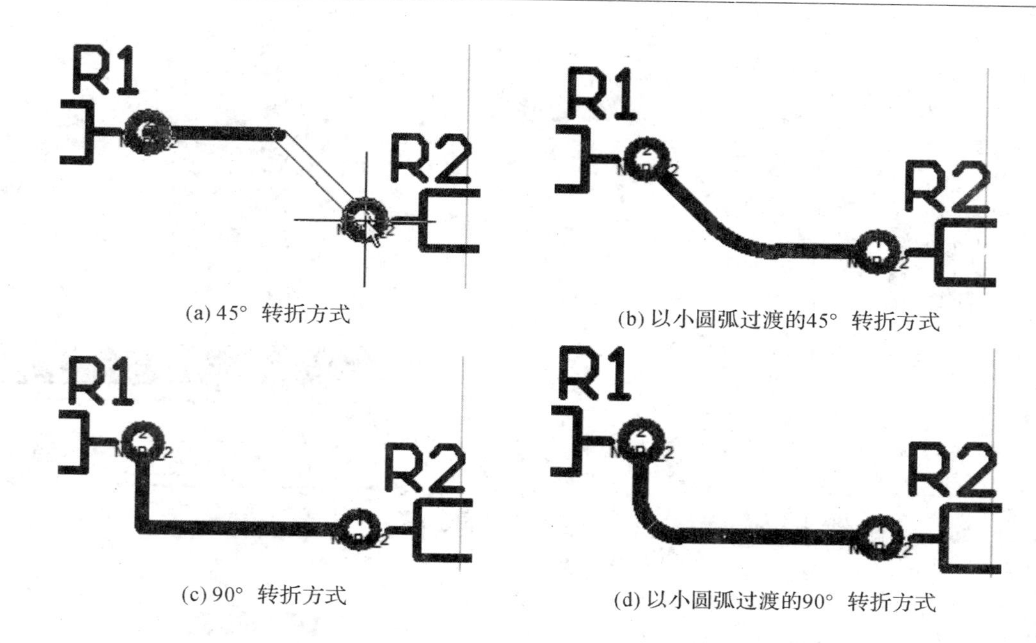

(a) 45° 转折方式

(b) 以小圆弧过渡的45° 转折方式

(c) 90° 转折方式

(d) 以小圆弧过渡的90° 转折方式

图 3-2-95 四种有转折导线的另一种形状

布线时要注意以下几点。

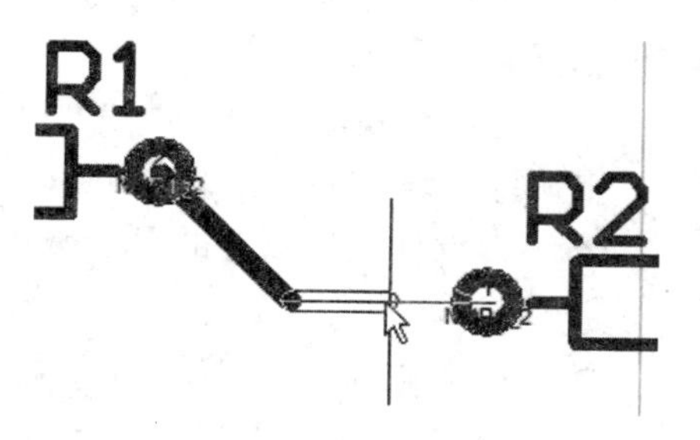

图 3-2-96 按空格键切换走线方向

- 布线顺序。先布电源线和地线，其次布ADC0809的时钟信号线，再布其他导线。

电源线和地线的设计对产品的性能至关重要，设计不好，将产生干扰，影响产品性能，甚至使产品不能正常工作。而且电源线和地线的宽度最大，如果先布其他线，有些地方剩余面积可能太小而布不下电源线和地线。所以要先布好电源线和地线(或其主干线)。

模数转换器 ADC0809 是在时钟信号的控制下工作的，时钟信号的质量是决定ADC0809工作稳定与否的关键因素。ADC0809 的时钟引脚为第 10 脚，时钟信号由单片机的 ALE 引脚(第 30 脚)提供，这两个引脚相距较远，连接导线较长，易受干扰，所以应当优先布好，以提高其抗干扰能力。

- 导线拐弯处不要布成直角或锐角，应采用圆弧或 45°转折方式。本例主要采用 45°转折方式。

- 布线时，捕捉栅格 Snap X 和 Snap Y 应适当取小些，以便于调节走线与其他图件的距离。本例的捕捉栅格选择 10mil。

需要改变捕捉栅格时，可以按快捷键 G，弹出如图 3-2-97 所示的捕捉栅格设置列表。将鼠标指针移到需要的设置值上单击，如图 3-2-98 所示单击 10mil 设置值，就能将 Snap X 和 Snap Y 同时设置为 10mil。如果列表中的值都不合适，可以单击其中的 Other 选项，弹出如图 3-2-99 所示的捕捉栅格设置对话框，输入所要的值后，再单击 OK 按钮即可。列表中的选项 Snap Grid X 和 Snap Grid Y 分别用于设置 Snap X 和 Snap Y。

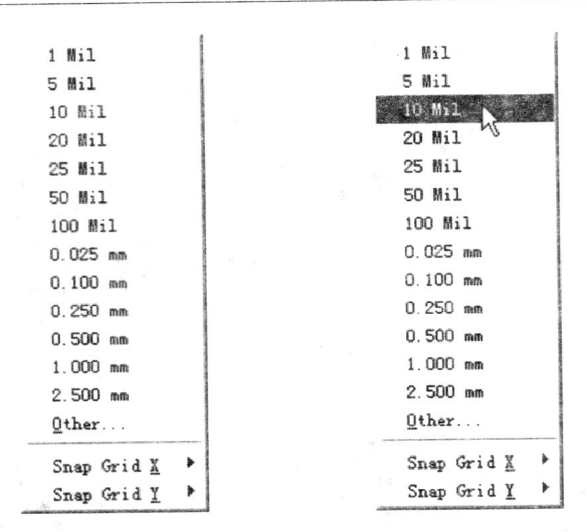

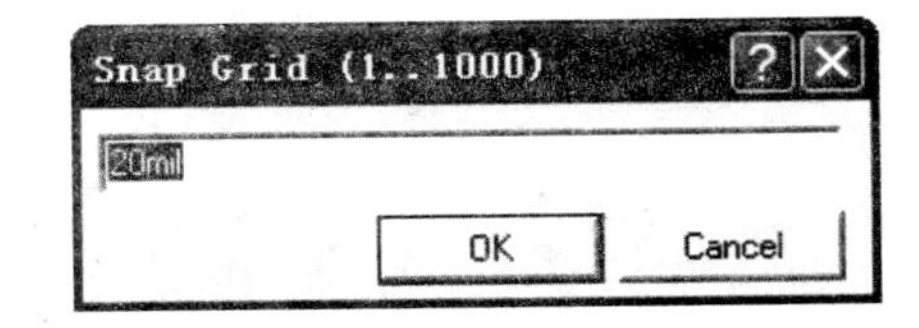

图 3-2-97 捕捉栅格设置列表 图 3-2-98 选择 10mil 设置值 图 3-2-99 捕捉栅格设置对话框

在设计窗口中单击右键，在弹出的右键菜单中，选择 Snap Grids 命令，其子菜单与图 3-2-97 所示的捕捉栅格设置列表完全相同，如图 3-2-100 所示，作用也完全相同。

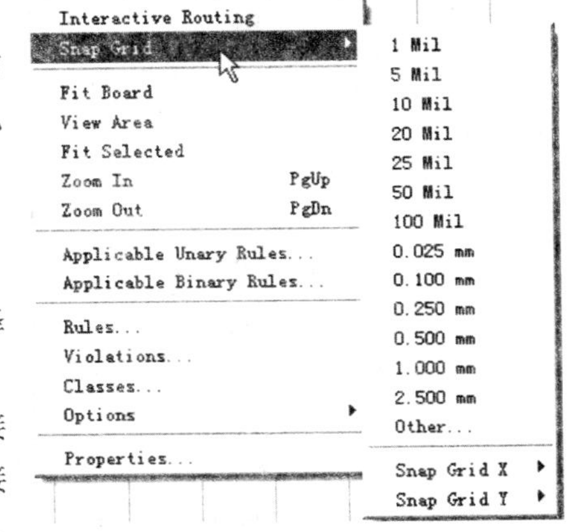

图 3-2-100 利用右键菜单设置捕捉栅格

a. 布电源线和地线的主干线

电源线和地线的主干线采用 80mil 线宽。

- 单击设计窗口下方的 BottomLayer 标签，选择底层为当前工作层。
- 单击放置工具栏的按钮后，首先绘制连接 J4-2、C4-1 和 U1-40 三个焊盘的导线。然后绘制连接 J4-1 和 C4-2 的导线。接着绘制连接 C4-2 和 U1-20、J4-1 和 C5-2、C5-2 和 U2-13、C5-1 和 U2-12、U2-12 和 U2-11 的导线。电源线和地线主干线的绘制结果如图 3-2-101 所示。连接 J4-2 和 C5-1 的导线因无法布通而未布。

注意，电源线和地线要先过芯片 U1 和 U2 的电源滤波电容 C4 和 C5，再连到 U1 和 U2 的电源引脚和接地引脚上。

提示：在绘制导线过程中，在按快捷键 PageUp 将 PCB 图放大较多的情况下，利用 Protel99SE 提供的鼠标手功能，可方便地观察画面的各个局部。鼠标手的使用方法：在 PCB 图上按下鼠标右键不放，图上将出现一只“手”，称为鼠标手，如图 3-2-102 所示。此时移动鼠标，就可以移动画面，从而可将某一局部移到设计窗口中观察。

b. 布 ADC0809 的时钟信号线

连接 U2-9 和 U1-21、U2-7 和 U1-22 的导线与 ADC0809 的时钟信号线走向一致而且相邻，因此，这三条导线要统筹考虑，一起布好。首先绘制好连接 U2-9 和 U1-21、U2-7 和 U1-22 的导线，如图 3-2-103(a)所示。为了掌握圆弧转折方式的绘制方法，我们以这种转折方式来绘制 ADC0809 的时钟信号线，绘制方法如下。

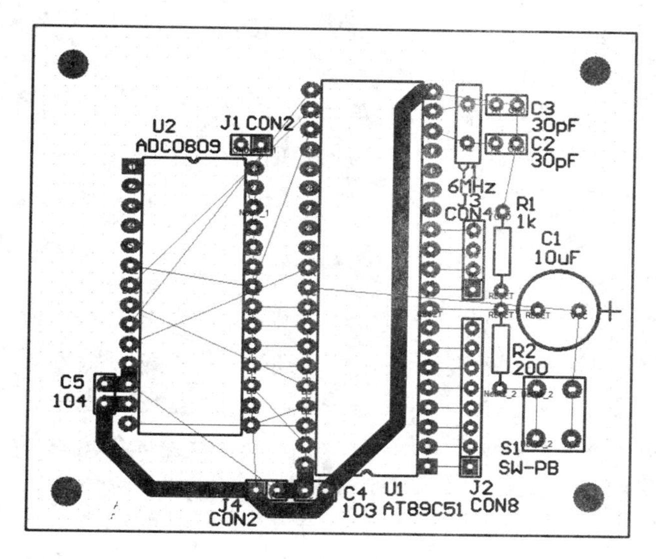

图 3-2-101 电源线和地线主干线的绘制结果

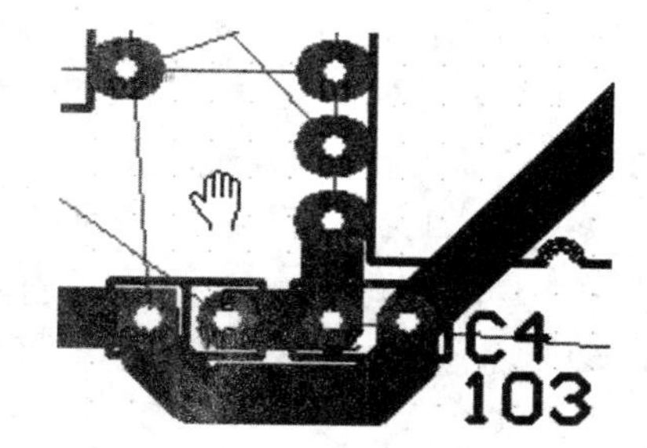

图 3-2-102 利用鼠标手观察 PCB 图的局部

- 单击放置工具栏的按钮后，移动光标至 U1-30 中心单击，确定导线的起点。
- 假设原先是 45°转折方式，按 Shift+空格键 5 次，切换到圆弧转折方式。然后向右上方移动光标，形成如图 3-2-103(b)所示的走线，然后单击即完成第一段的圆弧的绘制。

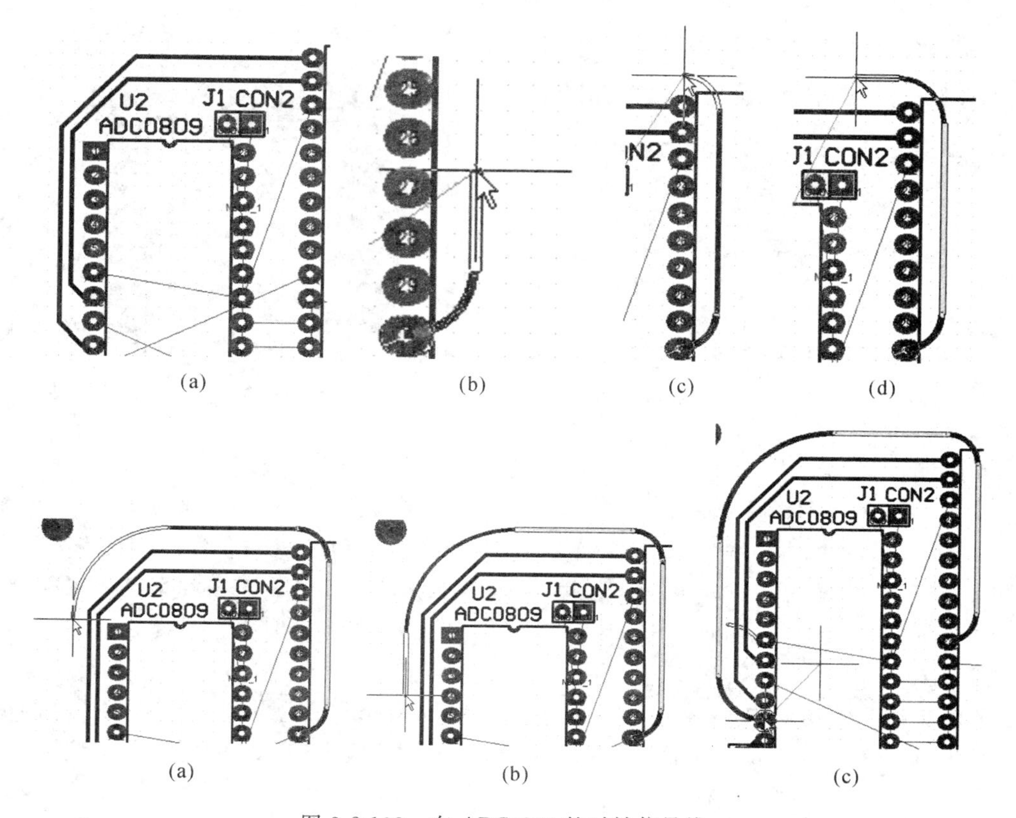

图 3-2-103 布 ADC0809 的时钟信号线

- 移动光标到如图 3-2-103(c)所示位置，单击完成第二段的直线的绘制。
- 移动光标到如图 3-2-103(d)所示位置，单击完成第三段的圆弧的绘制。
- 移动光标到如图 3-2-103(e)所示位置，单击完成第四段的直线的绘制。
- 移动光标到如图 3-2-103(f)所示位置，单击完成第五段的圆弧的绘制。
- 移动光标到 U2-10 中心单击两次，即完成整条导线的绘制，如图 3-2-103(g)所示。

c. 布其他导线

- 设置电源线、地线支线的宽度

电源线和地线的支线采用 20mil 线宽。在前面设置布线设计规则时，设置电源线和地线的首选宽度为 80mil。现在要将电源线和地线的支线布成 20mil 宽的导线，就要将首选宽度修改为 20mil。修改方法有两种：一是直接在 Design Rules 对话框的 Routing 选项卡中选中 Width Constraint 规则后，将 VCC 和 GND 网络的首选宽度修改为 20mil；一是在布线状态下修改。下面以绘制连接 J1-2、U2-25、U2-24 和 U2-23 的地线为例，介绍后一种方法。

单击放置工具栏的按钮后，移动光标至 J1-2 焊盘中心单击，确定导线的起点。按 Tab 键，弹出如图 3-2-104 所示的 Interactive Routing 对话框，将其中 Trace Width 文本框内容由 80mil 修改为 20mil。单击 OK 按钮。此时 Routing 选项卡中，GND 网络的首选宽度就被修改为 20mil 了。继续绘制上述地线，绘制结果如图 3-2-105 所示，其宽度为 20mil。

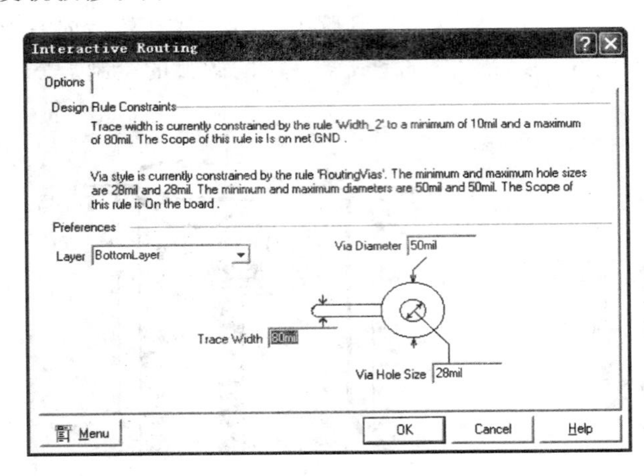

图 3-2-104　Interactive Routing 对话框

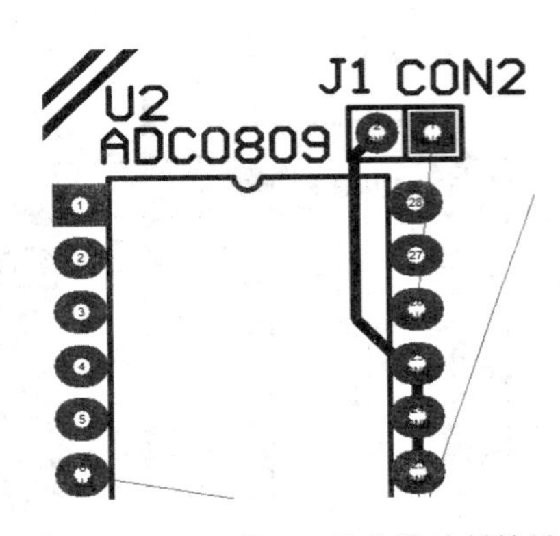

图 3-2-105　一条 20mil 地线绘制结果

- 绘制连接 U2-15 和 U1-37、U2-14 和 U1-38 的两条导线。结果如图 3-2-106 所示。
- 再绘制连接 U2-17 和 U1-39 的导线。但是我们发现，由于已绘制导线的阻挡，无法绘制该导线。解决的办法是，从 U1-36 和 U1-37 两焊盘之间的间隙走线。为此先要将 U1-36 和 U1-37 两焊盘的 Y-Size 减小，这里将其减小为 65mil。根据相邻两焊盘中心距为 100mil，容易求得 Y-Size 减小为 65mil 时，U1-36 和 U1-37 两焊盘的间距为 35mil。如果采用宽度为 15mil 的导线，并从 U1-36 和 U1-37 之间间隙的中心穿过，可以求得导线与焊盘 U1-36 和 U1-37 的间距均为 10mil。这里我们就采用 15mil 线宽来绘制该导线。绘制前必须将安全间距修改为 10mil，并且 Snap X 和 Snap Y 的值应合适，如均为 10mil，才能完成该导线的绘制。该导线绘制结果如图 3-2-107 所示。绘制完后，可以再将安全间距修改为 20mil。此时由于违反了安全间距规则，U1-36 和 U1-37 及从它们之间穿过的那段导线变为绿色,如图 3-2-107 所示,可不予理会。

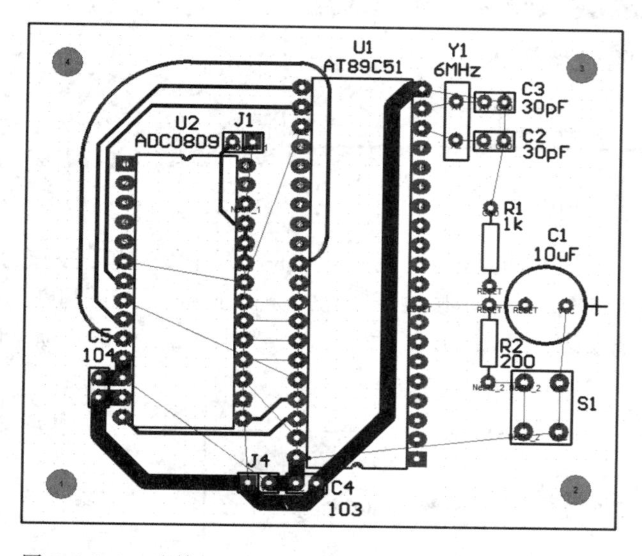

图 3-2-106 连接 U2-15 和 U1-37、U2-14 和 U1-38 的导线

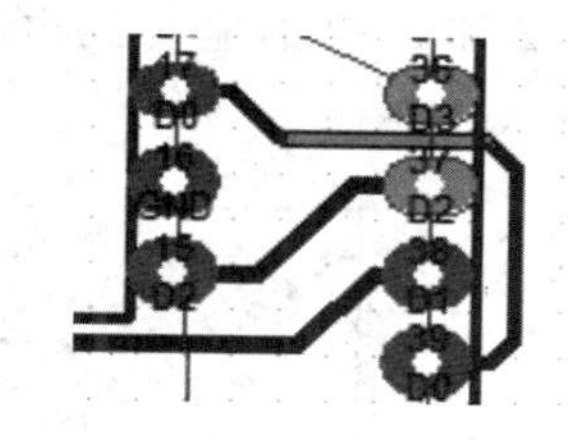

图 3-2-107 连接 U2-17 和 U1-39 的导线

我们来测量 U1-36 或 U1-37 与从它们之间穿过的那段导线的间距。选择 Reports|Measure Primitive 命令,出现十字光标,移动光标至 U1-37 上单击,如图 3-2-108(a)所示,弹出如图 3-2-109 所示要求选择被测对象的信息。单击其中第二行,如图 3-2-110 所示,即选择焊盘 U1-37 为第一个被测对象。再移动光标至 U1-36 和 U1-37 之间的那段导线上单击,如图 3-2-108(b)所示,又弹出如图 3-2-111 所示要求选择被测对象的信息。单击其中第一行,如图 3-2-112 所示,即选择那段导线为第二个被测对象。此时系统弹出如图 3-2-113 所示的对话框,给出焊盘 U1-37 与那段导线的间距的测量值为 10mil。

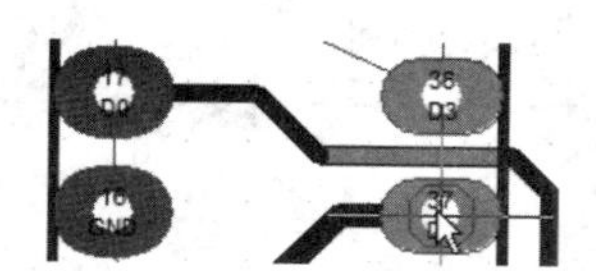

(a) 单击选择被测焊盘U1-37

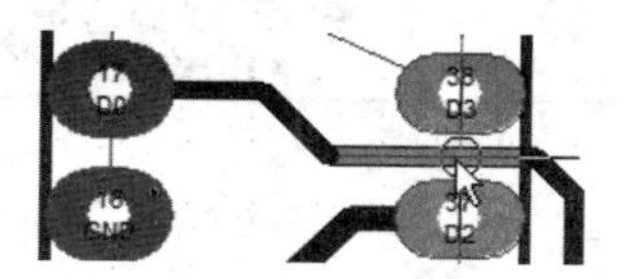

(b) 单击选择被测导线

图 3-2-108 选择被测对象

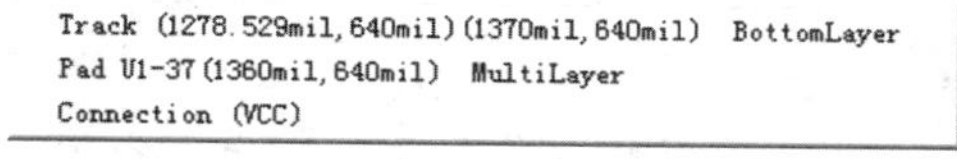

Track (1278.529mil,640mil)(1370mil,640mil) BottomLayer
Pad U1-37(1360mil,640mil) MultiLayer
Connection (VCC)

图 3-2-109 要求选择被测对象的信息

Track (1278.529mil,640mil)(1370mil,640mil) BottomLayer
Pad U1-37(1360mil,640mil) MultiLayer
Connection (VCC)

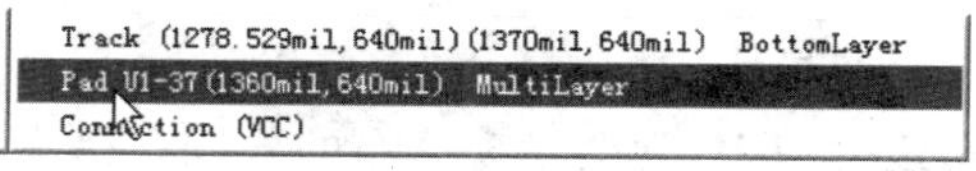

图 3-2-110 单击选择被测焊盘 U1-37

Track (1260mil,690mil)(1420mil,690mil) BottomLayer
Connection (VCC)

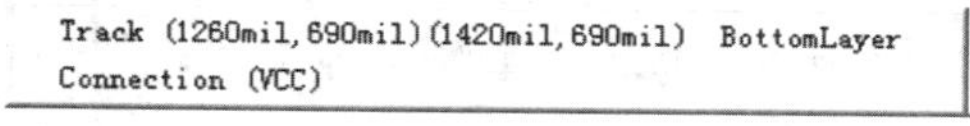

图 3-2-111 要求选择被测对象的信息

Track (1260mil,690mil)(1420mil,690mil) BottomLayer
Connection (VCC)

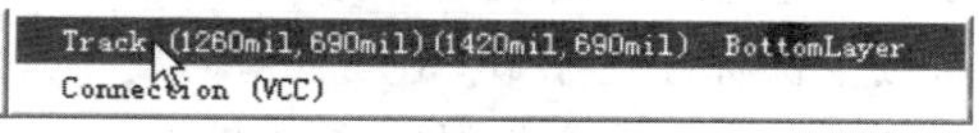

图 3-2-112 单击选择被测导线

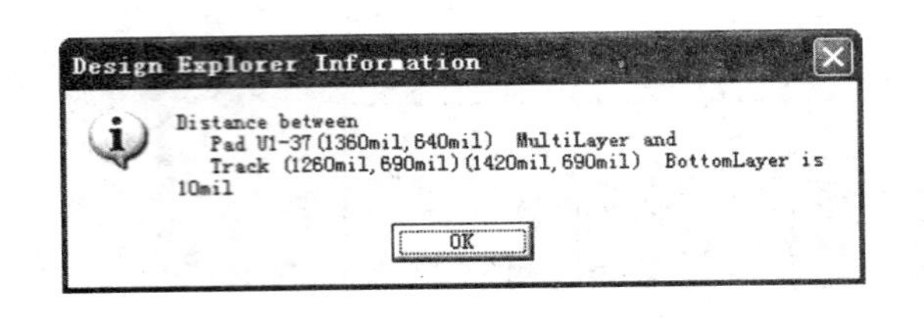

图 3-2-113 间距测量值为 10mil

● 按以上方法继续绘制其余导线。由于本电路连线较多,仅在单面布线,是无法布通所有导线的。无法布通的有:连接 J4-2 和 C5-1 的电源主干线,连接 J4-1 和 U2-23、J4-1 和 U2-16、J4-2 和 S1-2 的地线或电源线的支线。将所有能布通的导线布好后的结果如图 3-2-114所示。

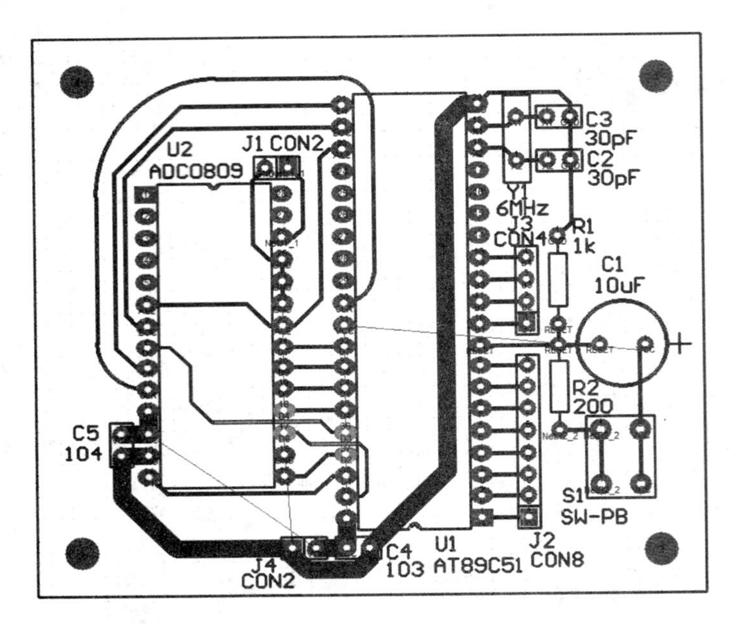

图 3-2-114 能布通的导线全布好的结果

未布通的导线可以留待印制板制作好后,用导线(跳线)跨接。我们可以在顶层将跳线布好(顶层导线为红线),如图 3-2-115 所示。这样在印制板装焊时,便于看出跳线的安装位置。

③已布导线的修改

布线过程中,常会发现已布的导线布得不合理,需要修改。下面介绍修改的方法。

a. 导线的选定

常用的选定或取消选定的操作方法有以下几种。

● 按下鼠标左键不放,拖动光标,将出现矩形虚线框,当其框住待选定导线时,松开左键即完成选定。已选定的导线变为黄色(但边缘颜色不变)。

● 选择 Edit|Select|Toggle Selection 命令,出现十字光标,移动光标至待选定导线上单击,即可将其选定。此时仍呈现十字光标,可继续选定其他导线。若在已选定的导线上再次

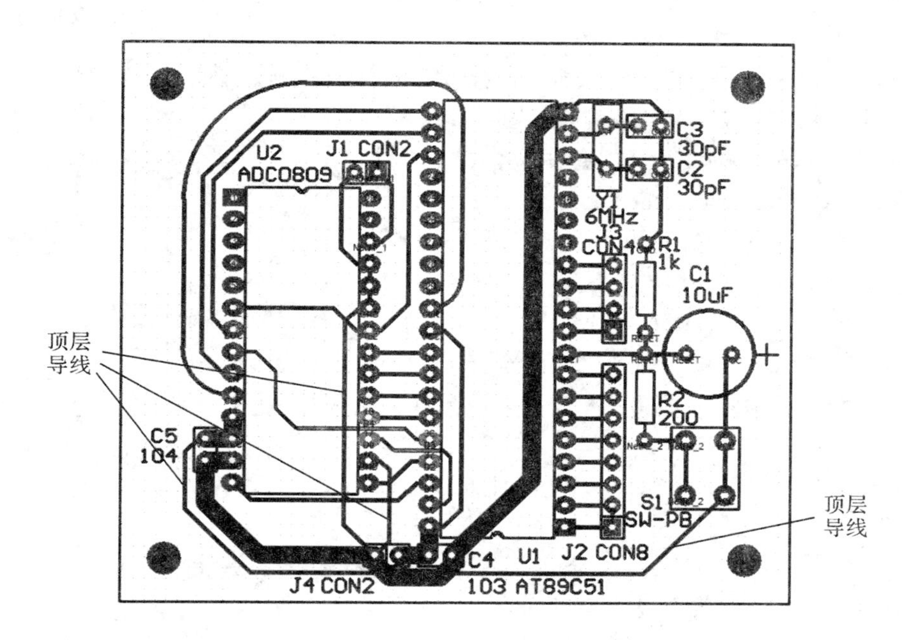

图 3-2-115 在顶层布好的跳线

单击，则会取消对该导线的选定。

按住 Shift 键后，在导线上单击，其作用与执行上述命令相同。

● 选择 Edit|Select| Net 命令，或按快捷键 S|N，出现十字光标，移动光标至一条网络的任意一段导线上单击，可选定该网络中的所有导线、焊盘等图件。

● 选择 Edit|Select| Physical Selection 命令，或按快捷键 S|C，出现十字光标，移动光标至连接于两焊盘间的导线的任意一段上单击，可选定两焊盘间的全部导线。

● 选择 Edit|Select| Connected Copper 命令，或按快捷键 S|P，出现十字光标，移动光标至一段导线上单击，可选定与该段导线有电气连接的所有导线、焊盘等图件。

● 选择 Edit|Select| All on Layer 命令，或按快捷键 S|Y，可选定当前工作层内的所有导线。

● 选择 Edit|Select| All 命令，或按快捷键 S|A，可选定印制电路板上的所有图件。

全部取消选定的快捷键和工具栏按钮如下。

● 快捷键 X|A：全部取消选定。

● 主工具栏的按钮：作用与快捷键 X|A 相同。

b. 导线的删除

导线的删除方法有以下几种。

● 选择 Edit|Delete 命令，或按快捷键 E|D，出现十字光标。将光标移到要删除的导线段上单击，该段导线即被删除。此时仍呈现十字光标，可继续删除其他导线。

● 首先选定要删除的导线，然后选择 Edit|Clear 命令，或按快捷键 Crtl+Delete，已选定的导线即被删除。

删除已选定的导线，也可采用剪切命令 Edit|Cut，或相应的快捷键 Shift+Delete 来实现。

- 首先点选要删除的导线段，然后按 Delete 键即可将该段导线删除。
- 如果正在布一条网络，则按 Backspace 键，可以逐段删除该网络已布好的各段导线。
- 利用以下解除布线命令来删除

Tools|Un- Route 命令的子菜单中包含四个解除布线的命令：All、Net、Connection 和 Component，如图 3-2-116 所示。这四个命令的功能如下。

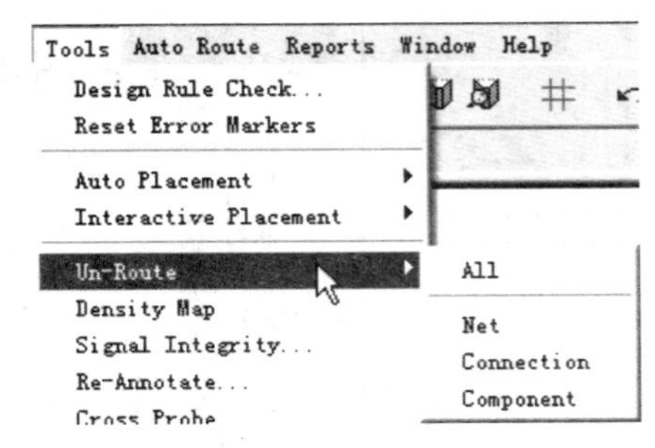

图 3-2-116　解除布线的命令

All：删除 PCB 图上的所有导线。

Net：删除一条网络的所有导线。

Connection：删除连接于两焊盘间的全部导线。

Component：删除与一个元件相连的所有导线。

c. 已布导线的修改

修改已布的不合理的导线，有以下两种方法。

- 删除后重布

图 3-2-114 所示的 PCB 图是修改后的结果。原先布得不够合理的一个地方如图 3-2-117所示。图中有三条导线从焊盘间走线，而且其中一条(连接 U2-8 和 U1-36)两次从焊盘间穿过。这三条线都绕了点弯，使连线变长。将该图所示的四条导线删除后重布的结果如图 3-2-118 所示。此时只有两条导线从焊盘间穿过，而且都只穿过一次。除了连接 U2-17 和 U1-39 的导线外，其他导线都变短。

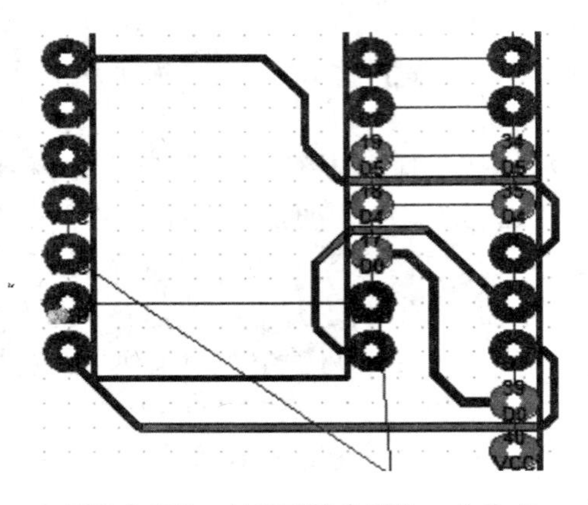

图 3-2-117　布得不够合理的一个地方

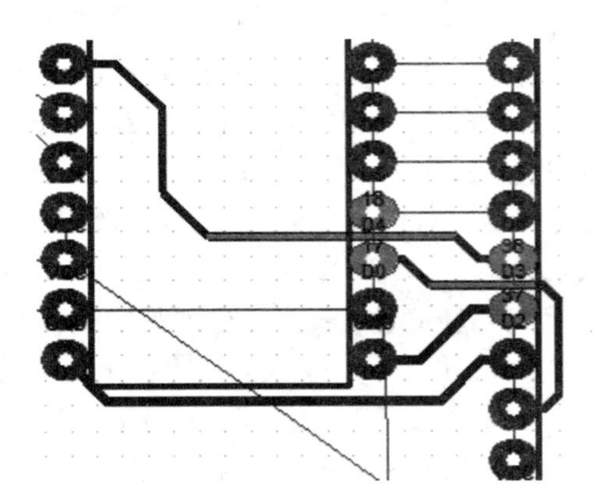

图 3-2-118　删除后重布的结果

- 不删除而直接重布

例如，原先绘制的连接 C4-2 和 U1-20 的地线，靠 U1 左侧焊盘太近，如图 3-2-119 所示，导致其中一些焊盘无法布线。此时不删除该地线，而重新绘制一条如图 3-2-120 所示的地线，当绘制完成时会发现原先的地线自动消失了。这是因为 Protel99SE 提供了自动清除导线回路的功能，即新绘制的导线与原先的导线构成回路时，系统会自动清除原先的导线。

选择 Tools|Preferences 命令，弹出如图 3-2-121 所示的 Preferences 对话框。在 Options 选项卡中，选中 Automatically Remove Loops 复选框，则启用自动清除导线回路的功能，否则不启用。该复选框默认为选中。

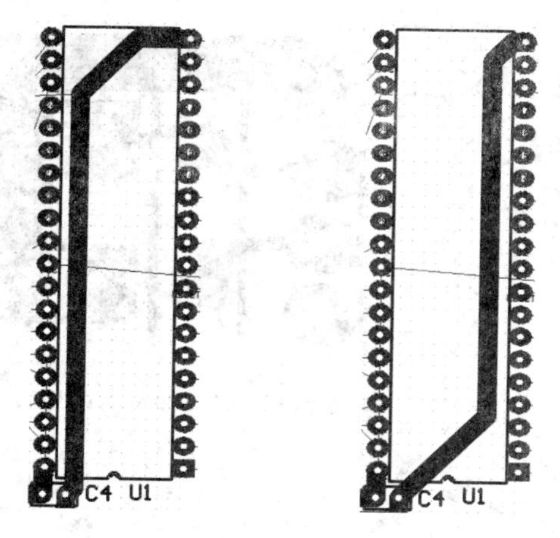

图 3-2-119 原先的地线 图 3-2-120 重布的地线

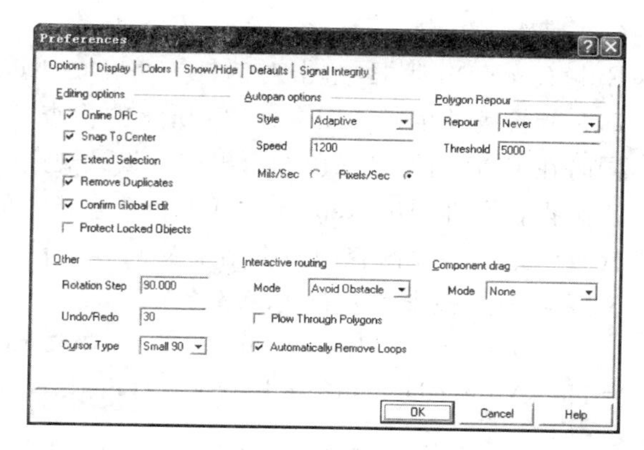

图 3-2-121 Preferences 对话框

d. 导线宽度的修改

布好线后，在空间许可的情况下，有些导线的宽度可以适当加大，尤其是电源线和地线。下面以连接 U1-20、C3-2 和 C2-2 的地线为例，介绍加宽导线的方法。

● 按快捷键 S|C 后，选定上述连线。

● 在任意一段被选定的导线上双击，弹出如图 3-2-122 所示的 Track（导线属性编辑）对话框。将 Width 改为 80mil，然后单击 Global 按钮，对话框展宽。在 Attributes To Match By 选项组的 Selection 下拉列表框中选择 Same，在 Change scope 下拉列表框中选择 All primitives，如图 3-2-123 所示。再单击 OK 按钮，所选定的各段地线都被加宽为 80mil 了，如图 3-2-124 所示。

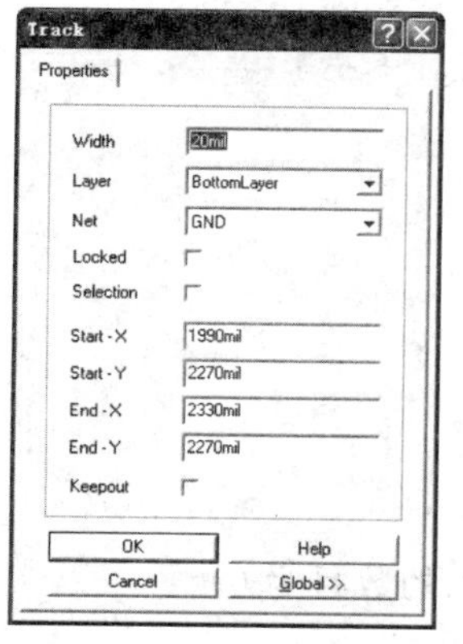

图 3-2-122 Track 对话框

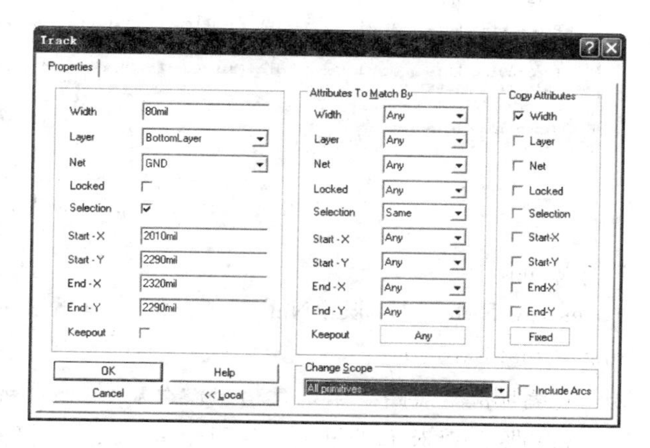

图 3-2-123 全局编辑对话框

④设计规则检查

完成布线后，必须手动运行 DRC，检查 PCB 图是否有违反设计规则的地方。当有违反设计规则时，应对违反规则之处进行修改，以确保满足布线设计规则的设计要求。当然，首先要查出违反了什么设计规则，并找到违反设计规则之处。这可利用检查结果报告文件或设计管理器来查找。

a. 利用检查结果报告文件查找

选择 Tools | Design Rule Check 命令，弹出 Design Rule Check 对话框，单击对话框左下角的 Run DRC 按钮，即开始检查并生成如图 3-2-125 所示的检查结果报告文件。同时在 PCB 图上以绿色标示出违反设计规则的图件。

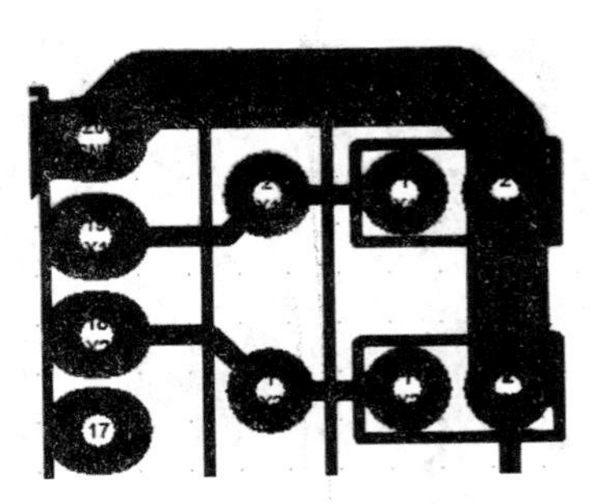

图 3-2-124　加宽后的地线

报告文件列出 Report 选项卡所要求检查的五项内容的检查结果。各项内容的检查结果及说明如下。

● 短路检查和未布线网络检查

Processing Rule : Short-Circuit Constraint (Allowed =Not Allowed) (On the board),(On the board)

```
AD.ddb | Documents | AD.PCB | AD.DRC

Protel Design System Design Rule Check
PCB File : Documents\AD.PCB
Date     : 22-Jul-2011
Time     : 16:01:27

Processing Rule : Short-Circuit Constraint (Allowed=Not Allowed) (On the board ),(On the board )
Rule Violations :0

Processing Rule : Broken-Net Constraint ( (On the board ) )
Rule Violations :0

Processing Rule : Clearance Constraint (Gap=20mil) (On the board ),(On the board )
   Violation between Pad U1-37(1360mil,640mil)  MultiLayer and
                     Track (1200mil,690mil)(1420mil,690mil)  BottomLayer
   Violation between Pad U1-36(1360mil,740mil)  MultiLayer and
                     Track (1200mil,690mil)(1420mil,690mil)  BottomLayer
   Violation between Pad U2-17(1090mil,740mil)  MultiLayer and
                     Track (770mil,790mil)(1250mil,790mil)  BottomLayer
   Violation between Pad U2-18(1090mil,840mil)  MultiLayer and
                     Track (770mil,790mil)(1250mil,790mil)  BottomLayer
Rule Violations :4

Processing Rule : Width Constraint (Min=10mil) (Max=20mil) (Prefered=15mil) (On the board )
Rule Violations :0

Processing Rule : Hole Size Constraint (Min=1mil) (Max=100mil) (On the board )
   Violation         Pad Free-2(2750.467mil,190.968mil)  MultiLayer  Actual Hole Size = 157.48mil
   Violation         Pad Free-3(2750.467mil,2356.322mil)  MultiLayer  Actual Hole Size = 157.48mil
   Violation         Pad Free-4(191.412mil,2356.322mil)  MultiLayer  Actual Hole Size = 157.48mil
   Violation         Pad Free-1(191.412mil,190.968mil)  MultiLayer  Actual Hole Size = 157.48mil
Rule Violations :4

Processing Rule : Width Constraint (Min=10mil) (Max=80mil) (Prefered=20mil) (Is on net VCC )
Rule Violations :0

Processing Rule : Width Constraint (Min=10mil) (Max=80mil) (Prefered=20mil) (Is on net GND )
Rule Violations :0


Violations Detected : 8
Time Elapsed        : 00:00:00
```

图 3-2-125　检查结果报告文件

Rule Violations :0

Processing Rule : Broken-Net Constraint((On the board))

Rule Violations :0

第一行指明检查短路。第二行指出没有短路(违反规则的数目为 0)。

第三行指明检查未布线网络。第四行指出没有未布线网络。

● 安全间距检查

Processing Rule: Clearance Constraint (Gap=20mil) (On the board),(On the board)

Violation between Pad U1-37(1360mil,640mil) MultiLayer and
　　　　　　　　Track (1200mil,690mil)(1420mil,690mil) BottomLayer

Violation between Pad U1-36(1360mil,740mil) MultiLayer and
　　　　　　　　Track (1200mil,690mil)(1420mil,690mil) BottomLayer

Violation between Pad U2-17(1090mil,740mil) MultiLayer and
Track (770mil,790mil)(1250mil,790mil) BottomLayer
Violation between Pad U2-18(1090mil,840mil) MultiLayer and
Track (770mil,790mil)(1250mil,790mil) BottomLayer
Rule Violations :4

第一行指明检查安全间距。第二、三行指出焊盘 U1-37 与起点和终点坐标分别为(1200mil,690mil)和(1420mil,690mil)的底层导线之间违反了安全间距规则。(1360mil,640mil)是焊盘中心的坐标。第四至九行指出其他三个焊盘与导线违反了同样的规则。第十行指出共有 4 处违反了安全间距规则。

- 最大/最小导线宽度检查

Processing Rule : Width Constraint (Min=10mil) (Max=80mil) (Prefered=20mil) (Is on net VCC)
Rule Violations :0
Processing Rule : Width Constraint (Min=10mil) (Max=80mil) (Prefered=20mil) (Is on net GND)
Rule Violations :0

第一、三行分别指明检查电源线和地线的宽度。第二、四行指出没有违反设计规则。另外,下面第一行指明检查其他导线的宽度,第二行指出没有违反设计规则。

Processing Rule : Width Constraint (Min=10mil) (Max=20mil) (Prefered=15mil) (On the board)
Rule Violations :0

- 焊盘和过孔的最大/最小孔径检查

Processing Rule: Hole Size Constraint (Min=1mil) (Max=100mil) (On the board)
Violation Pad Free-2(2750. 467mil,190. 968mil) MultiLayer Actual Hole Size =157. 48mil
Violation Pad Free-3(2750. 467mil,2356. 322mil) MultiLayer Actual Hole Size =157. 48mil
Violation Pad Free-4(191. 412mil,2356. 322mil) MultiLayer Actual Hole Size = 157. 48mil
Violation Pad Free-1(191. 412mil,190. 968mil) MultiLayer Actual Hole Size = 157. 48mil
Rule Violations :4

第一行指明检查焊盘的最大/最小孔径。第二行指出 2 号安装孔孔径为 157. 48mil(即 4mm),违反了设计规则。因为在 Design Rules 对话框的 Manufacturing 选项卡中,Hole Size Constraint(最大/最小孔径)规则由系统默认设置为 100mil/1mil。第三至五行指出其余三个安装孔违反了同样的规则。第六行指出共有 4 处违反规则。

报告文件的倒数第二行指出 PCB 图上总共有 8 处违反设计规则(Violations Detected : 8)。

根据报告文件的检查结果及 PCB 图上以绿色标示的图件,容易找出违反设计规则的地方。但本例被检查出的违反设计规则之处实际上都不算违反设计规则，不需要修改。

b. 利用设计管理器查找

手动运行DRC后，在设计窗口上方单击PCB文件AD.PCB的标签，使设计窗口显示该文件内容。然后在设计管理器的Browse Sch标签页中，选择Browse下拉列表框中的Violations选项，如图3-2-126所示，就进入设计错误管理器，如图3-2-127所示。

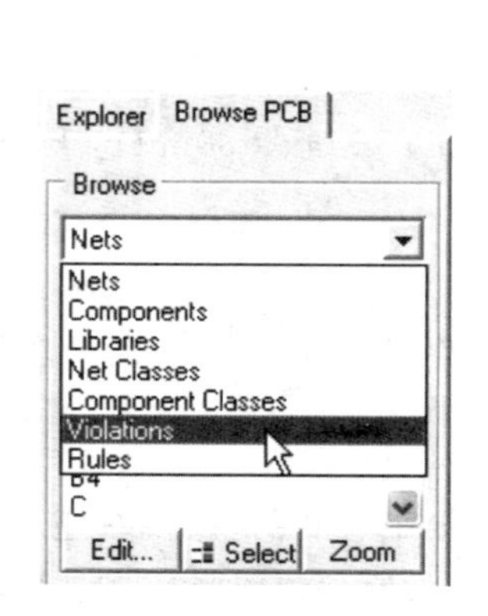

图3-2-126　选择Violations选项

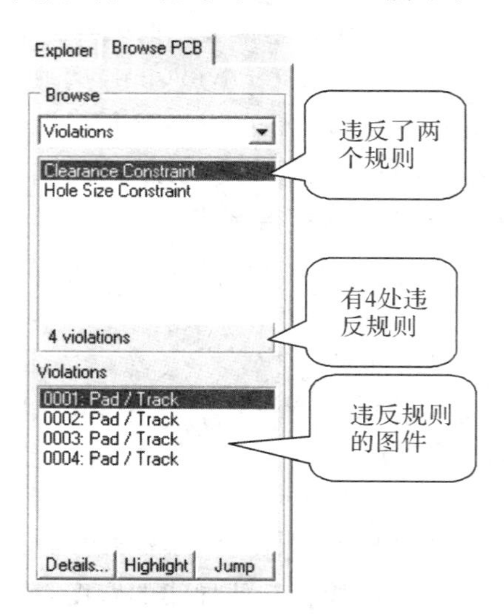

图3-2-127　设计错误管理器

管理器上列表框列出PCB设计所违反的设计规则。本例违反了两个设计规则：Clearance Constraint和Hole Size Constraint。单击选中某个规则，图3-2-127所示为选中了Clearance Constraint，下列表框就列出违反该规则的所有图件。单击选中其中的某一行，如选中0001：Pad/Track，然后单击下方的Details按钮，将弹出如图3-2-128所示的Violation Details对话框。其中的Violated Rule区域指出图件违反了安全间距规则；Violating Primitive区域指出违反规则的具体图件及其在PCB图上的坐标。单击对话框左下角的Highlight按钮，PCB图上违反规则的图件将闪烁一下，以便于我们找到该图件。单击Jump按钮，则违反规则的图件被放大并显示在设计窗口中间，如图3-2-129所示，以便于我们观察和修改。设计错误管理器下方的Highlight和Jump按钮也具有上述作用。

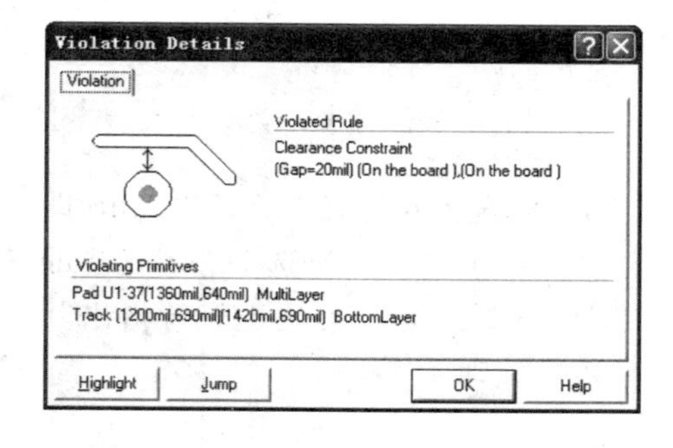

图3-2-128　Violation Details对话框

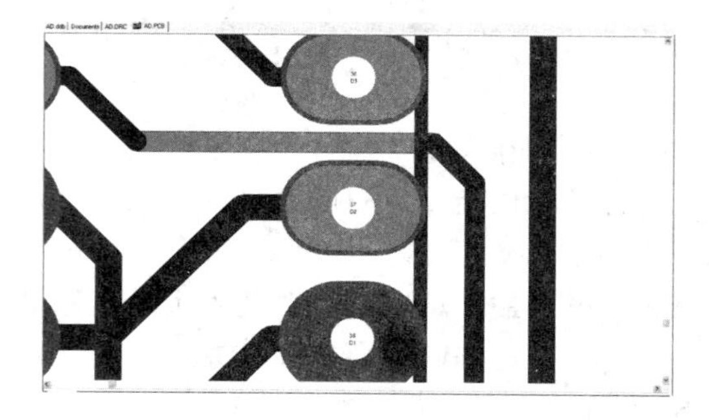

图3-2-129　单击Jump按钮，违反规则的图件被放大显示

⑤元件标注的调整

在制作印制板前，应对元件标注（元件序号、型号、标称值）进行调整，使其排列位置、朝向、大小等合适。

调整元件标注应注意以下两点。

- 元件标注应放在元件封装外，以免元件装焊时将其遮住。
- 所有元件标注尽量朝同一个方向，且大小一致。

调整元件标注主要是编辑元件标注的属性和排列元件标注。

a. 编辑元件标注的属性

下面以外部电源输入接线柱 J4 为例，介绍元件标注属性的编辑方法。

- 编辑元件序号 J4 的属性。在元件序号 J4 上双击，弹出如图 3-2-130 所示的 Designator 对话框。其中主要的几个属性介绍如下。

Designator：元件序号。

Height：元件序号的高度。

Width：元件序号的线宽。

Font：元件序号的字体。

Hide：选中该复选框则隐藏元件序号。

这里不改变元件序号 J4 的属性。

- 编辑元件名称 CON2 的属性。在 CON2 上双击，弹出如图 3-2-131 所示的 Comment 对话框，其中各属性的含义与 Designator 对话框相同。

由于元件名称 CON2 没有必要显示，这里选中对话框中的 Hide 复选框。其他属性不变。然后单击 OK 按钮。可以看到 PCB 图上，字符 CON2 被隐藏不见了。

双击外部电源输入接线柱的元件封装，弹出如图 3-2-132 所示的 Comment（元件封装属性编辑）对话框。对话框中有 3 个选项卡：Properties、Designator 和 Comment 选项卡。其中 Designator 和 Comment 选项卡分别与上述的 Designator 对话框和 Comment 对话框完全相同。因此，也可以在这两个选项卡中，对元件序号 J4 和字符 CON2 的属性进行编辑。

用同样方法将元件 J1、J2、J3 和 S1 的名称 CON2、CON8、CON4 和 SW-PB 隐藏。

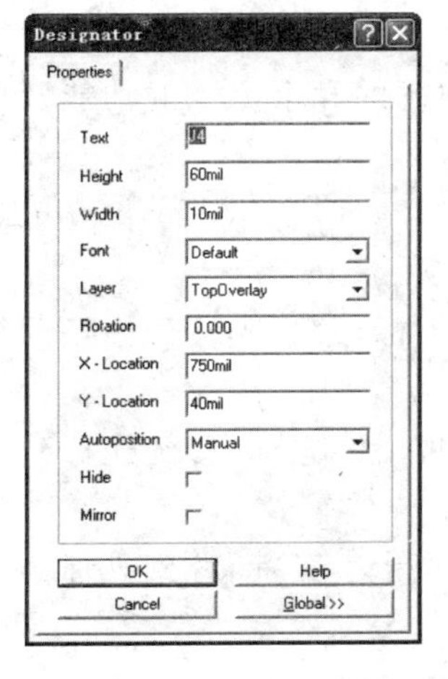

图 3-2-130 Designator 对话框

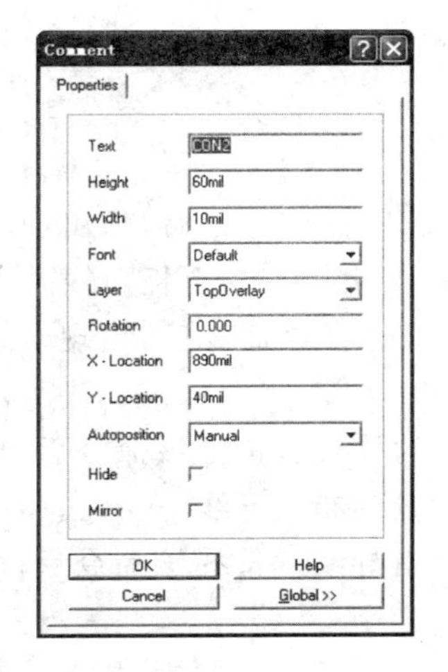

图 3-2-131 Comment 对话框

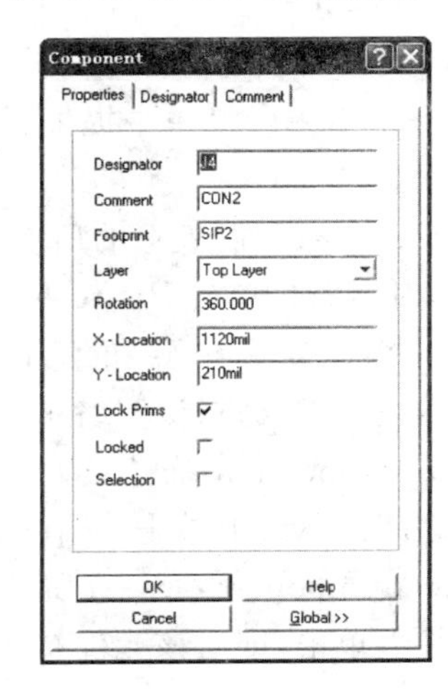

图 3-2-132 元件封装属性编辑对话框

b. 排列元件标注

即通过移动或旋转元件标注，使其位置、朝向合适。移动和旋转元件标注的方法与移动和旋转元件封装的方法相同，这里不再赘述。

利用 Tools|Interactive Placement|Position Component Text 命令，可以提高排列元件标注的效率。该命令的使用方法如下。

● 选定 PCB 图上的所有元件，这里我们按快捷键 S|A 来实现。

● 选择 Tools|Interactive Placement|Position Component Text 命令，弹出如图 3-2-133 所示 Component Text Position（元件文本位置设置）对话框。该对话框用于选择元件标注的排列位置，有：元件的左上方、上方、右上方、左方、右方、左下方、下方、右下方和不改变等多种选择。

这里选择将元件序号和元件名称均排列于元件的上方，如图 3-2-134 所示。

● 单击 OK 按钮，系统按设置自动排列元件标注，排列结果如图 3-2-135 所示。

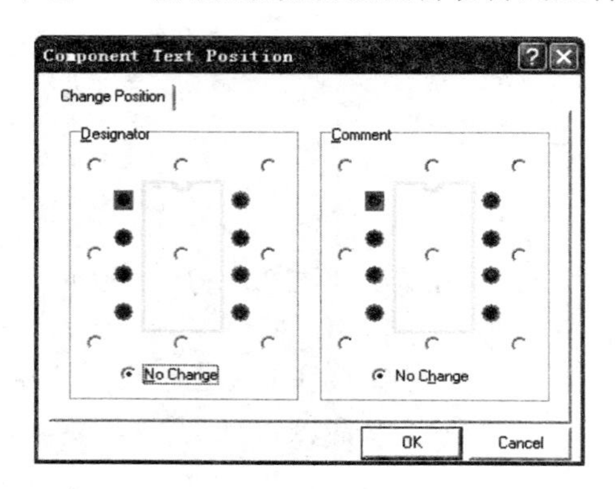

图 3-2-133 Component Text Position 对话框

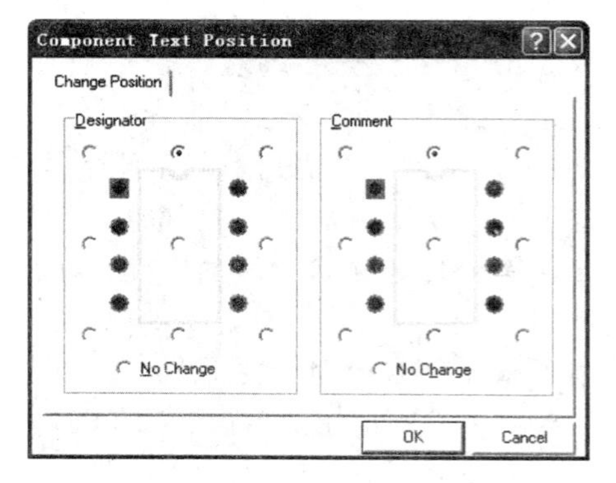

图 3-2-134 选择排列于元件上方

● 有的元件标注自动排列结果不理想，如位于焊盘上、元件封装上，或与其他标注重叠，需要手动调整。手动调整结果如图 3-2-136 所示。

(4) 自动布线

① 自动布线的命令

Auto Route 菜单中提供了与自动布线有关的命令。其中常用的几个命令的功能及用法如下。

● All：布印制板上的所有导线。选择该命令后，弹出如图 3-2-137 所示的 Autorouter Setup 对话框。单击 Route All 按钮，即开始对整个板布线。

● Net：布一条网络的所有导线。选择该命令后，出现十字光标，移到光标到一条网络的飞线上单击，即对该网络布线。

● Connection：布连接两个焊盘的导线。选择该命令后，出现十字光标，移到光标到两焊盘之间的飞线上单击，即在这两焊盘间布上导线。

● Component：布一个元件的所有导线。选择该命令后，出现十字光标，移到光标到一个元件上单击，即对该元件布线。

● Stop：停止自动布线。选择该命令后，正在进行的自动布线立即停止。

② 自动布线

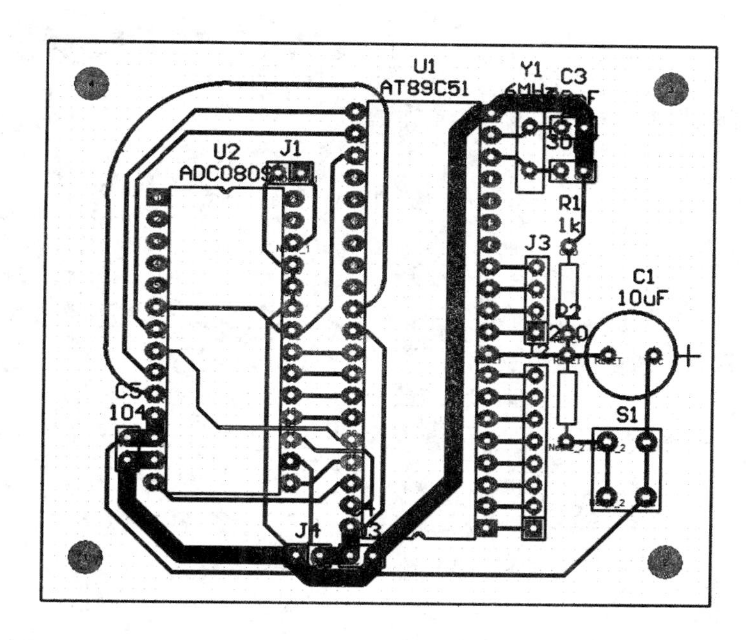

图 3-2-135 元件标注排列结果

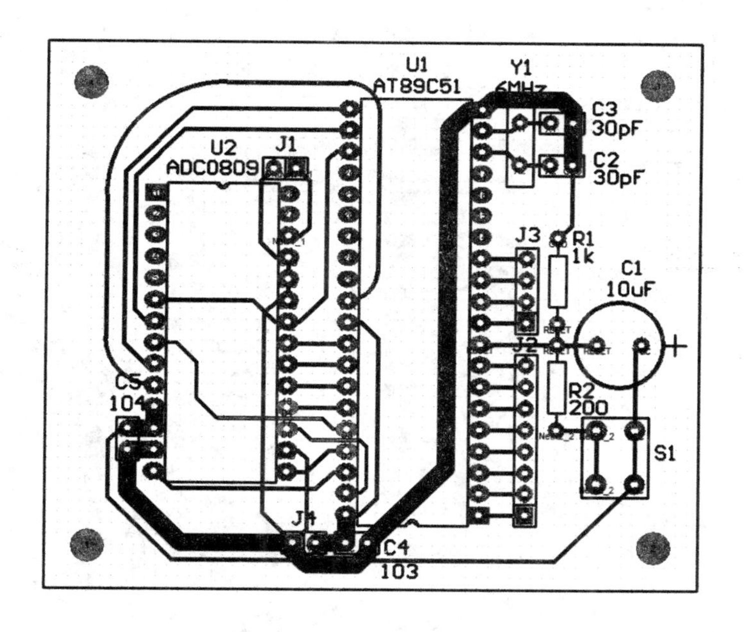

图 3-2-136 手动调整结果

下面对图 3-2-78 所示的元件布局结果进行自动布线。

a. 设置布线设计规则

布线设计规则的设置结果与手动布线相同。

b. 自动布线

选择 Auto Route|All 命令，弹出如图 3-2-137 所示的对话框。单击 Route All 按钮后，

开始自动布线。布线结果如图 3-2-138 所示，布线从开始到结束总共耗时 6 秒。

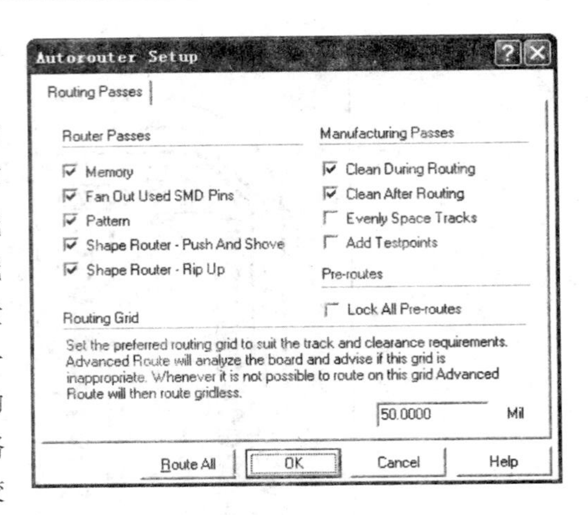

图 3-2-137　Autorouter Setup 对话框

自动布线速度很快，但是本例自动布线的结果很不理想。如图 3-2-138 所示，有许多不同网络的导线互相重叠而短路；可以布成直线的却布成弯曲的；连接 U2-14 和 U1-38 的导线绕了很大的一圈等。一般说，自动布线的质量要比手动布线的差。特别是，单面板只能在一面布线，电路稍复杂，布线的难度就很大，自动布线的结果就更不理想。一般说，只有在电路比较简单的情况下，单面板的自动布线才有较好的质量。另外，对于电源线和地线，无论是主干线还是支线，本例自动布线时都采用了较大的宽度，占用了较大的面积，也增加了其他导线的布线难度。

与自动布线相比，手动布线虽然速度慢，但可以获得很好的布线质量。为了既有较快的布线速度，又能保证布线质量，一般将手动布线和自动布线结合起来完成布线工作，这种布线方式也称为交互式布线。

下面以手动布线和自动布线相结合的布线方式，来完成图 3-2-78 所示布局结果的布线。

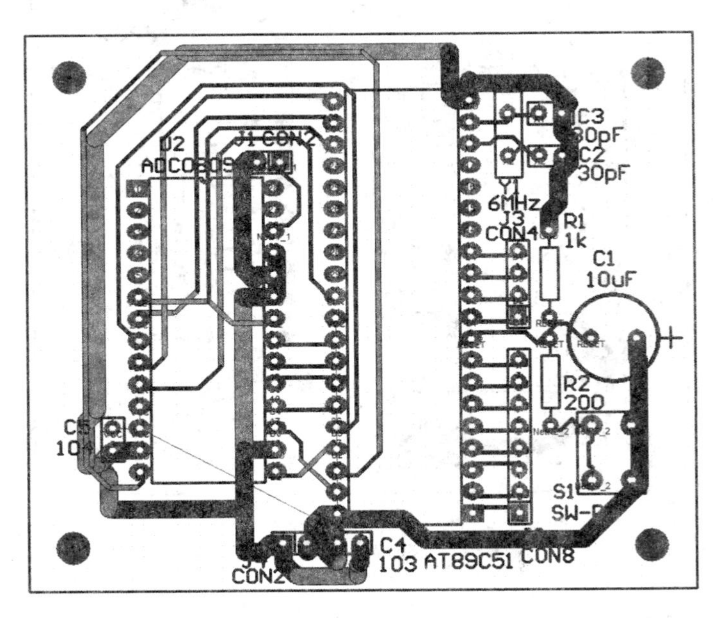

图 3-2-138　自动布线结果

a. 预布线

即在自动布线之前，利用手动布线预先将电源线和地线、时钟信号线等一些关键的导线布好。本例对电源线和地线的主干线（采用 80mil 线宽）及 ADC0809 的时钟信号线进行预布线。预布线结果如图 3-2-139 所示。

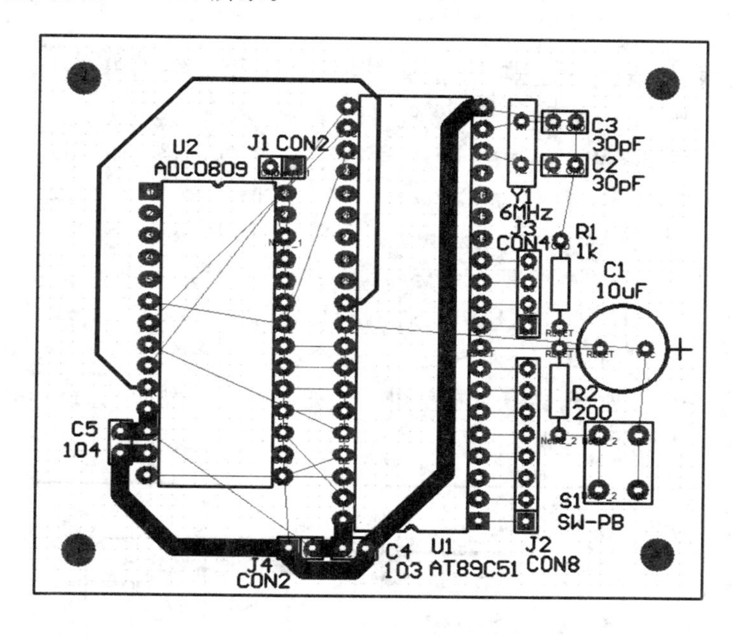

图 3-2-139　预布线结果

b. 锁定预布线

应将预布线锁定，否则在下一步自动布线时，系统会将预布线拆除重布。锁定预布线的方法如下。

在任意一段预布线上双击，弹出如图 3-2-140(a)所示的 Track 对话框。选中其中的 Locked 复选框后，单击 Global 按钮，对话框展宽，如图 3-2-140(b)所示。在 Change scope 下拉列表框中选择 All primitives，如图 3-2-140(b)所示。再单击 OK 按钮，即完成所有预布线的锁定。

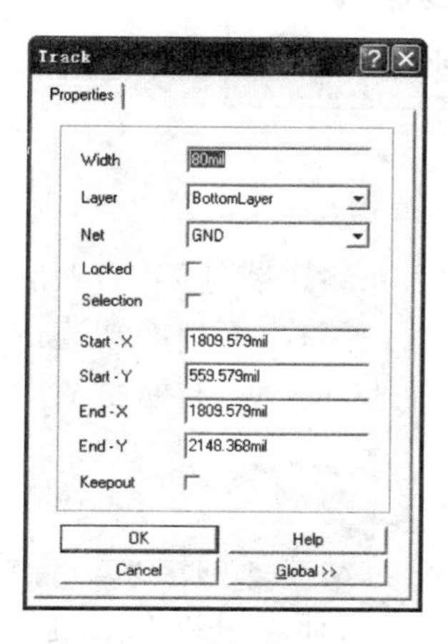

(a) 设置前

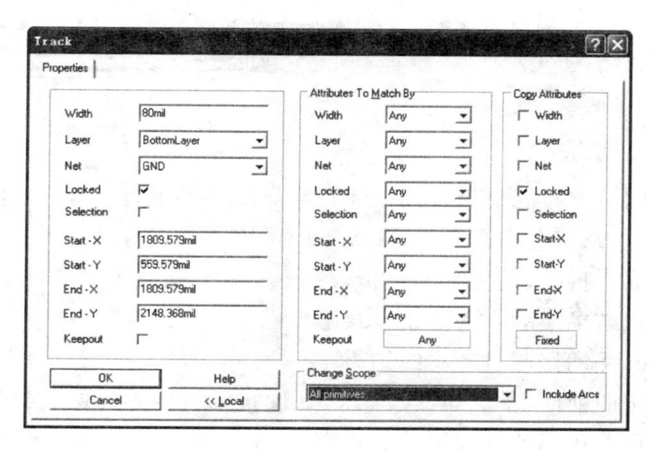

(b) 设置后

图 3-2-140　Track 对话框

锁定预布线也可以在下一步自动布线时同时完成。

c. 自动布线

● 设置电源线、地线支线的宽度。选择 Design|Rules 命令，打开 Design Rules 对话框，在 Routing 选项卡中，将 VCC 和 GND 网络的首选宽度修改为 20mil。

● 自动布线。选择 Auto Route|All 命令，弹出如图 3-2-137 所示的 Autorouter Setup 对话框。单击 Route All 按钮，开始自动布线。如果选择 Auto Route|All 命令之前未将预布线锁定，可以在弹出的 Autorouter Setup 对话框中先选中 Lock All Pre-routes 复选框，然后再单击 Route All 按钮，系统就能先将已布的导线锁定，然后再进行自动布线。

自动布线后保存结果，然后对 PCB 文件进行复制，再粘贴得到一个新的 PCB 文件。在新的 PCB 文件中，利用 Tools|Un- Route|All 命令删除自动布线结果(应保留预布线)，再重新自动布线，结果会有所变化，有时相差很大。如此多次自动布线后，选择质量较好的一个结果，如图 3-2-141 所示。

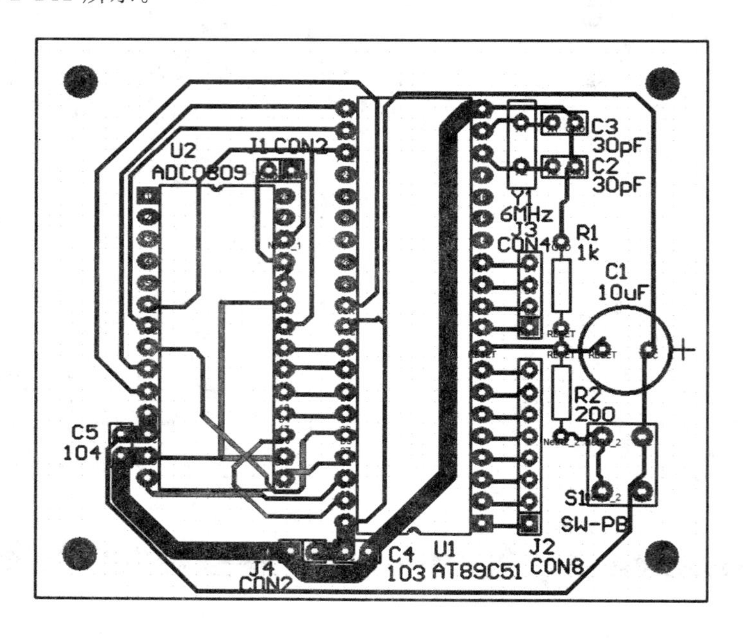

图 3-2-141　自动布线的结果

此时的布线结果要比全部自动布线的结果好多了。但仍存在错误或缺陷：有些导线无法布通，系统会强行布上，导致不同网络的几根导线互相重叠而短路；本可以布成直的导线却布成弯折的，而且有的弯折较多；有的导线偏离焊盘中心；有的布成 90°转折方式等。自动布线结果中的一些错误或缺陷如图 3-2-142 所示。

d. 手动修改自动布线结果

按照前面“手动布线”部分介绍的修改已布导线的方法，对自动布线的结果进行修改。如对重叠短路的导线删除后重布；对偏离焊盘中心的导线和有弯折而本可以布成直线的导线，则不删除而直接重布；加宽部分电源线和接地线；将无法布通的导线布在顶层等。经手动修改后得到的最终布线结果如图 3-2-143 所示。

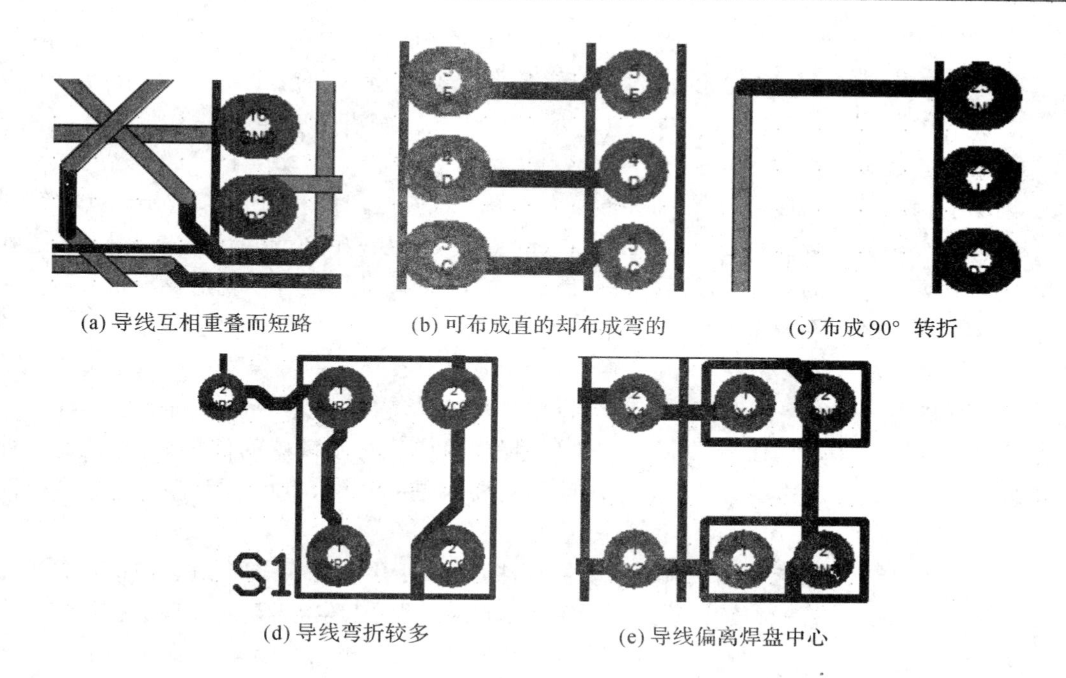

图 3-2-142 自动布线结果中的一些错误或缺陷

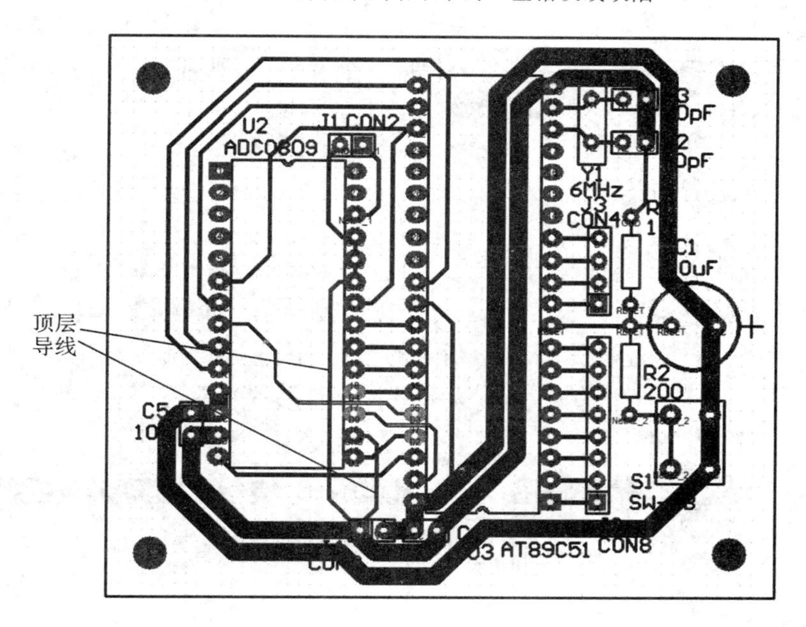

图 3-2-143 最终布线结果

3.2.2 双面板设计

双面板的布线特点是：两面（即顶层和底层）均可布线，所以布线较单面板容易得多。但手工制作双面板难度较大，所以双面板一般由印制板生产厂家制作。

双面板设计，对环境的设置与单面板设计是一样的；在印制板边界的绘制、载入网络表及元件的布局等几个设计过程中的操作方法也与单面板设计相同。这些内容就不再介绍。我们在前面单面板设计得到的元件布局结果(如图 3-2-78 所示)的基础上,重点介绍双面板布线这部分内容。

1. 设置布线设计规则

本例需要设置的规则有五个:Clearance Constraint(安全间距)、Routing Corners(布线拐角)、Width Constraint(导线宽度)、Routing Layers(布线工作层)和 Routing Via Style(布线过孔类型)。前面两个规则的设置与单面板设计是一样的,不再重述。后三个规则设置如下。

(1)利用网络类(Net Class)设置布线设计规则

设计印制板时,电路中一些不同的网络,对布线可能有相同的特殊要求。如电源线和地线都需要有较大的宽度。当它们采用相同线宽时,可以将它们归为一个类,即为它们建立一个专门的网络类。又如,模拟电路的一些小信号线、对串扰特别敏感的信号线,与其他图件的间距应大一点。如果这些信号线对最小间距的要求是一样的,也可以为它们建立一个网络类。

一个复杂的电路,可能有较多有各种各样特殊要求的网络。如果逐个对它们进行各种布线设计规则的设置,将是一项繁琐的工作。而且在布线过程中,还常需要对设置进行修改。将它们分门别类地归为若干个网络类,对这些网络类再进行设计规则的设置,就简单多了。

本例导线宽度的安排与前面单面板设计相同,即电源线和地线主干线宽度为 80mil;电源线和地线支线的宽度为 20mil;其余导线宽度为 20mil。由于电源线和地线宽度一样,所以可将电源网络(VCC)和地线网络(GND)构成一个网络类,取名为 power。在下面设置导线宽度规则时,利用 power 类来设置电源线和地线的宽度。

(2)Width Constraint

导线宽度规则设置如下。

①建立名为 power 的网络类

a. 选择 Design|Classes 命令,弹出如图 3-2-144 所示的 Object Classes 对话框。其中 Net 标签页的列表框中有一个名为 All Nets 的类,是系统默认的类,它包含了印制板的所有网络。

b. 单击 Add 按钮,弹出如图 3-2-145 所示的 Edit Net Class(网络类编辑)对话框。其中 Name 文本框用于给新的网络类命名,系统给出默认的类名为 NewClass。我们将其改为需要的类名 power,如图 3-2-146 所示。

图 3-2-144　Object Classes 对话框

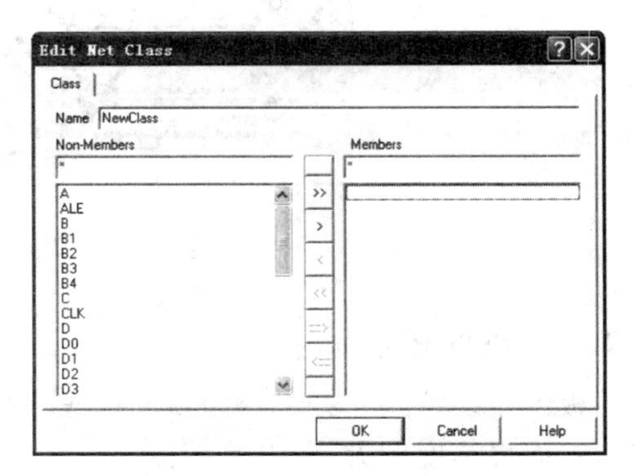

图 3-2-145　Edit Net Class 对话框

c. 在 Non-Members 下方的列表框中列出印制板上所有的网络名。在列表框中找到并单击选中 GND，如图 3-2-146 所示，然后单击对话框中间的>按钮，将 GND 添加到右边 Members 下方的列表框中。用同样方法将 VCC 添加到右边列表框中。即给 power 网络类添加了两个成员：GND 和 VCC 网络。添加结果如图 3-2-147 所示。

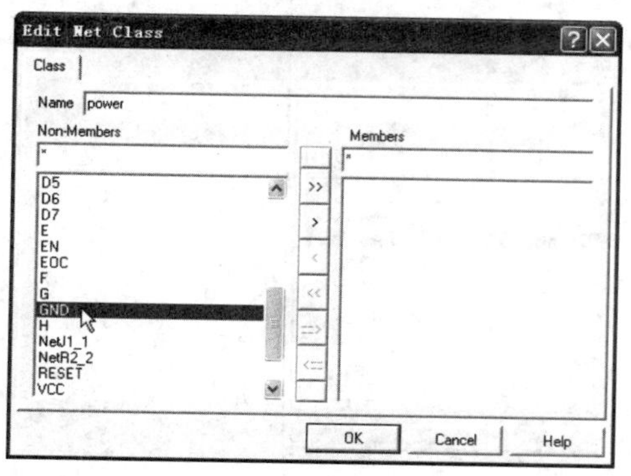

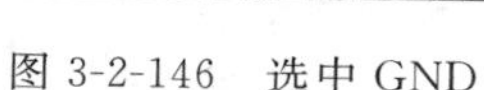
图 3-2-146　选中 GND

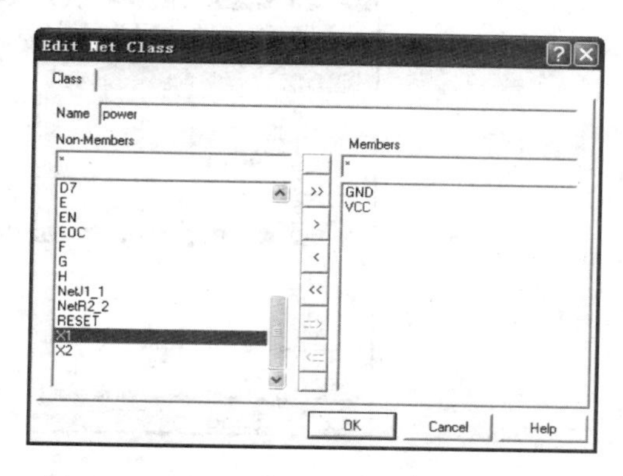

图 3-2-147　添加了 GND 和 VCC 两个成员

d. 单击 OK 按钮，完成 power 网络类的创建，并回到 Net 标签页。其中多了一个 power 网络类，如图 3-2-148 所示。

②导线宽度设置

a. 设置电源线、地线主干线的宽度为 80mil

选择 Design|Rules 命令，弹出 Design Rules 对话框。在 Routing 选项卡的 Rule Classes 列表框中单击选中 Width Constraint，然后单击 Properties 按钮，弹出 Max-Min Width Rule 对话框。在 Filter kind 下拉列表框中，选择 Net Class 选项，并在其下方的 Net Class 下拉列表框中选择类名 power。将最小、最大和首选宽度分别设置为 10mil、80mil 和 80mil。设置结果如图 3-2-149 所示。单击 OK 按钮确定。

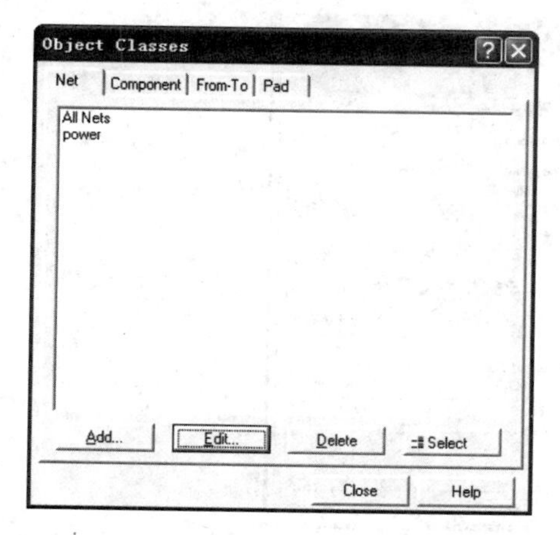

图 3-2-148　建立了一个 power 网络类

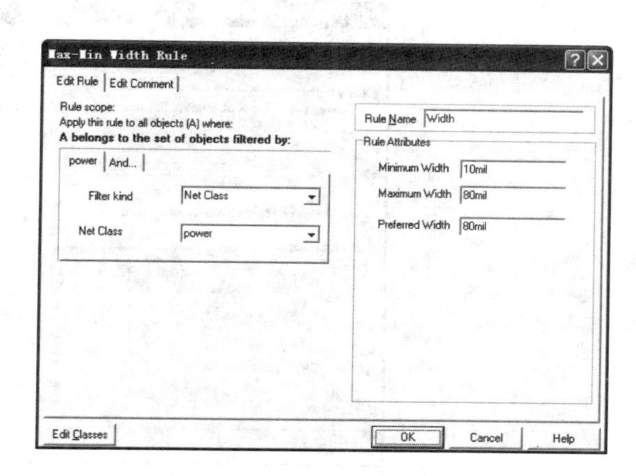

图 3-2-149　设置电源线、地线主干线的宽度

b. 设置其他导线的宽度为 20mil

单击 Routing 选项卡中的 Add 按钮，弹出新的 Max-Min Width Rule 对话框。在 Filter kind 下拉列表框中，采用默认的 Whole Board 选项。将最小、最大和首选宽度分别设置为 10mil、20mil 和 20mil。单击 OK 按钮确定，完成了对其他导线宽度的设置。

导线宽度设置结果如图 3-2-150 所示。

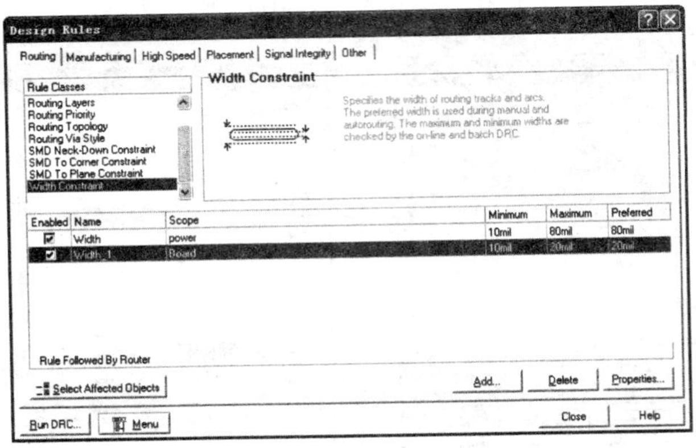

图 3-2-150　导线宽度设置结果

(3)Routing Layers

选择顶层和底层布线，走线方式分别为 Horizontal 和 Vertical。

注意，双面板两面的布线要互相垂直，平行布线易产生寄生耦合。

(4)Routing Via Style

该规则用于设置布线所采用的过孔的属性。

在 Rule Classes 列表框中单击选中 Routing Via Style，然后单击 Properties 按钮，弹出如图 3-2-151 所示的 Routing Via-Style Rule 对话框。对话框的 Rule Attributes 区域，用于设置过孔直径(Via Diameter)和过孔孔径(Via Hole Size)的最小值(Min)、最大值(Max)和首选值(Preferred)。这里采用默认设置。

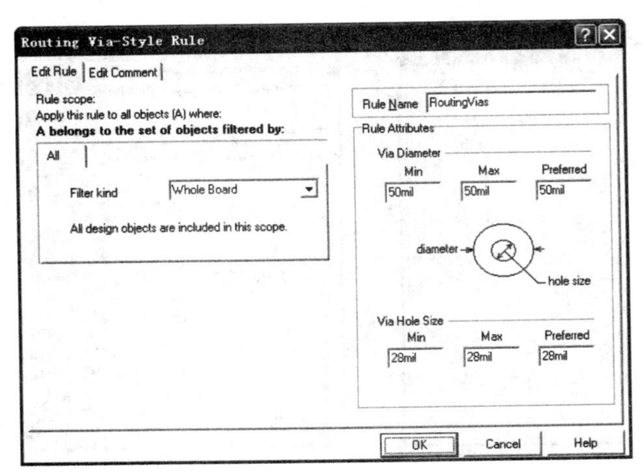

图 3-2-151　Routing Via-Style Rule 对话框

2. 手动布线

(1)切换信号层布线

在双面板的某一面布一条导线，如果中途受其他导线的阻挡而布不通时，可以切换到另一面继续布线，在切换处用过孔来连接两面的导线。下面通过两个例子来介绍切换信号层的布线方法。

【例 3-2-8】 如图 3-2-152(a)所示，在焊盘 R1-2 与 R2-1 之间，已布了两条导线，左边一条在顶层，右边一条在底层。请绘制连接 R1-2 与 R2-1 的导线。

绘制过程如下。

- 单击设计窗口下方的 BottomLayer 标签，选择底层为当前工作层。
- 单击放置工具栏的按钮后，将出现的十字光标移至 R1-2 中心单击，确定导线的起点。
- 向 R2-1 方向移动光标，底层出现成 45°转折的两段导线，但是被已布的右边一条底层导线拦住，无法连到 R2-1 上，如图 3-2-152(b)所示。
- 按小键盘的 * 键，在第一段导线尚未确定的终点上就自动放置了一个过孔，同时自动将当前工作层切换为顶层，第二段导线也随之转换为顶层导线，如图 3-2-152(c)所示，从

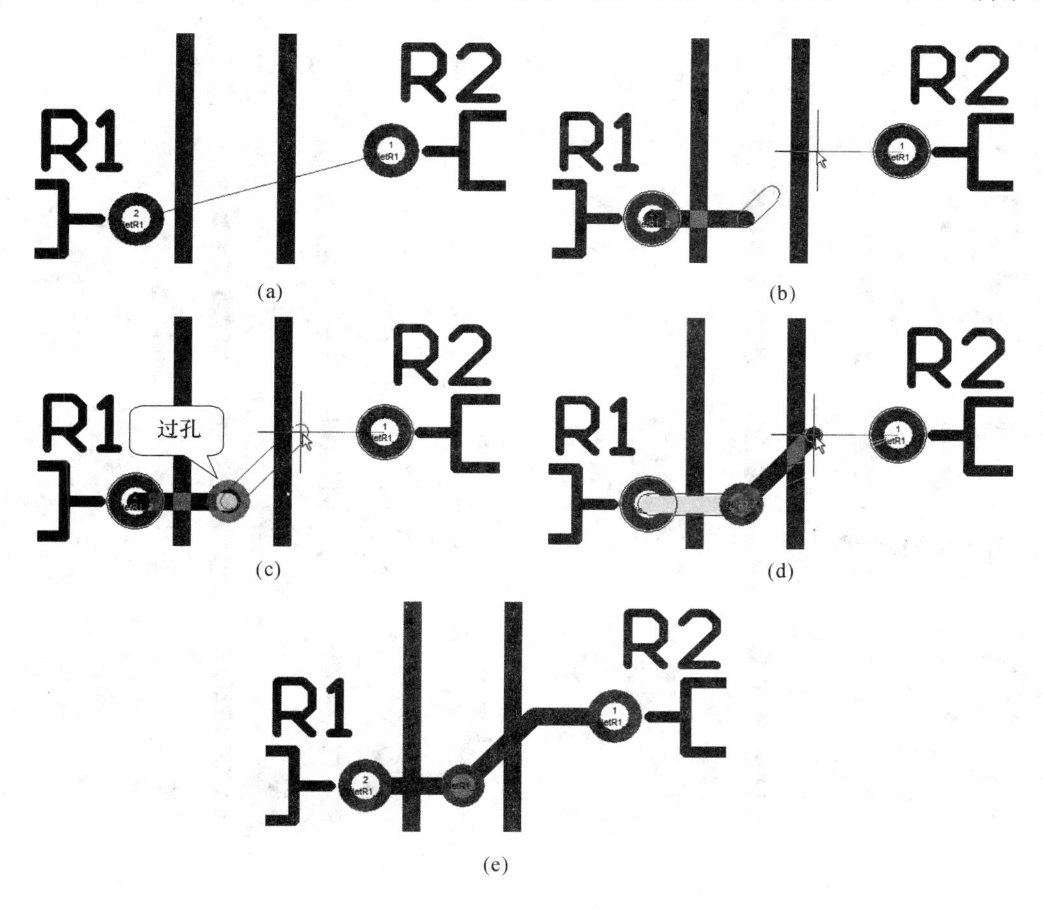

图 3-2-152 【例 3-2-8】图

而不再被底层导线拦住。

● 移动光标，过孔与第一段导线终点一起随光标的移动而移动。当移至合适的位置时，单击左键将过孔固定，结果如图 3-2-152(d)所示。

● 将光标移至 R2-1 中心单击两次，完成导线的绘制。绘制好的导线如图 3-2-152(e)所示。其中第二、三段导线布在顶层。

【例 3-2-9】 如图 3-2-153(a)所示，在焊盘 R1-2 与 R2-1 之间，已布了两条导线，左边一条在顶层，右边一条在底层。请绘制连接 R1-2 与 R2-1 的导线。

绘制过程如下。

● 单击设计窗口下方的 BottomLayer 标签，选择底层为当前工作层。

● 单击放置工具栏的按钮后，将出现的十字光标移至 R1-2 中心单击，确定导线的起点。

● 向 R2-1 移动光标，底层出现一段水平直导线，如图 3-2-153(b)所示。

● 按小键盘的 * 键，在水平直导线尚未确定的终点上就自动放置了一个过孔，同时自动将当前工作层切换为顶层，如图 3-2-153(c)所示。

● 移动光标，过孔与水平直导线终点一起随光标的移动而移动。当过孔位置合适时，单击左键将其固定，结果如图 3-2-153(d)所示。

● 将光标移至 R2-1 中心，就在顶层绘制了一段连接过孔和 R2-1 的导线，如图 3-2-153(e)所示。

● 在 R2-1 中心单击两次，完成导线的绘制。绘制好的导线如图 3-2-153(f)所示。

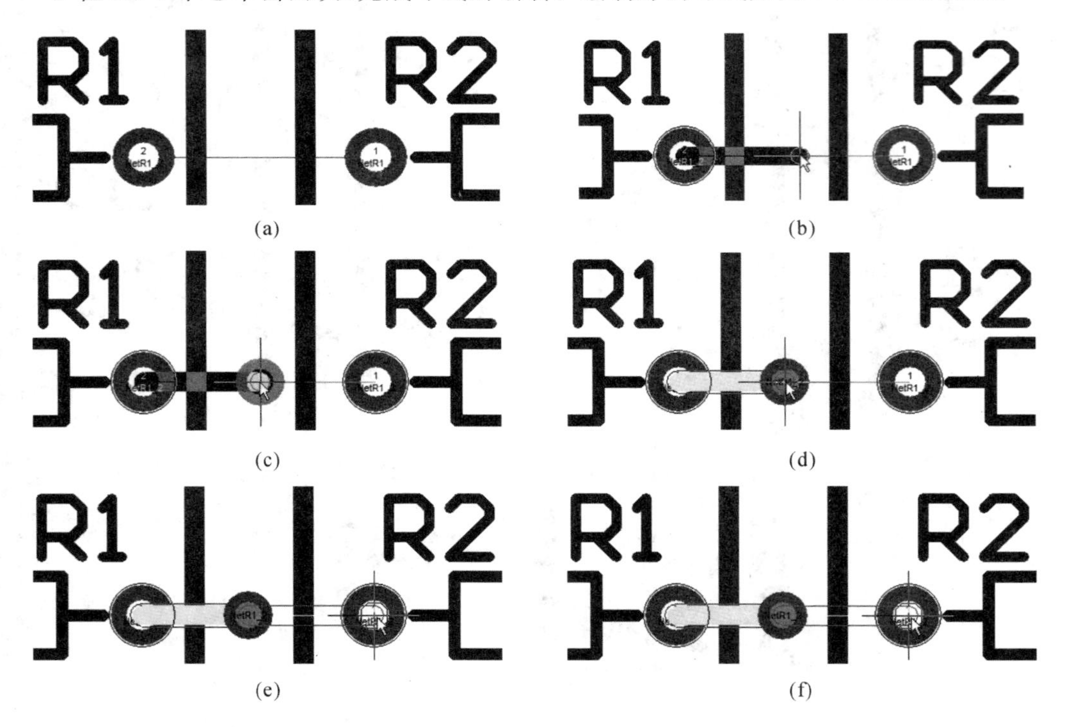

(a)　(b)　(c)　(d)　(e)　(f)

图 3-2-153　【例 3-2-9】图

【例 3-2-10】 在切换信号层布线时，也可以利用放置工具栏手动放置过孔。下面采用这种方法重新绘制【例 3-2-9】的导线。

● 过孔属性的设置。利用放置工具栏手动放置的过孔，其属性是在 Preferences 对话框中设置的。具体如下。

选择 Tools|Preferences 命令，弹出 Preferences 对话框，其 Defaults 选项卡如图3-2-154所示。该选项卡用于设置焊盘、过孔等图件各属性的默认值。双击选项卡左边列表框中的图件类型 Via(过孔)，弹出如图 3-2-155 所示用于设置过孔各项属性的 Via 对话框。过孔直径(Diameter)和过孔孔径(Hole Size)的默认值分别为 50mil 和 28mil。这里对各属性均采用默认值。

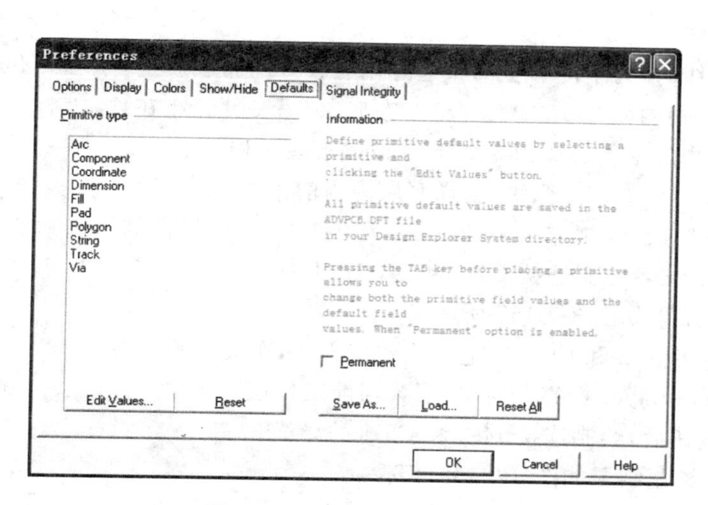

图 3-2-154 Defaults 选项卡

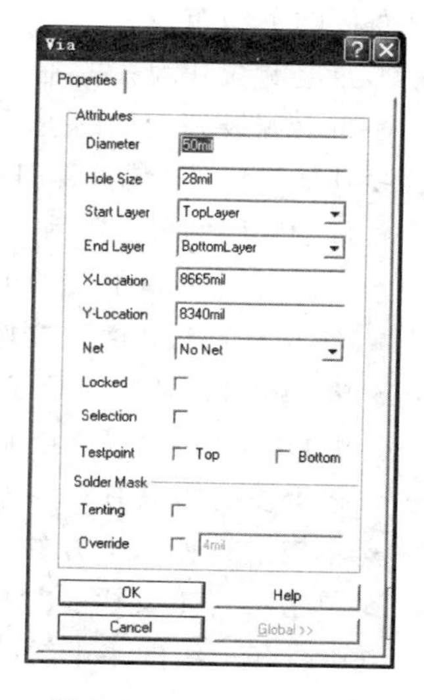

图 3-2-155 Via 对话框

● 绘制底层的导线。单击设计窗口下方的 BottomLayer 标签，选择底层为当前工作层。单击放置工具栏的按钮后，将出现的十字光标移至 R1-2 中心单击，确定导线的起点。向 R2-1 移动光标，在底层绘制出一段水平直导线。当光标移至需放置过孔的位置时，如图 3-2-156(a)所示，单击左键确定这段导线的终点。再单击右键两次，退出绘制导线状态。

● 手动放置过孔。单击放置工具栏上放置过孔的工具，出现十字光标，其上带着一个过孔。将光标移至水平直导线终点上单击，就在该点放置了一个过孔，如图 3-2-156(b)所示。单击右键，退出放置过孔状态。

● 绘制顶层的导线。单击设计窗口下方的 TopLayer 标签，选择顶层为当前工作层。单击放置工具栏的按钮后，将出现的十字光标移至过孔中心单击，确定顶层导线的起点。将光标移至 R2-1 中心单击，确定顶层导线的终点，就完成了整条导线的绘制。绘制结果与图 3-2-153(f)所示的相同。

(2)手动布线

在前面设计单面板时，有一部分导线无法布通，只能采用跳线。现在要设计的是双面板，两面均可布线，当一条导线在某一面无法布通时，可以改到另一面布线。或者虽然在某一面可以布通，但有时为了有更好的布线质量，也改到另一面布线。对于像本例这样不太复

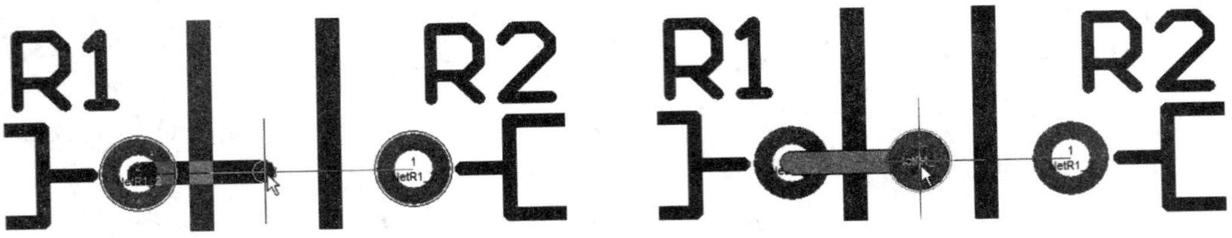

(a)　　　　(b)

图 3-2-156　【例 3-2-10】图

杂的电路，用双面板可以轻松布完所有的导线。下面对如图 3-2-78 所示的元件布局结果进行双面板的手动布线。

①布电源线和地线的主干线

在布电源线和地线的主干线时，为了能够全部布通并用有较好的布线质量，同时又不影响后续其他导线的绘制，我们采用两面布线，即一部分布在底层，另一部分布在顶层。

a. 布于底层的电源线和地线的主干线如图 3-2-157 所示，布线过程如下。

- 单击设计窗口下方的 BottomLayer 标签，选择底层为当前工作层。
- 单击放置工具栏的按钮后，绘制连接 J4-2、C4-1 和 U1-40 三个焊盘的导线。然后绘制连接 J4-1 和 C4-2 的导线。接着绘制连接 C4-2 和 U1-20、J4-1 和 C5-2、C5-1 和 U2-12、U2-12 和 U2-11 的导线。绘制结果如图 3-2-157 所示。

b. 布于顶层的只有一条连接 J4-2 和 C5-1 的电源线的主干线，布线过程如下。

- 单击设计窗口下方的 TopLayer 标签，选择顶层为当前工作层。
- 单击放置工具栏的按钮后，绘制连接 J4-2 和 C5-1 的导线。

电源线和地线的主干线的绘制结果如图 3-2-158 所示。

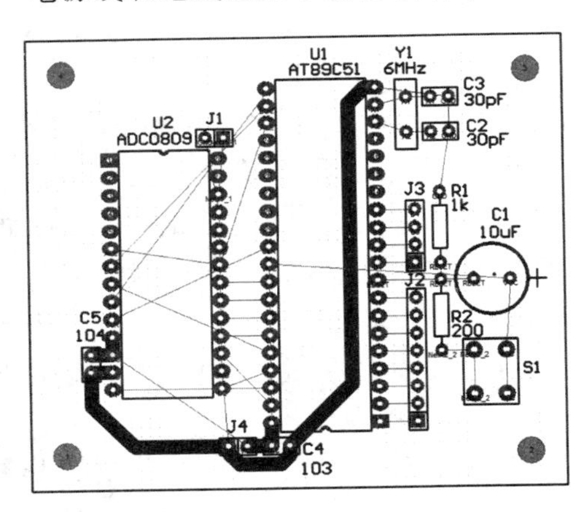

图 3-2-157　布于底层的电源线和地线的主干线

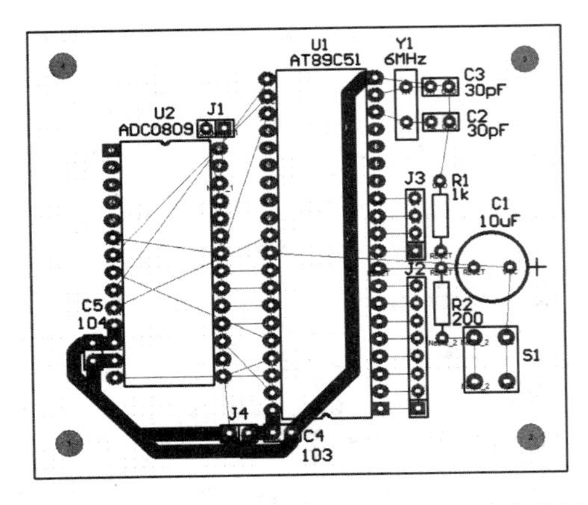

图 3-2-158　电源线和地线的主干线的绘制结果

②布 ADC0809 的时钟信号线

连接 U2-9 和 U1-21、U2-7 和 U1-22 的导线与 ADC0809 的时钟信号线走向一致，我们将这三条导线在底层一起布好。结果如图 3-2-159 所示。

③布其他导线

a. 设置电源线、地线支线的宽度为 20mil

在前面设置布线设计规则时，设置电源线和地线（power 网络类）的首选宽度为 80mil，现在将其修改为 20mil。修改方法如下。

● 选择 Design | Rules 命令，弹出 Design Rules 对话框。在 Routing 选项卡的 Rule Classes 列表框中单击选中 Width Constraint。

● 双击 Routing 选项卡中对 power 网络类已作的设置，弹出 Max-Min Width Rule 对话框。将首选宽度修改为 20mil。单击 OK 按钮确定并返回到 Routing 选项卡。设置结果如图 3-2-160 所示。

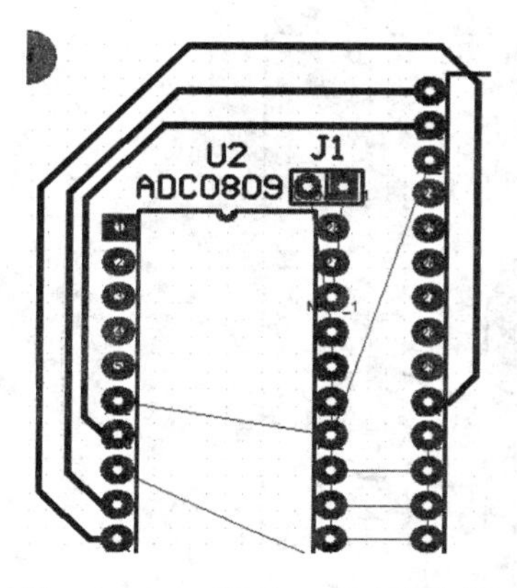

图 3-2-159 ADC0809 时钟信号线绘制结果

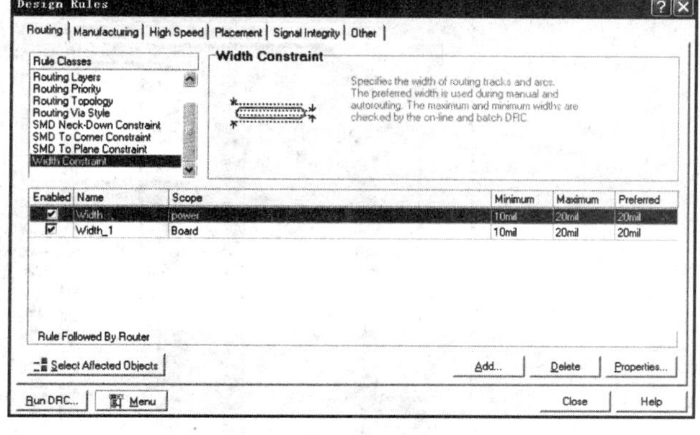

图 3-2-160 设置电源线、地线支线的宽度

b. 按照前面介绍的绘制导线的方法完成双面板上其余导线的手动布线，布线结果如图 3-2-161所示。这里对连接 U2-8 和 U1-36、U2-14和 U1-38、U2-17 和 U1-39、U2-15 和 U1-37 的四条导线的绘制加以说明：首先在顶层绘制好连接 U2-8 和 U1-36、U2-14 和 U1-38 的两条导线。然后在底层绘制好连接 U2-17 和 U1-39 的导线。再通过切换信号层布线的方法，绘制好连接 U2-15 和 U1-37 的导线。这四条导线的绘制结果如图 3-2-162 所示。

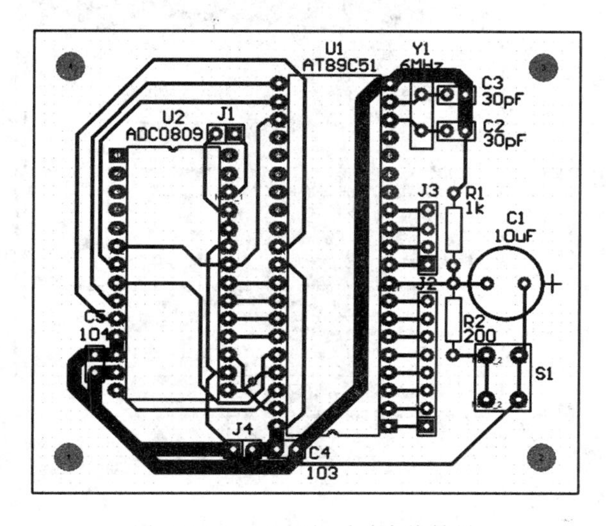

图 3-2-161 双面板手动布线结果

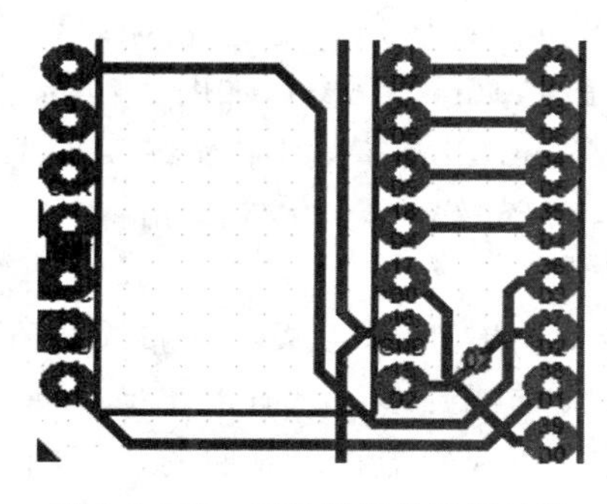

图 3-2-162 四条导线的绘制结果

3. 自动布线

下面对图 3-2-78 所示的元件布局结果进行自动布线。

(1)设置布线设计规则

布线设计规则的设置与手动布线相同。

(2)预布线

利用手动布线预先将电源线、地线的主干线及 ADC0809 的时钟信号线布好。预布线结果如图 3-2-163 所示。

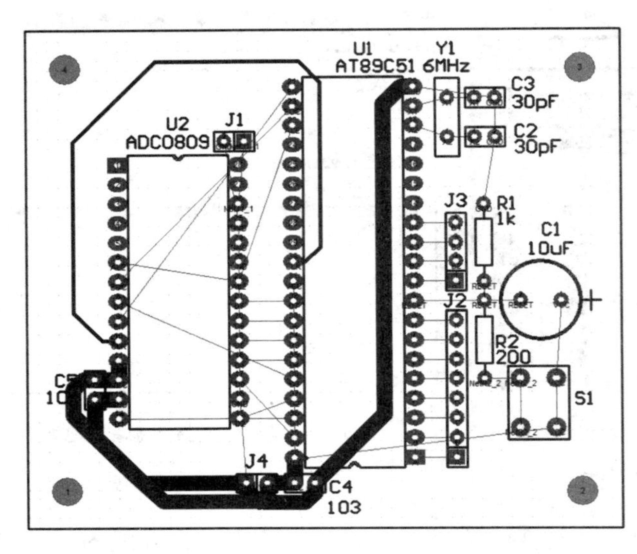

图 3-2-163　预布线的结果

(3)锁定预布线及自动布线

①设置电源线、地线支线的宽度

选择 Design | Rules 命令，打开 Design Rules 对话框，在 Routing 选项卡中，将 power 网络类的首选宽度修改为 20mil。

②锁定预布线及自动布线

选择 Auto Route | All 命令，弹出 Autorouter Setup 对话框。先选中对话框中的 Lock All Pre-routes 复选框，如图 3-2-164 所示，再单击 Route All 按钮，则系统将预布线锁定后开始自动布线。自动布线结果如图 3-2-165 所示。

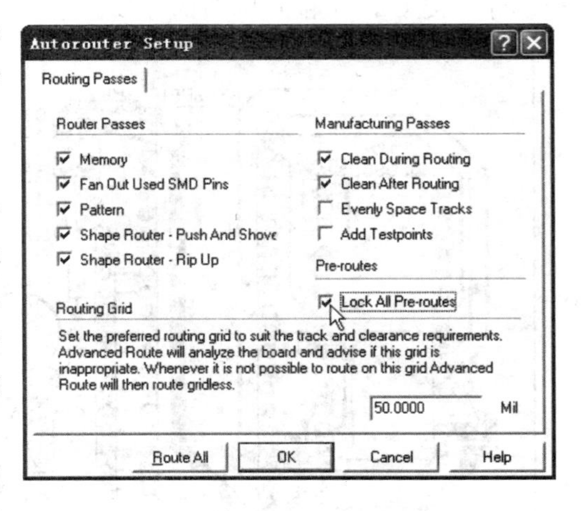

图 3-2-164　选中 Lock All Pre-routes 复选框

我们看到，双面板自动布线的质量比单面板自动布线好多了。但也还是有许多不足：可以布成直线的却布成弯曲的，并且有的导线弯折较多；有的导线偏离焊盘中心；有的布成 90°转折；连接 U2-8 和 U1-36 的导线绕了一个不

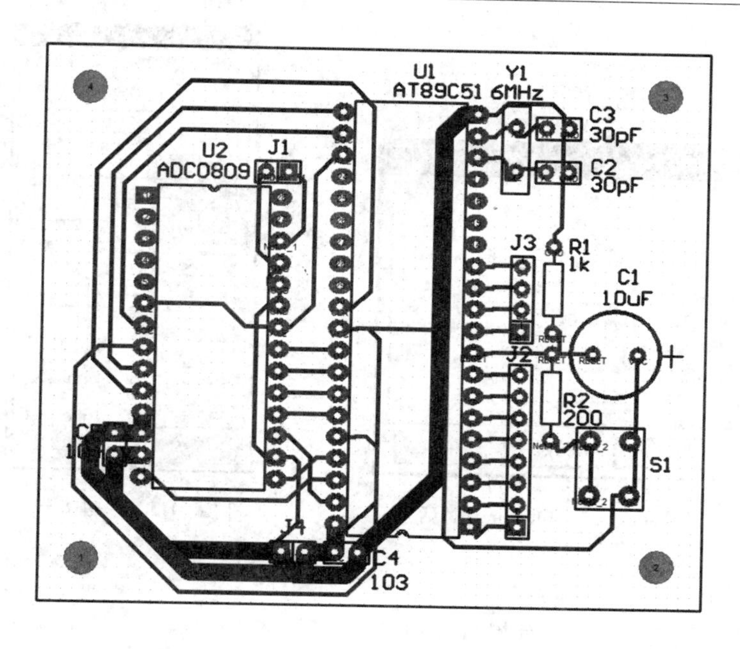

图 3-2-165　自动布线结果

必要的大弯等。

(4)手动修改自动布线结果

按照前面介绍的修改已布导线的方法，对自动布线的结果进行修改。具体过程这里不再赘述。

3.2.3　印制电路板的其他设计

本节介绍印制电路板的补泪滴、包地和覆铜等设计。

1. 补泪滴

补泪滴就是在导线与焊盘或过孔的连接处附近，通过补上圆弧或线段，使之与焊盘或过孔一起，成为泪滴状。图 3-2-166 所示为对焊盘补泪滴的结果。

(a) 补上圆弧　　(b) 补上线段

图 3-2-166　对焊盘补泪滴的结果

补泪滴是为了增强焊盘或过孔对印制板的附着力，并且受力时，焊盘与导线的连接处不易断裂。补泪滴一般用于故障率相对较高的大功率元器件的焊盘，这样，更换损坏的元器件时焊盘不易脱落。

选择补泪滴命令 Tools|Teardrops，弹出如图 3-2-167 所示的 Teardrop Options(补泪滴设置)对话框，其中各选项的功能如下。

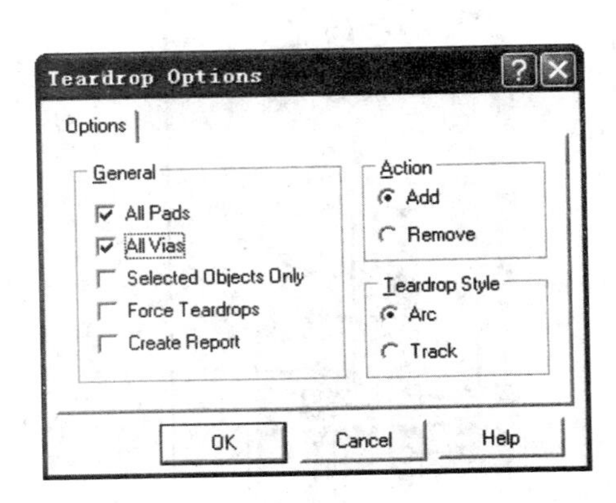

图 3-2-167　Teardrop Options)对话框

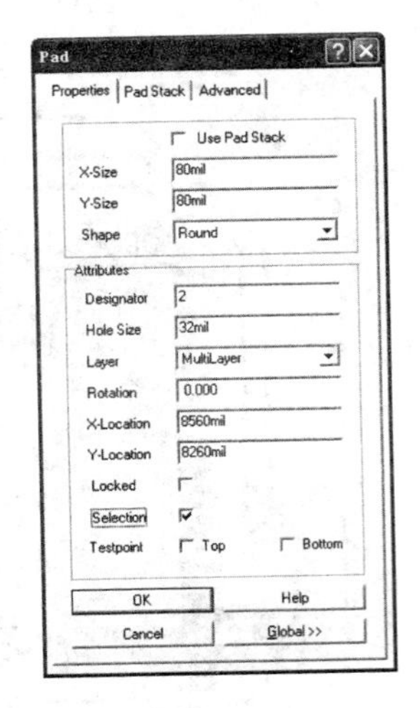

图 3-2-168　Pad 对话框

(1)General 选项组

- All Pads:选中后将对所有焊盘补泪滴。
- All Vias:选中后将对所有过孔补泪滴。
- Selected Objects Only:选中 All Pads 或 All Vias 后,再选中该复选框,则对处于选定状态的焊盘或过孔补泪滴。
- Force Teardrops:选中时,系统强制对违反安全间距的焊盘或过孔补泪滴,否则不对其补泪滴。
- Create Report:选中时,补泪滴后将生成补泪滴结果报告文件。

(2)Action 选项组

选择是补泪滴还是删除泪滴。

- Add:选中后进行补泪滴。
- Remove:选中后删除泪滴。

(3)Teardrop Style 选项组

- Arc:选中后用圆弧补泪滴。
- Track:选中后用线段补泪滴。

例如,图 3-2-159(b)所示的是用线段对一个焊盘补泪滴的结果,其操作过程如下。

①选定该焊盘。双击该焊盘,弹出 Pad 对话框,选中 Properties 选项卡中的 Selection 复选框,如图 3-2-168 所示。单击 OK 按钮,完成对该焊盘的选定。

②选择 Tools|Teardrops 命令,弹出如图 3-2-167 所示的 Teardrop Options 对话框。选中其中的 All Pads、Selected Objects Only、Add 和 Track 选项。单击 OK 按钮,即完成了对该焊盘的补泪滴操作。

2. 包地

包地就是用封闭的接地导线(包地线)将一条信号线围起来,以减弱该信号线与其他电路相互之间的电磁干扰。包地一般用于重要的信号线,如时钟信号线,增强其抗干扰能力。也用于易产生噪声的导线,以抑制其产生的电磁干扰。

对一条信号线进行包地处理，首先是放置一条将该信号线包围起来的封闭导线（称为外围线），如图 3-2-169 所示，然后再将外围线与地线连接起来，使其成为包地线。

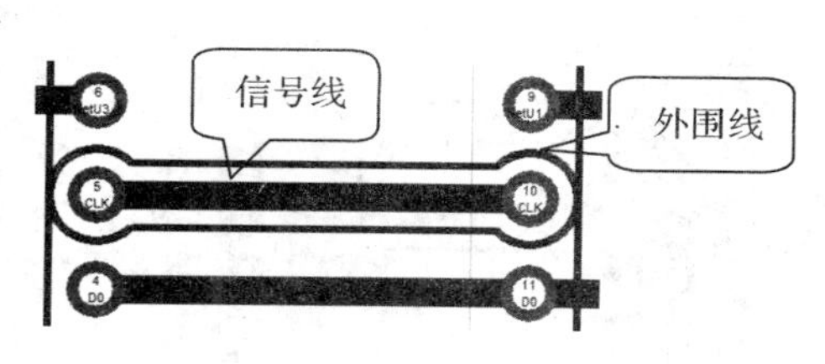

图 3-2-169 外围线示意图

我们现在对双面板手动布线得到的 PCB 图中，ADC0809 的时钟信号线进行包地处理，操作方法如下。

（1）对 ADC0809 时钟信号线放置外围线

①设置外围线与被围信号线的间距。该间距就等于安全间距，所以只要设置安全间距即可，本例设置为 20mil。

②减小 U2-10、U1-30 等 6 个焊盘的 Y-Size。外围线把时钟信号线两端的焊盘也包围在内，即外围线必须从相邻两焊盘的间隙中穿过，所以应当减小 U2-9、U2-10、U2-11、U1-29、U1-30 和 U1-31 这 6 个焊盘的 Y-Size，以保证焊盘间有足够大的间隙。这里将上述焊盘的 Y-Size 修改为 60mil。

③选定被围信号线及其两端的焊盘。选择 Edit|Select|Net 命令，或按快捷键 S|N，将出现的十字光标移至时钟信号线上单击，使该信号线及焊盘 U2-10、U1-30 均处于选定状态。

④放置外围线。选择 Tools|Outline Selected Objects 命令，系统立即放置了将时钟信号线及 U2-10、U1-30 包围起来的外围线，如图 3-2-170 所示。此时，U2-9、U2-11 和 U1-31 这 3 个焊盘及外围线均为绿色。这是因为外围线的宽度为 8mil，它与这 3 个焊盘的间距为 12mil，小于安全间距。

⑤取消时钟信号线及 U2-10、U1-30 的选定。

（2）设置外围线属于地线网络

在外围线的任意一个线段上双击，弹出如图 3-2-171(a)所示的 Track 对话框，可看到其网络(Net)属性为 No Net，即无网络名称。下面将外围线的网络属性设置为 GND。

①选定外围线。选择 Edit|Select| Connected Copper 命令，或按快捷键 S|P，出现十字光标，移动光标至外围线上单击，将其选定。

②将外围线的网络属性设置为 GND

外围线是由线段和圆弧组成的，必须分别设置线段和圆弧的网络属性。

a. 双击外围线上任意一个线段，弹出 Track 对话框，在 Net 下拉列表框中选择 GND，如图 3-2-171(b)所示。

b. 单击 Global 按钮后，在 Attributes To Match By 选项组的 Selection 下拉列表框中选择 Same，在 Change scope 下拉列表框中选择 All primitives。

c. 单击 OK 按钮后，在弹出的 Confirm 对话框中单击 Yes 按钮，即将外围线中所有线段的网络属性设置为 GND。

d. 用同样方法将圆弧的网络属性修改为 GND。

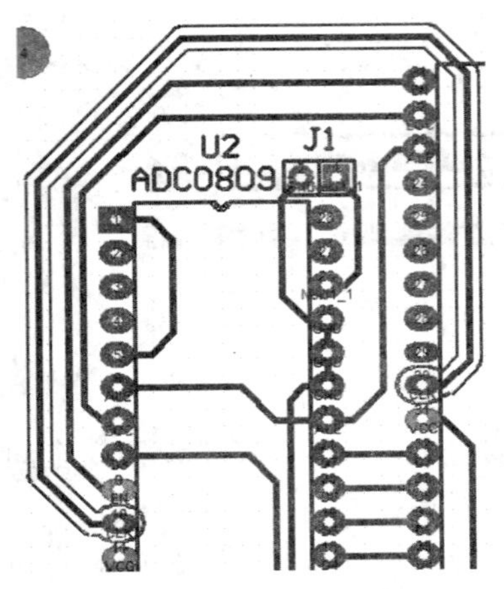

图 3-2-170 放置好的外围线

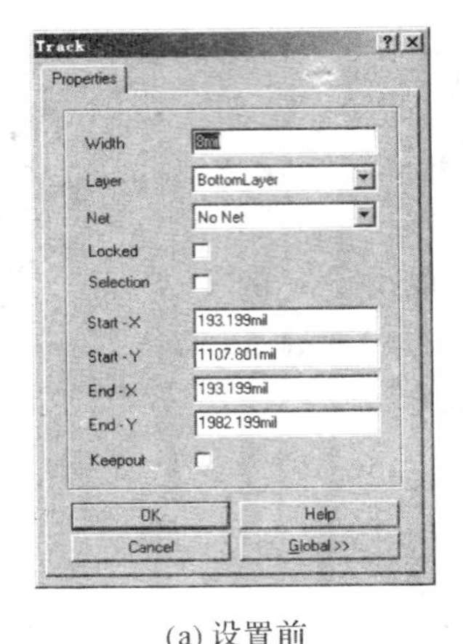

(a) 设置前

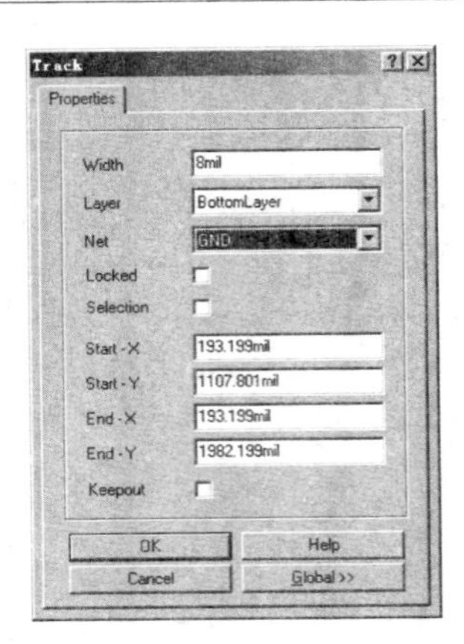

(b) 设置后

图 3-2-171 Track 对话框

(3)使外围线成为包地线

外围线的网络属性虽已改为GND,但它还没有与地线连接起来。必须与地线相连接才成为包地线。将外围线与地线连接起来的方法有两种:一是通过手动布线来连接;一是由网络属性为GND的敷铜将二者连接起来。本例采用后一种方法。敷铜是下面即将介绍的一个内容,在介绍这部分内容时,我们利用敷铜来完成外围线与地线的连接。

3. 敷铜

敷铜就是在完成布线的印制电路板上空白的地方敷上铜膜。一般将敷铜设置为属于地线网络,主要目的是增大地线宽度,降低地线阻抗,并且起到一定的屏蔽作用,从而提高电路的抗干扰能力和工作的稳定性。如图 3-2-172(a)、(b)所示,是对完成手动布线后的双面板底层分别进行网格状敷铜和敷实铜的结果。

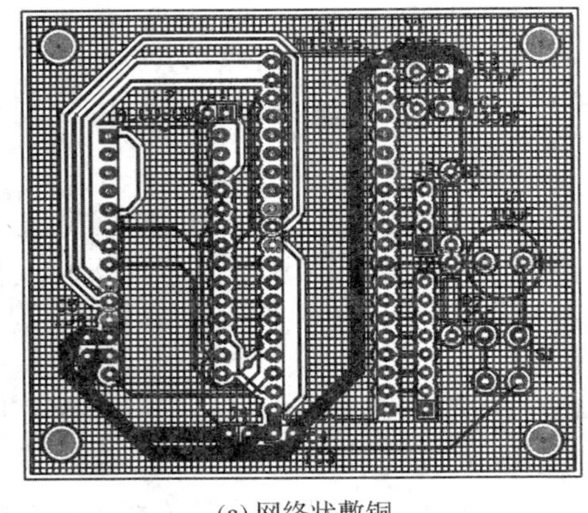

(a) 网络状敷铜

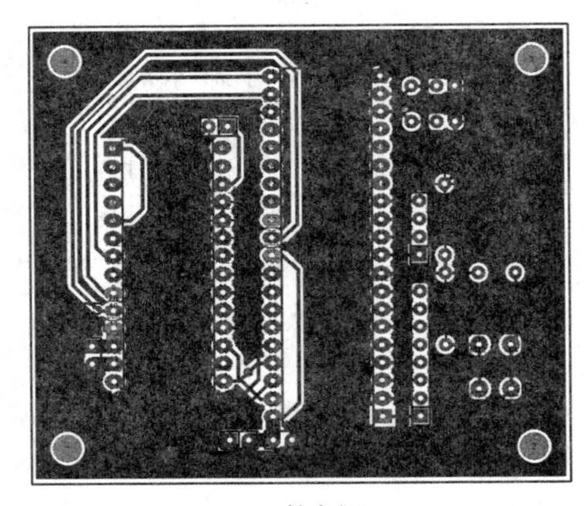

(b) 敷实铜

图 3-2-172 双面板手动布线后对底层进行敷铜的结果

下面以双面板手动布线结果(如图 3-2-161 所示)为例,介绍敷铜的方法。

(1)敷铜的设置

①Polygon Plane 对话框的设置

选择 Place|Polygon Plane 命令，或单击放置工具栏的按钮，弹出如图 3-2-173(a)所示的 Polygon Plane(敷铜设置)对话框。其中各选项的功能及设置如下。

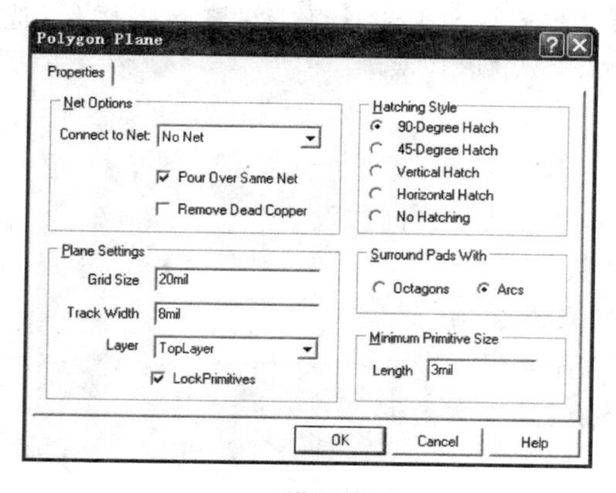

(a) 设置前

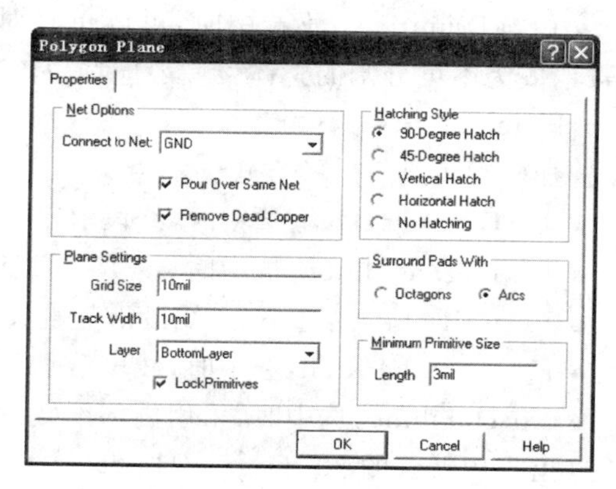

(b) 设置后

图 3-2-173 Polygon Plane 对话框

a. Net Options 区域

● Connect to Net：该下拉列表框用于选择敷铜的网络属性。这里选择 GND。

● Pour Over Same Net：选中时，敷铜将覆盖网络属性与其相同的导线。这里将其选中。

● Remove Dead Copper：选中则敷铜时将删除死铜。死铜就是无法连接到所属网络的一块孤立的敷铜。一般应删除死铜。这里将其选中。图 3-2-174 示出删除与不删除死铜的区别。

(a) 不删除死铜

(b) 删除死铜

图 3-2-174 不删除死铜与删除死铜的区别

b. Plane Settings 区域

● Grid Size：栅格尺寸。敷铜是由许多导线段敷设而成的，该项的值是相邻两线段的中心距。这里设置为 10mil。

● Track Width：该项的值是敷铜导线的宽度。这里设置为 10mil。

显然，当 Track Width 大于或等于 Grid Size 时，为敷实铜，否则为网格状敷铜。

● Layer：选择敷铜所在的工作层。这里选择 BottomLayer，即先对底层敷铜。如果在选择 Place|Polygon Plane 命令前，先单击设计窗口下方的 BottomLayer 标签，选择底层为

当前工作层，则打开 Polygon Plane 对话框时，系统就会自动在 Layer 下拉列表框中选择了 BottomLayer。

● LockPrimitives：不选中时，可以单独对一条敷铜线段进行移动、删除等操作；选中时，敷铜成为不可分割的整体。一般应选中该项。这里将其选中。

c. Hatching Style 区域

选择敷铜线段敷设的方式。

● 90- Degree Hatch：选中时，线段沿水平和竖直两个方向敷设。

● 45- Degree Hatch：选中时，由 45°斜线敷设。

● Vertical Hatch：选中时，线段沿竖直方向敷设。

● Horizontal Hatch：选中时，线段沿水平方向敷设。

● No Hatching：选中时，采用内部不敷设线段的中空敷铜。

这里采用默认的 90- Degree Hatch。

d. Surround Pads With

选择敷铜对焊盘的环绕方式。

● Octagons：用八角形环绕。

● Arcs：用圆弧环绕。

这里采用默认的 Arcs。

e. Minimum Primitive Size 区域

● Length：设置敷铜线段的最小长度。默认为 3mil。这里采用默认值。

设置结果如图 3-2-173(b)所示。

②Polygon Connect Style 设计规则的设置

该规则用于设置敷铜与具有相同网络名称的焊盘的连接方式。

选择 Design|Rules 命令，弹出 Design Rules 对话框。在 Manufacturing 选项卡的 Rule Classes 列表框中单击选中 Polygon Connect Style，然后单击 Properties 按钮，弹出如图 3-2-175所示的 Polygon Connect Style 对话框。在右上方的下拉列表框中有 3 个选项：Relief Connect(辐射方式连接)、Direct Connect(直接连接)、No Connect(不连接)。这里采用默认的 Relief Connect。

辐射方式连接，敷铜是通过导线来连接网络名称与其相同的焊盘。而直接连接是敷铜直接覆盖网络名称与其相同的焊盘。直接连接方式可以减小元器件引脚与地线之间连线的阻抗，并有利于元器件工作时的散热。但在焊接元器件时，热量容易散失，应采用功率较大的烙铁，否则易造成虚焊。采用辐射方式连接，在焊接元器件时，可以减少热量的散失，减小发生虚焊的可能性。

选择辐射方式连接时，还需要对 Rule Attributes 区域中其他三个选项进行设置。具体如下。

● Conductor Width：设置敷铜与焊盘之间连线的宽度。默认为 10mil。

● Conductors：设置敷铜与焊盘之间连线的数目。默认为 4。

● 右下方下拉列表框用于设置敷铜与焊盘之间连线的角度，有 45°和 90°两种选择。默认为 90°。

这里对这三个选项均采用默认值。

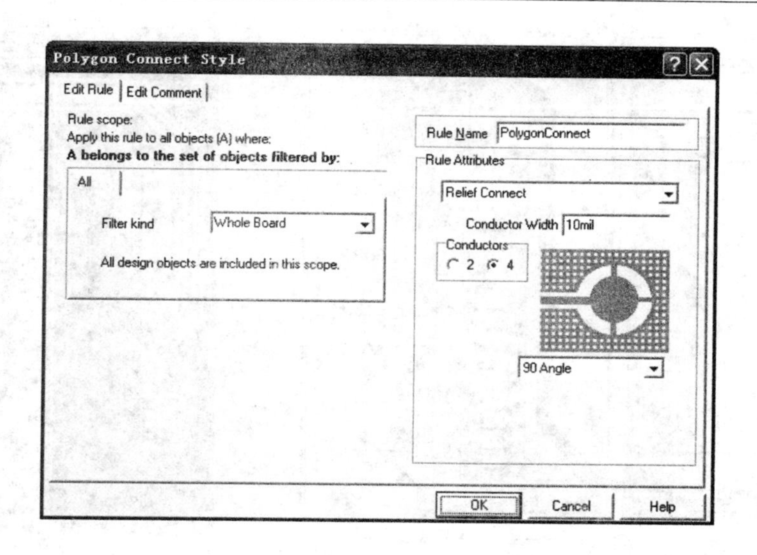

图 3-2-175　Polygon Connect Style 对话框

(2)绘制敷铜边界并完成敷铜

我们来绘制如图 3-2-172(b)所示的敷铜的边界。

①如图 3-2-173(b)所示设置好 Polygon Plane 对话框。

②单击 OK 按钮,出现十字光标。移动光标至印制板左下角,如图 3-2-176 所示,单击确定边界起点。

③移动光标至印制板右下角单击,完成下边界的绘制,如图 3-2-177 所示。

④移动光标至印制板右上角单击,完成右边界的绘制。

⑤移动光标至印制板左上角单击,完成上边界的绘制。此时在鼠标单击处与敷铜边界起点之间自动出现一条蓝色直线,如图 3-2-178 所示。

⑥单击右键,系统即开始在底层敷铜,上一步出现的蓝色直线即作为敷铜的左边界。完成底层敷铜后的印制板如图 3-2-172(b)所示。

绘制敷铜边界时,可以通过按空格键来改变边界线的转折方式。有 4 种转折方式:90°转折、45°转折、圆弧转折和任意角度的斜线。在需要转折的地方单击左键,然后按空格键可切换转折方式。

⑦按以上方法完成顶层的敷铜。

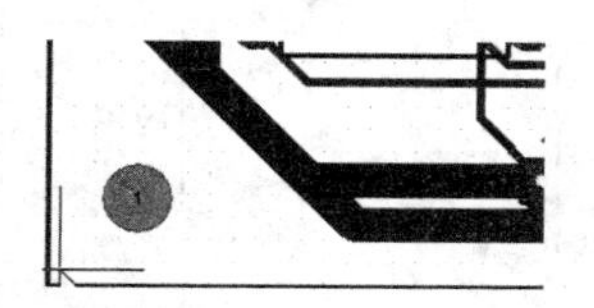

图 3-2-176　确定边界起点

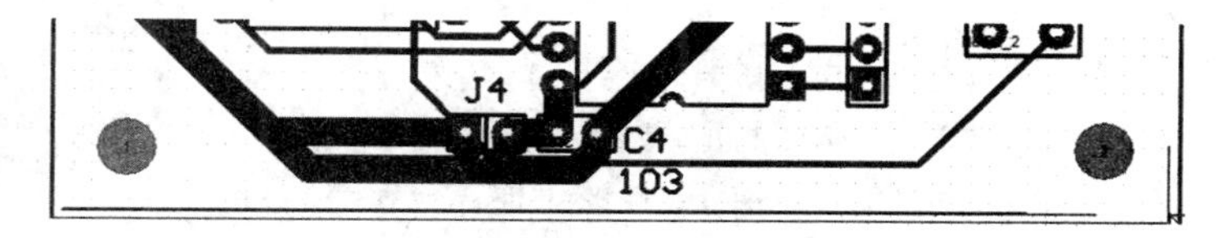

图 3-2-177　完成下边界的绘制

底层敷铜不但覆盖地线,而且也覆盖 ADC0809 时钟信号线的外围线。这样就通过敷铜将外围线连接到地线上,使其成为包地线,完成了对时钟信号线的包地处理,如图 3-2-179 所示。

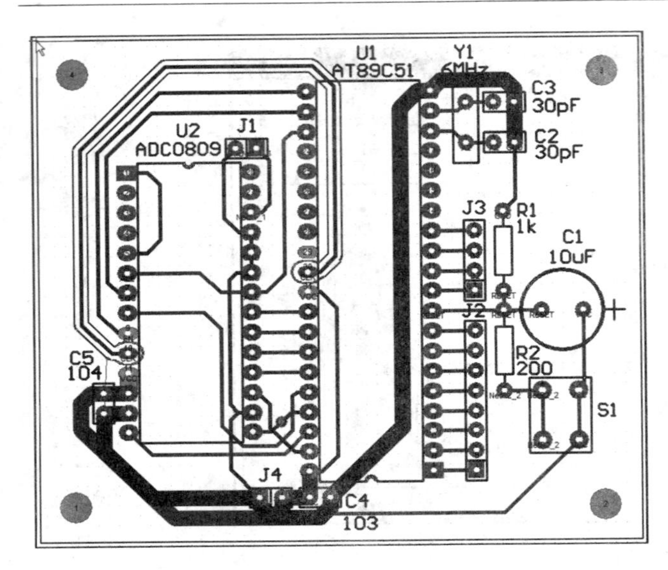

图 3-2-178　完成上边界的绘制

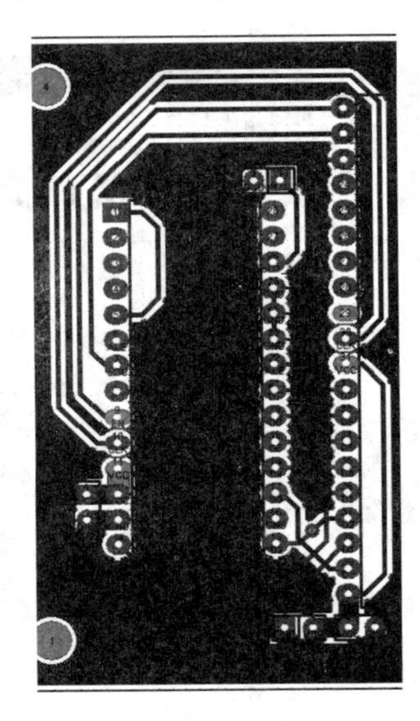

图 3-2-179　完成时钟信号线的包地处理

完成敷铜后，若希望修改敷铜的属性，可以双击敷铜，打开 Polygon Plane 对话框。修改选项后，单击 OK 按钮，会弹出如图 3-2-180 所示的 Confirm 对话框。单击其中的 Yes 按钮，系统就会按新的设置重新敷铜。

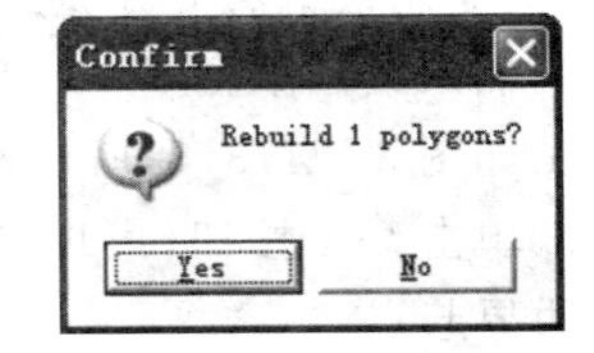

图 3-2-180　Confirm 对话框

删除敷铜的方法是，选择 Edit|Delete 命令，或按快捷键 E|D，将出现的十字光标移至敷铜上单击即可。

3.2.4　元件封装的绘制

设计印制电路板时，如果在 Protel99SE 元件封装库中找不到所需要的元件封装，就必须自己绘制。例如在我们绘制的信号采集处理模块电路中，按钮 S1 的封装在 Protel99SE 提供的元件封装库中是没有的，我们必须自己绘制。由于元件封装代表了元器件的外观及焊盘的整体，所以必须按照元器件外形尺寸、引脚间距、引脚粗细等数据来绘制元件封装。绘制元件封装有手工绘制和利用元件封装创建向导来创建两种方法。本节以几个实例来说明元件封装绘制的方法。

1. 手工绘制元件封装

【例 3-2-11】　电源插口封装的绘制

电源插口的尺寸如图 3-2-181 所示，单位为毫米。

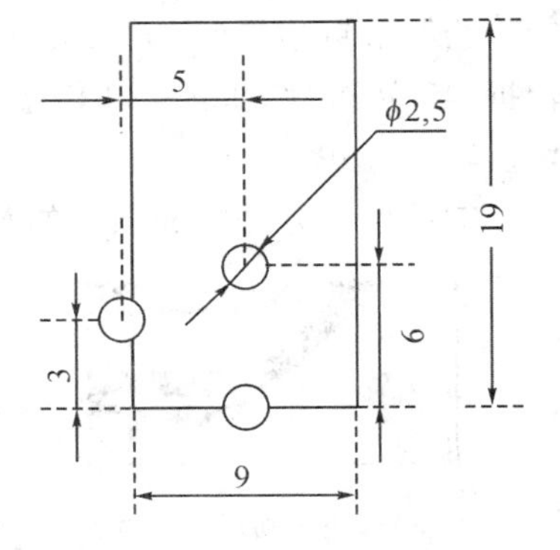

图 3-2-181　电源插口尺寸

在绘制元器件封装前，要获得实物的相关尺寸数据，主要是外形轮廓尺寸、引脚位置、引脚间距和引脚直径等。元器件说明书通常给出这些数据，对于无法得到相关数据的元器件，就需要自己对实际元件进行测量得到，一般用游标卡尺测量。电源插口封装绘制方法如下。

(1)创建设计数据库文件和元件封装库文件

①创建一个设计数据库文件，这里将设计数据库名称更改为 MyPCBlib. ddb。

②创建元件封装库文件。打开 MyPCBlib. ddb 中的 Documents 文件夹。选择 File|New 命令，弹出如图 3-2-182 所示的 New Document 对话框。在 Documents 选项卡中双击元件封装库文件图标，即在打开的 Documents 文件夹中创建了一个元件封装库文件，如图 3-2-183 所示。其默认文件名为 PCBLIB1. LIB。这里将其更名为 MyPCBlib. LIB，如图 3-2-184 所示。

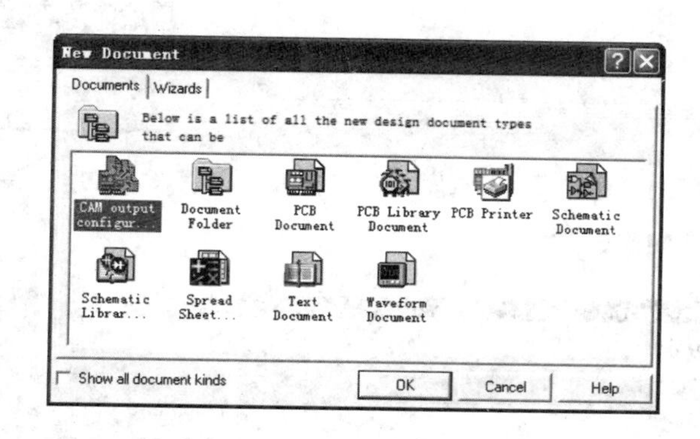

图 3-2-182　New Document 对话框

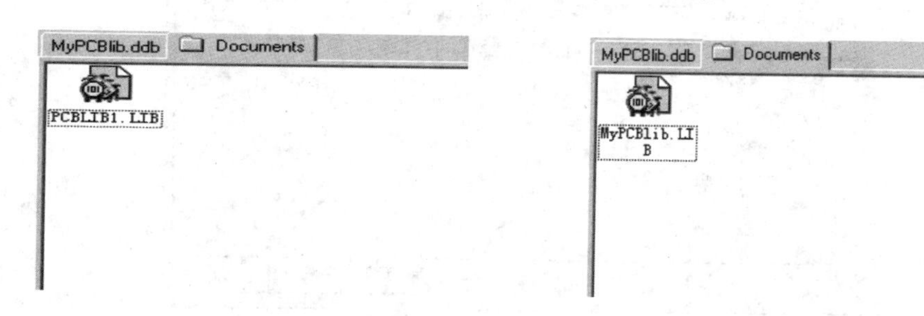

图 3-2-183　创建好的元件封装库文件

图 3-2-184　更名后的元件封装库文件

双击图 3-2-184 所示的图标，打开创建的元件封装库文件，设计窗口中呈现出一张有十字形坐标轴的图纸，如图 3-2-185 所示，可在其上绘制元件封装。左侧元件封装库管理器的 Components 区域的列表框中，列出当前元件封装库中所有元件封装的名称，此时仅有一个“PCBCOMPONENT_1”，这是待绘制的元件封装的默认名称。

在图 3-2-185 所示的设计窗口中还打开了如图 3-2-186 所示的绘图工具栏，该工具栏用于绘制线段、圆弧和放置焊盘等。工具栏中大多数工具在 Place 菜单中都有相应的命令。

(2)设置度量单位。由于图 3-2-181 给出的尺寸以毫米为单位，所以绘图的度量单位也要设置为毫米。方法是，选择 Tools|Library Options 命令，打开如图 3-2-187 所示的 Document Options 对话框，在 Options 选项卡的 Measurement Unit 下拉列表框中选择 Metric 后，单击 OK 按钮即可。

提示：与设计 PCB 时一样，可以通过按快捷键 Q 将度量单位切换到毫米。

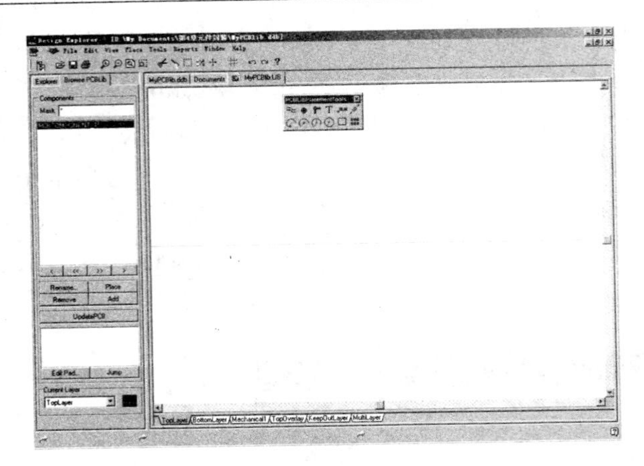

图 3-2-185　打开的元件封装库文件

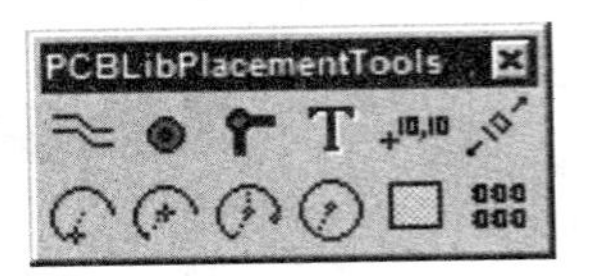

图 3-2-186　绘图工具栏

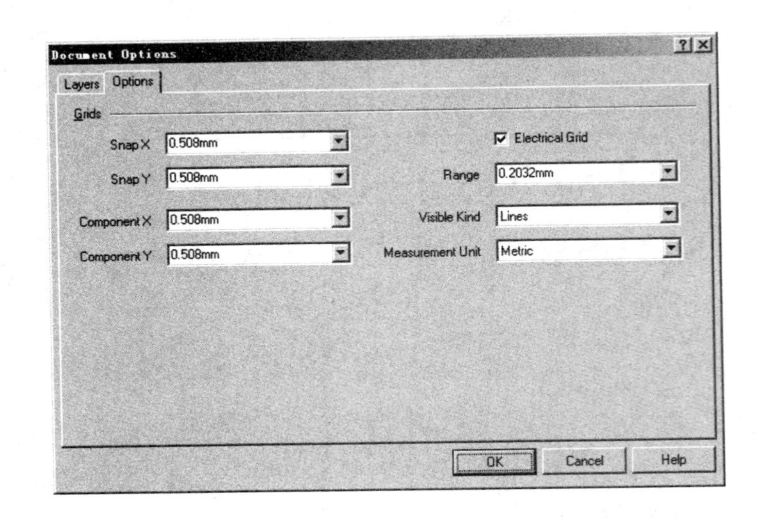

图 3-2-187　设置度量单位

(3)单击设计窗口下方的 TopOverlay 标签，如图 3-2-188 所示，选择顶层丝印层为当前层，在该层画元件封装的外形轮廓。

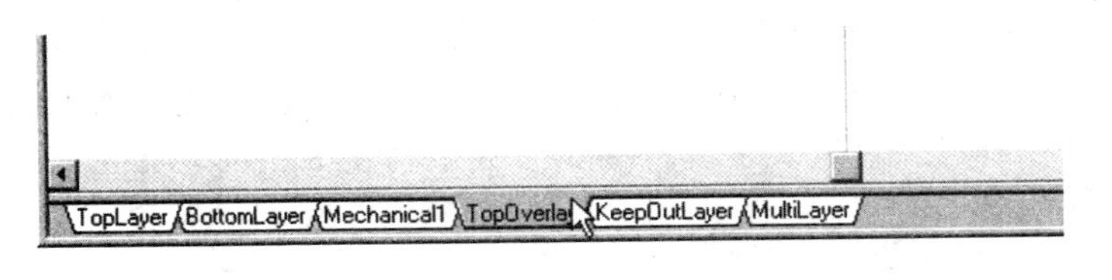

图 3-2-188　选择顶层丝印层为当前层

(4)绘制元件封装轮廓

绘制元件封装轮廓的方法与绘制印制板电气边界的方法基本一样。前面介绍的绘制电气边界的两种方法都可用于元件封装轮廓的绘制，下面分别介绍这两种绘制方法。

①方法一

a. 设置元件封装的参考点

在 PCB 图中放置元件封装时，待放置的封装随十字光标移动而移动，可看到十字光标与封装的相对位置始终保持不变，此时十字光标的中心点就是元件封装的参考点。元件封装参考点的位置是在元件封装库文件中绘制元件封装时确定的。在元件封装设计窗口中，坐标原点(0,0)(X 向坐标轴和 Y 向坐标轴的交点)就是元件封装的参考点。参考点的位置可以用命令 Edit|Set Reference 来设置，选择该命令得到其子菜单，如图 3-2-189 所示，有以下 3 个菜单项命令可选择。

图 3-2-189　设置元器件封装参考点的子菜单

- Pin 1：将序号为 1 的焊盘中心设置为元件封装的参考点。
- Center：将元器件外形轮廓的几何中心设置为元件封装的参考点。
- Location：将设计者自己指定的位置设置为元件封装的参考点。

在绘制元件封装的过程中，合理地选择参考点的位置，可以使绘制变得更容易。

这里我们选择 Edit|Set Reference|Location 命令，然后在设计窗口接近左下角的位置单击左键，将该点设置为元件封装的参考点，如图 3-2-190 所示。注意，此时十字坐标轴的原点即移到该点，如图 3-2-191 所示。

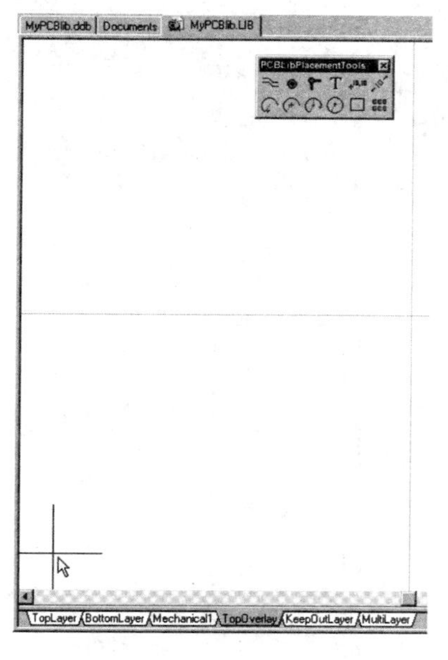

图 3-2-190　设置元件封装的参考点

图 3-2-191　设置的参考点即新的原点

b. 选择 Place|Track 命令，或单击绘图工具栏上的 按钮，在图纸上任意放置 4 段线

段，如图 3-2-192 所示。

c. 根据图 3-2-181 所示的电源插口的尺寸得出元件封装轮廓四个顶点的坐标。取左下角顶点坐标为(0,0)，则按逆时针顺序其余 3 个顶点的坐标分别为：(9,0)，(9,19)，(0,19)。

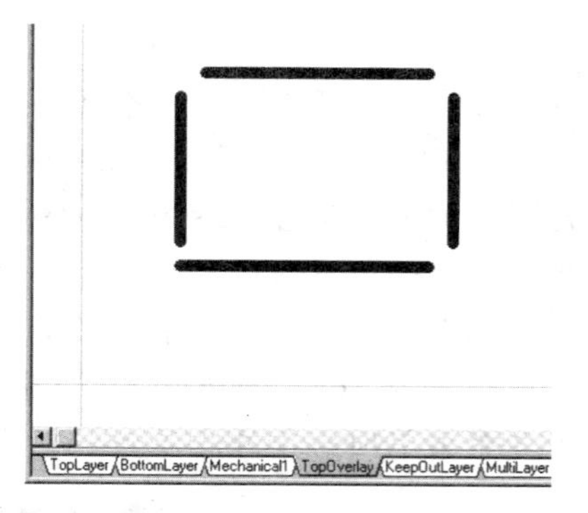

图 3-2-192　放置 4 段线段

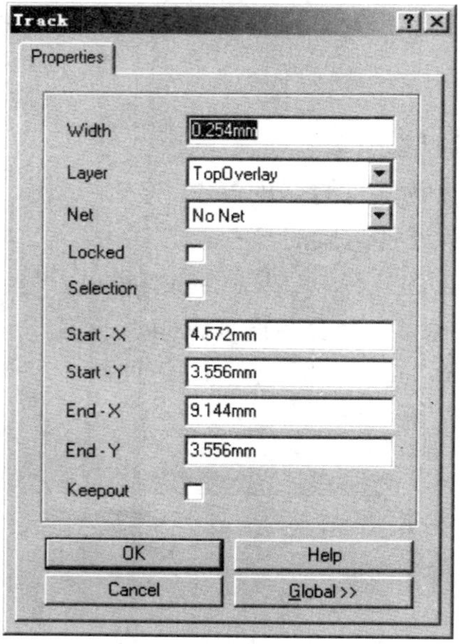

d. 双击图 3-2-192 所示图纸上位于下方的线段，打开如图 3-2-193 所示的导线属性设置对话框，修改线段起点坐标为(0,0)，终点坐标为(9,0)，如图 3-2-194 所示。单击 OK 按钮就完成了轮廓下面一条边的绘制，如图 3-2-195所示。根据上述各顶点坐标重复此操作修改其余 3 条线段的起点和终点坐标，就得到尺寸符合要求的封装轮廓，如图 3-2-196 所示。

图 3-2-193　导线属性设置对话框

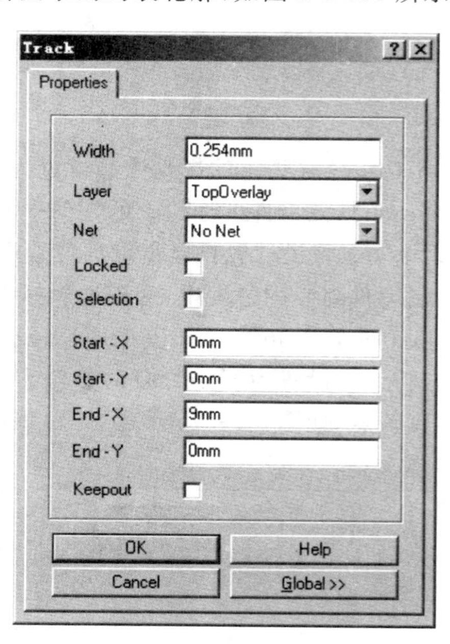

图 3-2-194　修改线段起点、终点坐标

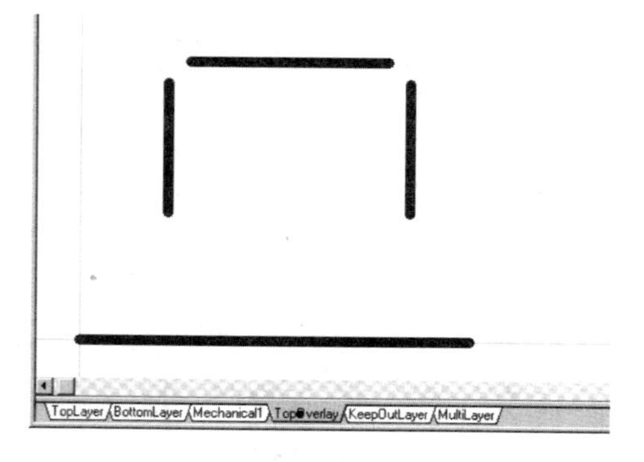

图 3-2-195　完成轮廓下面一条边的绘制

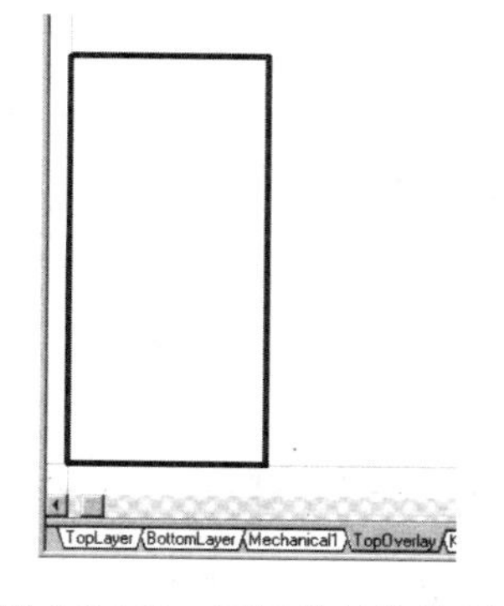

图 3-2-196　画好的封装轮廓

②方法二

a. 设置元件封装的参考点。先按 PageDown 键两次，将画面缩小，以保证下一步画的封装轮廓不会超出设计窗口。选 Edit|Set Reference|Location 命令，在设计窗口接近左下角的位置单击左键，将该点设置为元件封装的参考点，如图 3-2-190 所示。

b. 根据所要画的封装轮廓是矩形的特点，选择 Tools|Library Options 命令，打开 Document Options 对话框，将 SnapX 和 SnapY 分别设置为轮廓的宽 9mm 和轮廓的长 19mm，如图 3-2-197 所示。这样，在手工绘制封装轮廓时光标 X 方向移动的最小距离为 9mm，Y 方向移动的最小距离为 19mm。

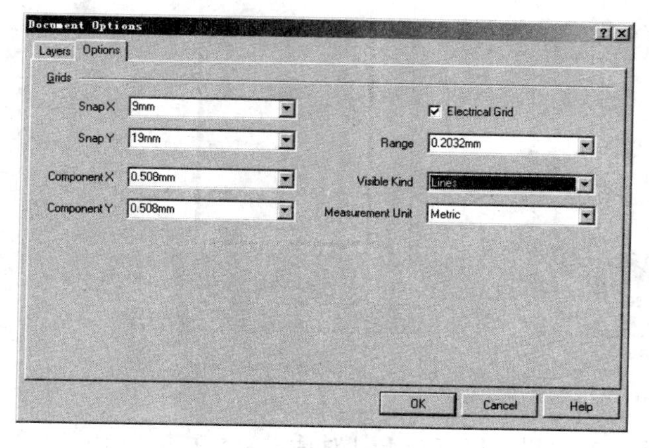

图 3-2-197 将 SnapX 和 SnapY 分别设置为 9mm 和 19mm

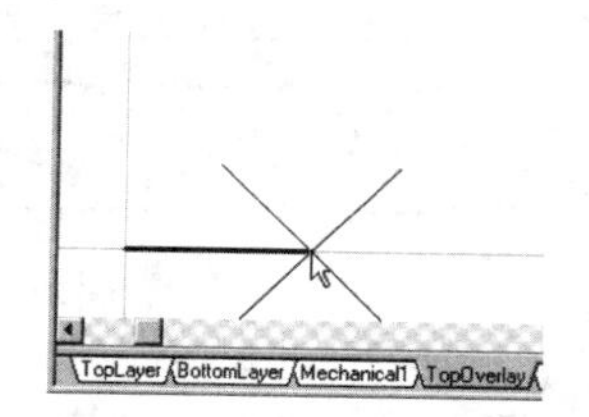

图 3-2-198 封装轮廓的下一条边

c. 单击绘图工具栏的按钮，将光标移到参考点并单击左键确定轮廓下一条边的起点。然后按一次键盘的右方向键，使光标沿水平方向右移 9mm，即绘制出一条 9mm 长的线段，接着按两次回车键确定线的终点，这样就得到轮廓的下一条边，如图 3-2-198 所示。然后依次按键盘的上、左、下方向键各一次，每次按方向键后都按两次回车键，最后按两次 Esc 键或按鼠标右键两次退出画线状态，封装轮廓就绘制好了。

(5)放置焊盘。

a. 根据图 3-2-181 得出三个焊盘中心的坐标。取封装轮廓左下角顶点坐标为(0,0)，则三个焊盘中心的坐标分别为：(-0.5,3)、(4.5,0)和(4.5,6)。

b. 选择 Tools|Library Options 命令，打开 Document Options 对话框，将 SnapX 和 SnapY 均设置为 0.1mm。

c. 单击绘图工具栏的按钮，进入放置焊盘状态。按 Tab 键，弹出如图 3-2-199 所示的 Pad 对话框，将其中的焊盘序号 Designator 设置为 1，如图 3-2-199 所示，然后单击 OK 按钮完成设置。移动光标到封装轮廓内任意位置上单击，就放置了一个序号为 1 的焊盘。此时仍处于放置焊盘的状态，移动光标到任意两个新的位置后各单击一次，再放置两个焊盘，它们的序号自动递增为 2 和 3。三个焊盘放置结果如图 3-2-200 所示。

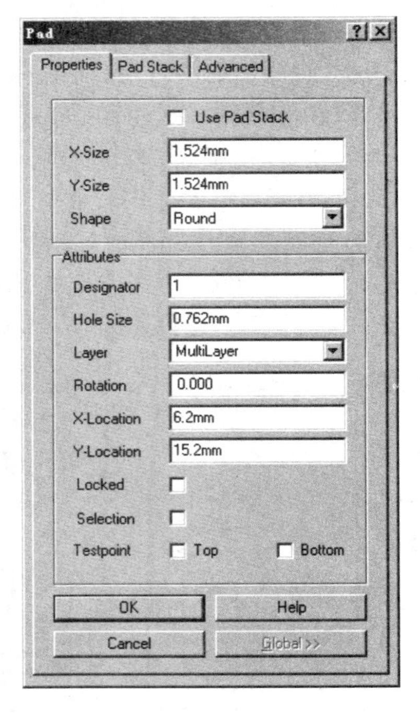

图 3-2-199　Pad 对话框

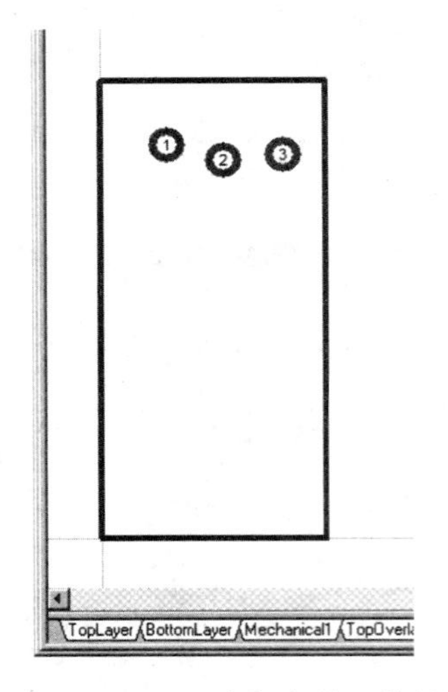

图 3-2-200　三个焊盘放置结果

d. 调整焊盘坐标。双击一个焊盘，如1号焊盘，打开Pad对话框，修改其坐标为(-0.5,3)，如图3-2-201所示。单击OK按钮，该焊盘就移到坐标(-0.5,3)处，如图3-2-202所示。用同样方法修改2、3号焊盘坐标，使它们分别移到(4.5,0)和(4.5,6)处，如图3-2-203所示。

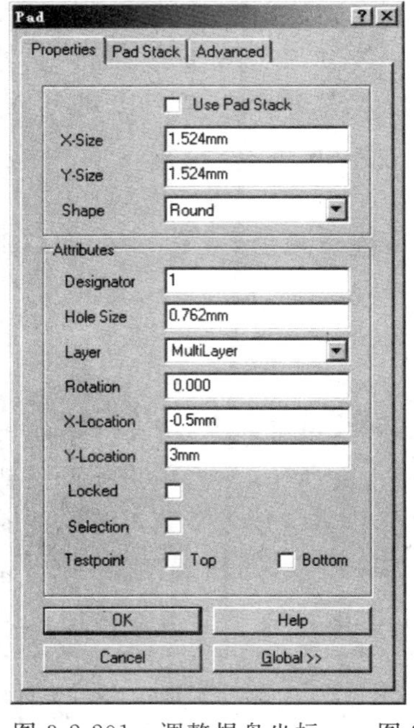

图 3-2-201　调整焊盘坐标

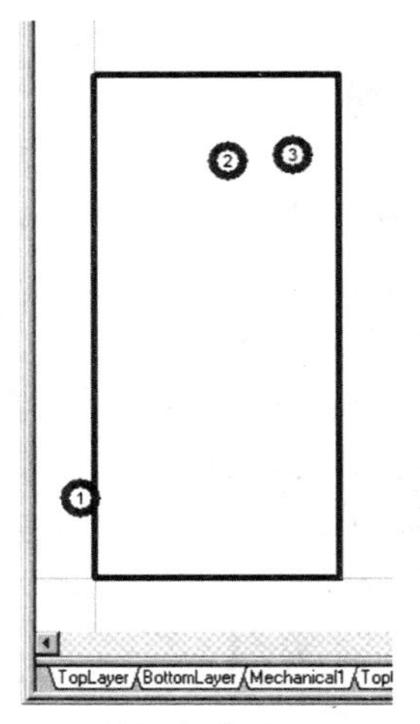

图 3-2-202　1号焊盘移到(-0.5,3)处

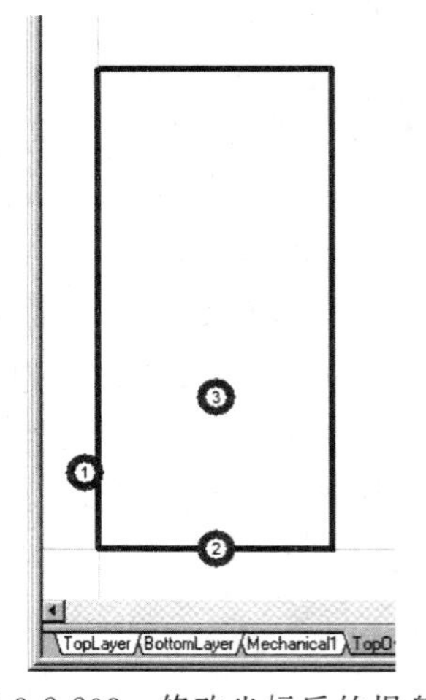

图 3-2-203　修改坐标后的焊盘

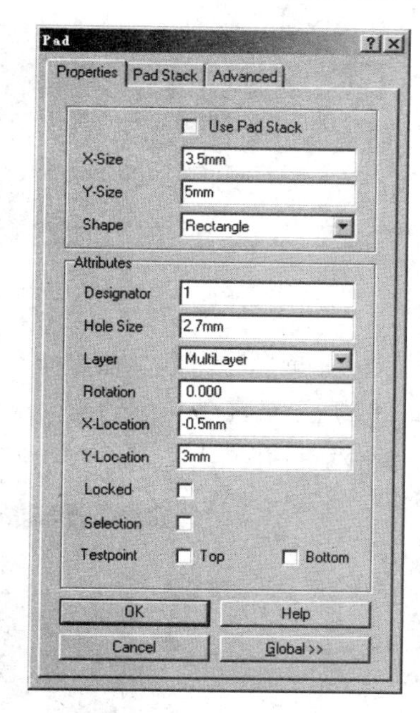

图 3-2-204 1 号焊盘属性设置结果

e. 调整焊盘形状、大小和焊盘孔径。对于本例的焊盘可改用矩形，而且面积适当大些以提高焊盘抗剥离强度，因为电源插口在插头插拔时要受力。焊盘孔径应比元器件引脚直径大 0.2～0.4mm。这里取焊盘孔径比引脚直径大 0.2mm，所以焊盘孔径设置为 2.7mm。依次双击三个焊盘打开 Pad 对话框，将 1 号焊盘的 X-size、Y-size、Shape 和 Hole Size 分别设置为 3.5mm、5mm、Rectangle 和 2.7mm，如图 3-2-204 所示；2、3 号焊盘上述参数均分别设置为 5mm、4mm、Rectangle 和 2.7mm。焊盘形状、大小和孔径设置完成时的元件封装如图 3-2-205 所示。

(6)重新设置元件封装的参考点。在元件封装绘制完成时还要重新设置参考点，一般将参考点设置在序号为 1 的焊盘中心或元器件外形轮廓的几何中心，以方便在 PCB 图中放置和移动封装。这里选择 Edit|Set Reference|Pin 1 命令，将参考点设置在序号为 1 的焊盘中心，至此完成了封装的绘制，绘制好的电源插口封装如图 3-2-206 所示。

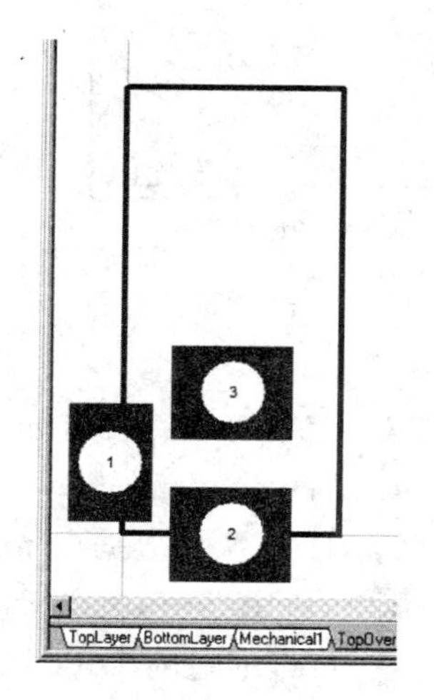

图 3-2-205 焊盘形状、大小和孔径调整结果

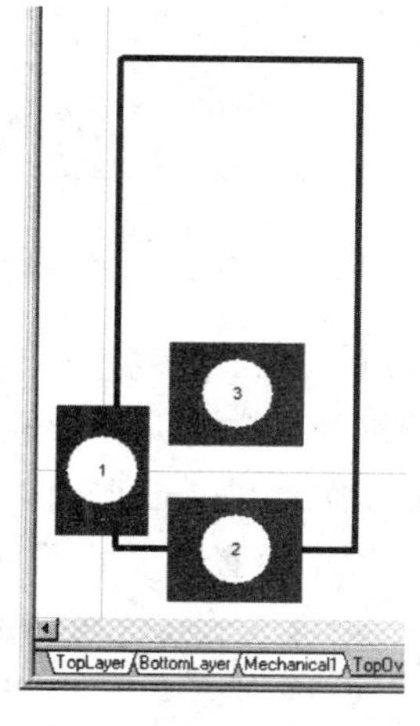

图 3-2-206 绘制好的封装

(7)更改元件封装名。选择 Tools|Rename Component 命令，弹出如图 3-2-207 所示的 Rename Component 对话框，在其中输入想要的元件封装名 POWER，再单击 OK 按钮。我们看到元件封装库管理器的 Components 区域的列表框中，原有的元件封装的默认名称 PCBCOMPONENT_1 已被更改为 POWER，如图 3-2-208 所示。

(8)保存元件封装。选择 File|Save 命令，或单击主工具栏的按钮，将绘制好的元件封装保存到当前元件封装库文件 MyPCBlib.LIB 中。

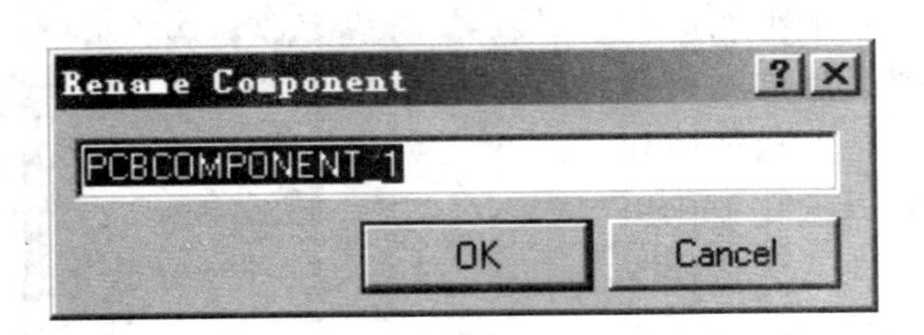

图 3-2-207　Rename Component 对话框

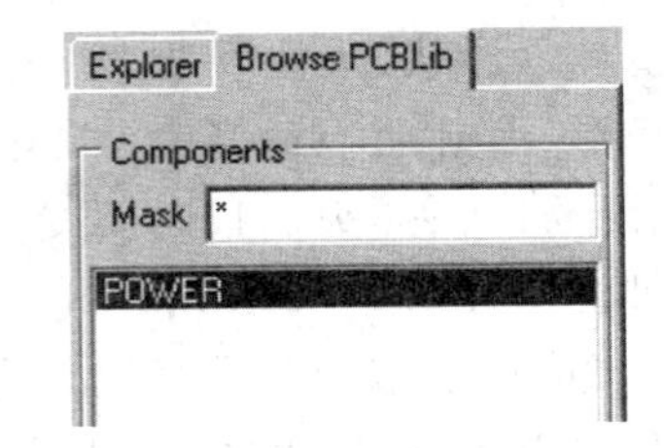

图 3-2-208　元件封装更名为 POWER

(9)如果还要绘制其他元件封装,可以选择 Tools|New Component 命令,系统弹出如图 3-2-209 所示的元件封装创建向导对话框,单击 Cancel 按钮,就能打开如图 3-2-185 所示的空白图纸,可在其上绘制其他元件封装。

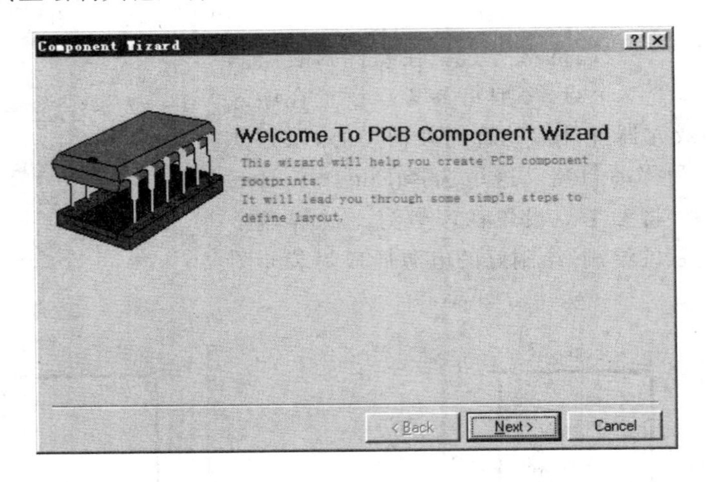

图 3-2-209　元件封装创建向导对话框

【例 3-2-12】　LED 数码管封装的绘制

如果要绘制的封装与元件封装库中已有的封装较为相似,可以将已有的相似封装复制到自己的封装库中加以修改得到需要的封装,这样可以收到事半功倍的效果。

LED 数码管正面看的尺寸示意图如图 3-2-210 所示,图中尺寸数据以 mil 为单位。引脚直径为 0.51 毫米。数码管两列引脚的间距及相邻引脚的间距与 Protel99SE 提供的元件封装 DIP24 相同,区别主要在于 DIP24 的焊盘数目多些,可以通过对 DIP24 进行修改得到数码管的封装。具体操作方法如下。

(1)打开【例 3-2-11】创建的设计数据库文件 MyPCBlib. ddb 及其中的元件封装库文件 MyPCBlib. LIB。

(2)复制 DIP24

①找到 DIP24。DIP24 在设计数据库文件 Advpcb. ddb 内的元件封装库文件 PCB Footprints. lib 中。选择 File|Open 命令,或单击主工具栏的按钮,弹出 Open Design Database 对话框,在"查找范围"下拉列表框中找到 Protel99SE 的安装目录,并进入 Design Explorer 99 SE\Library\Pcb\Generic Footprints 子目录中。在"查找范围"下方的列表框中找到并单击设计数据库文件 Advpcb. ddb,如图 3-2-211 所示,单击"打开"按钮或双击该

文件将其打开。然后在设计窗口中双击图标，打开元件封装库文件 PCB Footprints. lib。在左侧元件封装库管理器的 Components 区域的列表框中，即列出库文件 PCB Footprints. lib 中所有元件封装的名称。在其中找到 DIP24 并单击，该封装就出现在设计窗口中，如图 3-2-212 所示。

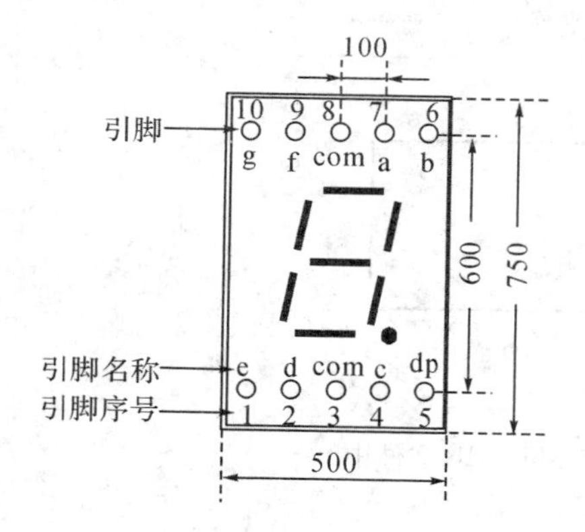

图 3-2-210　LED 数码管尺寸

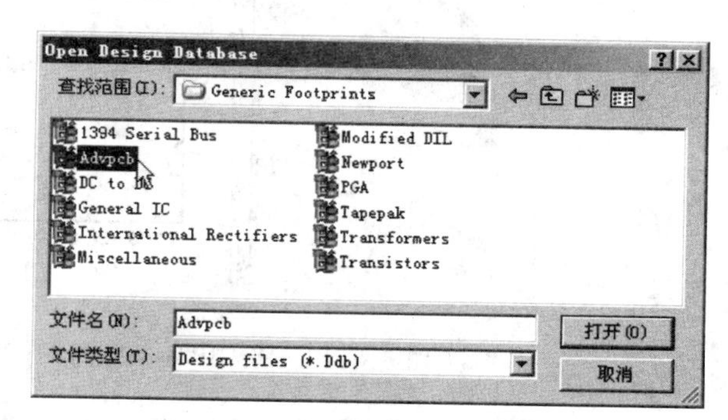

图 3-2-211　Open Design Database 对话框

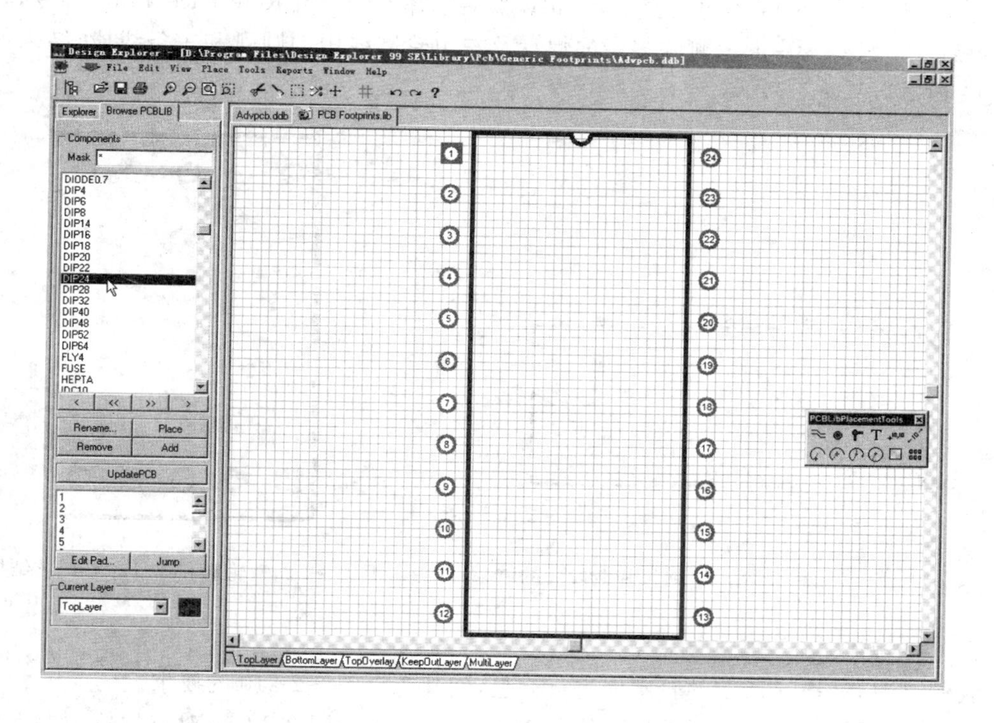

图 3-2-212　找到 DIP24

将 DIP24 选定并复制(复制时选择 DIP24 的 1 号焊盘中心为参考点)。然后单击设计窗口右上角的“关闭”按钮，关闭设计数据库文件 Advpcb. ddb，返回到 MyPCBlib. LIB 文件中。

②将 DIP24 粘贴到 MyPCBlib. LIB 文件中。选择 Tools|New Component 命令，弹出如图 3-2-209 所示的元件封装创建向导对话框，单击 Cancel 按钮，打开一张空白图纸。按

Crtl+V组合键，出现带着DIP24的十字光标。按空格键将DIP24旋转90°，使其轴线沿水平方向。然后单击将其放下，再按快捷键X|A取消选中状态，结果如图3-2-213所示。

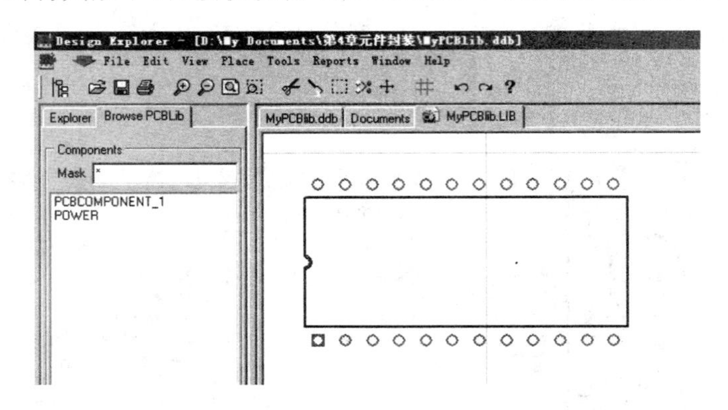

图3-2-213　将DIP24粘贴到MyPCBlib.LIB文件中

(3)修改DIP24得到LED数码管封装

①将SnapX和SnapY均设置为25mil。然后选择Edit|Set Reference|Pin 1命令，将参考点设置在1号焊盘中心。删除多余的焊盘及左边轮廓线中的圆弧和一条线段，结果如图3-2-214所示。

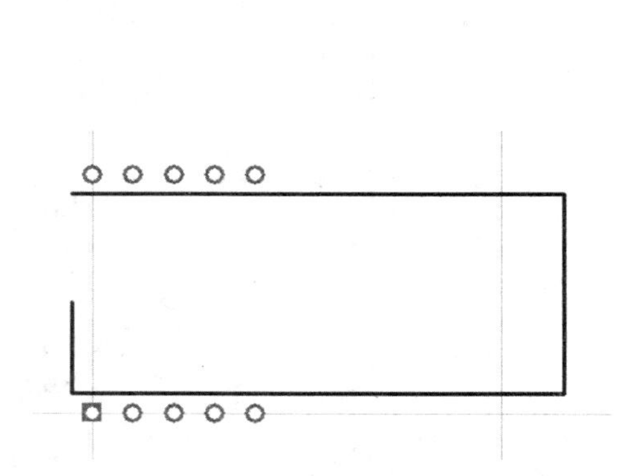

图3-2-214　删除多余焊盘、圆弧和线段后的结果

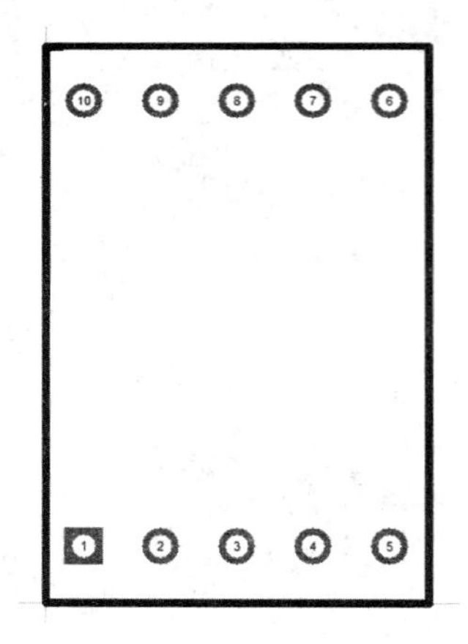

图3-2-215　轮廓和焊盘序号调整结果

②调整封装轮廓

我们对图3-2-214所示的轮廓线进行调整，使其符合图3-2-210的要求。

a.重新设置图3-2-214所示封装的参考点，使其位于与图3-2-210对应的轮廓左下角顶点上。在图3-2-210中，当以1号焊盘中心为坐标原点时，可以求得轮廓左下角顶点的坐标为(−50mil，−75mil)。因此我们选择Edit|Set Refe rence|Location命令，将光标移到(−50mil，−75mil)处(窗口左下角状态栏显示出坐标值)单击左键即可。

b.根据图3-2-210得出轮廓四个顶点的坐标。取左下角顶点坐标为(0,0)，则按逆时针顺序其余3个顶点的坐标分别为：(500mil,0mil)，(500mil,750mil)，(0mil,750mil)。

c.按照【例3-2-11】绘制电源插口封装时画轮廓的方法，修改图3-2-214所示的四条轮廓线段的起点和终点坐标，就得到数码管封装的轮廓，如图 3-2-215 所示。

③调整焊盘序号。数码管引脚排列顺序为：从左下角那个引脚开始，沿逆时针方向各引脚序号依次为 1～10，如图 3-2-210 所示。按此顺序调整好各焊盘序号，结果如图 3-2-215 所示。

④调整焊盘大小和焊盘孔径

a. 设置度量单位。将度量单位设置为毫米。

b. 双击任意一个焊盘，在弹出的 Pad 对话框中，将 X-size、Y-size 和 Hole Size 分别设置为 2mm、2mm 和 0.8mm，如图 3-2-216 所示。然后单击对话框中的 Global 按钮，再单击 OK 按钮，系统弹出如图 3-1-217 所示的 Confirm 对话框，单击 Yes 按钮，就将所有焊盘的 X-size、Y-size 和 Hole Size 都分别设置为 2mm、2mm 和 0.8mm。

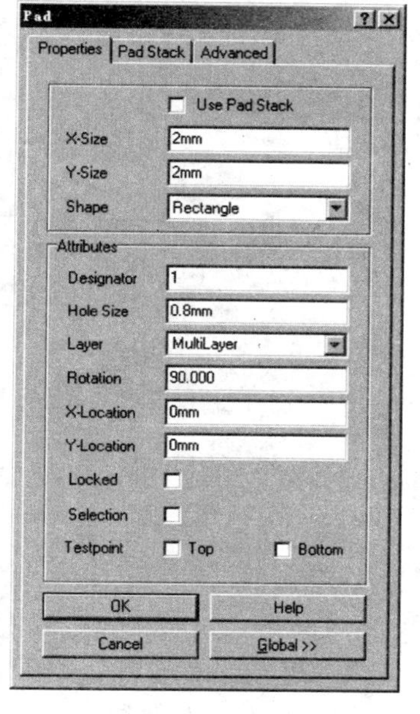

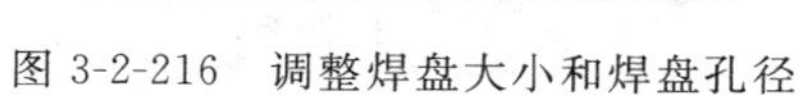
图 3-2-216 调整焊盘大小和焊盘孔径

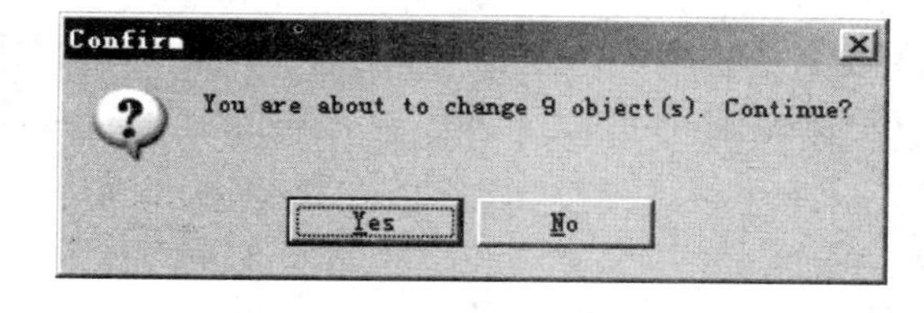

图 3-2-217 Confirm 对话框

(4)重新设置参考点。选择 Edit|Set Reference|Pin 1 命令，将参考点重新设置在 1 号焊盘中心。至此完成了 LED 数码管封装的绘制。

(5)将封装重命名为 SMG1 并保存。

【例 3-2-13】 按钮封装的绘制

按钮尺寸示意图如图 3-2-218 所示，图中尺寸数据以“mil”为单位。引脚直径为 0.7 毫米。按钮封装绘制方法如下。(1)打开【例 3-2-11】创建的设计数据库文件 MyPCBlib.ddb 及其中的元件封装库文件 MyPCBlib.LIB。

(2)选择 Tools|New Component 命令，弹出如图 3-2-209 所示的元件封装创建向导对话框，单击 Cancel 按钮，打开一张空白图纸。

(3)单击绘图工具栏上的 按钮，任意放置序号分别为 1～4 的 4 个焊盘，如图 3-2-219 所示。

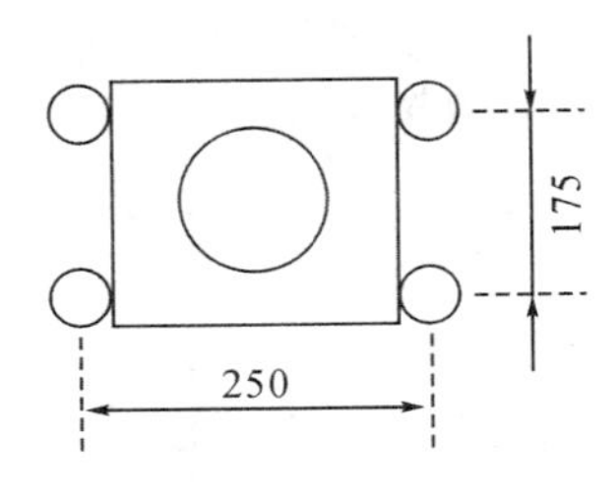

图 3-2-218　按钮尺寸示意图

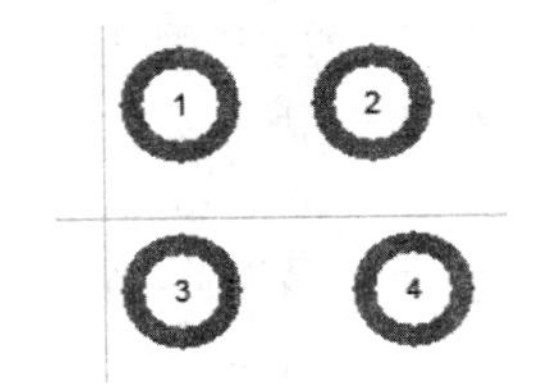

图 3-2-219　放置4个焊盘

(4)调整焊盘位置

①根据图 3-2-218 得出 4 个焊盘的坐标。取图 3-2-218 左下角焊盘中心坐标为(0,0)，则沿逆时针方向其余三个焊盘中心的坐标分别为:(250,0),(250,175),(0,175)。

②选择 Edit|Set Reference|Pin 1 命令，将参考点设置在 1 号焊盘中心，然后依次双击 2、3、4 号焊盘，在弹出的 Pad 对话框中，将它们的坐标分别设置为(250,0),(250,175)和(0,175),完成焊盘位置的调整。调整结果如图3-2-220所示。

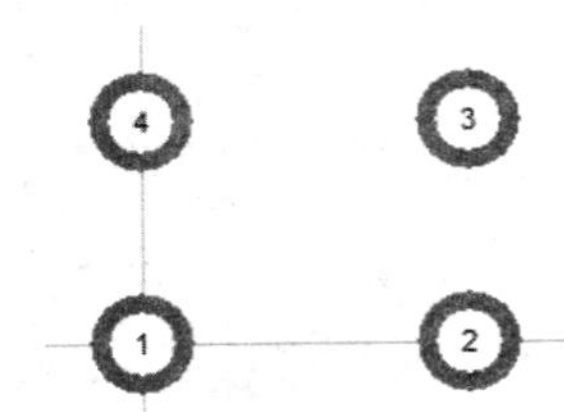

图 3-2-220　焊盘位置调整结果

(5)调整焊盘大小和焊盘孔径

①将 SnapX 和 SnapY 均设置为 0.1mm。

②将度量单位设置为毫米。

③将 4 个焊盘的 X-size、Y-size 和 Hole Size 都分别设置为 2.54mm、2.54mm 和 0.9mm。

(6)画轮廓线。单击设计窗口下方的 TopOverlay 标签，选择顶层丝印层为当前层。单击绘图工具栏的≈按钮，然后在焊盘外围画上长、宽适当的矩形轮廓，结果如图 3-2-221 所示。

(7)调整焊盘序号。将 2 号焊盘的序号改为 1，将 3、4 号焊盘的序号均修改为 2，结果如图 3-2-222 所示。至此就完成了按钮封装的绘制。

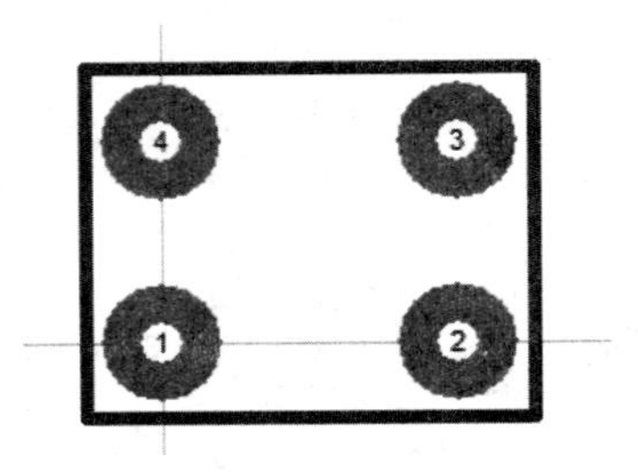

图 3-2-221　画上轮廓的结果

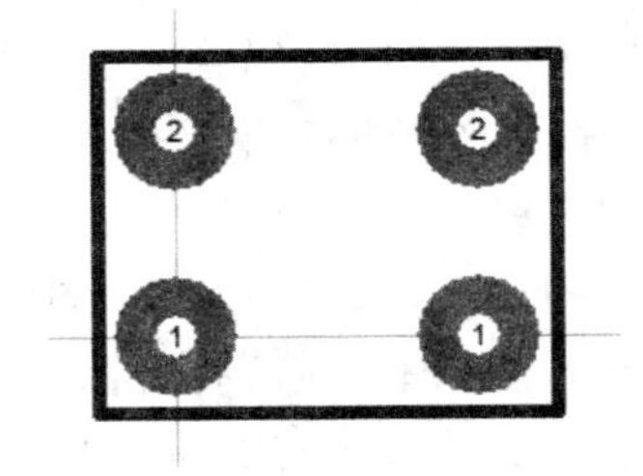

图 3-2-222　调整焊盘序号

(8)将按钮封装重命名为 KEY 并保存。

【例 3-2-14】　四位数码管封装的绘制

四位数码管正面看的尺寸示意图如图 3-2-223 所示，单位为毫米。引脚直径为 0.51 毫米。四位数码管封装绘制方法如下。

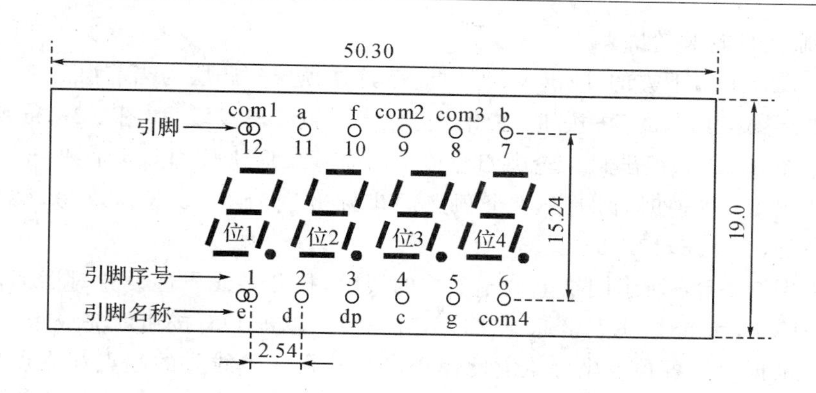

图 3-2-223　四位数码管正面看的尺寸示意图

(1)打开【例 3-2-11】创建的设计数据库文件 MyPCBlib. ddb 及其中的元件封装库文件 MyPCBlib. LIB。

(2)选择 Tools|New Component 命令，弹出如图 3-2-209 所示的元件封装创建向导对话框，单击 Cancel 按钮，打开一张空白图纸。

(3)放置焊盘

①设置图纸参数。将 SnapX 和 SnapY 均设置为 2. 54mm，并选择度量单位为毫米；在 Layers 选项卡中将 Visible Grid 1 和 Visible Grid 2 均设置为 2. 54mm。图 3-2-223 标出相邻焊盘的间距为 2. 54mm，上、下两行焊盘间距为 15. 24mm，由于 15. 24 是 2. 54 的 6 倍，所以这里将 SnapX、SnapY、Visible Grid 1 和 Visible Grid 2 均设置为 2. 54mm。这样在放置焊盘时，根据图纸上的栅格，就能将焊盘放置到准确的位置上。

②设置参考点。选择 Edit|Set Reference|Location 命令，在设计窗口接近左下角的位置单击左键，将该点设置为元件封装的参考点，如图 3-2-224 所示。

③放置焊盘。单击绘图工具栏的按钮后，按 Tab 键，弹出 Pad 对话框，将其中的 Designator 设置为 1，X-size、Y-size 和 Hole Size 分别设置为 2mm、2mm 和 0. 8mm。单击 OK 按钮完成设置。移动光标到参考点上单击，放置了序号为 1 的焊盘。再根据栅格的指示，继续放置序号为 2～12 的其余焊盘。焊盘放置结果如图 3-2-225 所示。

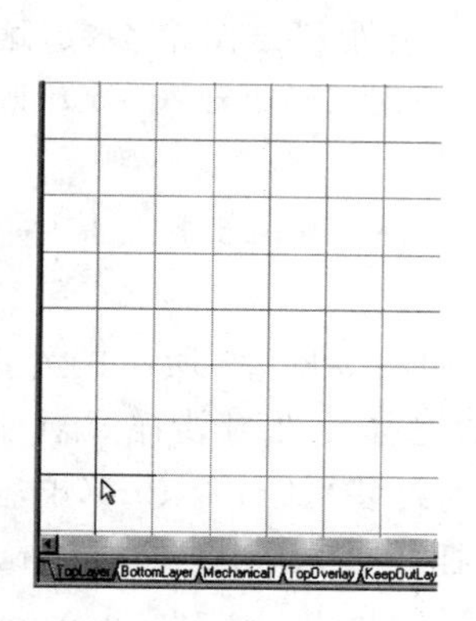

图 3-2-224　设置参考点

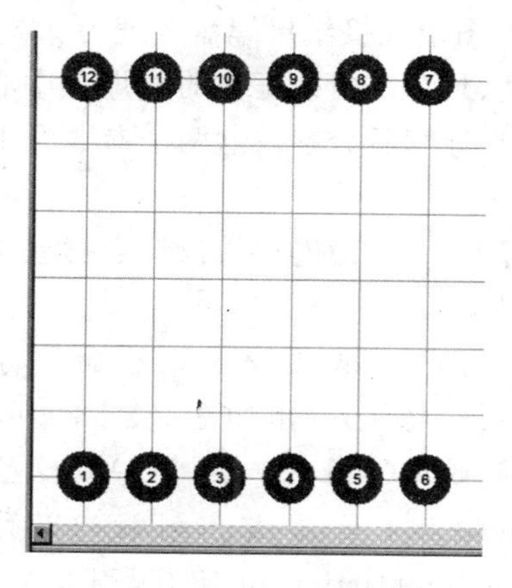

图 3-2-225　焊盘放置结果

(4)绘制元件封装轮廓

①单击设计窗口下方的 TopOverlay 标签,选择顶层丝印层为当前层。

②单击绘图工具栏的按钮,在图纸上任意放置 4 段线段,如图 3-2-226 所示。

③根据图 3-2-223 得出封装轮廓四个顶点的坐标。取 1 号焊盘中心坐标为(0,0),则从左下角顶点开始,按逆时针顺序,4 个顶点的坐标分别为:(-18.8,-1.88),(31.5,-1.88),(31.5,17.12),(-18.8,17.12)。

④双击图 3-2-226 所示图纸上位于下方的线段,打开导线属性设置对话框,修改线段起点坐标为(-18.8,-1.88),终点坐标为(31.5,-1.88)。单击 OK 按钮就完成了轮廓下面一条边的绘制。根据上述各顶点坐标重复此操作修改其余 3 条线段的起点和终点坐标,就得到尺寸符合要求的封装轮廓,如图 3-2-227 所示。同时也就完成了四位数码管封装的绘制。

(5)将四位数码管封装重命名为 SMG4 并保存。

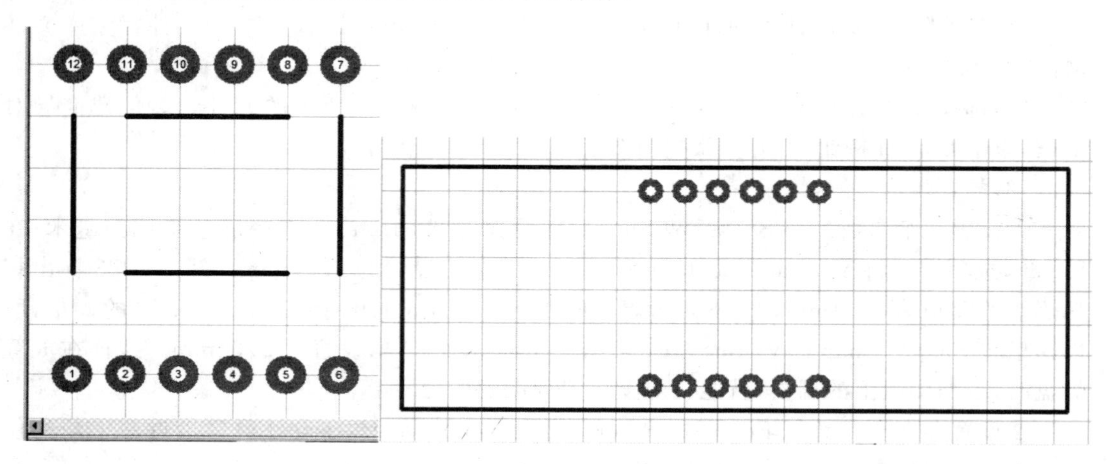

图 3-2-226　放置 4 段线段　　　　图 3-2-227　绘制完成的四位数码管封装

2. 利用元件封装创建向导来创建元件封装

【例 3-2-15】 TMS320VC5402 DSP 封装的创建

TMS320VC5402 数据手册给出 TMS320VC5402 的封装形式为 S-PQFP-G144,如图 3-2-228所示。图中直接给出焊盘宽度为 0.27mm、相邻焊盘中心距为 0.5mm。创建封装还需要焊盘长度、封装拐角处正交的两焊盘中心的垂直距离这两个参数,这里根据图 3-2-228 给出的数据,经计算后分别取这两个参数为 1.5mm 和 2.1mm。S-PQFP-G144 封装的创建过程如下。

(1)打开【例 3-2-11】创建的设计数据库文件 MyPCBlib.ddb 及其中的元件封装库文件 MyPCBlib.LIB。

(2)选择 Tools|New Component 命令,弹出如图 3-2-229 所示的元件封装创建向导对话框。单击 Next 按钮,弹出如图 3-2-230 所示的选择元件封装样式对话框。其中列出 12 种封装供选择:Ball Grid Arrays(BGA)(球栅阵列封装)、Capacitors(电容封装)、Diodes(二极管封装)、Dual in-line Package(DIP)(双列直插封装)、Edge Connectors(边缘连接器封装)、Leadless Chip Carrier(LCC)(无引线芯片载体封装)、Pin Grid Arrays(PGA)(引脚网格阵列封装)、Quad Packs(QUAD)(四边引出扁平封装 PQFP)、Resistors(电阻封装)、

Small Outline Package(SOP)(小外型塑料封装)、Staggered Ball Grid Array(SBGA)(交错球栅阵列封装)、Staggered Pin Grid Array(SPGA)(交错的引脚网格阵列封装)。这里选择Quad Packs(QUAD),并且在对话框的 Select a unit(选择度量单位)下拉列表框中选择Metric(mm),如图 3-2-230 所示。

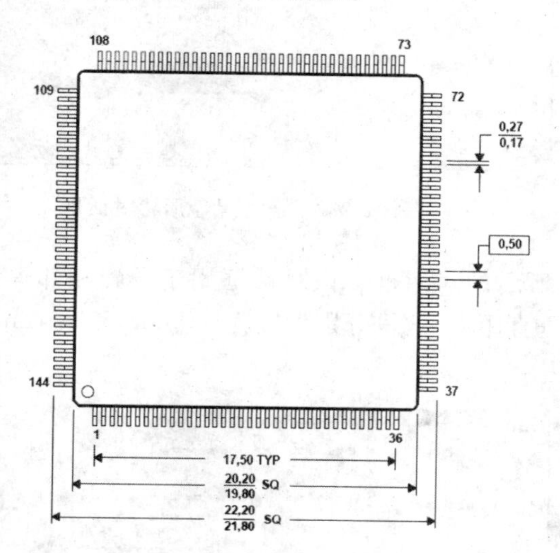

图 3-2-228 S-PQFP-G144 封装

图 3-2-229 元件封装创建向导对话框

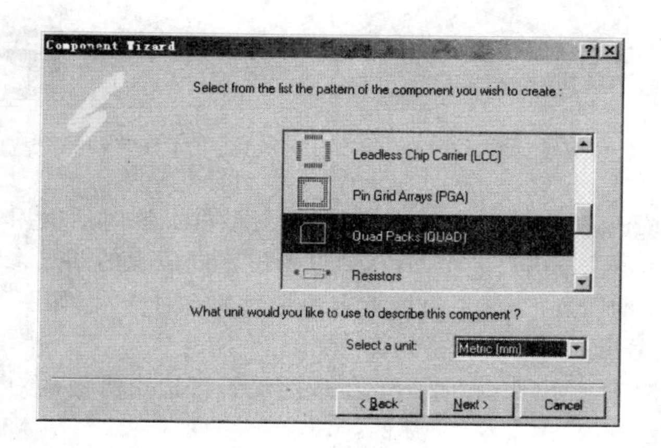

图 3-2-230 选择元件封装样式对话框

(3)单击 Next 按钮,弹出如图 3-2-231 所示的设置焊盘尺寸对话框。在焊盘长或宽数据上单击,就可以输入所要的数据。这里将长、宽分别设置为 1.5mm 和 0.27mm,如图 3-2-231所示。

(4)单击 Next 按钮,弹出如图 3-2-232 所示的选择焊盘形状对话框。这里选择 1 号焊盘形状为 Rectangular(矩形),其余焊盘为 Rounded(圆形),如图 3-2-232 所示。

(5)单击 Next 按钮,弹出如图 3-2-233 所示的设置轮廓线宽度对话框。这里采用默认值 0.2mm,如图 3-2-233 所示。

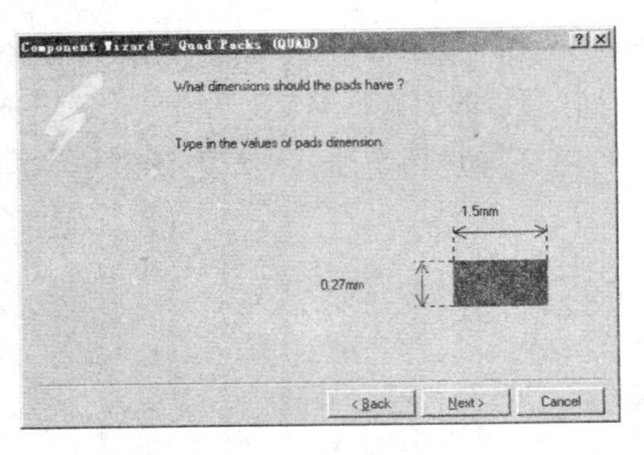

图 3-2-231 设置焊盘尺寸对话框

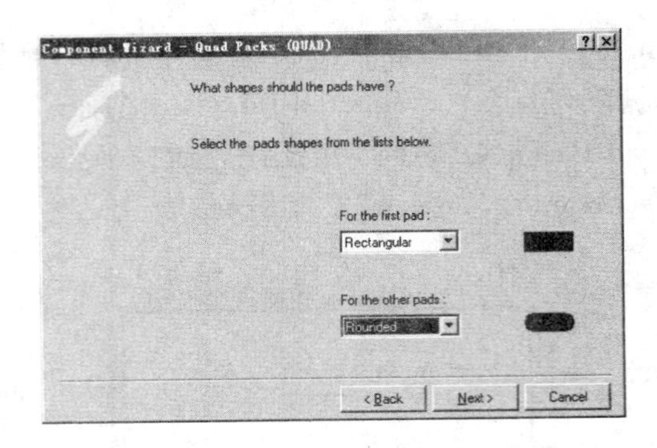

图 3-2-232 设置焊盘形状对话框

(6)单击 Next 按钮，弹出如图 3-2-234 所示的对话框。该对话框用于设置相邻焊盘的中心距及封装拐角处正交的两焊盘中心的垂直距离，这里分别设置为 0.5mm 和 2.1mm，如图 3-2-234 所示。

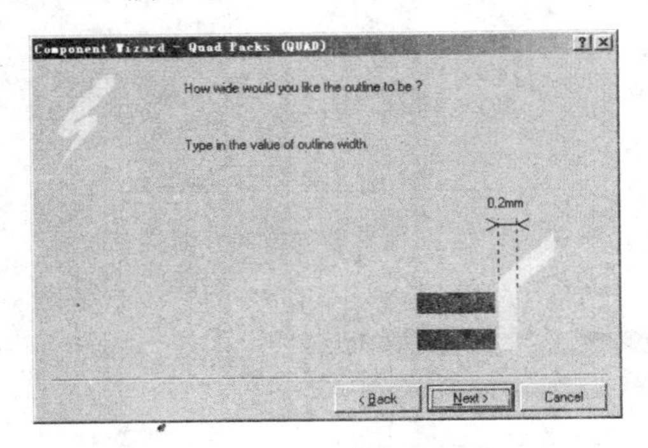

图 3-2-233 设置轮廓线宽度对话框

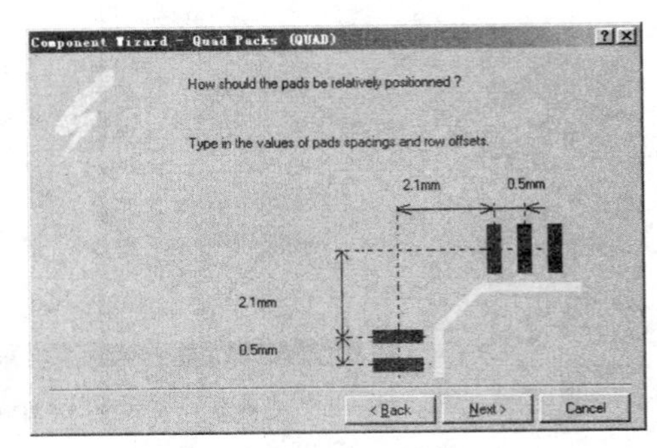

图 3-2-234 设置相邻焊盘中心距等参数

(7)单击 Next 按钮，弹出如图 3-2-235 所示的对话框。该对话框用于设置 1 号焊盘的位置。对话框中封装示意图内有 8 个凹点，通过单击不同位置的凹点来设置 1 号焊盘的位置。这里单击左上角的凹点，选择左边最上方的焊盘为 1 号焊盘，如图 3-2-235 所示。从 1 号焊盘开始，引脚序号沿逆时针方向递增。

(8)单击 Next 按钮，弹出如图 3-2-236 所示的设置每边引脚数的对话框。这里设置为 36，如图 3-2-236 所示。

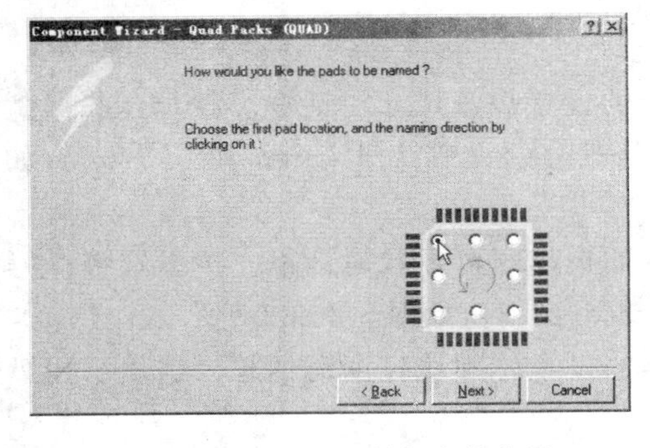

图 3-2-235 设置 1 号焊盘的位置

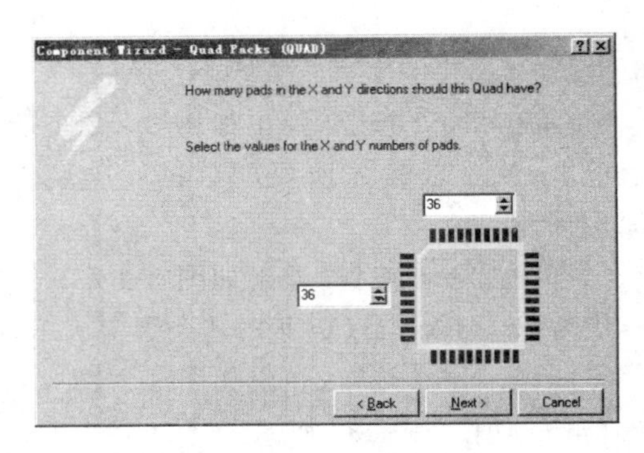

图 3-2-236 设置每边引脚数

(9)单击 Next 按钮，弹出如图 3-2-237 所示的给封装命名的对话框。这里输入封装名称 S-PQFP-G144，如图 3-2-237 所示。

(10)单击 Next 按钮，弹出如图 3-2-238 所示的对话框，表示已经完成了所有的设置。

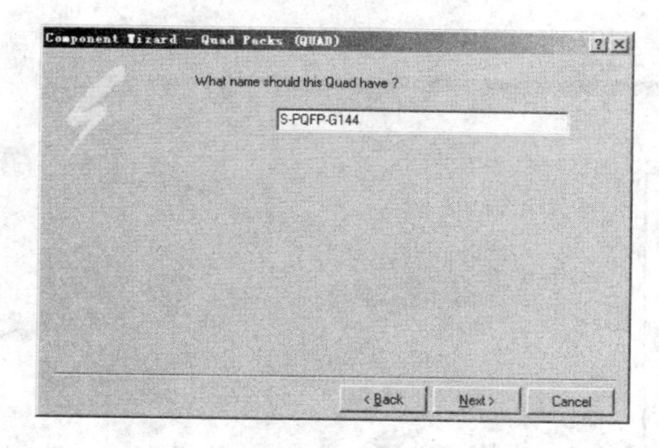

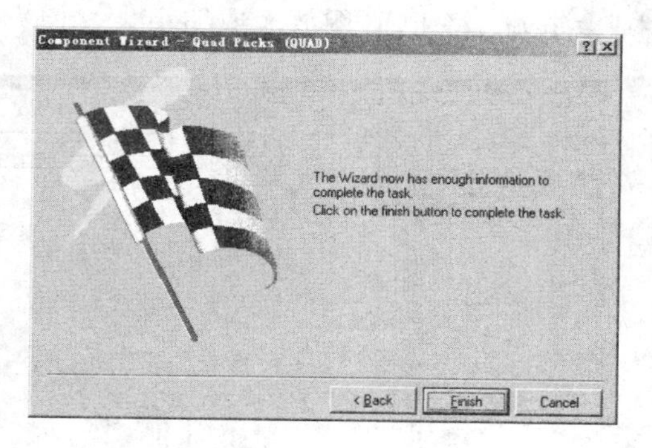

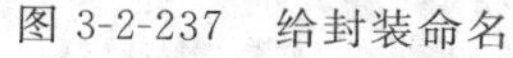

图 3-2-237　给封装命名

图 3-2-238　完成了所有的设置

(11)单击 Finish 按钮，就在图纸上生成了 S-PQFP-G144 封装，如图 3-2-239 所示。

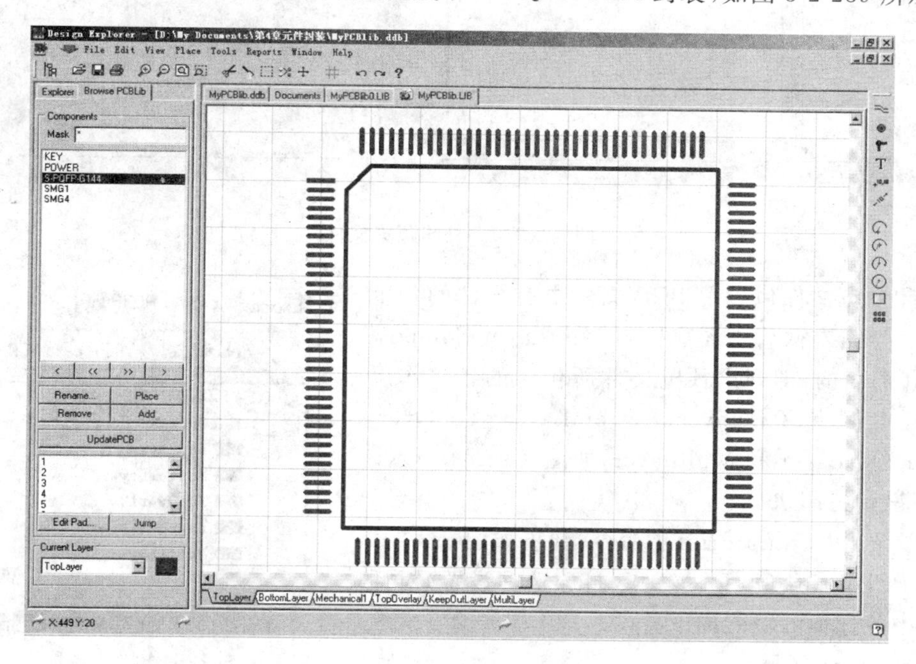

图 3-2-239　利用元件封装创建向导生成的 S-PQFP-G144 封装

3.2.5　印制电路板打印

完成印制电路板的设计后，为了制作印制电路板和存档等用途，需要将印制电路板打印输出。本节以前面设计的单面板和双面板为例，介绍印制电路板打印输出的方法。

1. 打开 PCB 文件

这里我们打开手动布线的单面板 PCB 文件 AD. PCB。

2. 生成打印预览文件

选择 File|Print/Preview 命令，就生成了名为 Preview AD. PPC 的打印预览文件，如图 3-2-240 所示。由打印预览文件可以预览打印效果。为了便于观察，可以单击主工具栏的🔍或🔍按钮，将 PCB 图放大或缩小。

图 3-2-240　打印预览文件

打印预览文件包含了 PCB 文件中有图件的各个工作层。单击左侧管理器窗口中 Multilayer Composite Print 前面的，即列出预览文件所包含的各工作层的名称，本例有 TopLayer、BottomLayer、TopOverlay、KeepOutLayer 和 Multilayer，如图 3-2-241 所示。

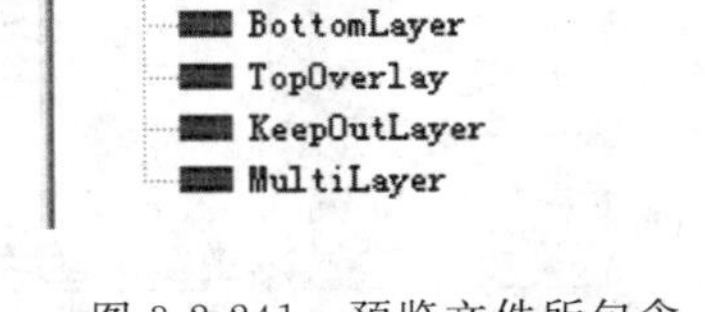

图 3-2-241　预览文件所包含的各工作层的名称

3. 设置打印机

选择 File| Setup Printer 命令，弹出如图 3-2-242 所示的 PCB Print Options（PCB 打印选项设置）对话框。其中各选项的功能如下。

(1)Printer 区域

选择打印机和设置打印机属性。在安装有多台打印机的情况下，可在 Name 下拉列表框中选择打印机。

(2)PCB Filename 区域

显示要打印的 PCB 文件名。

(3)Orientation 区域

选择打印的方向。有 Portrait（纵向）和 Landscape（横向）两种选择。

(4)Print What 区域

选择打印的对象。

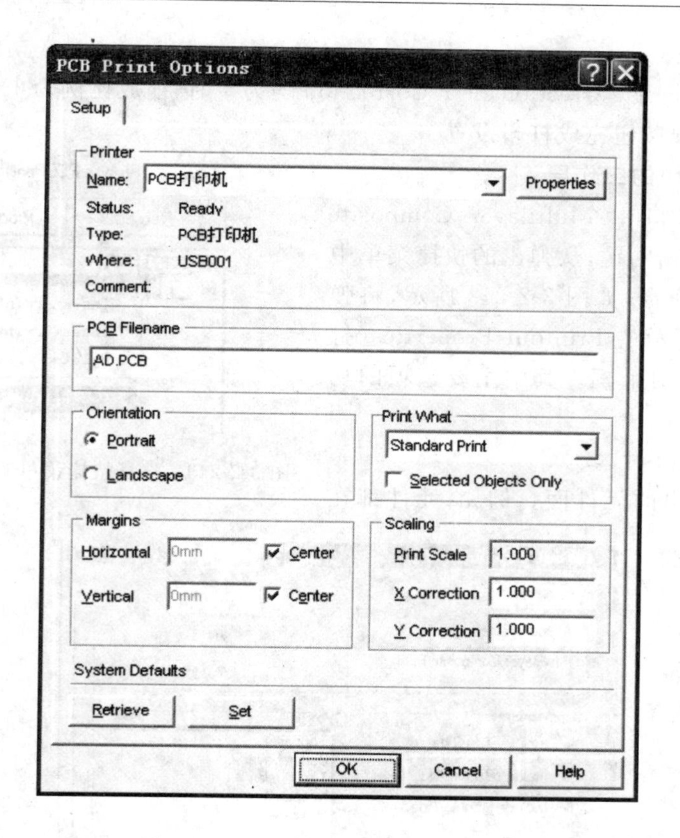

图 3-2-242 PCB Print Options 对话框

①Standard Print:按设置的缩放比例打印整个印制电路板。当一页纸打印不下时,将分数页打印(在预览文件中会显示所有的页)。

②Whole Board on Page:将整个印制电路板以尽可能大的比例打印在一页纸上。

③PCB Screen Region:打印印制电路板显示于屏幕上的那部分内容。

选中以上某个选项后,若再选中 Selected Objects Only 复选框,则只打印被选定的图件。

(5)Margins 区域

设置页边距。

①Horizontal:设置印制电路板与纸张左边缘的距离。若选中右边的 Center 复选框,则水平方向居中打印。

②Vertical:设置印制电路板与纸张下边缘的距离。若选中右边的 Center 复选框,则竖直方向居中打印。

(6)Scaling 区域

设置缩放比例。

①Print Scale:设置打印比例。

②X Correction:调整水平方向的比例。水平方向总的缩放比例是 Print Scale 与 X Correction 的乘积。

③Y Correction:调整竖直方向的比例。竖直方向总的缩放比例是 Print Scale 与 Y

Correction 的乘积。

当 Print Scale、X Correction 和 Y Correction 均为 1 时，缩放比例为 1∶1。

最后单击 OK 按钮完成打印设置。

4. 选择要打印的工作层

在管理器窗口中 Multilayer Composite Print 这一行上单击右键，从弹出的快捷菜单中选择 Properties 命令，如图 3-2-243 所示，将弹出如图 3-2-244 所示的 Printout Properties（打印输出属性设置）对话框。其中主要选项的功能如下。

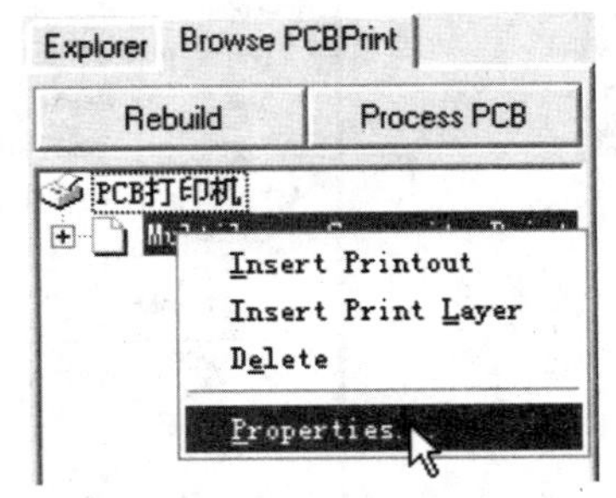

图 3-2-243　选择快捷菜单的 Properties 命令

（1）Components 区域

设置打印输出的元件面。例如，元件都在

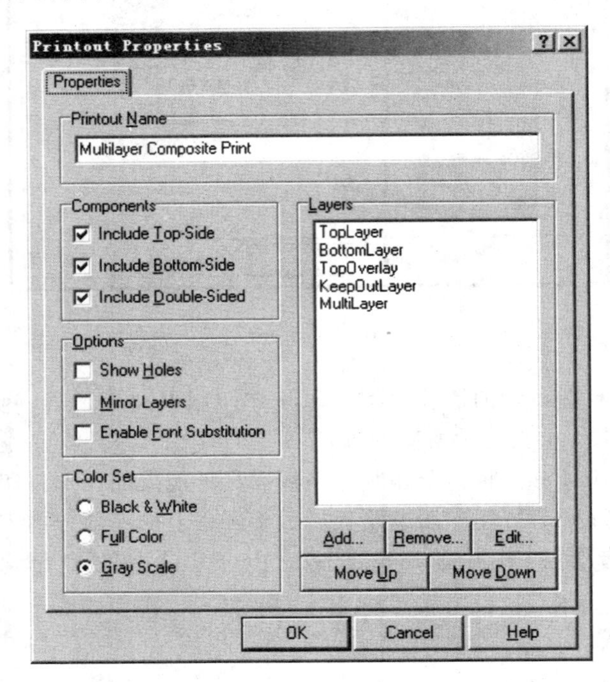

图 3-2-244　Printout Properties 对话框

顶面时，应当选中 Include Top-Side 复选框，或者采用默认设置（三个复选框均选中）。

（2）Options 区域

①Show Holes：选中该项，才能打印出焊盘孔和过孔的内孔。

②Mirror Layers：选中该项则进行镜像打印。用热转印法制作印制电路板，在热转印纸上打印底层时不选该项，而打印顶层时必须选中该项。

（3）Color Set 区域

设置颜色。有 Black & White（黑白）、Full Color（彩色）和 Gray Scale（灰度）三种选择。用热转印法制作印制电路板，打印热转印纸时，必须选择 Black & White 选项，否则打印出来的墨迹较淡。

(4)Layers 区域

选择要打印的工作层。

例如,用热转印法制作单面板时,通常在热转印纸上打印出 BottomLayer、KeepOutLayer 和 MultiLayer 3 个工作层。在图 3-2-244 所示的 Layers 列表框中列出当前打印预览文件所包含的 5 个工作层的名称,打印前应将不需要打印的 2 个工作层(TopLayer 和 TopOverlay)删除。以删除 TopLayer 为例,删除方法是,在 Layers 列表框中单击选中 TopLayer,再单击下方的 Remove 按钮,弹出如图 3-2-245 所示的 Confirm Delete Print Layer 对话框,单击其中的 Yes 按钮。此时 Printout Properties 对话框中的 OK 按钮自动变为 Close 按钮,单击 Close 按钮后,打印预览文件中的 TopLayer 层就被删除了。用同样方法再将 TopOverlay 层删除,就完成了制作单面板时打印工作层的选择。

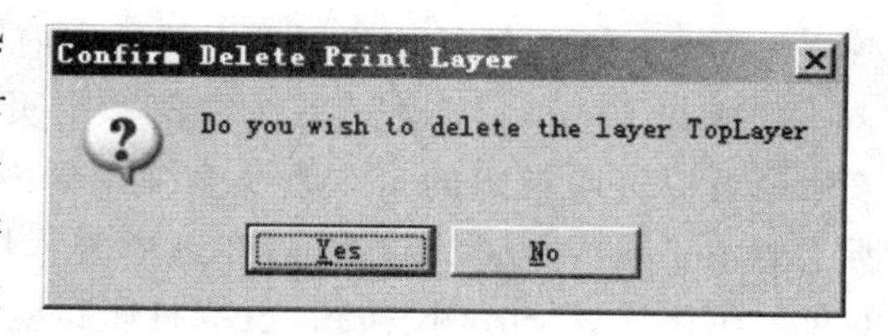

图 3-2-245 Confirm Delete Print Layer 对话框

Add 按钮的作用与 Remove 按钮相反,用于添加工作层。Move Up 和 Move Down 按钮分别用于将 Layers 列表框中选中的工作层上移或下移。

为了能打印出焊盘孔,除了应选中 Options 区域的 Show Holes 外,还必须利用 Move Up 按钮将 Layers 列表框中的 MultiLayer 移到最上方,如图 3-2-246 所示。

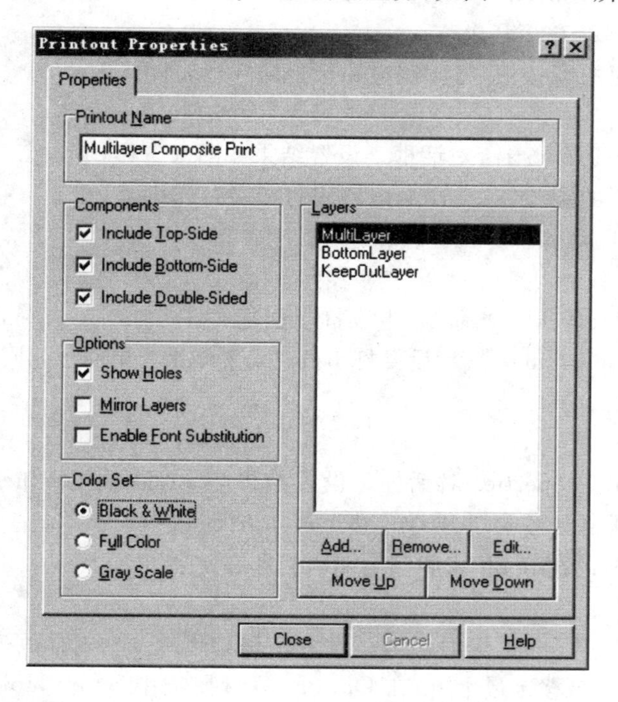

图 3-2-246 将 MultiLayer 移到 Layers 列表框的最上方

5. 打印命令

在File菜单中有4个打印命令,其中常用的3个命令:Print All、Print Page和Print Current的功能如下。

(1)Print All:打印预览文件中的所有内容。主工具栏的按钮的功能与该命令相同。

(2)Print Page:当预览文件包含多个页时,选择该命令可以打印指定的页。系统会弹出如图3-2-247所示的用于输入页码的对话框,在其中输入所要打印的页的页码后,单击OK按钮,就能打印相应的页。

(3)Print Current:打印预览文件当前显示的内容。

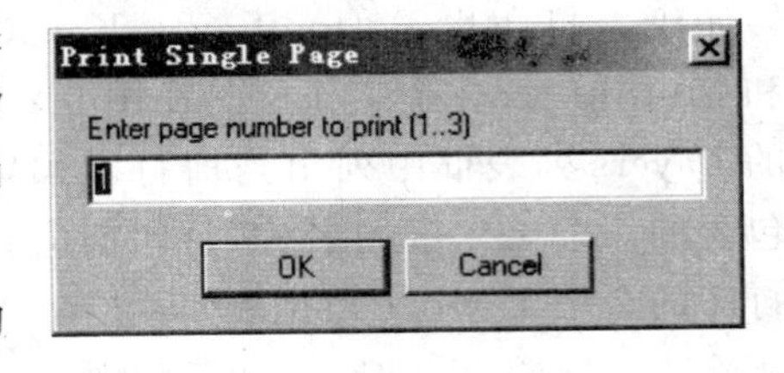

图3-2-247 用于输入页码的对话框

6. 单面板和双面板的打印

这里针对热转印法制作印制电路板的情况,介绍单面板和双面板的打印方法。

(1)单面板的打印步骤

①打开PCB文件。

②选择File|Print/Preview命令,生成打印预览文件。

③选择File| Setup Printer命令,设置打印机。设置结果如图3-2-242所示。

④打印热转印纸

a. 设置Printout Properties对话框。设置结果如图3-2-246所示。注意,在Layers列表框中要将MultiLayer移至最上方。

b. 单击主工具栏的按钮,将印制电路板打印在热转印纸上。

⑤打印装配图

a. 设置Printout Properties对话框。设置结果如图3-2-248所示。

b. 单击主工具栏的按钮,将印制电路板打印在打印纸上。

(2)双面板的打印步骤

①打开PCB文件。

②选择File|Print/Preview命令,生成打印预览文件。

③选择File|Setup Printer命令,设置打印机。设置结果与单面板相同,如图3-2-242所示。

④打印热转印纸

a. 打印底层

- 设置Printout Properties对话框。设置结果与单面板相同,如图3-2-246所示。注意,在Layers列表框中要将MultiLayer移至最上方。
- 单击主工具栏的按钮,将印制电路板打印在热转印纸上。

b. 打印顶层

- 设置Printout Properties对话框。设置结果如图3-2-249所示。注意,在Layers列表框中要将MultiLayer移至最上方;在Options区域要选中Show Holes和Mirror Layers两个选项。
- 单击主工具栏的按钮,将印制电路板打印在热转印纸上。

⑤打印装配图。设置和操作方法与单面板相同。

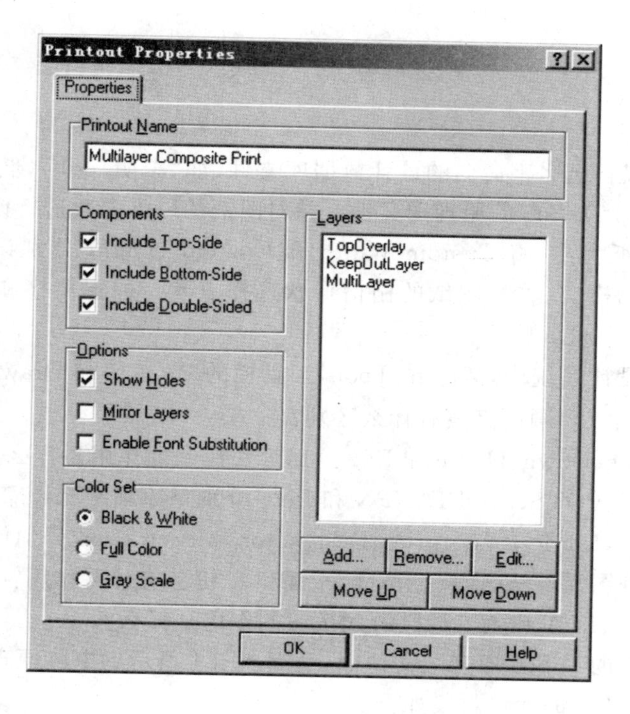

图 3-2-248 打印装配图时 Printout Properties 对话框的设置

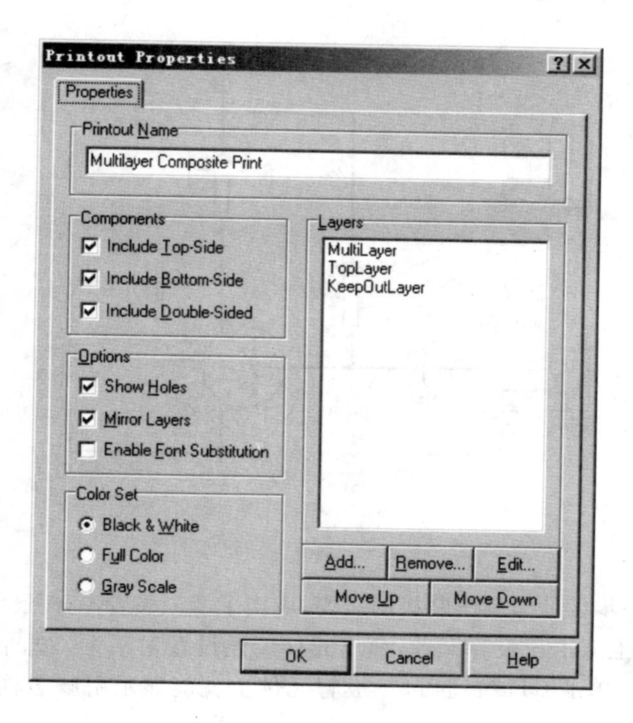

图 3-2-249 打印顶层时 Printout Properties 对话框的设置

习　　题

1. 创建一个以自己名字命名的设计数据库文件(如“李明.ddb”,然后在 Documents 文件夹中创建一个名为 1.Sch 的原理图文件。并对图纸的以下参数进行设置。

(1)自定义图纸大小,将 Custom Width 和 Custom Height 分别设置为 1000 和 600。(2)图纸方向设置为横向。(3)图纸的栅格形状选择点状。捕捉栅格和可视栅格均设置为 10。(4)选择 45°小光标。

2. 在原理图设计系统中,Wiring Tools 工具栏的按钮和 Drawing Tools 工具栏的按钮都能画直线,二者画的直线有什么区别?

3. PageUp、PageDown、Home 和 End 这四个快捷键的作用是什么?

4. RES2、CAP、POTS、DIODE、NPN 和 PNP 分别是原理图元件库中什么元件的名称?

5. 元件属性中,Lib Ref、Footprint、Designator 和 Part Type 分别代表什么含义?

6. 在放置原理图元件状态,按空格键、X 键和 Y 键各有什么作用?

7. 快捷键 S|A、X|A 和主工具栏的按钮的作用是什么?

8. 在题 1 创建的 1.Sch 原理图文件中,绘制如图 1 所示的电路原理图。图中各元件在元件库中的名称及所用的元件封装如下。

三极管 Q1:NPN、TO-92B;R1～R3:RES2、AXIAL0.4;C1、C2:ELECTRO1、RB.2/.4;J1、J2:CON2、SIP2。

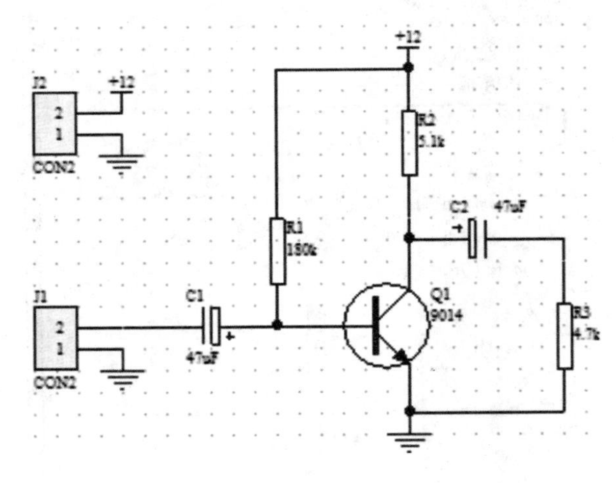

图 1

注意:为了后一步设计印制电路板的需要,应当了解三极管原理图元件 e、b、c 三个引脚的序号。在原理图上双击三极管元件,弹出元件属性设置对话框。选中 Hidden Pins 复选框,如图 2(a)所示。单击 OK 按钮后,三极管元件上就能显示引脚名称和序号,如图 2(b)所示。

9. 在题 1 创建的设计数据库中创建一个名为 2.Sch 的原理图文件,绘制图 3 所示的输

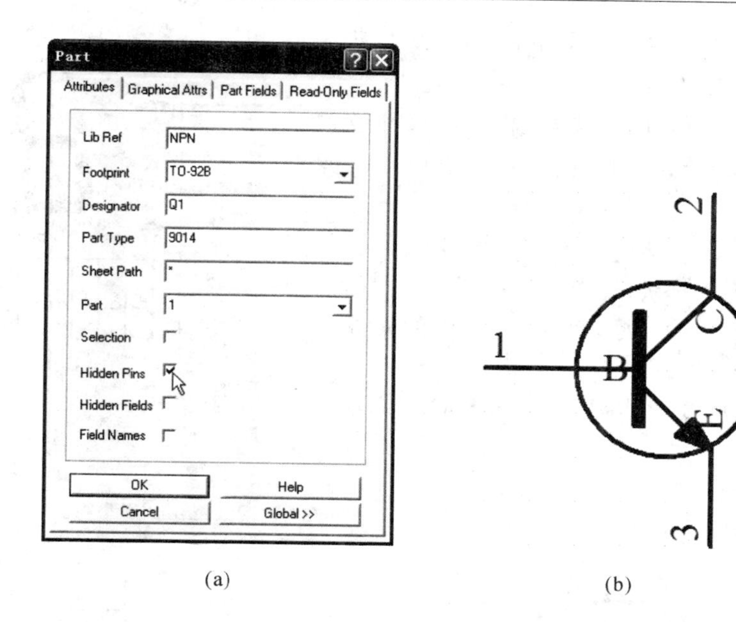

(a) (b)

图 2

出+5V 的稳压电源电路原理图。图中各元件在元件库中的名称及所用的元件封装如下。

J1：PHONEJACK2、POWER；J2：CON2、SIP2；B1：BRIDGE1、BRIDGE；D1：LED、LED；R1：RES2、AXIAL0. 4；C1、C4：ELECTRO1、RB. 2/. 4；C2、C3：CAP、RAD0. 1；U1：VOLTREG、7805。

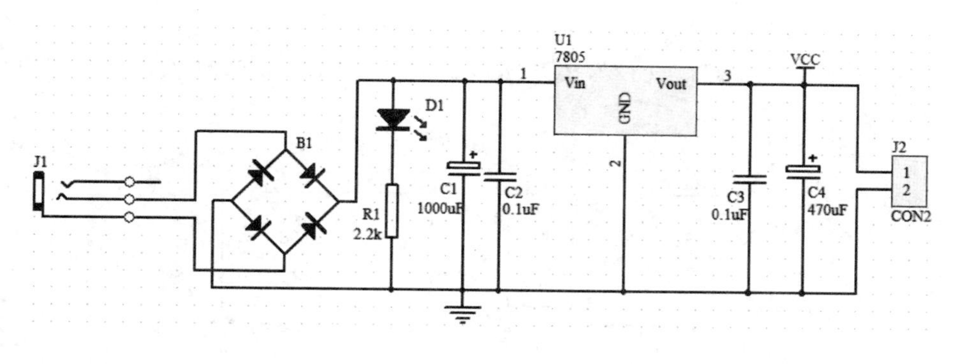

图 3

10. 说明 ERC 的含义及其作用。

11. 简述网络表文件的结构和作用。

12. 对题 8、题 9 绘制的原理图进行电气规则检查，各选项采用默认设置。生成 Protel 格式的网络表文件。

13. 在题 1 创建的设计数据库的 Documents 文件夹中，创建一个名为 MySchlib1. Lib 的原理图元件库文件。在该文件中绘制图 4 所示的 LED 数码管的原理图元件，元件名称为 SMG。

14. NE555 引脚排列如图 5(a)所示。在库文件 MySchlib1. Lib 中绘制图 5(b)所示的

NE555原理图元件，元件名称为NE555。设置默认的元件序号为U?、默认的元件封装为DIP8。

提示：放置序号为4的引脚时，在引脚属性设置对话框中选中Dot Symbol复选框，这样引脚上就能出现表示低电平有效的小圆圈。

15. 在题1创建的设计数据库中创建一个名为"LED闪烁灯.Sch"的原理图文件，绘制图6所示的电路原理图。图中各元件在原理图元件库中的元件名称和元件封装如下。

U1：NE555、DIP8；R1～R3：RES2、AXIAL0.4；

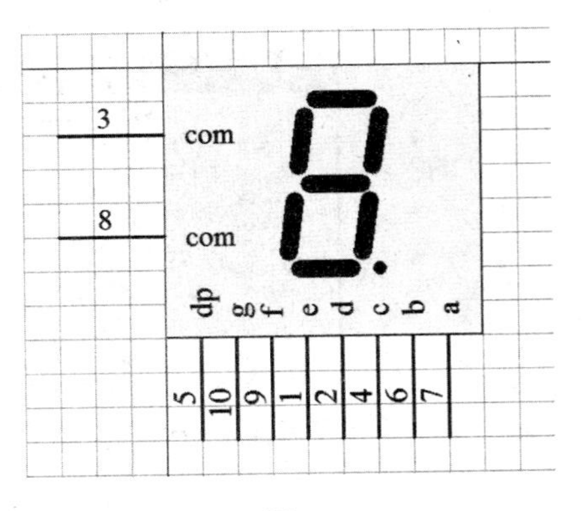

图4

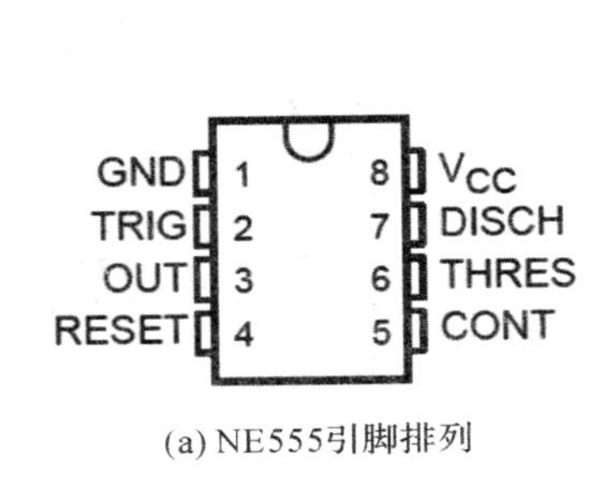

(a) NE555引脚排列

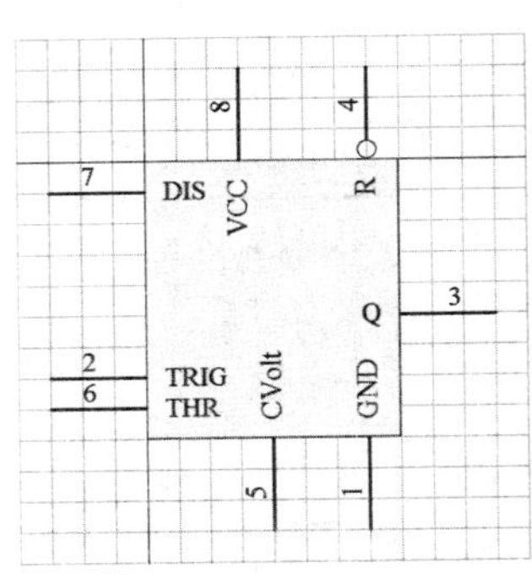

(b) NE555原理图元件

图5

C1和C2：CAP、RAD0.1；C3：ELECTRO1、RB.2/.4；D1：LED、LED；D2：DIODE、DIODE0.4；J1：CON2、SIP2。

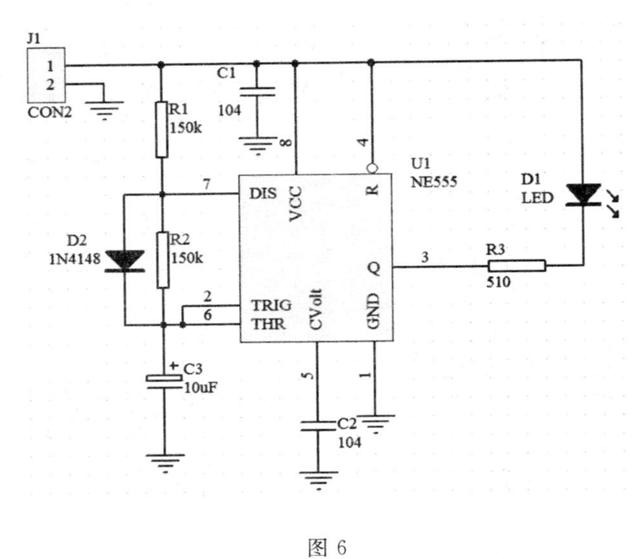

图6

16. 运算放大器OPA2343的引脚排列及内部结构框图如图7所示。在库文件My-

Schlib1. Lib 中绘制图 8 所示的 OPA2343 原理图元件。设置第 8、4 脚的名称分别为 VCC 和 GND,并将它们隐藏。设置元件名称为 OPA2343,默认的元件序号为 U?,默认的元件封装为 DIP8。

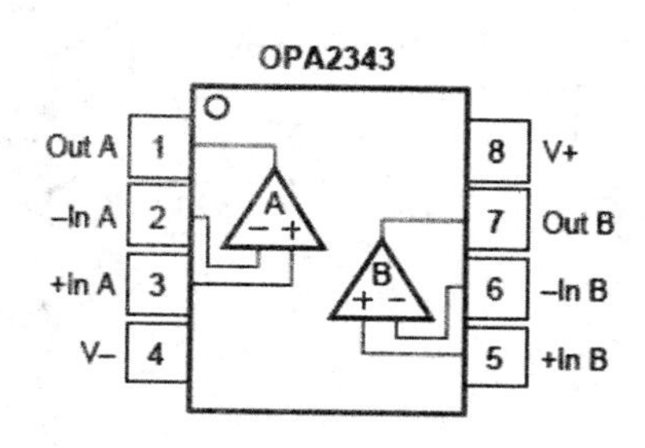

图 7 OPA2343 引脚排列及内部结构框图

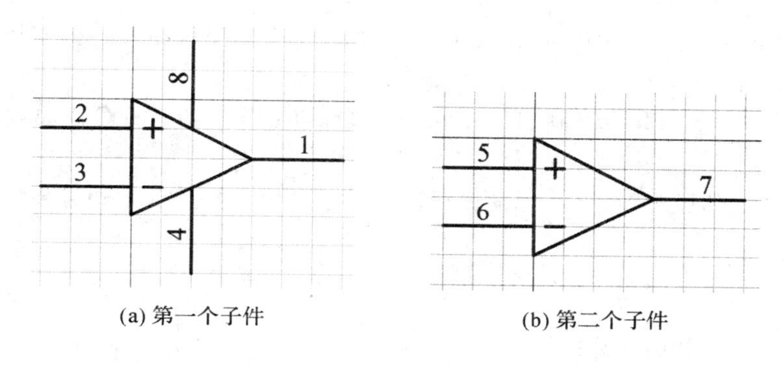

图 8

17. 差分线路接收器 MC3486 的引脚排列及逻辑框图如图 9 所示。

(1)在 MySchlib1. Lib 中绘制图 10 所示的 MC3486 原理图元件,取名为 MC3486。

(2)在 MySchlib1. Lib 中绘制图 11 所示子件形式的 MC3486 原理图元件,取名为 MC3486_1。设置第 16、8 脚的名称分别为 VCC 和 GND,并将它们隐藏。

以上两种形式的原理图元件,均设置默认元件序号为 U?,默认元件封装为 DIP16。

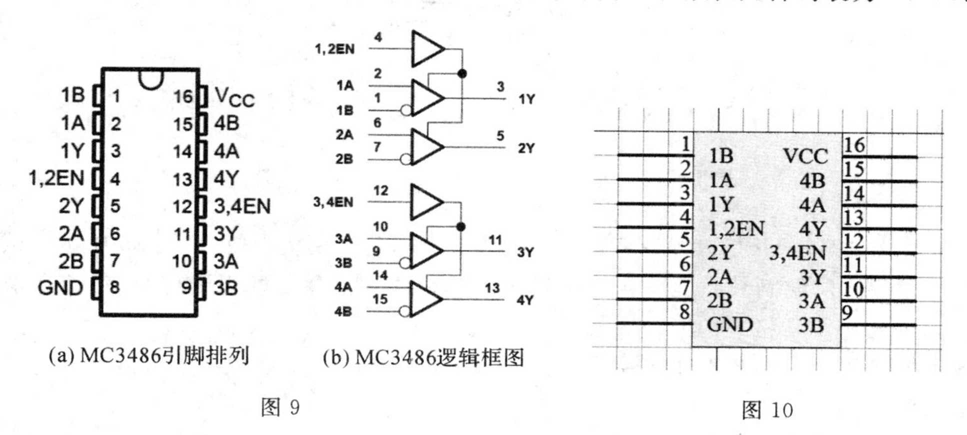

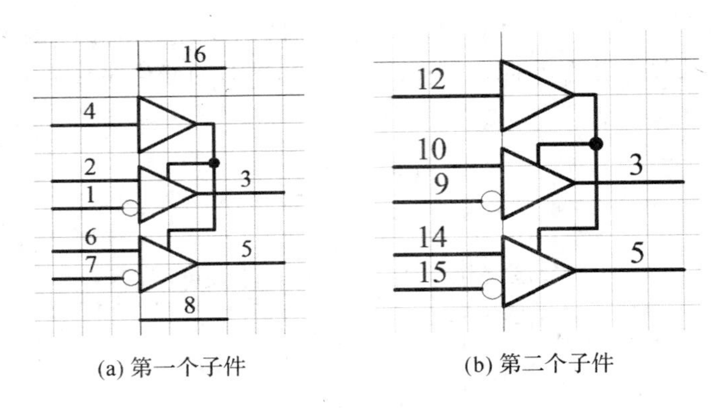

(a) 第一个子件　　(b) 第二个子件

图 11

18. EPM7064SLC44 的引脚排列如图 12 所示。

(1) 在 MySchlib1. Lib 中绘制图 13 所示的 EPM7064SLC44 原理图元件，取名为 EPM7064SLC44。

(2)在 MySchlib1. Lib 中绘制图 14 所示子件形式的 EPM7064SLC44 原理图元件，取名为 EPM7064SLC44_1。

以上两种形式的原理图元件，均设置默认元件序号为 U?，默认元件封装为 PLCC44。

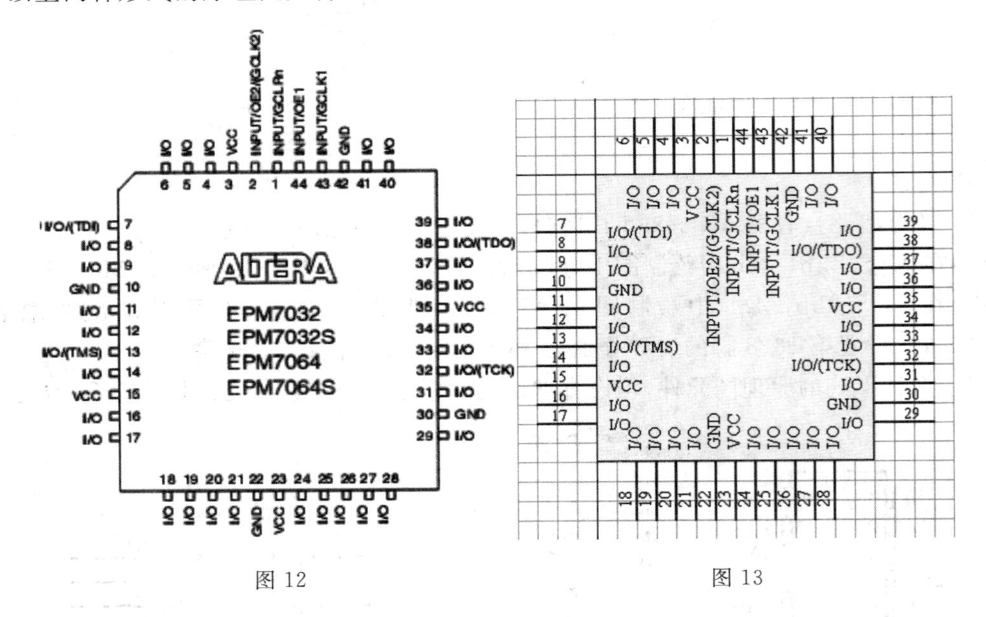

图 12　　图 13

19. 某个电路由 CPU、时钟、存储器和电源等 4 个功能模块组成，如图 15 所示。试用层次原理图设计方法绘制其原理图。对绘制的层次原理图进行电气规则检查，各选项采用默认设置。生成 Protel 格式的网络表文件。

各功能模块中元件名称和元件封装、I/O 端口的 I/O Type 属性如下。

①CPU 模块

元件名称和元件封装：

U1：Z80CPU、DIP40；U2：74LS138、DIP16；S1：SW-PB、KEY；C6：ELECTRO1、RB. 2/.

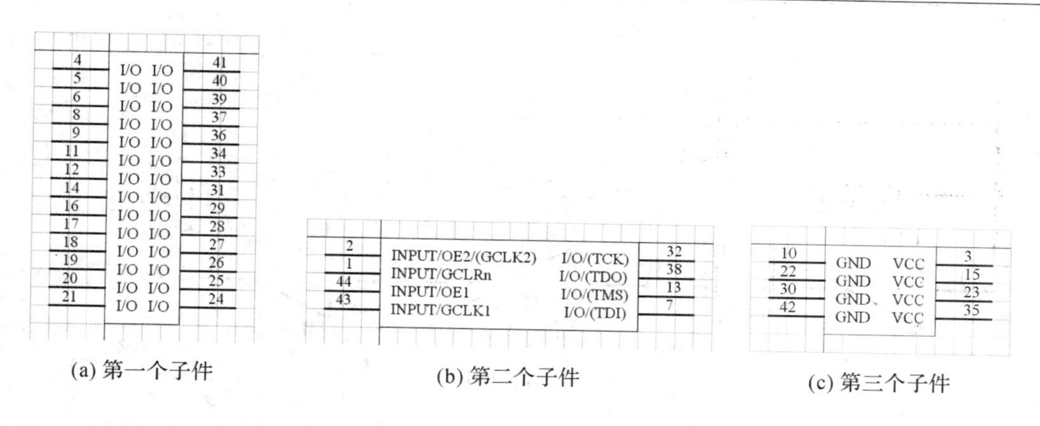

(a) 第一个子件　　(b) 第二个子件　　(c) 第三个子件

图 14

4;R1 和 R2:RES2. AXIAL0. 4。

I/O 端口的 I/O Type 属性:

CPUCLK 为 Input;WR、A[0..15]、MEM0SEL、MEM1SEL 为 Output;D[0..7] 为 Bidirectional。

②时钟模块

元件名称和元件封装:

U3:74LS04、DIP14;Y1:CRYSTAL、XTAL1;C7:CAP、RAD0. 1;R3~R5:RES2、AXIAL0. 4。

I/O 端口的 I/O Type 属性:

CPUCLK 为 Output。

③存储器模块

元件名称和元件封装:

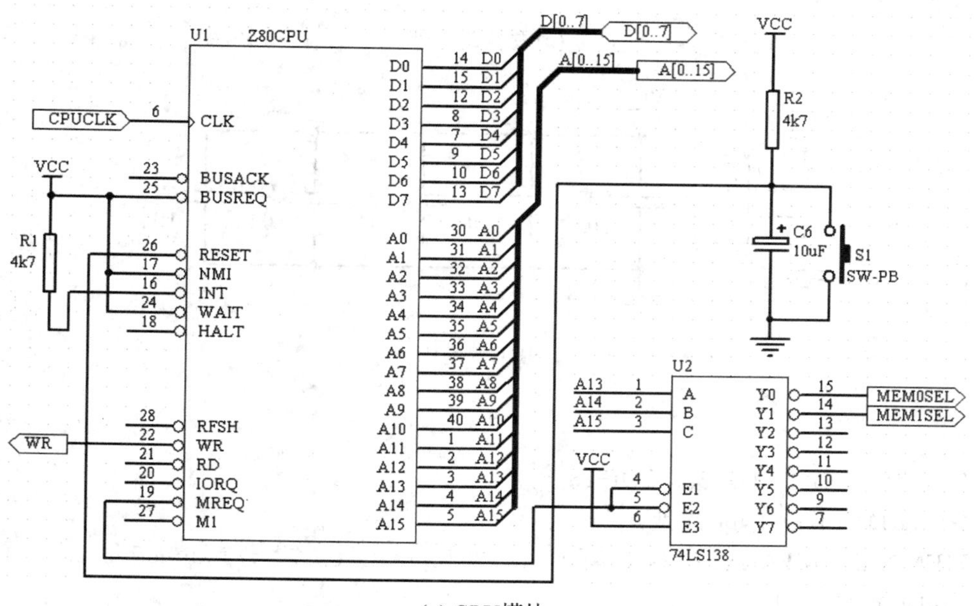

(a) CPU模块

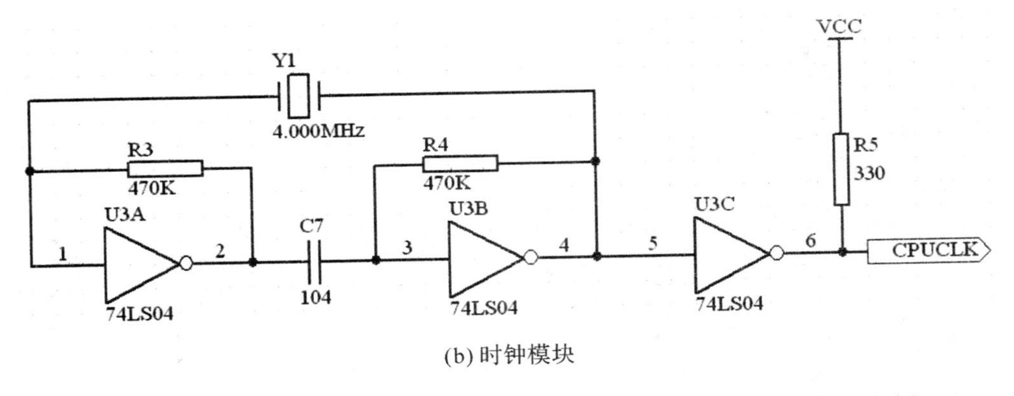

(b) 时钟模块

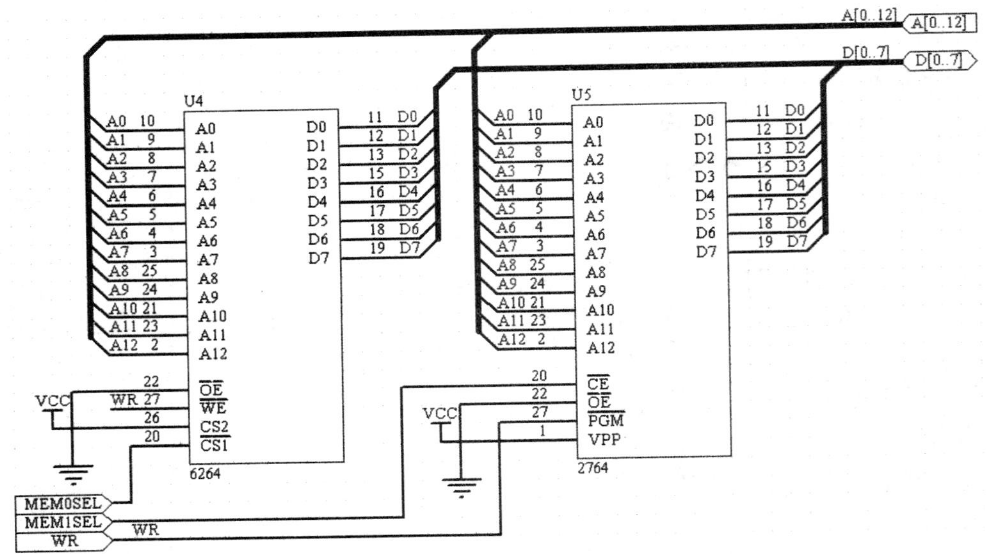

(c) 存储器模块

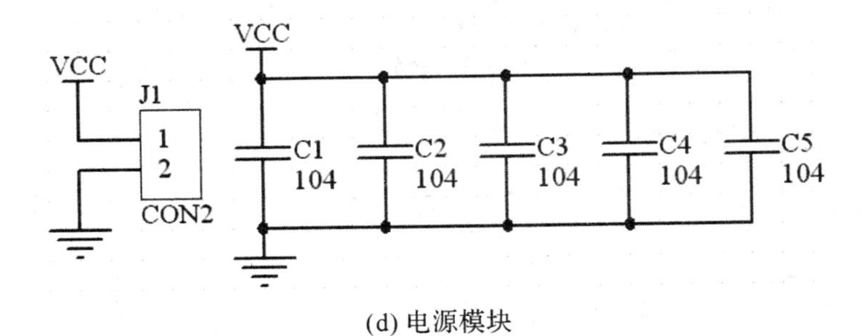

(d) 电源模块

图 15

U4：6164、DIP28；U5：2764、DIP28。

I/O 端口的 I/O Type 属性：

MEM0SEL、MEM1SEL、WR、A[0..12]为 Input；D[0..7] 为 Bidirectional。

④电源模块

元件名称和元件封装：

J1：CON2、SIP2；C1～C5：CAP、RAD0.1。

20. 一个 TMS320VC5402 最小系统由图 16 (a)～ (d)所示的四个部分组成，试用层次原理图设计方法绘制其原理图。

(1) 绘制图 17 所示子件形式的 TMS320VC5402 原理图元件，命名为 TMS320VC5402-1。

(2)绘制图 18 所示的电源芯片 TPS767D318 的原理图元件，命名为 TPS767D318。

(3)绘制图 19 所示的 JTAG 双列插针，命名为 JTAG。

(4)绘制层次原理图。各子图中元件名称和元件封装、I/O 端口的 I/O Type 属性如下。

①图 16(a)、(b)

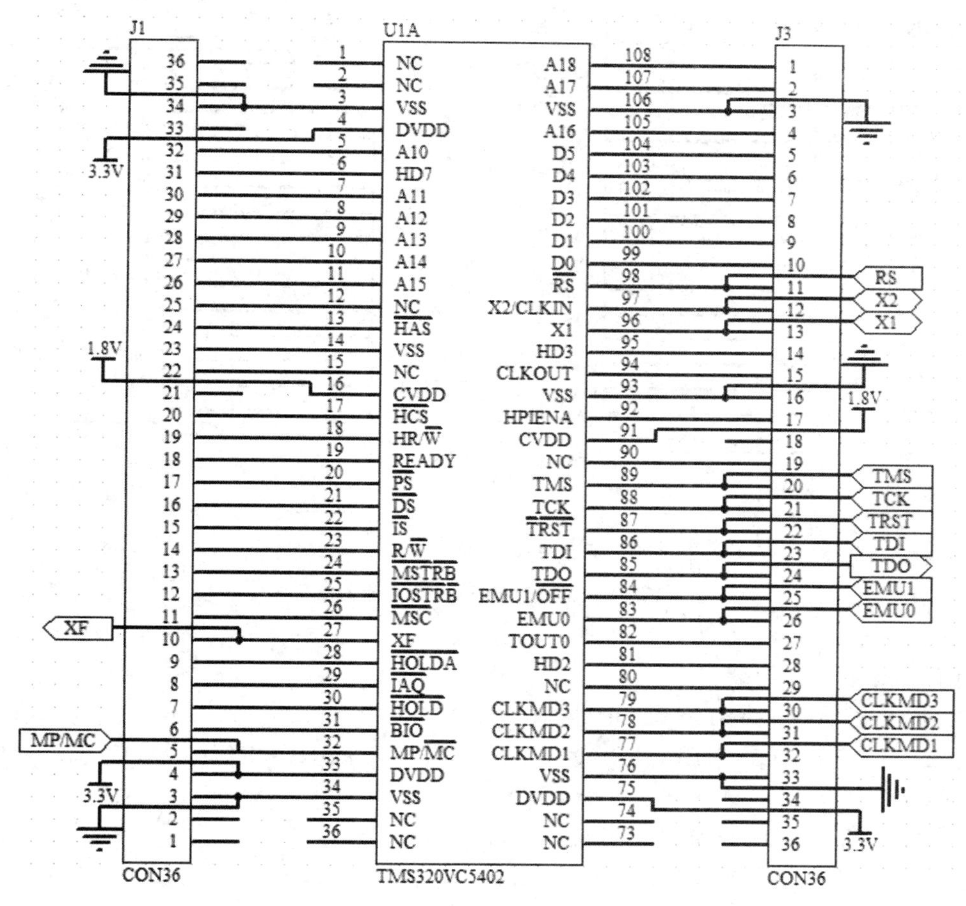

(a) TMS320VC5402芯片及双列插针之一

元件名称和元件封装：

U1：TMS320VC5402-1、S-PQFP-G144；J1～J4：CON36、IDC36。

I/O 端口的 I/O Type 属性：

XF、TDO 为 Output；MP/MC、RS、TMS、TCK、TRST、TDI、EMU1、EMU0、CLKMD1、CLKMD2、CLKMD3 为 Input；X1、X2 为 Unspecified。

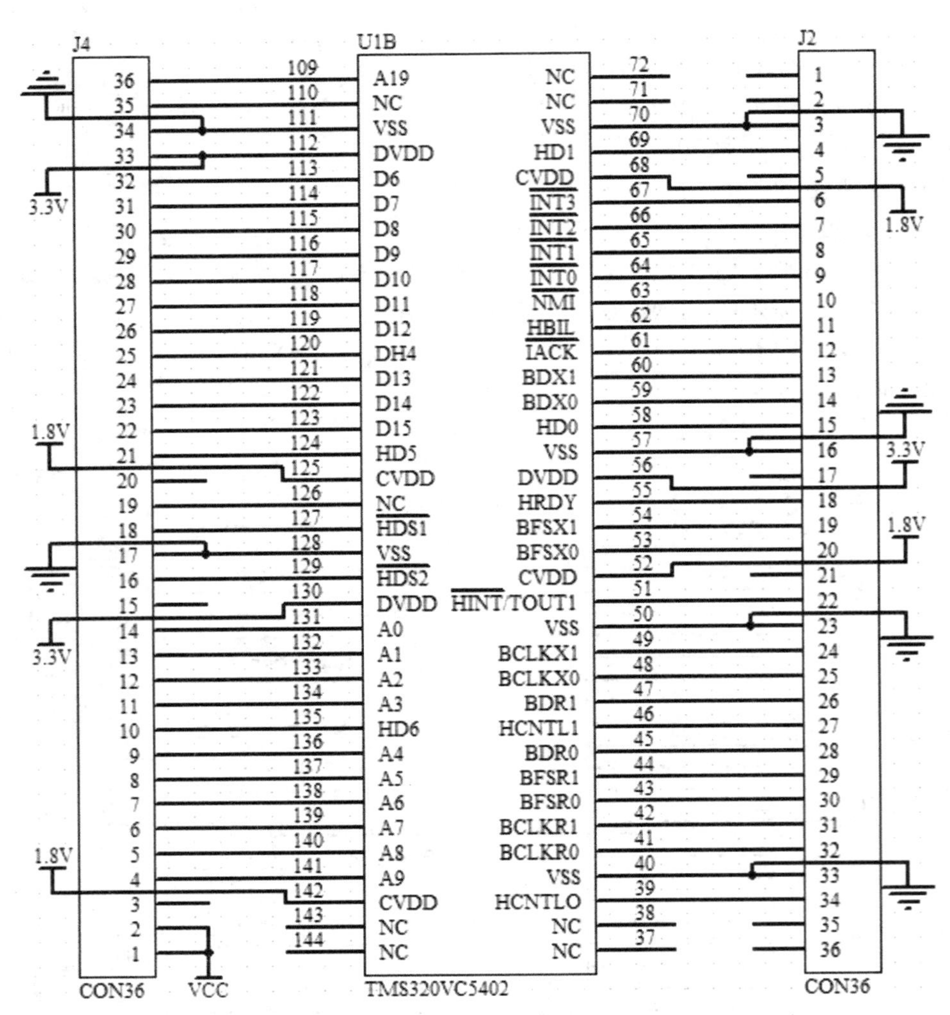

(b) TMS320VC5402芯片及双列插针之二

②图 16(c)

元件名称和元件封装：

JT1：JTAG、IDC14；S1：SW DIP-4、DIP8；S2：SW-PB、KEY；Y1：CRYSTAL、XTAL1；LED2：LED、0805；C1：ELECTRO1、1210；R1、R3 ～ R10：RES2、0805；CA1、CA2：CAP、0805。

I/O 端口的 I/O Type 属性：

XF、TDO 为 Input；X1、X2 为 Unspecified；其余为 Output。

③图 16(d)

元件名称和元件封装：

JP1：CON2、SIP2；R2：RES2、0805；LED1：LED、0805；C2～C9、C11～C15：CAP、0805；U2：TPS767D318、TPS767D318。

(5)进行电气规则检查，各选项采用默认设置。生成 Protel 格式的网络表文件。

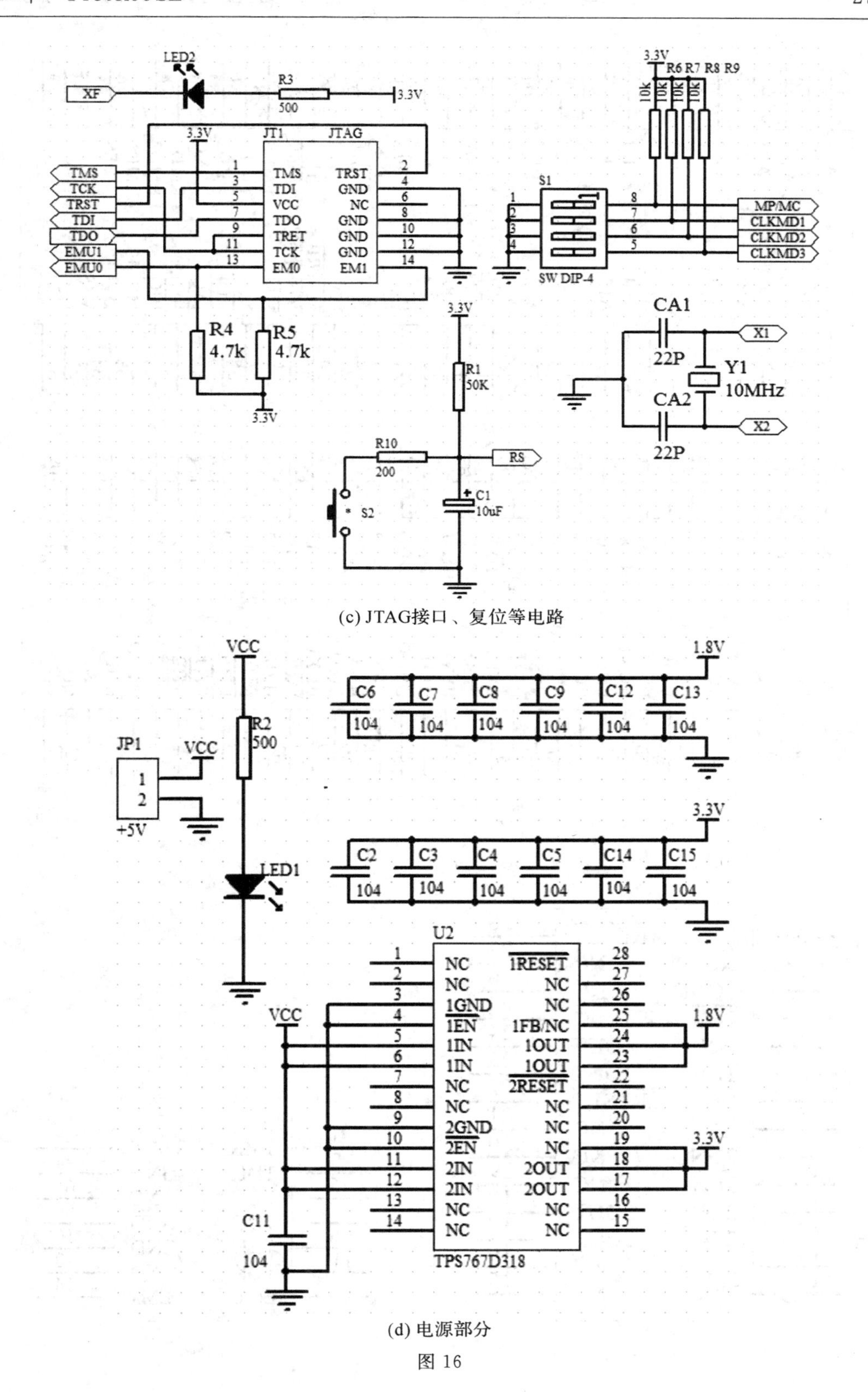

(c) JTAG接口、复位等电路

(d) 电源部分

图 16

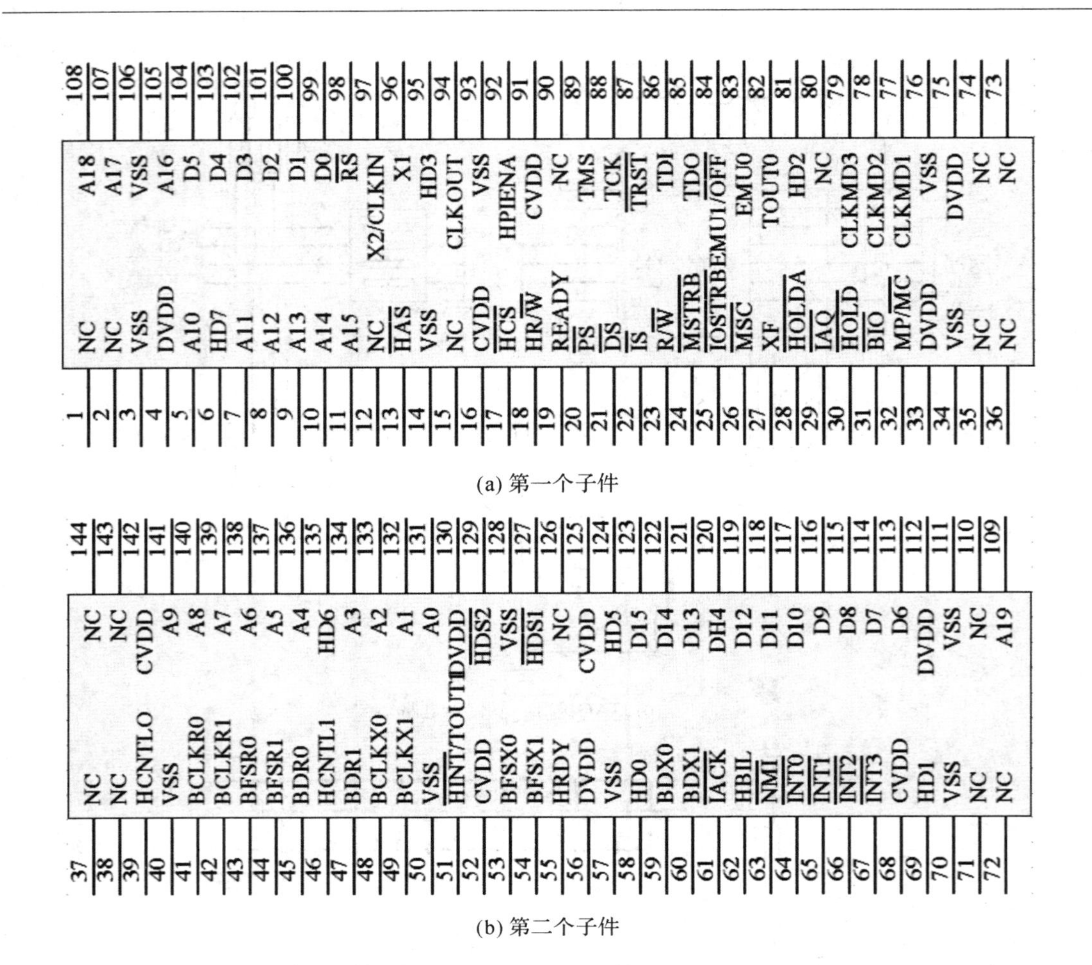

(a) 第一个子件

(b) 第二个子件

图 17

引脚	名称	名称	引脚
1	NC	$\overline{\text{1RESET}}$	28
2	NC	NC	27
3	1GND	NC	26
4	$\overline{\text{1EN}}$	1FB/NC	25
5	1IN	1OUT	24
6	1IN	1OUT	23
7	NC	$\overline{\text{2RESET}}$	22
8	NC	NC	21
9	2GND	NC	20
10	$\overline{\text{2EN}}$	NC	19
11	2IN	2OUT	18
12	2IN	2OUT	17
13	NC	NC	16
14	NC	NC	15

图 18

引脚	名称	名称	引脚
1	TMS	TRST	2
3	TDI	GND	4
5	VCC	NC	6
7	TDO	GND	8
9	TRET	GND	10
11	TCK	GND	12
13	EM0	EM1	14

图 19

21. 总线、总线分支线、网络标号和 I/O 端口这四个图件，哪些具有电气连接作用？哪些不具有电气连接作用？

22. 设计印制板时，在每个工作层都要绘制印制板边界吗？

23. 在移动元件封装状态，按空格键元件封装总是转过 90°吗？

24. 印制电路板尺寸如图 20 所示，尺寸数据以 mil 为单位。板上有 2 只直径为 3mm 的安装孔。在题 1 创建的设计数据库文件中，新建一个名为 1. PCB 的 PCB 文件，按照图 20 所示尺寸在该文件中绘制印制板电气边界，并放置安装孔。

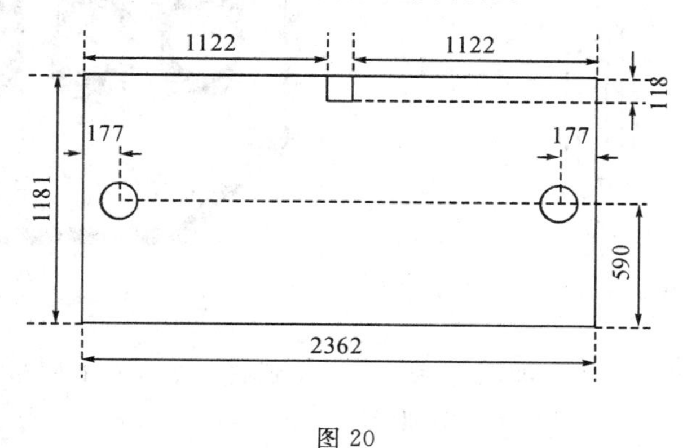

图 20

25. 在题 1 创建的设计数据库的 Documents 文件夹中，创建一个名为 MyPCBLIB1. LIB 的元件封装库文件。在该文件中仿照图 21 绘制发光二极管的封装。圆形轮廓半径为 118mil。两个焊盘的中心距为 100mil。焊盘直径为 2mm，焊盘孔直径为 0. 9mm。封装名为 LED。

26. 在题 25 创建的元件封装库文件 MyPCBLIB1. LIB 中，利用元件封装创建向导创建一个如图 22 所示的电解电容器封装。圆形轮廓直径为 200mil，轮廓线宽为 10mil。两个焊盘中心距为 100mil。焊盘直径为 60mil，焊盘孔直径为 28mil。封装名为 RB. 1/. 2。

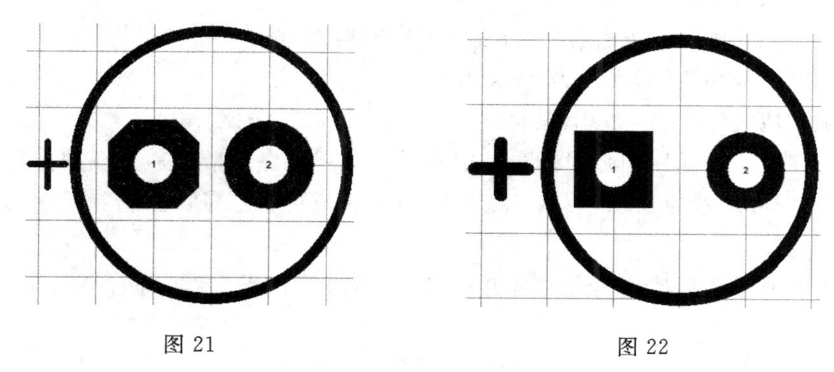

图 21　　　　图 22

27. 对题 8 绘制的电路原理图，设计单面印制电路板。三极管 9014 引脚排列如图 23 所示。

(1)印制电路板为矩形，尺寸为 2000 × 1000mil。板的四角各有一个安装孔，孔径 2. 5mm，孔中心到印制板边缘的距离为 4. 5mm。

(2)电源和地线宽度为 60mil，其他线宽为 25mil。安全间距为 10mil。

(3)手动完成布线。

(4)自动布线后再进行手动调整。

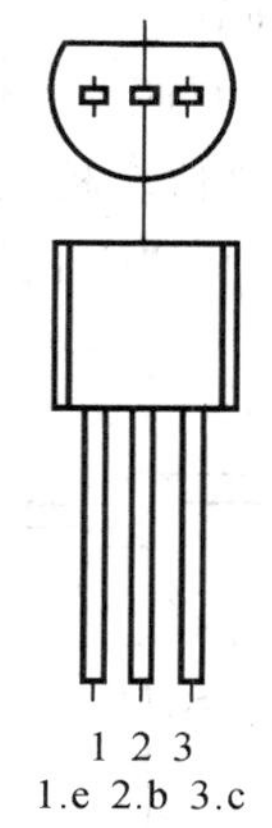

图23 三极管9014引脚排列

图24 TO-92B

注意:三极管封装TO-92B如图24所示,从左到右三个焊盘的序号分别为1、2、3。三极管原理图元件e、b、c三个引脚的序号分别为3、1、2。因此载入网络表后,TO-92B的1、2、3号焊盘分别代表b、c、e电极。显然这与实际三极管9014的引脚排列不符。为了设计出正确的印制电路板,必须修改三极管原理图元件的引脚序号或封装TO-92B焊盘的序号。

28. 对题15绘制的电路原理图,设计单面印制电路板。

(1)印制电路板为矩形,尺寸为49.2×28mm。板的四角各有一个安装孔,孔径3mm,孔中心到印制板边缘的距离为5mm。

(2)电源和地线宽度为40mil,其他线宽为20mil。安全间距15mil。

(3)手动完成布线。

(4)自动布线后再进行手动调整。

29. 对题19绘制的电路原理图,设计双面印制电路板。

(1)印制电路板为矩形,尺寸为88×65mm。

(2)电源和地线宽度为40mil,其他线宽为10mil。安全间距10mil。

(3)手动完成布线。用圆弧对焊盘补泪滴。在顶层和底层敷铜。敷铜的设置:敷铜网络属性为GND;栅格尺寸为8mil,敷铜导线宽度为6mil;敷铜覆盖地线;删除死铜;其余采用默认设置。

(4)先对电源线和地线进行预布线并锁定,然后进行自动布线,再对自动布线结果作手动调整。

30. 对题20绘制的电路原理图,设计双面印制电路板。

(1)绘制电源芯片TPS767D318的封装。TPS767D318是表面贴片式集成电路,其封装尺寸如图25所示。焊盘宽度为0.25mm、长度为1.55mm。相邻焊盘中心距为0.65mm。两排焊盘中心距为5.6mm。

(2)印制电路板为矩形,尺寸为3650×2730mil。

(3)电源和地线宽度为10~50mil,其他线宽为10~40mil。安全间距10mil。

(4)手动完成布线。在顶层和底层敷铜。敷铜的设置:栅格尺寸为 8mil,敷铜导线宽度为 8mil;敷铜覆盖相同网络属性的导线;删除死铜。底层敷铜网络属性为 GND;顶层在 TMS320VC5402 芯片所在范围内敷铜网络属性为+1.8V,其余敷铜网络属性为 GND。

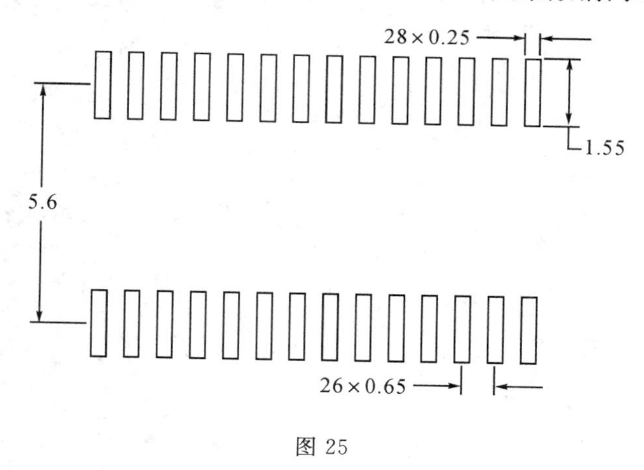

图 25

参考文献

[1] 高鹏,安涛,寇怀成.电路设计与制版 Protel 99 入门与提高.北京:人民邮电出版社,2000.

[2] 张瑾,张伟,张立宝.电路设计与制版 Protel 99SE 入门与提高.北京:人民邮电出版社,2007.

[3] 陈爱弟,王勇,任安宏,蔡明军等.Protel98 实用指南.西安:西安电子科技大学出版社,1999.

[4] 吉雷,余波,余建华.电子电路设计师 Protel99 完全手册.四川:四川电子音像出版中心,2000.

[5] 张伟,孙颖,赵晶.电路设计与制版Protel 99SE 高级应用.北京:人民邮电出版社,2007.

[6] 张伟.举一反三 Protel 电路板设计与制作实战训练.北京:人民邮电出版社,2004.

[7] 谷树忠,闫胜利.Protel DXP 实用教程原理图与 PCB 设计.北京:电子工业出版社,2003.

[8] 清源科技.Protel 99SE 电路原理图与 PCB 设计及仿真.北京:机械工业出版社,2007.

[9] 刘秋艳,刘景文,胥宝萍,任志娟.Protel 99 SE 电路设计.北京:中国铁道出版社,2005.

[10] 谈世哲,管殿柱,宋一兵.Protel 99SE 电子工程实践基础与典型范例.北京:电子工业出版社,2008.

[11] 陈晓鸽,昂军,胡仁喜.Protel99SE 标准实例教程.北京:机械工业出版社,2010.